·高等学校计算机基础教育教材精选·

大学计算机软件应用（第2版）

王行恒 主编

江红 李建芳 高爽 刘垚 编著

清华大学出版社

北京

内容简介

本书第2版对部分软件的选用和版本作了调整，增加了实验内容，注重培养学生的创新精神与实践能力。本书的特色是以计算机技术应用能力为本，着重于对实践环节的指导。全书分为教程和实验两篇，包括学习要求、主要内容、实验和习题(包括答案)。书中主要内容为计算机技术在文科应用的概述、音频视频信号的处理、数字图像处理、动画制作技术、网页制作技术和多媒体集成开发工具的使用等。与本书配套的上机实验素材和教学用的PowerPoint课件可在清华大学出版社网站下载。

本书可用于高等学校文科类专业的公共计算机课程教学。

图书在版编目(CIP)数据

大学计算机软件应用 / 王行恒主编．—2版．—北京：清华大学出版社，2011.9
(高等学校计算机基础教育教材精选)
ISBN 978-7-302-24623-7

Ⅰ.①大… Ⅱ.①王… Ⅲ.①软件－高等学校－教材 Ⅳ.①TP31

中国版本图书馆CIP数据核字(2011)第013513号

责任编辑：焦 虹 赵晓宁
责任校对：时翠兰
责任印制：李红英

出版发行：清华大学出版社
http://www.tup.com.cn
社 总 机：010-62770175
投稿与读者服务：010-62795954，jsjjc@tup.tsinghua.edu.cn
质 量 反 馈：010-62772015，zhiliang@tup.tsinghua.edu.cn
地 址：北京清华大学学研大厦A座
邮 编：100084
邮 购：010-62786544
印 装 者：北京密云胶印厂
经 销：全国新华书店
开 本：185×260 **印 张**：25.5 **字 数**：588千字
版 次：2011年9月第2版 **印 次**：2011年9月第1次印刷
印 数：1～3000
定 价：39.00元

产品编号：038145-01

出版说明

高等学校计算机基础教育教材精选

在教育部关于高等学校计算机基础教育三层次方案的指导下，我国高等学校的计算机基础教育事业蓬勃发展。经过多年的教学改革与实践，全国很多学校在计算机基础教育这一领域中积累了大量宝贵的经验，取得了许多可喜的成果。

随着科教兴国战略的实施以及社会信息化进程的加快，目前我国的高等教育事业正面临着新的发展机遇，但同时也必须面对新的挑战。这些都对高等学校的计算机基础教育提出了更高的要求。为了适应教学改革的需要，进一步推动我国高等学校计算机基础教育事业的发展，我们在全国各高等学校精心挖掘和遴选了一批经过教学实践检验的优秀的教学成果，编辑出版了这套教材。教材的选题范围涵盖了计算机基础教育的3个层次，包括面向各高校开设的计算机必修课、选修课以及与各类专业相结合的计算机课程。

为了保证出版质量，同时更好地适应教学需求，本套教材将采取开放的体系和滚动出版的方式（即成熟一本、出版一本，并保持不断更新），坚持宁缺毋滥的原则，力求反映我国高等学校计算机基础教育的最新成果，使本套丛书无论在技术质量上还是出版质量上均成为真正的"精选"。

清华大学出版社一直致力于计算机教育用书的出版工作，在计算机基础教育领域出版了许多优秀的教材。本套教材的出版将进一步丰富和扩大我社在这一领域的选题范围、层次和深度，以适应高校计算机基础教育课程层次化、多样化的趋势，从而更好地满足各学校由于条件、师资和生源水平、专业领域等的差异而产生的不同需求。我们热切期望全国广大教师能够积极参与到本套丛书的编写工作中来，把自己的教学成果与全国的同行们分享；同时也欢迎广大读者对本套教材提出宝贵意见，以便我们改进工作，为读者提供更好的服务。

我们的电子邮件地址：jiaoh@tup.tsinghua.edu.cn；联系人：焦虹。

清华大学出版社

序

21世纪是以知识经济为主导的信息时代,以计算机和通信技术为主体的现代信息技术是当今大学生必须掌握的基本技能。在教育部高校文科计算机教学指导委员会和华东师范大学教务处等单位的指导和支持下,我校王行恒等老师开展了高校公共计算机课程体系的研究,通过对部分高校的文科学生和教师的调查结果进行统计分析和研究,有针对性地选取了对文科学生较适合的内容编写了本教材。

我认为高等学校的公共计算机教学改革应立足基础,注重能力,让学生把计算机技术领域中最基本的理论和操作方法学深、学透、分类指导、学全面,并能够熟练地应用到实践中去。其次,教学改革还要体现因材施教,要根据学生的不同起点和基础、不同专业等特点进行分层次、分类教学,以真正体现尊重学生个性差异的教学改革理念。

我校目前的公共计算机课程体系是先进行计算机基础测试,然后进行不同层次的计算机教学,学习基础理论和基本技能;再根据文理科的不同专业、不同需求安排后继课程,进行有针对性的计算机教学。本教材面向已掌握了基本的Windows和Office应用等知识和技能的学生,主要是已学习过"计算机技术基础"课程的文科类专业的学生。

本书的内容包括计算机技术在文科应用的概述、音频视频信号的处理、数字图像处理、动画制作技术、网页制作技术和多媒体合成软件的使用等,是一本以实践为主导的基础教材。全书分为教程和实验两篇,包括学习要求、主要内容、实验和习题、答案等具体形式,还有上机实验素材和教学用的课件。本书既可作为文科各专业本科生计算机技术应用的教材,又可作为文科研究生基础教材,为考虑教师易教和学生易学,该书在组织和编排上作了一些探索和尝试。

本书的编者都是长期工作在大学公共计算机教学第一线的教师们,他们具有丰富的教学实践经验,近年来坚持计算机基础课程教学改革,积极探索,勇于实践,根据学习内容设计研究性或实践性课题,注意培养学生创新精神与实践能力。特别是他们指导的学生参加上海市和全国的计算机设计大赛,屡创佳绩。

本教材是他们在华东师范大学进行公共计算机教学改革的一个尝试,因此具有很强的针对性和实用性。本书的第1版于2007年出版,经过几年的教学实践,吸取了许多宝贵的意见、建议,积累了丰富的实践经验。本次第2版的编写,对部分软件的选用和版本作了调整,并增加了实验内容。

本书为教育部高等学校文科计算机基础教学指导委员会的立项教材。面对日新月异的信息科技的发展，高等学校的计算机教育工作者正面临着不断出现的新挑战，可谓任重而道远。愿本书的出版能为我国高等学校公共计算机教学教材的大花园中增添一道春色。

华东师范大学教学委员会副主任
教授、博导 戴立益
2011年5月

前言

进入21世纪,信息技术取得了惊人的发展,由于微电子技术和计算机技术的广泛应用,人类迅速进入了信息化社会,而掌握现代信息技术的基础知识和操作技能是21世纪大学生应具有的基本素质。

计算机应用基础课程是一门涉及多学科、多领域的课程,由于计算机技术的飞速发展,其教学内容也必须与时俱进,不断地改革、创新和发展。各地区由于经济和教育事业的发展不平衡,学生的计算机基础和应用能力参差不齐,因此需要针对不同的对象,分级教学,因材施教。

近年来,高校文科各专业的计算机应用不断向深度和广度发展,计算机早已超越了单纯的"计算"功能,成为文科各专业学生学习、科研和今后工作的必不可少的帮手和工具。针对在掌握了基本的Windows和Office应用知识和技能后,选择什么内容进行文科学生的计算机后期课程教育的问题,我们在教育部高校文科计算机教学指导委员会和华东师范大学教务处等支持和指导下,对一些高校的文科学生和教师进行了调查,经过统计分析和研究,选择了对文科学生较适合的多媒体技术、网页制作技术和多媒体合成软件(课件)制作等内容。

本书的第1版于2007年出版,经过几年的教学实践,得到了许多同人的批评、建议和指导,本次第2版的编写,对部分软件的选用和版本做了调整,也吸收了许多第1版使用者(包括教师和学生)的意见,增加了实验内容,注意培养学生创新精神与实践能力。

本书为教育部文科计算机基础教学指导委员会的立项教材。其特色是以计算机技术应用能力为本,着重于实践环节的指导,是一本可用于高校本专科文科各专业和文科研究生的公共计算机教材。本书共6章,主要内容为计算机技术在文科应用的概述、音频视频信号的处理、数字图像处理、动画制作技术、网页制作技术和多媒体合成软件的使用等,全书分教程篇和实验篇,包括学习要求、主要内容、实验和习题(包括答案)等,清华大学出版社的网站上有本书中所有的上机实验素材和教学用的课件,可以为教师教学和学生听课提供方便。

本书的编写者都是长期从事公共计算机课程教学的教师,在编写过程中注意紧扣教学要求,简明扼要,注意实用,并力图在教材中介绍一些计算机技术的新发展,新概念。第2版的主编为王行恒。第1章由王行恒执笔,第2章和第4章由李建芳执笔,第3章由高爽执笔,第5章由刘垚执笔,第6章由江红执笔。

在第2版的策划和编写过程中，陈少红副教授提供了部分素材和修改意见，戴立益教授为本书作序，研究生张凤华、高适、邓学、唐璐等验证了全部实验，本书网页部分的实验引用了本科生陶涛、滕亚宏、罗润瑶（指导教师：刘垚）的参加上海市计算机设计大赛的获奖作品《梦里江南》中的内容，郑骏、朱敏、赵俊逸、陈志云等华东师范大学计算中心的许多同人也给予了帮助和支持，同时还得到了华东师范大学教务处的支持，在此一并致谢。由于时间仓促和水平所限，不足之处，敬请读者批评指正。

编　者

2011年5月

目录

第1篇 教 程

第2篇　实　　验

第1篇 教　　程

第1章 计算机技术的文科应用概述

学习要求

了解

- 计算机的分类和主要用途。
- 计算机技术的新发展。
- 计算机在文科各专业中的多种应用。

1.1 计算机技术的发展和主要用途

在21世纪的今天，计算机是人们在工作、学习、娱乐和日常生活中经常使用的工具。要提高计算机的使用能力，就要努力地学习和掌握计算机的知识和操作技能，从而在信息时代掌握主动，自由地遨游在信息的海洋中。

1.1.1 计算机的分类

电子计算机的分类可有多种分法。例如，按电路原理可分为数字和模拟的电子计算机；按用途可分为通用、专用的电子计算机；按规模可分为巨型机、大型机、小型机和微型机。

1. 按电路原理区分

电子计算机按电路原理可分为模拟式电子计算机和数字式电子计算机。模拟式电子计算机问世较早，内部所使用的电信号模拟自然界的实际信号，因而称为模拟电信号。模拟电子计算机处理问题的精度差，所有的处理过程均需模拟电路来实现，电路结构复杂，抗外界干扰能力较差。数字式电子计算机是当今世界电子计算机行业中的主流，其内部处理的是一种称为符号信号或数字信号的电信号。它的主要特点是“离散”，在相邻的两个符号之间不可能有第三种符号存在。由于这种处理信号的差异，使得它的组成结构和性能优于模拟式电子计算机。当今使用的计算机，如果不加说明，都是指电子数字计算机。

2. 按用途区分

电子计算机按用途区分，可分为通用、专用的电子计算机。一般的微型计算机都是通用机，其用途广泛，结构较完善。专用机是指为某些专用目的而设计的计算机，如专用于数控机床、银行存取款、超市结算等的计算机。专用机的针对性强，效率高，但应用单一。

3. 按规模区分

电子计算机按规模可分为单片机、微型机、大型机、小型机和巨型机(超级计算机)。

微型计算机也称微机，自问世以来，以其价格低、体积小、功能强迅速崛起，应用领域不断拓展，成为计算机应用的主力军，本书介绍的就是微型计算机应用的基础知识。

单片计算机是将所有的功能部件集成在一起，形成仅仅为一片集成电路的计算机，将单片机同专用的软硬件系统相结合，应用于手机、家电等系统，即形成嵌入式系统。嵌入式系统是将先进的计算机技术、电子技术与各个行业的具体应用相结合，是一个技术密集、不断发展的知识集成系统。

大型机和小型机都是一些规模较大，速度较快的计算机，多用于复杂的科学计算。

巨型机主要是从性能方面去定义的。20 世纪 70 年代，国际上以运算速度在每秒 1000 万次以上，存储容量在 1000 万位以上，价格在 1000 万美元以上的计算机为巨型机；也有人把运算速度超过每秒执行 1000 万条指令，主存储器容量达几兆字节的电子计算机作为巨型计算机。到了 20 世纪 80 年代，巨型机的标准则为运算速度每秒 1 亿次以上，字长达 64 位，主存储器的容量达 4～16 兆字节的数字式电子计算机。中国的银河计算机就属巨型机。1980 年世界上最快的计算机是大约每秒 100 万次浮点运算(Mflops)。10 年后计算机的速度较 1980 年的计算机高出 1000 倍——1Gflops，而今天的计算机速度又较 1990 年的计算机速度高出 1000 倍——1Tflops。

计算机的性能优化仍在继续。2010 年，内装多个 CPU 的计算机的运行速度将超 1000Tflops，即每秒 100 万亿次浮点运算，或 1Pflops(Petaflops)。以每秒 1Pflops 次计算的计算机只需 1 秒钟即可完成全美国人口 50 天用计算器不停机所能完成的工作。

超级计算机通常是指由成百上千甚至更多的处理器(机)组成的、能计算普通 PC 和服务器不能完成的大型复杂课题的计算机。若把普通计算机的运算速度比做成人的走路速度，那么超级计算机就达到了火箭的速度。超级计算机是世界高新技术领域的战略制高点，是体现科技竞争力和综合国力的重要标志。

2010 年 6 月，全球高性能计算机 TOP 500 排行榜官方网站发布了最新“500 强”名单。美国 Cray 公司制造的超级计算机 Jaguar 美洲豹，凭借每秒 1750 万亿次计算能力夺冠。具有完全自主知识产权的中国首台实测性能超过千万亿次的高性能计算机“星云”以实测 Linpack 性能每秒 127 万亿次计算能力排名世界第二位，这标志着中国生产、应用、维护高性能计算机能力已达到世界领先水平，对中国高性能计算机的发展具有划时代的意义。

1.1.2 计算机技术的发展

进入新世纪以来，计算机的新技术和新型计算机系统不断涌现。

未来的计算机技术将向超高速、超小型、平行处理、智能化的方向发展。尽管受到物理极限的约束，采用硅芯片的计算机的核心部件 CPU 的性能还会持续增长。美国 Intel 公司宣布 2010 年内将推出集成度为 10 亿个晶体管的微处理器。英特尔研究院还宣布推出一款新的处理器研究原型，在单芯片上实现云计算功能。该芯片原型拥有 48 个可完全编程的英特尔处理器内核，这也是有史以来集成度最高的单硅 CPU 芯片。

硅芯片技术的高速发展同时也意味着硅技术越来越近其物理极限，为此，世界各国的研究人员正在加紧研究开发新型计算机，计算机从体系结构的变革到器件与技术革命都要产生一次量的乃至质的飞跃。新型的量子计算机、光子计算机、生物计算机、纳米计算机等将会在 21 世纪走进人们的生活，遍布各个领域。

1. 量子计算机

量子计算机是基于量子效应基础上开发的，它利用一种链状分子聚合物的特性来表示开与关的状态，利用激光脉冲来改变分子的状态，使信息沿着聚合物移动，从而进行运算。

量子计算机中数据用量子位存储。由于量子叠加效应，一个量子位可以是 0 或 1，也可以既存储 0 又存储 1。因此一个量子位可以存储 2 个数据，同样数量的存储位，量子计算机的存储量比通常计算机大许多。同时量子计算机能够实行量子并行计算，预计 2030 年将普及量子计算机。

2. 光子计算机

光子计算机即全光数字计算机，以光子代替电子，光互连代替导线互连，光硬件代替计算机中的电子硬件，光运算代替电运算。

与电子计算机相比，光计算机的“无导线计算机”信息传递平行通道密度极大。一枚直径 5 分硬币大小的棱镜，它的通过能力超过全世界现有电话电缆的许多倍。光的并行、高速，天然地决定了光计算机的并行处理能力很强，具有超高速运算速度。超高速电子计算机只能在低温下工作，而光计算机在室温下即可开展工作。光计算机还具有与人脑相似的容错性。系统中某一元件损坏或出错时，并不影响最终的计算结果。

目前，世界上第一台光计算机已由欧共体的英国、法国、比利时、德国、意大利的 70 多名科学家研制成功，其运算速度比电子计算机快 1000 倍。科学家们预计，光计算机的进一步研制将成为 21 世纪高科技课题之一。

3. 生物计算机（分子计算机）

生物计算机的运算过程就是蛋白质分子与周围物理化学介质的相互作用过程。计算机的转换开关由酶来充当，而程序则在酶合成系统本身和蛋白质的结构中极其明显地表示出来。

蛋白质分子比硅晶片上电子元件要小得多，彼此相距甚近，生物计算机完成一项运算所需的时间仅为 10×10^{-6} ps，比人的思维速度快 100 万倍。DNA 分子计算机具有惊人的存储容量，1 立方米的 DNA 溶液，可存储 10^{20} 的二进制数据。DNA 计算机消耗的能量非常小，只有电子计算机的十亿分之一。由于生物芯片的原材料是蛋白质分子，所以生物计算机既有自我修复的功能，又可直接与生物活体相联。预计若干年后，DNA 计算机将进入实用阶段。

4. 纳米计算机

“纳米”是一个计量单位，一个纳米等于 10^{-9} 米，大约是氢原子直径的 10 倍。纳米技术是从 20 世纪 80 年代初迅速发展起来的新的前沿科研领域，最终目标是人类按照自己的意志直接操纵单个原子，制造出具有特定功能的产品。

现在纳米技术正从 MEMS(微电子机械系统)起步，把传感器、电动机和各种处理器都放在一个硅芯片上而构成一个系统。应用纳米技术研制的计算机内存芯片，其体积不过数百个原子大小，相当于人的头发丝直径的千分之一。纳米计算机不仅几乎不需要耗费任何能源，而且其性能要比今天的计算机强大许多倍。

1.1.3 计算机的应用

电子计算机具有的运算速度快、计算精度高、具有存储和判断的能力以及自动处理能力等特点，决定了计算机的应用是非常广泛的，传统的主要用途有：

1. 科学计算

科学计算也称为数值计算，是计算机最早、也是最基本的应用，最初的“ENIAC”就是用来计算弹道火力表的。随着计算机的发展，数值计算在现代科学研究中的地位和作用也越来越重要，已经成为与高度技术化的实验具有同等意义的研究方法。在石油勘探、精密机械、医药研制、生命科学、气象气候、国防科技等诸多领域的研究和设计中都离不开计算机的科学计算显得尤为重要。

导弹核武器、核潜艇、超音速轰炸机等先进武器的研制和生产都离不开电子计算机，“神舟五号”和“神舟六号”的成功发射和回收也都需要计算机的精确计算。因此，数值计算在国防现代化建设中发挥的作用也越来越大。

2. 数据处理

数据处理就是对数据的综合分析。在科学研究、生产实践、经济活动中所获得的大量信息，如实验数据、观察数据、统计数据、原始数据等，计算机能按照不同的使用要求，对其进行搜索、转换、分类、组织、计算、存储等加工处理，有时还要根据需要进行统计分析，绘制出图表，打印出报表。数据处理是计算机应用最广泛的领域，涉及社会中的各行各业。

3. 自动控制

自动控制系统一般由检测、放大、信息处理、显示、执行等几个环节组成。计算机是信息处理的基本设备，也是执行机构的中心环节。在整个系统中，计算机将检测到的信息经过处理后，向被控制或调节对象发出最佳的控制信号，由系统中的执行机构自动完成控制。利用计算机进行自动控制，对于自动化控制系统具有重大的意义。

计算机在生产过程的控制与应用，不仅解放了生产力，提高了生产效率，而且引起了工业生产的革命性改变，对人类的发展和社会的进步产生了极为深刻的影响。

4. 辅助系列

计算机辅助系列是利用计算机的图形处理能力和模拟仿真能力进行工作，可大大提高工作效率，并提升工程的质量。如利用计算机的图形处理能力帮助设计人员进行工程设计、电路设计等，称为 CAD(Computer Aided Design)；利用计算机来辅助制造，称为 CAM(Computer Aided Manufacturing)等。由于计算机的广泛应用，目前许多国家已经把辅助设计、辅助制造、辅助测试组成一个系统，使得设计、制造、测试一条龙，形成高度自动化的生产线。

利用计算机来辅助教学(Computer Assisted Instruction，CAI)。计算机辅助教学起步于 20 世纪 60 年代，作为一种自动化教学设备，计算机以其形象化、智能化的特点来辅助完成教学计划和模拟某个实验过程。具体的操作程序是：根据教学的要求，编写好课件的脚本；然后，设计出相应的计算机辅助教学软件；教师在计算机的协助下完成教学任务，也可以由学生通过人机对话的方式操作计算机，根据自己的学习需求进行学习，达到辅助学习的目的，这种学习方式的最大特点是能够适应各种不同水平和层次的学生，提高学生的学习兴趣，有效地提高学习效率和学习质量。随着现代科技的发展，融计算机、摄像机等多种设备为一体的多媒体技术的发展和应用，将进一步显示出计算机辅助教学的优势。

5. 人工智能

人工智能(Artificial Intelligence，AI)是一门综合了计算机科学、生理学、哲学的交叉学科。人工智能的研究课题涵盖面很广，从机器视觉到专家系统，包括了许多不同的领域。这其中共同的基本特点是让机器学会"思考"，具有"智能"。人工智能专家们面临的最大挑战之一是如何构造一个系统，模仿由上百亿个神经元组成的人脑的行为，进而去思考复杂的问题，如专家系统、智能机器人等。

6. 云计算

"云计算"(Cloud Computing)概念是由 Google 公司首先提出的，是一个网络应用模式，如图 1-1-1 所示。狭义云计算是指 IT 基础设施的交付和使用模式，指通过网络以按需要、易扩展的方式获得所需的资源；广义云计算是指服务的交付和使用模式，指通过网络以按需要、易扩展的方式获得所需的服务。这种服务可以是 IT 和软件、互联网相关的，也可以是任意其他的服务，云计算具有超大规模、虚拟化、可靠安全等独特功效。

图 1-1-1　云计算

云计算是网格计算(Grid Computing)、分布式计算(Distributed Computing)、并行计算(Parallel

Computing)、效用计算(Utility Computing)、网络存储(Network Storage Technologies)、虚拟化(Virtualization)、负载均衡(Load Balance)等传统计算机技术和网络技术发展融合的产物。旨在通过网络把多个成本相对较低的计算实体整合成一个具有强大计算能力的完美系统,并借助 SaaS、PaaS、IaaS、MSP 等先进的商业模式把这强大的计算能力分布到终端用户手中。云计算的一个核心理念就是通过不断提高"云"的处理能力,(目前仅Google 云计算已经拥有 100 多万台服务器)进而减少用户终端的处理负担,最终使用户终端简化成一个单纯的输入输出设备,并能按需享受"云"的强大计算处理能力。

7. 物联网

物联网(Internet of Things,IOT)通过传感器、射频识别技术、全球定位系统等技术,实时采集任何需要监控、连接、互动的物体或过程,采集其声、光、热、电、力学、化学、生物、位置等各种需要的信息,通过各类可能的网络接入,实现物与物、物与人的泛在链接,实现对物品和过程的智能化感知、识别和管理,如图 1-1-2 所示。

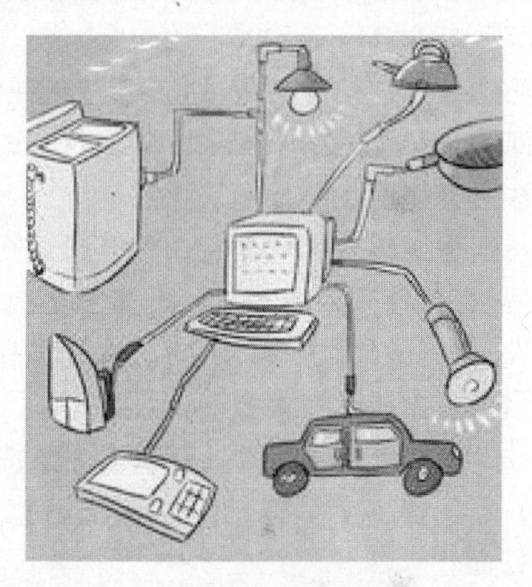

图 1-1-2 物联网

由"物联网"名称可见,物联网就是"物物相连的互联网"。这有两层意思:第一,物联网的核心和基础仍然是互联网,是在互联网基础之上的延伸和扩展的一种网络;第二,其用户端延伸和扩展到了任何物品与物品之间,进行信息交换和通信。因此,物联网的定义是通过射频识别(RFID)装置、红外感应器、全球定位系统、激光扫描器等信息传感设备,按约定的协议,把任何物品与互联网相连接,进行信息交换和通信,以实现智能化识别、定位、跟踪、监控和管理的一种网络。

这里的"物"要满足以下条件才能够被纳入"物联网"的范围:

(1) 要有相应信息的接收器。

(2) 要有数据传输通路。

(3) 要有一定的存储功能。

(4) 要有 CPU。

(5) 要有操作系统。

(6) 要有专门的应用程序。

(7) 要有数据发送器。

(8) 遵循物联网的通信协议。

(9) 在世界网络中有可被识别的唯一编号。

物联网是继计算机、互联网和移动通信之后的又一次信息产业的革命性发展。目前物联网已在 2010 年写入了政府工作报告,被正式列为国家重点发展的战略性新兴产业之一。物联网产业具有产业链长、涉及多个产业群的特点,其应用范围几乎覆盖了各行各业。

除了以上几个方面，计算机与不同的专业结合，还有着多种用途，可以说今天在我们的社会生活中，计算机几乎无所不在，已成为不可或缺的工具。

1.2 计算机技术在文科的应用概述

近年来，高校文科各专业的计算机应用不断向深度和广度发展，计算机早已超越了单纯的"计算"功能，成为文科各专业学生学习、科研和今后工作的必不可少的帮手和工具。下面，就计算机技术在文科各学科中的主要应用作一个简单的介绍。

1.2.1 多媒体技术的应用

媒体即信息的载体，是表达某种信息时所采用的介质，其作用是存储、表达和传递信息。比如生活中人们经常耳闻目睹的报纸、杂志、广播、影视等都属于媒体。多媒体就是多种媒体的组合使用。

多媒体技术就是使用计算机进行多种媒体信息（如文字、声音、图形、图像、动画、影视等）综合处理的技术。促进多媒体发展的关键技术有数据压缩和编码、超大规模集成电路、大容量的数据存储、实时多任务操作系统、多媒体同步技术、多媒体网络技术、多媒体信息检索技术和虚拟现实技术等。

(1) 多媒体技术具有以下主要特征。

① 集成性：包括信息媒体的集成和处理信息媒体所需的软硬件设备的集成两个方面。

② 交互性：用户能够与计算机进行信息交流，以便更有效地控制和使用多媒体信息。

③ 多样性：即信息媒体的多样化和媒体处理方式的多样化。

④ 实时性：信息的响应要及时，如声音与视频是密切相关的，必须同步进行，不能出现两者播放速度不协调的现象。

多媒体技术的实现需要软硬件的支持，其中软件主要有操作系统和多媒体应用软件等。

多媒体计算机的使用需要带多媒体功能的操作系统的支持。带多媒体功能的操作系统在传统操作系统的基础上增加了处理声音、图形、图像、动画、视频等媒体信息的功能，如 Windows 2000、Windows XP、Windows Vista、Windows 7 等。多媒体操作系统一般具有多任务的特点，能够支持大容量的存储器，在内存容量不足以支持同时运行多个大型程序时，能够通过使用虚拟内存技术，借助硬盘等辅助存储器的能力来达到这一目的。

(2) 多媒体应用软件包括多媒体加工软件和多媒体集成软件等。

① 多媒体加工软件是指获取、制作、加工多媒体素材或部分单元的软件，常用的有：

- 图形图像处理软件，如 Photoshop、CorelDraw、3ds Max、Freehand、Illustrate 等。
- 声音处理软件，如 Windows 的录音机、Ulead Audio Editor、Creative 录音大师等。

• 动画制作软件，如 GIF Animation、Flash、3ds Max、MAYA 等。

• 视频加工软件，如 Ulead Video Editor、Adobe Premiere 等。

• 屏幕加工软件，如 RoboDemo 等。

学会和使用这些软件就能为课件制作添加音频、视频、动画等多媒体元素。

② 多媒体集成软件是将多媒体素材进行整合，制作成一个完善的作品，如多媒体课件、学习网站、系列课程辅导和测试软件、电子杂志等。

• 演示文稿形式的多媒体制作软件，如 PowerPoint 等。

• 基于时间顺序的多媒体制作软件，如 Director、Flash 等。

• 基于图符的多媒体制作软件，如 Authorware、方正奥思等。

• 网页形式的多媒体制作软件，如 FrontPage、Dreamweaver 等。

• 基于页式或卡式的多媒体制作软件，如 ToolBook 等。

• 基于电子杂志的多媒体制作软件，如 ZMaker 等。

在举世瞩目的 2008 年北京奥运会、2010 年的上海世博会上，都有精彩的多媒体影视表演。上海世博会上中国馆的镇馆之宝——会动的“清明上河图”就是其中的代表作，如图 1-1-3 所示。

图 1-1-3　会动的《清明上河图》

这幅《清明上河图》的影像是用 12 台电影级的投影仪拼接融合而成的。整个动态画卷长 128 米，宽 6.5 米，其活动画面以 4 分钟为一个周期，展现了宋代城市的昼夜风景。在这个“活”了的《清明上河图》中，白天出现的人物有 691 名，有官宦、商贾、百工、百姓。虹桥上一片嘈杂，街道上人来车往，集市上生意人卖力的吆喝声，还有船工的号子声。这边一行轿夫抬着主人上集市，那边是西域回来的商人牵着一队骆驼进城，甚至看见有一个小孩在追着自家的猪满大街的跑。夜晚出现的人物有 377 名。可以尽情体验宋朝的夜景，官差巡视，夜市繁华，一副康泰安详的景致。

至于画作底下的那条电子河流，是由 26 台投影仪将水纹影像投射到纱网上形成的。纱网下，铺设的是砂石。这样一来，水纹影像会同时出现在纱网和砂石上，砂石还会透出水面，营造出河流具有深度、清澈见底的效果。在参观时，许多观众都以为是真的水流，完全达到了乱真的效果。这幅“会动的”《清明上河图》是各大媒体和无数参观者公认的世博中国馆内最抢眼的展品。

《清明上河图》由水晶石公司负责研发，这是科技专利和历史考证共同作用的结晶，开发者还研制出一种变形融合软件，并申请了发明专利。该软件能对变形的影像进行修正，让多台投影仪投射出的影像彼此融合，使它们能够达到无缝拼接。

通过用3D方式复活了的宋代画家张择端的这一杰作，使我们仿佛看到了北宋时开封这个大都市的人们的生活百态，既演绎了本届“城市，让生活更美好!”的世博会主题，也是我们了解、学习都市历史的一个最佳教学辅助资源。

1.2.2 网站网页制作技术

2010年7月15日，中国互联网络信息中心(CNNIC)在京发布了“第二十六次中国互联网络发展状况统计报告”。报告指出：截至2010年6月，我国IPv4地址达到2.5亿，半年增幅7.7%。作为互联网上的“门牌号码”，IPv4地址资源正临近枯竭，互联网向IPv6网络的过渡势在必行。

2010年上半年，我国网民继续保持增长态势，截至2010年6月，总体网民规模达到4.2亿，突破了4亿关口，较2009年底增加3600万人。互联网普及率攀升至31.8%，较2009年底提高2.9个百分点。2010年上半年，我国宽带网民和手机网民规模继续增加。据工业和信息化部数据，2010年1月～5月，基础电信企业互联网宽带接入用户净增979.2万户，达到11 301.7万户，而互联网拨号用户减少了168.8万户。宽带基础服务覆盖率的不断扩大，带动了宽带用户规模的增长。截至2010年6月，在使用有线(固网)接入互联网的群体中，宽带普及率达到98.1%，宽带网民规模为36 381万。手机网民用户已达2.77亿，较2009年底增加了4334万人。

这些数据表明，我国的互联网络事业发展迅速，网络已成为人们今天工作、学习和生活中的一个重要组成部分。

为了更好地进行网上交流，必须学会网页制作技术。网页是用HTML语言描述的，除了直接用HTML语言编写网页外，常用的网页制作软件有Office组合软件、FrontPage、Dreamweaver、Flash、InterDev。

网页可分为静态和动态。静态网页的内容预先设定，不能在线交流、变化；动态网页具有信息交互能力，可与用户在线交流，进行自动更新等变化。

脚本语言是介于HTML语言和高级语言之间的一种语言，用于编写嵌入页面中的程序，是制作动态网页的工具。常用的脚本编程工具有CGI(公共网关接口)、ISAPI(微软的服务器应用接口)、PHP(个人主页开发工具)、ASP(Active Server Page)、JSP(Java Server Page)。

随着Web应用的广泛深入，HTML语言的一些缺点和限制逐渐暴露出来，如链路丢失不能纠正(404错误)、动态内容需要下载许多部件、搜索时间长、可扩展性差等。目前，新一代可扩展标记语言XML(eXtensible Markup Language)已投入使用，将推进Web应用的进一步发展。

1.2.3 课件的制作

随着全国各级各类学校教学理念和方法的更新，现代信息技术、网络技术在教学中的应用，课件已得到了广泛的应用。对师范类学生来说，制作课件是今后从事教学工作必须掌握的技能，对非师范类学生来说，也需要用演示文稿来进行工作汇报或是论文答辩，因此课件或演示文稿的制作，也是文科学生的必修课。常用的课件制作软件有：PowerPoint、Authorware、Dreamweaver、Flash、Director。

要使课件图文并茂、生动活泼，就需要在课件中加入声音、动画、影视等多媒体元素，综合运用多项技能，成为“有声有色”的多媒体课件。

(1) 按照教育部教育管理信息中心在全国多媒体课件大赛中的定义，可将课件分为多媒体课件、网络课程和学科网站3类。

① 多媒体课件：是指基于计算机技术，将图、文、声、像等媒体表现方式有机结合，辅助教师与学生的教与学，完成特定教学任务的教学软件。分为单机版和网络版。单机版是指在单机上运行的多媒体课件；网络版是指采用Web等技术开发，可在网上运行的多媒体课件。

② 网络课程：是指通过网络表现的某门学科的教学内容及实施教学活动的总和。主要由按一定的教学目标、教学策略组织起来的教学内容和网络支撑环境两部分组成。

③ 学科网站：是以某一学科资源为中心（以二级学科为基础建立的网站，不少于两个专业和两门课程的信息），集合相关的学科信息和学习信息，供相关学科教师教学进修、学生自学和师生交流的学科资源互动园地，是兼备了学习资源库与在线教学功能的数字化学习资源。

(2) 除了上述分类外，广义的多媒体课件应包括一切在教学过程中可借鉴学习的多媒体作品，如电子杂志、寓教于乐的电子游戏等。

电子杂志是近年来随着计算机技术和网络技术的迅速发展，特别是多媒体广泛应用而出现的一种新型出版物，是集合了声音、图像、动画、视频等元素综合而成的数字杂志，具有可视性、交互性、多样性、娱乐性、传播速度快、免费等特点。就广义而言，任何以电子形式存在的期刊皆可称为电子杂志。通过联机网络可检索到大量的网上期刊和以CD-ROM(DVD-ROM)形式发行的期刊。

电子杂志是传统平面媒体与网络媒体的绝妙结合。通俗地说是一种能“说”会“唱”、还会“动”的杂志，可以使人寓学于乐。

(3) 课件的创作过程大致分为以下几个步骤，如图1-1-4所示。

① 确定知识点。首先，根据所讲授的知识点（或知识模块、知识领域、学科）来构建本课件的框架，确定知识点的范围，学生的水平、基本情况，本课程所要达到的目的等。本步骤相当于软件工程中的需求分析。

② 总体设计。根据确定的课程要求，进行课件的总体设计，规划课件的篇幅，文字表现部分、多媒体（音频、视频、图片图形、动画）表现部分以及教学流程。

③ 素材获取与加工。在总体设计完成后，在本步骤进行单元设计，即对多媒体课件

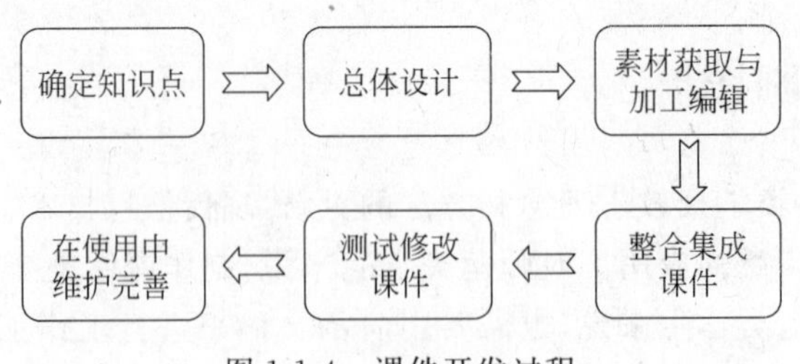

图 1-1-4　课件开发过程

中的音频、视频、图片图形、动画进行获取与编辑加工。

④ 整合集成课件。使用多媒体集成软件，将音频、视频、动画和图片图形等单元与文字提纲进行整合，按教学流程进行按钮跳转、超级链接、动态效果等处理，完成一套课件的制作。

⑤ 测试修改课件。为了保证多媒体课件的正常使用，需要对其进行单元和整体进行测试，特别是课件系统中的超级链接，本步骤就是要发现错误和改正错误。

⑥ 在使用中维护完善。随着教学内容的更新和社会的发展，要针对教学对象，及时补充或更换课件中部分单元，改变部分流程等，进一步完善课件。

(4) 课件的评价通常可从教育性、技术性、实用性等标准来考虑。

① 教育性。课件必须符合教学大纲要求，教学目的明确，教学对象准确。在课件的文字表述中，不能有科学性的错误。在教学过程中应有与学生的互动，能取得较好的教学效果。

② 技术性。课件应根据内容应用音频、视频、动画等多媒体形式来表现，有正确的教学流程和与之相应的链接结构。课件应图文并茂、生动活泼，表现出一定的艺术性。

③ 实用性。多媒体课件的软硬件运行环境不应太高，要易于维护和修改，能在一定范围里推广。

1.2.4　地理信息系统

地理信息系统(Geographic Information System，GIS)是以采集、存储、管理、分析、描述和应用整个或部分地球表面(包括大气层在内)与空间和地理分布有关的数据的计算机系统。GIS 由硬件、软件、数据和用户有机结合而构成。其主要功能是实现地理空间数据的采集、编辑、管理、分析、统计、制图等。

GIS 始于 20 世纪 60 年代的加拿大与美国，尔后各国相继投入了大量的研究工作，自 20 世纪 80 年代末以来，特别是随着计算机技术的飞速发展，地理信息的处理、分析手段日趋先进，GIS 技术日臻成熟，已广泛地应用于环境、资源、石油、电力、土地、交通、公安、急救、航空、市政管理、城市规划、经济咨询、灾害损失预测、投资评价、政府管理和军事等与地理坐标相关的几乎所有领域。

GIS 技术依托的主要工具和平台是计算机及其相关设备。进入 20 世纪 90 年代以来，随着计算机技术的发展，计算机及其微处理器的处理速度愈来愈快，性价比更高，其存储器能实现将大型文件映射至内存的能力，并且能存储海量数据。此外，随着多媒体技术、空间技术、虚拟现实、数字测绘技术、数据仓库技术、计算机图形技术三维图形芯片、大容量光盘技术及宽频光纤通信技术的突破性进展，特别是消除数据通信瓶颈的卫星互联网的建立，以及能够提供接近实时对地观测图像的高分辨、高光谱、短周期遥感卫星的大量发射，这些为GIS技术的广泛、深入应用展示了更加光明的前景。目前GIS总体上呈现出网络化、开放性、虚拟现实、集成化和空间多维性等发展趋势。

1.2.5 统计分析软件应用

文科学生主要从事社会科学的学习和研究，社会科学研究方法包括三大领域：社会科学研究方法本身、与之相关的统计方法以及计算机统计软件的使用。要定性定量的分析问题，开展科研就要学习概率论和数理统计课程，学习使用下列相关软件，可有事半功倍之效。

(1) 社会学统计程序包(Statistical Package for the Social Science，SPSS)的特点是操作比较方便，统计方法比较齐全，绘制图形、表格方便，输出结果比较直观。SPSS是用FORTRAN语言编写而成。适合进行从事社会学调查中的数据分析处理。

(2) 矩阵实验室(Matrix Laboratory，MATLAB)是美国MathWorks公司出品的商业数学软件，用于算法开发、数据可视化、数据分析以及数值计算的高级技术计算语言和交互式环境，主要包括MATLAB和Simulink两大部分。

(3) 统计分析系统(Statistical Analysis System，SAS)具有十分完备的数据访问、数据管理、数据分析功能。在国际上，SAS被誉为数据统计分析的标准软件。SAS是一个模块组合式结构的软件系统，共有三十多个功能模块。SAS是用汇编语言编写而成的，通常使用SAS需要编写程序，比较适合统计专业人员使用。

(4) 中华高智统计软件(Chinese High Intellectualized Statistical Software，CHISS)由北京元义堂科技公司研制，解放军总医院、首都医科大学、中国中医研究院等参加协作完成。CHISS是一套具有数据信息管理、图形制作和数据分析的强大功能，并具有一定智能化的中文统计分析软件。CHISS的主要特点是操作简单直观，输出结果简洁。既可以采用光标点菜单直接使用，也可以编写程序来完成各种任务。CHISS用C++语言、FORTRAN语言和Delphi开发集成，采用模块组合式结构，已开发十个模块。CHISS可以用于各类学校、科研所等从事统计学的教学和科研工作。

(5) Excel电子表格是Microsoft公司推出的Office系列产品之一，是一个功能强大的电子表格软件。特点是对表格的管理和统计图制作功能强大，容易操作。Excel的数据分析插件XLSTAT，也能进行数据统计分析，但不足的是运算速度慢，统计方法不全。

对初学者来说，使用Excel电子表格可以解决一些简单问题，而通过【工具】菜单中的【加载宏】命令，还可以增加一些统计分析函数，来增强功能。Excel的“帮助”功能能帮助用户掌握各种函数的应用，本书实验篇中的就是一例。

1.2.6 其他应用

计算机技术与文科各专业结合，还有多项应用：

(1) 电子政务：包括办公自动化、电子公文交换、机关对内对外办公系统建设与应用。

(2) 电子商务：各种交易的工作模式、仓储管理与配送系统、电子支付体系和安全技术平台等。

(3) 信息检索和利用：即利用计算机和网络对信息进行检索和利用。

(4) 计算机辅助艺术设计：利用计算机的专用软件来进行广告、图纸、舞台美术、音乐等艺术品的学习和设计。

(5) 数据库应用：对采集来的大量数据，若满足一定的条件并需要反复使用，如库存管理、销售系统、图书馆系统和人事档案管理等系统，应用数据库来管理是合适的。

(6) 计算机程序设计：如今编写计算机程序已不再是理工科学生的“专利”了，通过对编程的学习，可以进一步增强计算机的能力。

计算机技术在文科的应用还有许多，文科学生应掌握的计算机技术也不局限于本书中所列举的这些方面。计算机技术在发展，新的软件不断涌现，只有不断学习、与时俱进，才能在21世纪的信息化社会里，灵活自如地获取信息、利用信息，成为合格的人才。

1.3 习题与思考

1. 选择题

(1) 下列________类软件是统计分析计算软件。

A. Powerpoint、Authorware　　B. Dreamweaver、Flash

C. ASP、JSP　　D. MATLAB、SPSS

(2) Dreamweaver 是一种________软件。

A. 网页制作　　B. 课件制作　　C. 动画制作　　D. 以上都可以

(3) ________是 Web 应用的新一代可扩展标记语言。

A. HTML　　B. XML　　C. PHP　　D. CGI

(4) RoboDemor 是一种________的软件。

A. 制作网页　　B. 制作课件　　C. 制作动画　　D. 屏幕加工

(5) GIS 是一种________的系统。

A. 开车导航　　B. 制作课件　　C. 制作动画　　D. 地理信息

2. 思考题

(1) 静态网页是否不能有动画或视频？

(2) 如何综合运用所学的计算机知识和技能为本专业服务？

第2章 音频和视频信号的处理

学习要求

掌握

- Audio Editor 8.0 中音频文件的打开、播放、新建、保存。
- Audio Editor 8.0 中录音的两种方法。
- Audio Editor 8.0 中音频波形的选择、删除、复制与粘贴，声道的分离与合并，混音，音频播放速度的改变。
- Audio Editor 8.0 中音频的标准化处理、音量缩放、噪声消除、淡入淡出处理。
- Video Editor 8.0 中视频项目的新建、保存和视频文件的创建。
- Video Editor 8.0 中剪辑的选择、移动、删除、裁切、复制、粘贴和播放速度的改变。
- Video Editor 8.0 中音频与视频的分离。
- Video Editor 8.0 中过渡、滤镜、叠盖、标题剪辑和运动路径的基本使用方法。
- Video Editor 8.0 中视频剪辑配音的基本方法。

了解

- Audio Editor 8.0 中音频波形的查看、标记、十字渐变、静音处理。
- Audio Editor 8.0 中音频量化位数的改变、音频颠倒、音频反转、DC 补偿、音调的高低调整、立体声环绕效果、添加回声。
- Audio Editor 8.0 的参数设置。
- Video Editor 8.0 中剪辑的组合、锁定与缩放。
- Video Editor 8.0 中轨道的锁定与隐藏。
- Video Editor 8.0 中颜色剪辑与静音剪辑的使用方法。
- Video Editor 8.0 的参数设置。

2.1 音频信号的处理

2.1.1 数字音频简介

自然的声音信号是模拟信号，以波形方式进行传播。使用计算机对自然界的各种音源进行录音时，通过声卡的采样、量化，将声音的模拟信号转换为数字信号，以一定的格式保存在计算机存储器中。在播放时，音频文件中的数字信号通过声卡重新还原为模拟信号，经扬声器向外界输出。

除了上述方式之外，计算机产生声音的方式还有 MIDI 音乐和 CD-Audio 两种。

本章所谓的"音频信号的处理"，指的是对保存在计算机中的数字音频信号的处理。常用的音频处理软件有 Windows 录音机、Ulead Audio Editor、Creative 录音大师、CakeWalk、Adobe Audition 等。

2.1.2 Ulead Audio Editor 简介及基本操作

Media Studio Pro 是友立公司生产的数码影音套装软件，Audio Editor 是该软件包中的软件之一。它是一款比较专业的音频编辑软件，不仅提供了丰富多彩的音频编辑功能，还拥有多种音频特效。Audio Editor 虽然功能强大，学习起来却非常简便，有立竿见影之功效。除了 Audio Editor 之外，Media Studio Pro 软件包还包括 Video Editor（视频编辑）、Video Capture（视频捕获）等软件。

1. 打开文件

(1) 选择【开始】→【所有程序】→Ulead MediaStudio Pro 8.0→Audio Editor 8.0 命令，打开程序窗口，如图 1-2-1 所示。

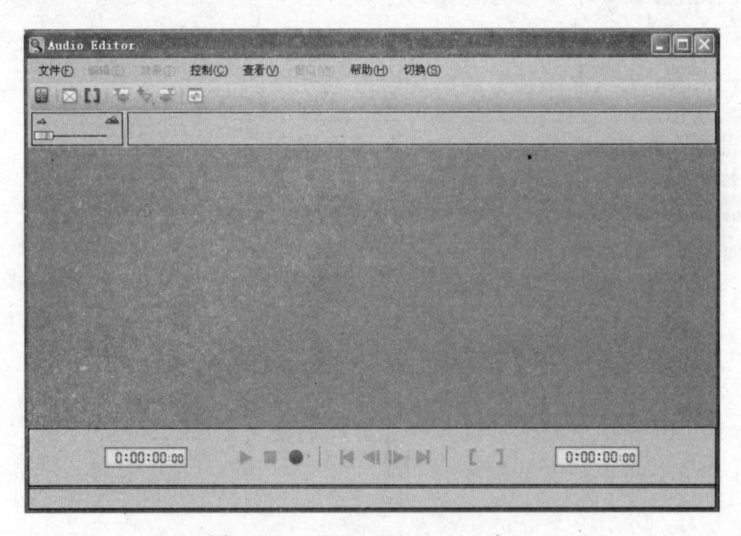

图 1-2-1 Audio Editor 8.0 窗口

(2) 选择 Audio Editor 程序的【文件】→【打开】命令，弹出【打开音频文件】对话框。

(3) 选择声音文件"实验素材\第 2 章\秋日私语.mp3"，单击【打开】按钮，此时"秋日私语.mp3"的波形编辑窗口显示在 Audio Editor 8.0 的程序窗口中，如图 1-2-2 所示。

提示：从【打开音频文件】对话框（如图 1-2-3 所示）的【文件类型】下拉列表中可以看出，Audio Editor 8.0 能够打开的文件类型有很多，其中包含音频和视频两类。若选择视频类文件（如 *.avi、*.mpeg、*.wmv 等），则可以打开视频文件中所包含的音频波形

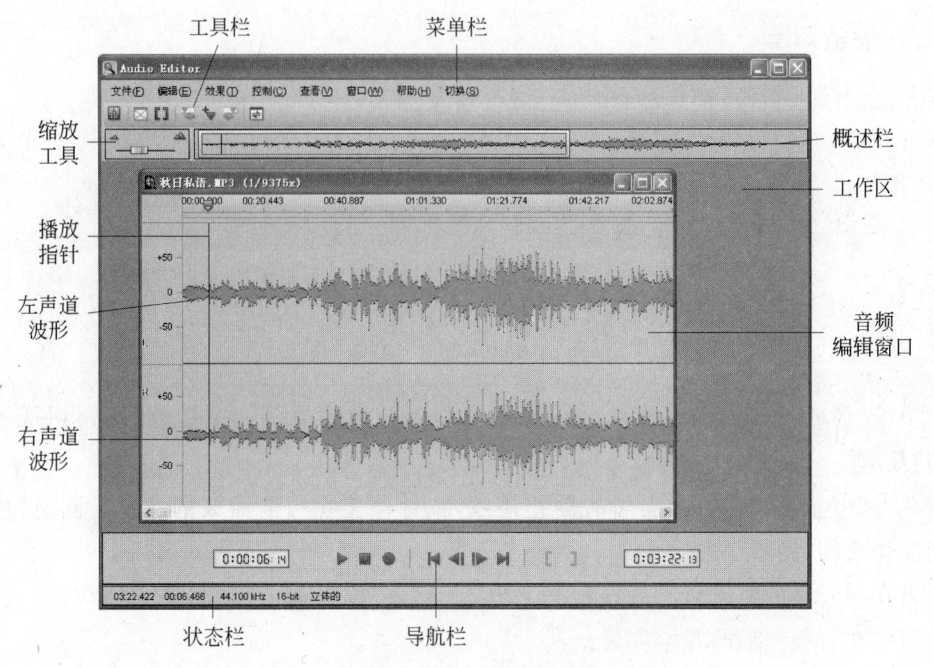

图 1-2-2 打开的声音文件

(使用该操作可以很方便地将自己喜欢的视频文件中的音频分离出来,并保存为音频文件)。单击该对话框底部的"播放/停止"按钮还可以播放或暂停播放当前选中的单个音频或视频文件。若事先勾选对话框左下角的【自动播放】复选框,将自动播放当前选择的单个文件。

图 1-2-3 【打开音频文件】对话框

2. 播放声音

Audio Editor 8.0 的导航栏如图 1-2-4 所示。

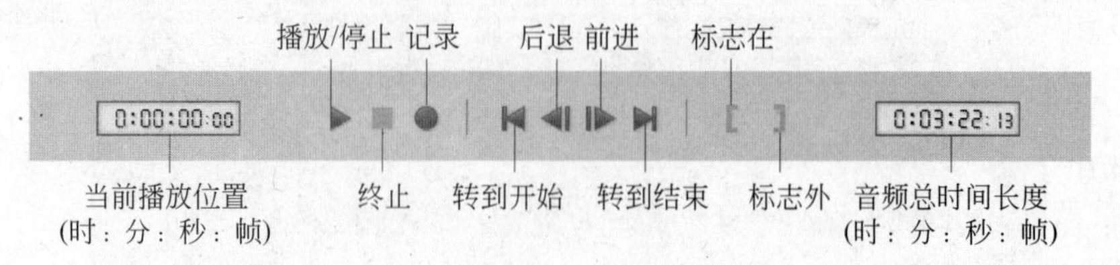

图 1-2-4　Audio Editor 8.0 的导航栏

单击“播放”按钮，声音从播放指针所在处开始播放，同时“播放”按钮切换为“停止”按钮。

单击“停止”按钮，声音暂时停止播放，指针停止在当前播放的位置。同时“停止”按钮又切换回“播放”按钮。

若在声音播放时或暂停播放状态下单击“终止”按钮，声音将停止播放，并且播放指针指示在音频波形的开始位置。

提示：选择【控制】菜单下的【播放】、【停止】、【转到开始】或【转到结束】命令，其作用与单击【导航栏】上的对应按钮的作用是相同的。

3. 新建文件

选择【文件】→【新建】命令，弹出【新建】对话框，如图 1-2-5 所示。

- 【示例比率】：选择声音的采样频率。数值越大，音质越好，同时文件所占用的存储空间越多。在所列举的选项中，11.025kHz 相当于电话音质，22.05kHz 相当于收音机的音质，44.1kHz 相当于 CD 音质；使用【自定义】文本框还可以自定义声音的采样频率。
- 【声道】：选择声道数。立体声（左右两个声道）比单声道更能反映人们的听觉感受，但需要两倍的存储空间。

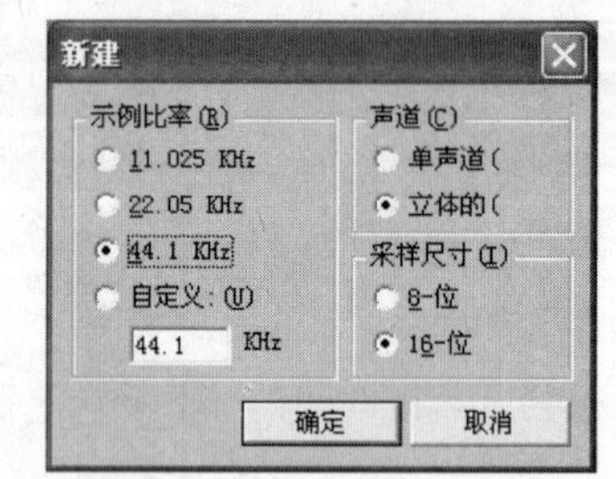

图 1-2-5　【新建】对话框

- 【采样尺寸】：选择声音的量化位数。选择 16 位可获得更好的声音质量。

设置好声音文件的采样频率、量化位数和声道数之后，单击【确定】按钮，就创建了一个空白音频文件，如图 1-2-6 所示。可以录音或者将其他波形窗口中复制、剪切的音频波形粘贴到该文件窗口中。

4. 保存文件

对声音文件进行编辑修改后，需要重新保存。

图 1-2-6　新建的空白文件

- 对于新创建的文件来说，选择【文件】→【保存】或【文件】→【另存为】命令都将弹出如图 1-2-7 所示的【保存音频文件】对话框。
- 对于已经保存过的文件来说，选择【文件】→【保存】命令将覆盖原有文件，不打开任何对话框；选择【文件】→【另存为】命令将打开【保存音频文件】对话框。

在【保存音频文件】对话框中确定存储的位置、保存类型和文件名。单击【选项】按钮，弹出如图 1-2-8 所示的【音频保存选项】对话框，进一步设置音频的格式、声道数、采样频率和量化位数等参数。单击【确定】按钮，返回【保存音频文件】对话框。单击【保存】按钮，将文件保存起来。

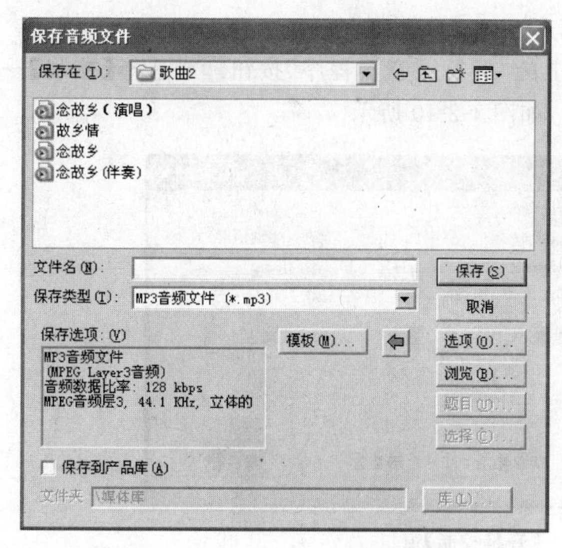

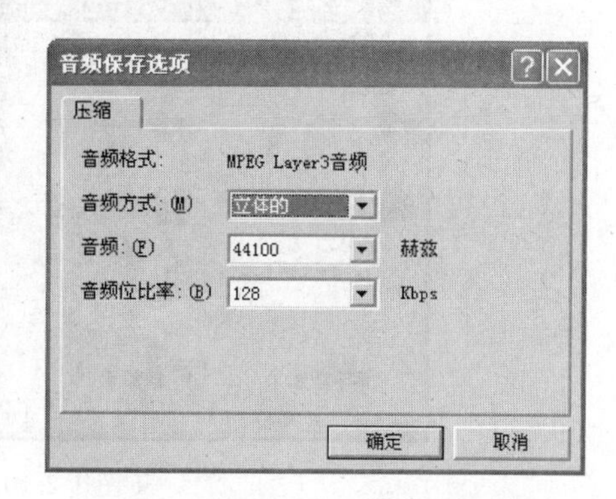

图 1-2-7　【保存音频文件】对话框

图 1-2-8　【音频保存选项】对话框

提示：Audio Editor 8.0 正版软件能够保存的文件类型包括 *.wav、*.mp3、*.mpa 和 *.wma 4 种。而试用版或绿色软件不一定支持保存这么多的文件类型。

5. 显示与隐藏界面元素

在概述栏或状态栏上右击，弹出快捷菜单，如图 1-2-9 所示。通过勾选或取消勾选其中的命令项，可以在 Audio Editor 8.0 窗口中分别显示或隐藏工具栏、概述栏和状态栏等界面元素。

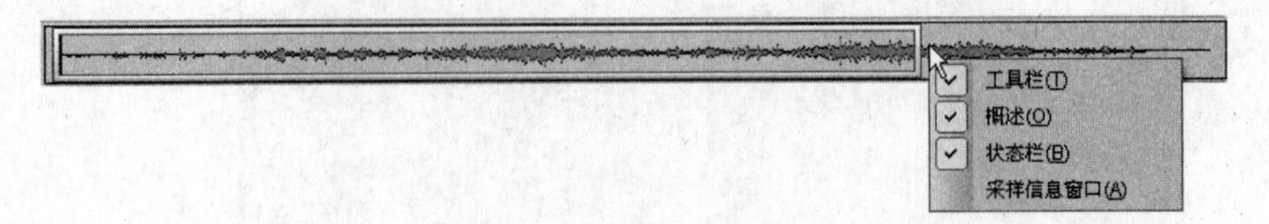

图 1-2-9 弹出的快捷菜单

2.1.3 录音

在 Audio Editor 中，录音的方法有两种。一种是通过录音将声音记录在当前声音文件中或新创建的空白文件中；另一种方法是直接从 CD 唱片中进行拷贝，产生声音文件。

1. 录制声音

首先根据当前计算机配置，从声音 CD、麦克风、MIDI 合成器等设备中选择一种录音设备。这里以麦克风为例介绍声音录制的全过程。

1) 准备工作

(1) 将麦克风与计算机声卡的 LINE-IN 接口正确连接。

(2) 单击 Audio Editor 8.0 工具栏上的"运行混音器程序"按钮或选择【控制】→【运行混音器】命令，打开【音量控制】窗口，如图 1-2-10 所示。

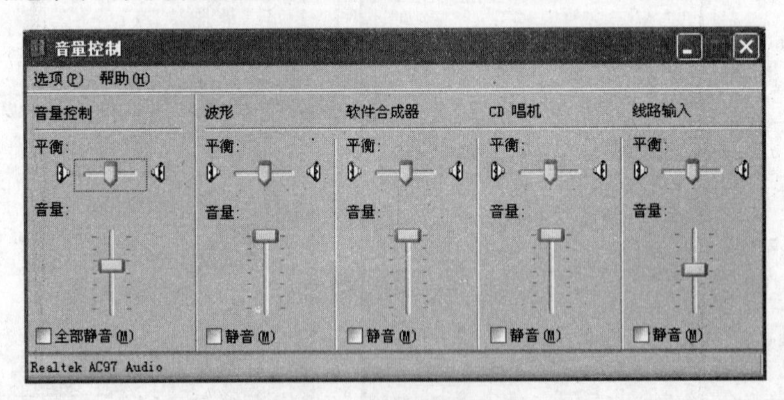

图 1-2-10 【音量控制】窗口

(3) 在【音量控制】窗口中选择【选项】→【属性】命令，在弹出的【属性】对话框(如图 1-2-11 所示)中选中【录音】单选按钮，并在【显示下列音量控制】列表框中勾选所有复选框(如图 1-2-12 所示)。

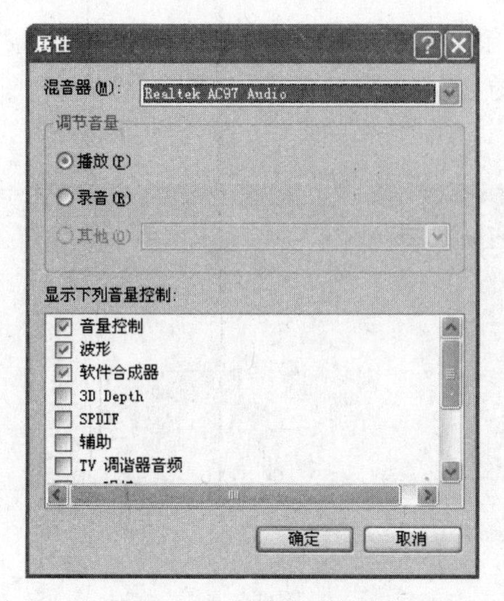

图 1-2-11 【属性】对话框

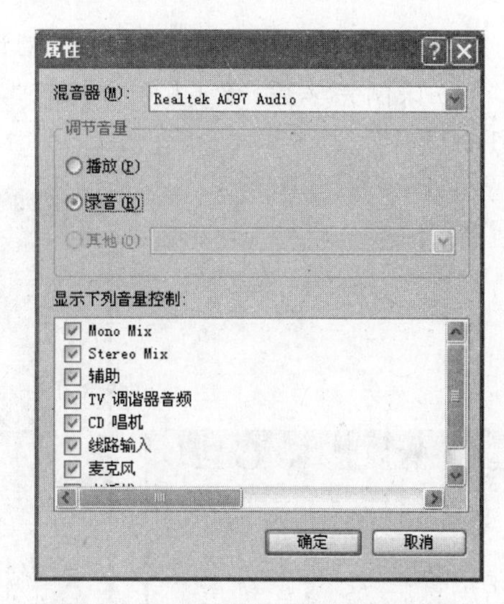

图 1-2-12 设置录音控制选项

(4) 单击【确定】按钮，返回【录音控制】窗口，如图 1-2-13 所示。选择麦克风，适当调整音量，关闭【音量控制】窗口。

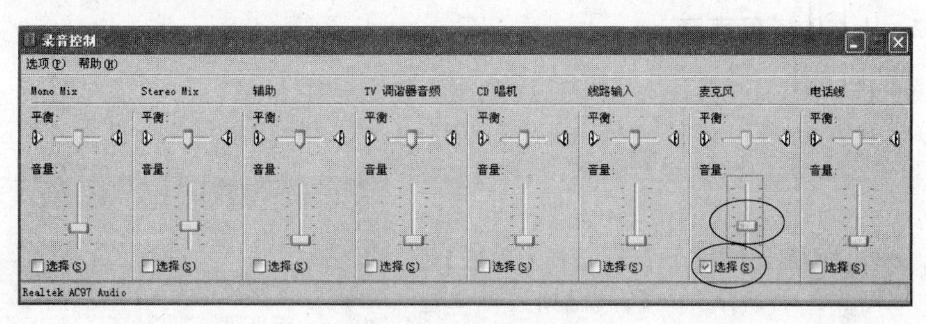

图 1-2-13 选择麦克风

2) 录音

(1) 在 Audio Editor 8.0 窗口中选择【文件】→【新建】命令，创建一个空白文件。

(2) 单击导航栏上的“记录”按钮●，或执行【控制】→【记录】命令，弹出【设置记录的水平】对话框，如图 1-2-14 所示。

(3) 对着麦克风讲话，可以在【设置记录的水平】对话框中调整声音的强度(即录制音频的音量大小)，如图 1-2-15 所示。

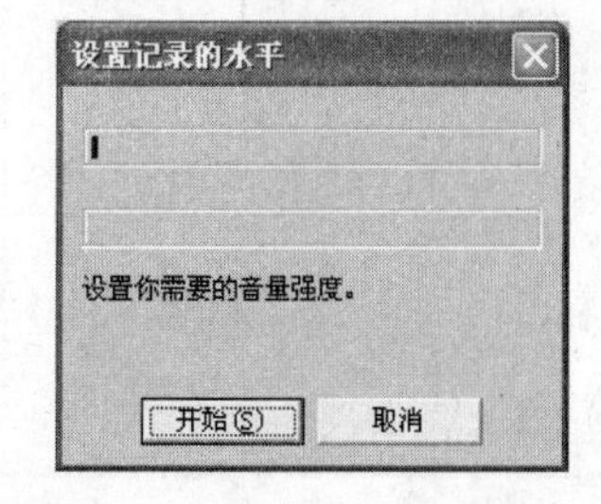

图 1-2-14 【设置记录的水平】对话框

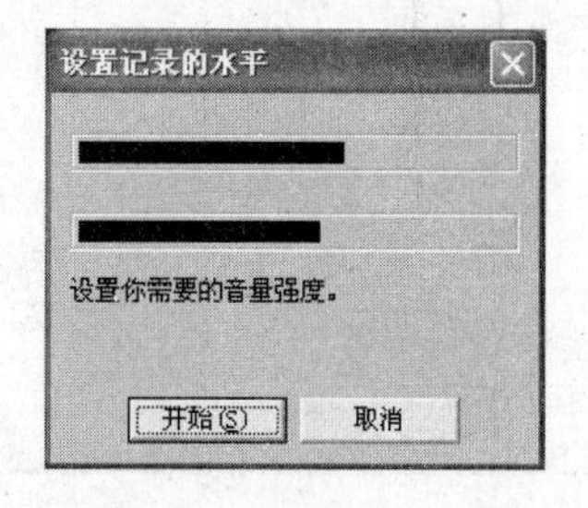

图 1-2-15 调整声音强度

(4) 单击【开始】按钮，打开【记录】对话框，如图 1-2-16 所示，开始录制声音。

(5) 录制完毕后，单击【停止】按钮，录制的音频波形显示在声音文件窗口中，如图 1-2-17 所示。

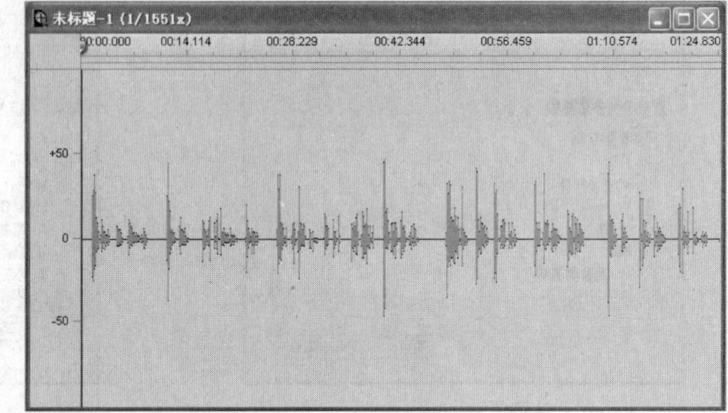

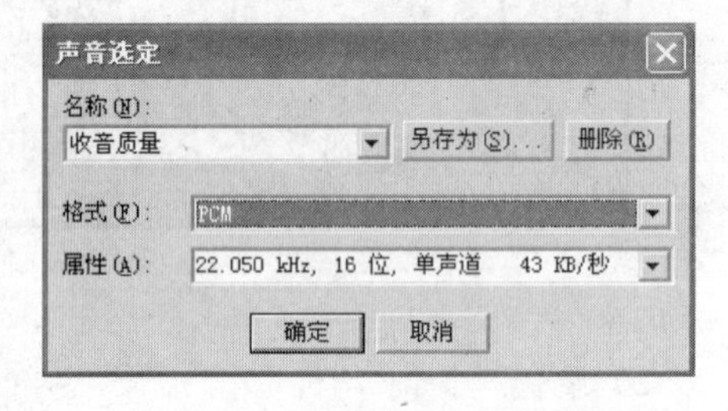

图 1-2-16 【记录】对话框

图 1-2-17 录制的音频波形

(6) 将录制的声音保存起来。

2. 从 CD 拷贝声音

(1) 将一张 CD 唱片放入计算机的光盘驱动器。

(2) 在 Audio Editor 8.0 窗口中选择【控制】→【从 CD 记录】命令，在弹出的【声音选定】对话框中设置声音的格式与属性，如图 1-2-18 所示。

图 1-2-18 【声音选定】对话框

(3) 单击【确定】按钮，打开【选择歌轨迹】对话框，如图 1-2-19 所示。在【音轨】列表框中选择 CD 唱片中的某一首歌曲，单击【开始】按钮，开始转换 CD 中选定歌曲的音轨，如图 1-2-20 所示。

(4) 拷贝完毕(进度条到达 100%)后，所产生的数字音频波形出现在 Audio Editor 8.0 的工作区中，如图 1-2-21 所示。

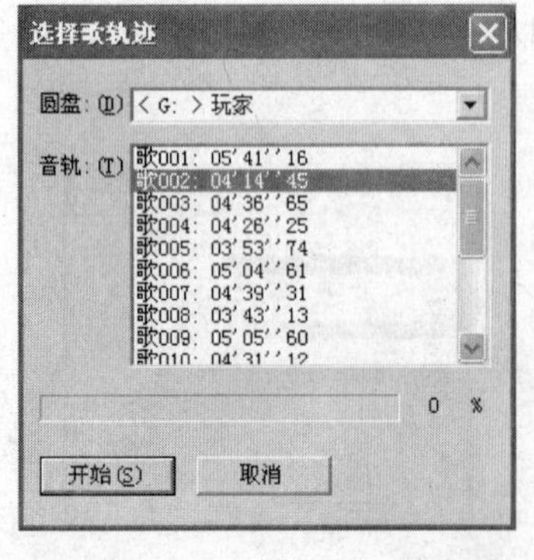

图 1-2-19 【选择歌轨迹】对话框

图 1-2-20 拷贝 CD 中的声音

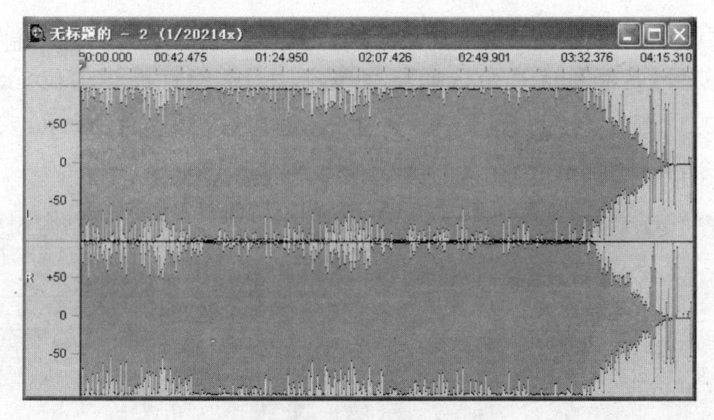

图 1-2-21　从 CD 拷贝的声音

(5) 将拷贝的声音保存起来。

提示：试用版或绿化版的 Audio Editor 软件不一定支持"从 CD 拷贝声音"的功能。但可以使用【文件】→【打开】命令直接打开 CD 中的文件。在打开的过程中，Audio Editor 将 CD 中的音轨文件转换为数字音频文件。

2.1.4　音频编辑

音频的编辑包括音频波形的选择、查看、复制、剪切和粘贴，静音处理，声道的分离与合并，音频波形的标记处理、混合、十字渐变等操作。

1. 波形选择

要编辑音频波形，必须先正确选择。音频波形的选择包括全部选择和部分选择两种。

1) 全部选择

在音频波形上双击或者选择【编辑】→【选择所有】命令，可选择整个波形。

2) 部分选择

在波形上向左或向右拖曳鼠标，光标所经过区域的波形将被选中，如图 1-2-22 所示。

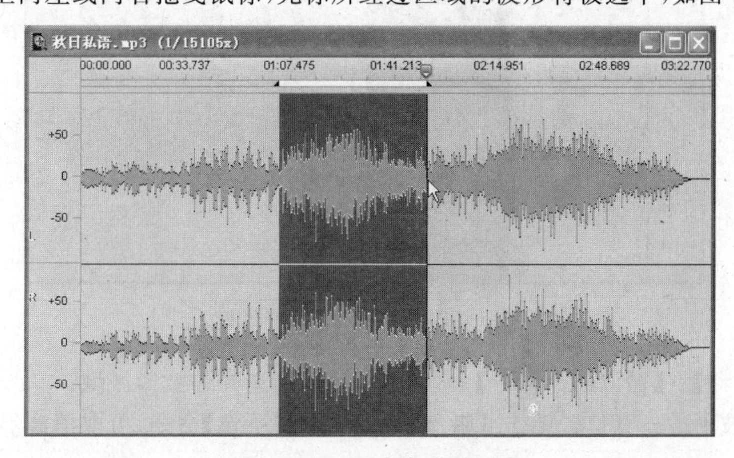

图 1-2-22　选择部分波形

当声音正在播放时，单击导航栏上的“标志在”按钮或工具栏上的“标志在/标志外”按钮，或选择【控制】→【开始选择】命令，将从播放指针的当前位置开始选择波形。单击导航栏上的“标志外”按钮或工具栏上的“标志在/标志外”按钮，或选择【控制】→【结束选择】命令，在播放指针的当前位置结束选择，如图 1-2-23 所示。

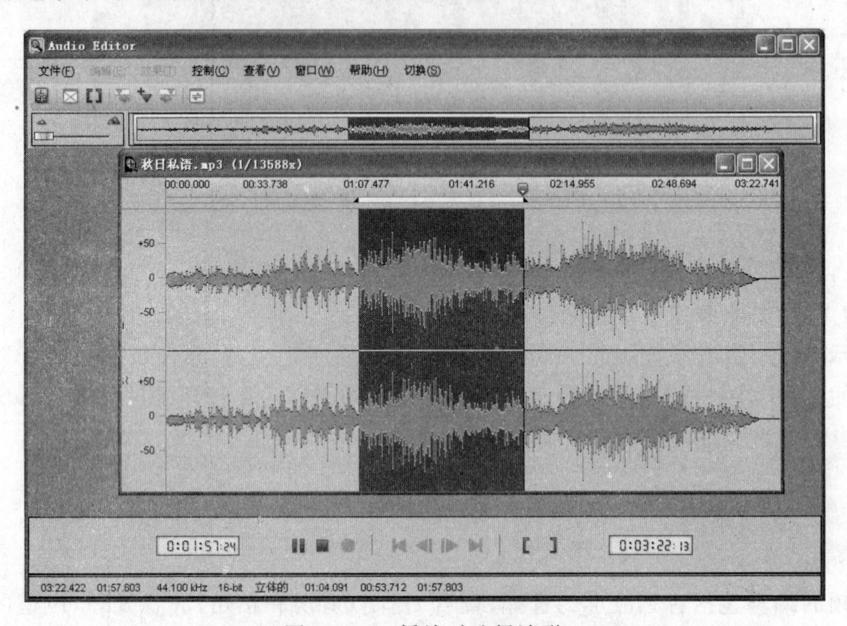

图 1-2-23　播放时选择波形

这种通过听觉选择所需音频波形的方法，比仅凭借视觉观察通过拖曳鼠标选择波形的方法更有效。

选定部分波形后，将鼠标指针移至波形选定区域的左右边界上，此时光标变成⇨⇦形状，如图 1-2-24 所示。这时左右拖曳鼠标，可增减波形的选择区域。

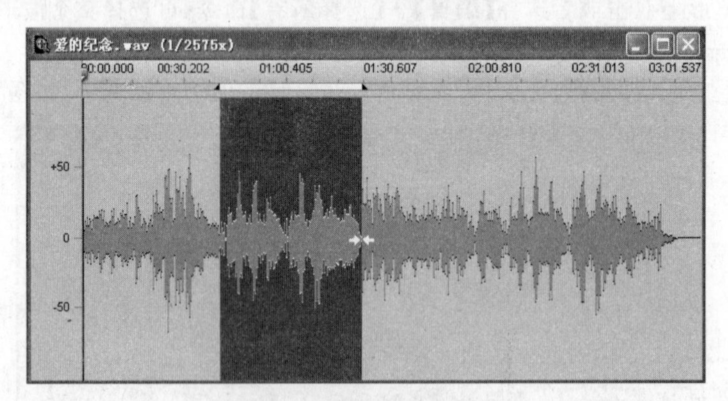

图 1-2-24　增减波形选择区域

选择【控制】→【播放选择部分】命令，将只播放所选择的波形区域。

在音频波形的任意位置单击或者选择【编辑】→【不选】命令，可取消波形的选择。

2. 波形查看

查看音频波形的途径有 3 个:【查看】菜单、概述栏和缩放工具,三者的功能不尽相同。

1) 通过【查看】菜单查看波形

打开【查看】菜单,如图 1-2-25 所示。

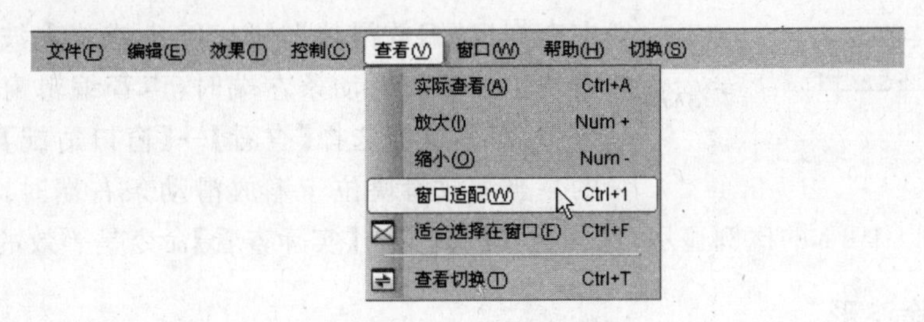

图 1-2-25 【查看】菜单

其中各菜单项的作用如下。

- 【实际查看】:以 1∶1 的比例显示波形。
- 【放大】:将波形放大为原来的两倍。
- 【缩小】:将波形缩小为原来的 1/2。
- 【窗口适配】:将整个波形显示在当前编辑窗口中。满窗口显示,但不出现滚动条。
- 【适合选择的窗口】:将选中的波形显示在整个编辑窗口中。与工具栏上"适合选择的窗口"按钮(如图 1-2-26 所示)的作用是相同的。

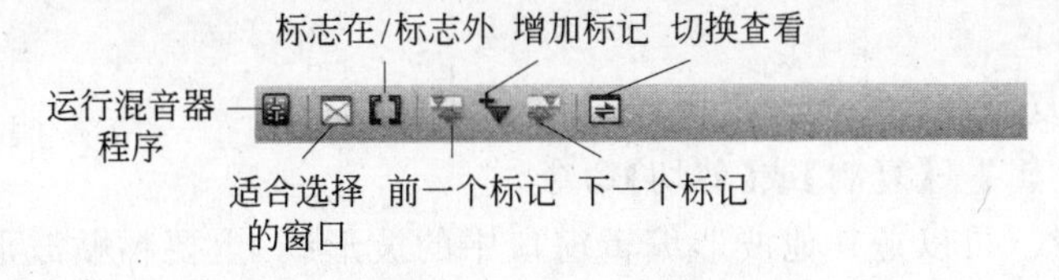

图 1-2-26 工具栏

- 【查看切换】:在最近使用的两种查看方式之间切换。与工具栏上"切换查看"按钮(如图 1-2-26 所示)的作用相同。

2) 通过概述栏查看波形

概述栏(如图 1-2-27 所示)中显示的波形是当前编辑的整个音频波形(又称活动波形),其中浏览框内的部分是显示在当前声音编辑窗口中的波形。

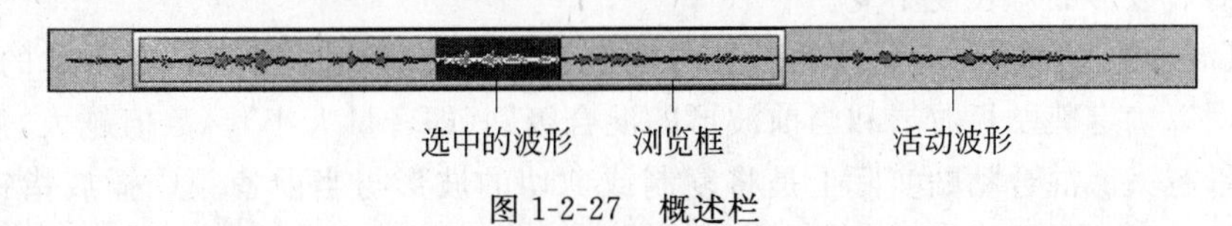

图 1-2-27 概述栏

将光标移到浏览框内，当光标变成⬌形状时，左右拖曳鼠标，可改变浏览框在整个活动波形上的前后位置，从而改变声音编辑窗口内波形的显示区域。

将光标放置在浏览框的左右边框线上，当指针变成⇔形状时，左右拖曳光标，可将浏览框加宽或变窄，从而缩放声音编辑窗口中显示的波形。

3）使用缩放工具缩放波形

在缩放工具栏（如图 1-2-28 所示）上单击“缩小”和“放大”按钮，或在“缩放滑动条”上左右拖曳“缩放滑块”，可以缩小或放大波形。当缩放滑块位于缩放滑动条左端时，声音编辑窗口中显示出整个波形，这与选择【查看】→【窗口适配】命令是等效的。当缩放滑块位于缩放滑动条右端时，声音编辑窗口中的波形以 1∶1 的比例显示，这与选择【查看】→【实际查看】命令是等效的。

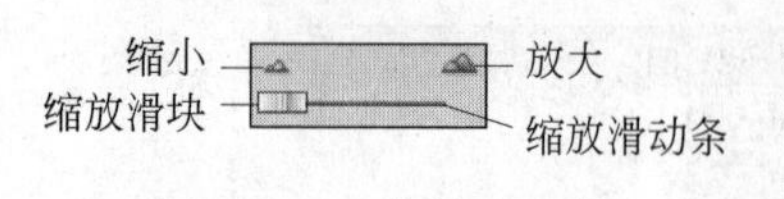

图 1-2-28　缩放工具栏

3. 删除波形

删除波形的操作如下。

（1）选择要删除的波形区域。

（2）按 Delete 键或执行【编辑】→【清除】命令。

若删除的是音频中间的一段波形，则波形删除后，剩余的前后两段波形将自动衔接起来。

提示：与上述操作相反，执行【编辑】→【保留】命令，可保留选择的波形，而删除所选波形之外的其他波形。

4. 波形的复制、剪切和粘贴

操作方法如下：

（1）选择要复制或剪切的波形区域。

（2）执行【编辑】→【复制】或【剪切】命令。

（3）在波形线（可以是其他波形编辑窗口中的波形线）上要粘贴波形的位置上单击，定位播放指针。

（4）选择【编辑】→【粘贴】命令下相应的子命令，如图 1-2-29 所示，粘贴波形。

- 【插入】：将复制或剪切的波形插入到播放指针所在位置的右边。粘贴前播放指针右边的波形向右推移。粘贴后的波形长度＝粘贴前的波形长度＋粘贴长度。
- 【取代】：将复制或剪切的波形替换播放指针右边等长度的一段波形。若播放指针右边的波形长度较小，则所粘贴的波形中右侧多余的部分将被丢弃，所以粘贴前后波形的总长度不变。
- 【混合】：选择【编辑】→【粘贴】→【混合】命令，将弹出如图 1-2-30 所示的对话框，用以确定剪贴板波形和当前波形的混合级别（即音量大小）。数值越大，混入的音量越大。混合粘贴实际上是将复制或剪切的波形与当前音频中播放指针右边等长度的一段波形进行混音。同样，若播放指针右边的波形长度较小，则粘贴的波形中右侧多余的部分将被忽略，因此粘贴前后波形的总长度也不变。

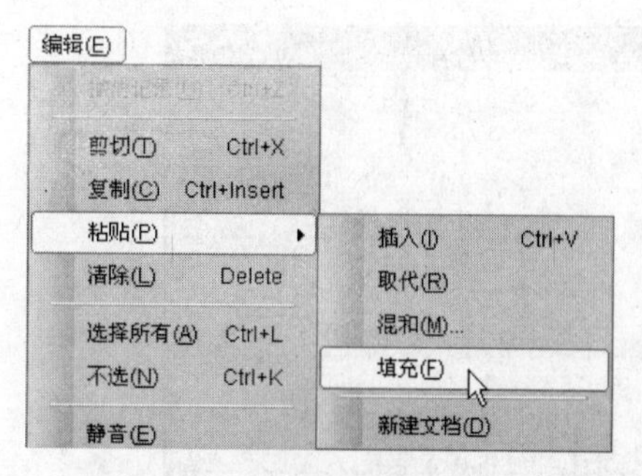

图 1-2-29 【粘贴】命令组

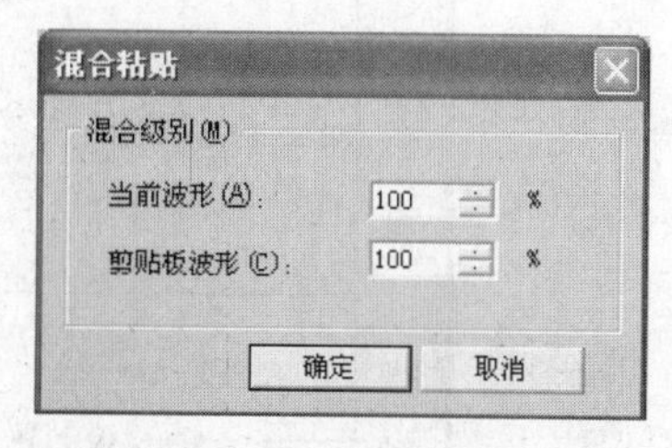

图 1-2-30 【混合粘贴】对话框

- 【填充】：执行【填充】命令前，必须先选择一段波形。执行【填充】命令后，复制或剪切的波形将替换选中的波形。若选中的波形较长，复制或剪切的波形将重复粘贴多次，以充满整个波形选择区域；若选中的波形较短，复制或剪切的波形在填充波形选择区域时，右侧多余的部分波形将被丢弃。因此，粘贴前后波形的总长度不变。
- 【新建文档】：选择【新建文档】命令，自动创建一个新的波形编辑窗口，将复制或剪切的波形粘贴在其中。

5. 静音处理

所谓静音就是听不到任何声音。在 Audio Editor 8.0 中，有关静音处理的菜单命令有【静音】、【修整静音】、【插入静音】和【查找静音】，都位于【编辑】菜单下。

- 【静音】：将当前声音选择区域的波形转换为静音。该命令主要用来去除录音前后或录音间隙的设备噪声，处理前后的波形如图 1-2-31 和图 1-2-32 所示。

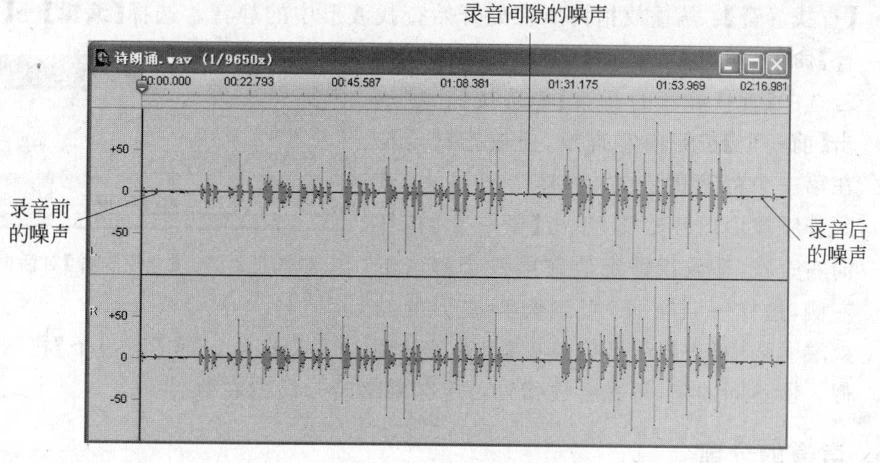

图 1-2-31 去除噪声前的波形

- 【修整静音】：【修整静音】对话框如图 1-2-33 所示。选中【清除所有静音】单选按钮，可删除当前波形中的所有静音片段。若选中【保留静音】单选按钮，并在右边数值框中设置一个特定时间长度（分：秒：毫秒）；则命令执行后，波形中所有大于

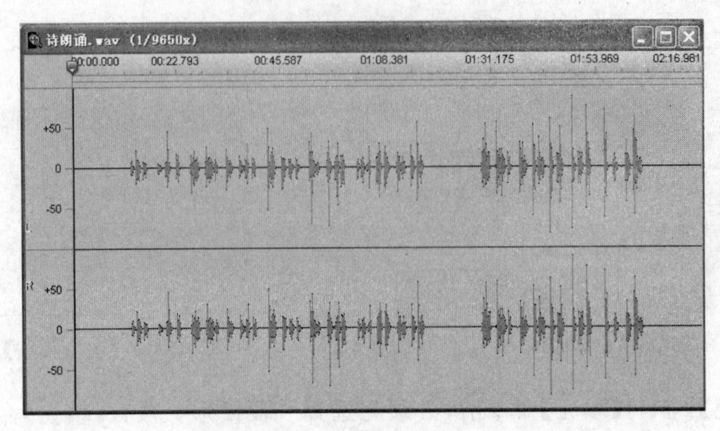

图 1-2-32　去除噪声后的波形

该长度的静音波形的长度将变成与该长度一致；而所有小于或等于该长度的静音波形将保持不变。

- 【插入静音】：将静音插入到波形中播放指针所在位置的右边。插入前播放指针右边的波形向右推移。插入后的波形长度＝插入前的波形长度＋插入静音的长度。其中插入静音的长度可以在如图 1-2-34 所示的【插入静音】对话框中设置。

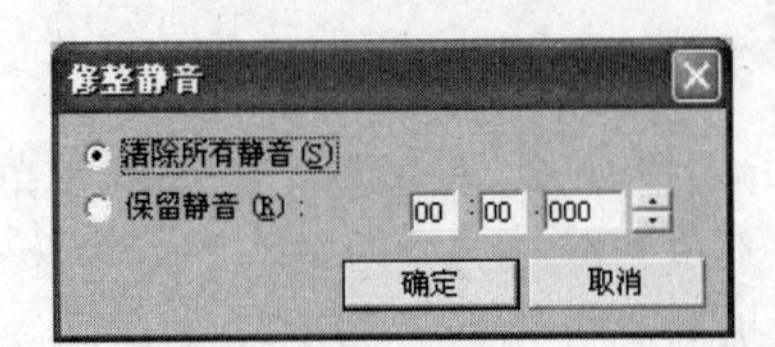

图 1-2-33　【修整静音】对话框

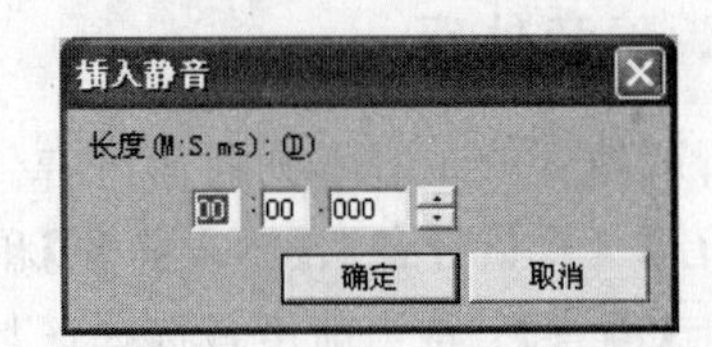

图 1-2-34　【插入静音】对话框

- 【查找静音】：从播放指针所在处开始查找波形中的静音。选择【编辑】→【查找静音】命令，弹出如图 1-2-35 所示的对话框。若选中【查找静音的开始】单选按钮，则单击【前一个】按钮向左查找，播放指针定位在第一个静音的左侧，这样一直下去，直到音频波形的开始端；单击【下一个】按钮向右查找，播放指针定位在第一个静音的左侧，这样一直下去，直到音频波形的结束端。选中【查找静音的结束】单选按钮时，单击【前一个】和【下一个】按钮情况类似。所不同的是，每次播放指针都定位在静音片段的右侧。

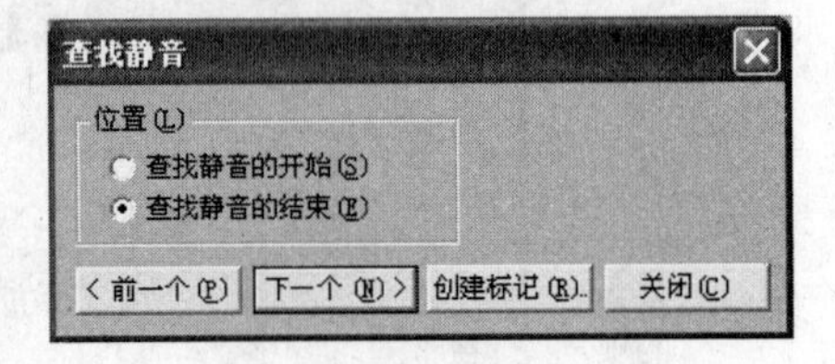

图 1-2-35　【查找静音】对话框

6. 声道的分离

声道分离指的是将立体声音频的左右两个声道进行分离，形成两个独立的单声道波形。操作如下：

(1) 打开一个立体声音频文件，如图 1-2-36 所示。

(2) 选择【编辑】→【切分】命令，弹出一个提示框，通知用户分离后所生成的两个单声

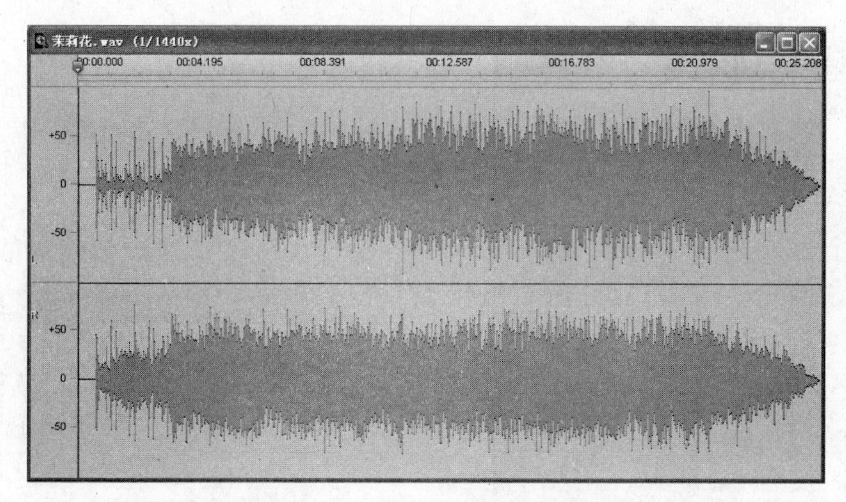

图 1-2-36　打开的立体声音频文件

道音频的文件名。单击【确定】按钮，关闭提示框。此时，立体声文件分离出两个单声道文件；同时，原立体声音频文件的波形编辑窗口仍然保留在 Audio Editor 8.0 的工作区中，如图 1-2-37 所示。

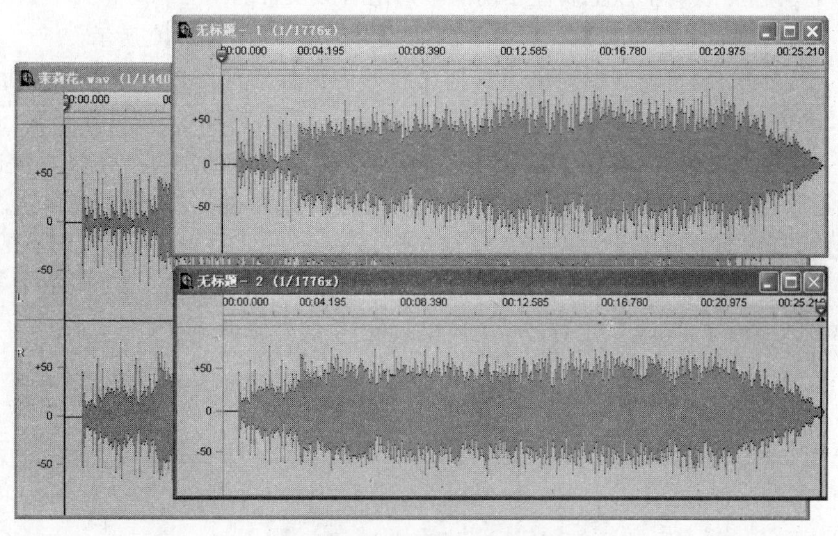

图 1-2-37　立体声音频的分离

7. 声道的合并

与声道的分离相反，声道的合并是将两个属性相同的单声道音频合并成立体声音频。所谓"属性相同"，指的是音频文件的采样频率、量化位数和声道数相同。

执行【文件】→【属性】命令，在打开的【属性】对话框中可以了解当前音频文件的属性，如图 1-2-38 所示。

要想改变音频文件的属性，可执行【编辑】→【转换到】命令，在打开的【转换到】对话框中进行属性修改，如图 1-2-39 所示。

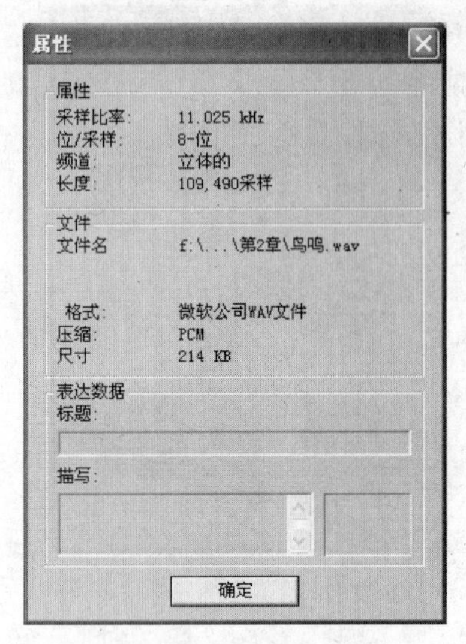

图 1-2-38 【属性】对话框

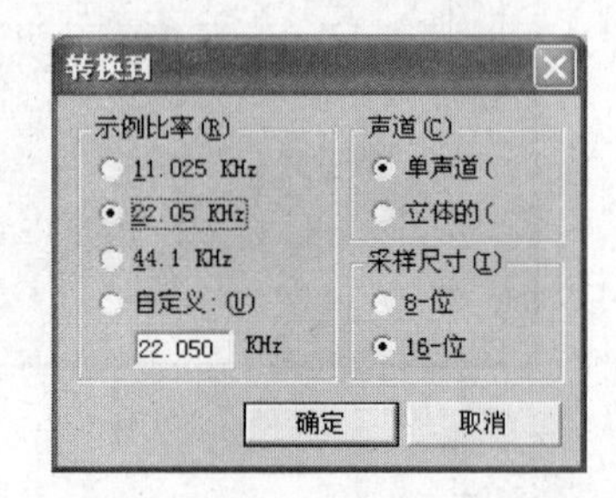

图 1-2-39 【转换到】对话框

声道合并的操作如下:

(1) 打开两个或两个以上属性相同的单声道音频文件。

(2) 执行【编辑】→【合并】命令,打开【合并】对话框,如图 1-2-40 所示。

(3) 在【合并有】列表框中列出了其他已打开的属性相同的单声道音频文件,在此选择一个要合并的音频文件。

(4) 在【声道设置】选项区中确定当前波形为合并后音频的左声道还是右声道。选择【以左声道为当前声道】单选按钮,合并后当前波形为左声道。选择【以右声道为当前声道】单选按钮,则当前波形为右声道。

(5) 单击【确定】按钮,关闭【合并】对话框。接着弹出一个提示框,通知用户合并后的立体声音频的文件名。单击【确定】按钮,关闭提示框,生成立体声音频文件,如图 1-2-41 所示。

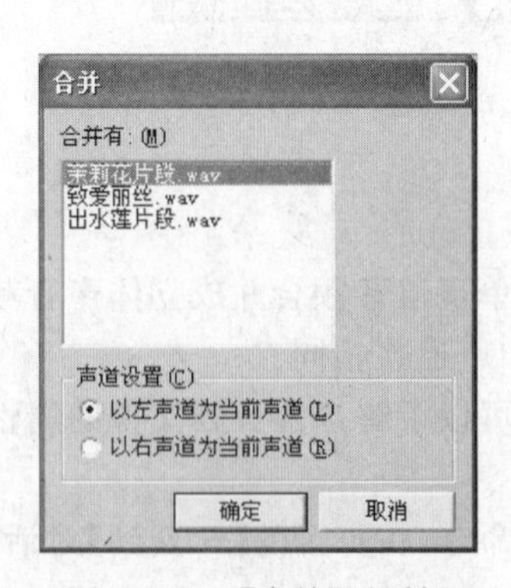

图 1-2-40 【合并】对话框

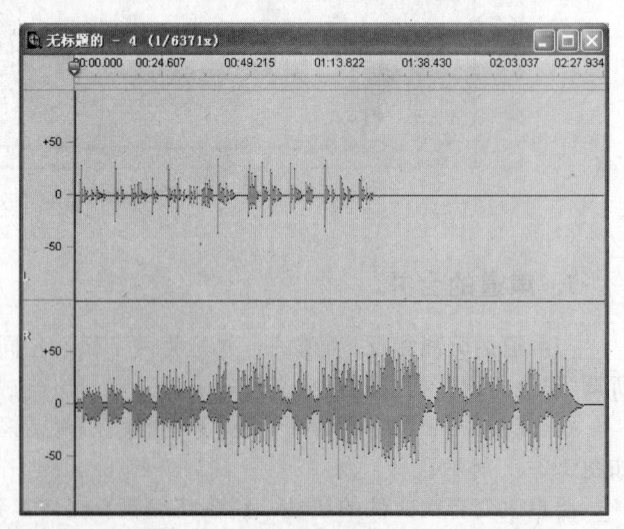

图 1-2-41 合并后的立体声音频

提示：合并生成的立体声音频文件的波形长度，等于参与合并的较长的那个单声道波形的长度，波形较短的单声道文件在结尾空余处插入静音，如图 1-2-41 所示。【合并】命令常用来配音。例如，将录制的解说音频作为一个声道，选择一段合适的背景音乐作为另一个声道。

8. 标记波形

在 Audio Editor 8.0 中，可以在音频波形的任意位置添加标记点，并且为每一标记点添加简短的描述；必要时，可使播放指针快速跳转到指定的标记点。总之，标记点的使用在一定程度上方便了音频的编辑，提高了工作效率。

1）添加标记

添加标记的操作如下：

(1) 在波形上需要标记的位置单击，将播放指针定位于此处(放大波形，可以更精确更方便地进行定位)。

(2) 单击工具栏上的“增加标记”按钮，或者执行【控制】→【增加标记】命令，打开如图 1-2-42 所示的对话框。

图 1-2-42 【增加标记】对话框

(3) 输入标记的名称或者对标记做一个简短的描述(最多可输入 63 个字符)。单击【确定】按钮，波形上播放指针所在处出现一个标记，如图 1-2-43 所示。

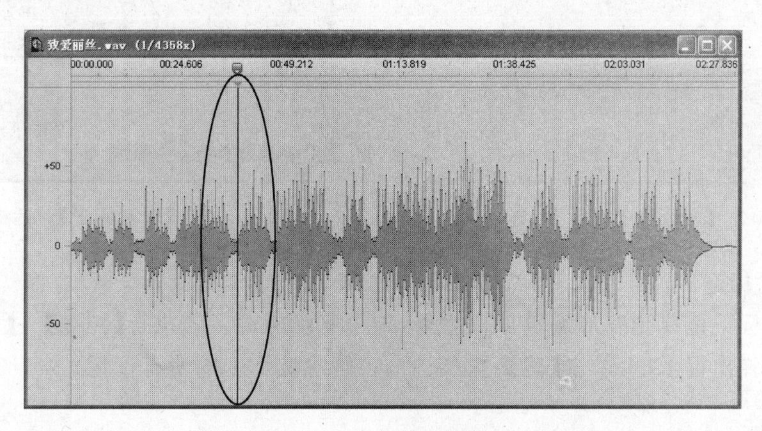

图 1-2-43 波形上的标记

值得一提的是，在音频播放时，同样可以使用上述命令为波形添加标记点。

2）编辑标记

- 移动标记：将指针移到标记的红色三角上，光标变成如图 1-2-44 所示的形状。左右拖曳鼠标，可改变标记的位置。
- 查看和修改标记描述：在标记的红色三角上双击，打开如图 1-2-45 所示的对话框。在【标记名称】文本框中查看或修改标记描述。

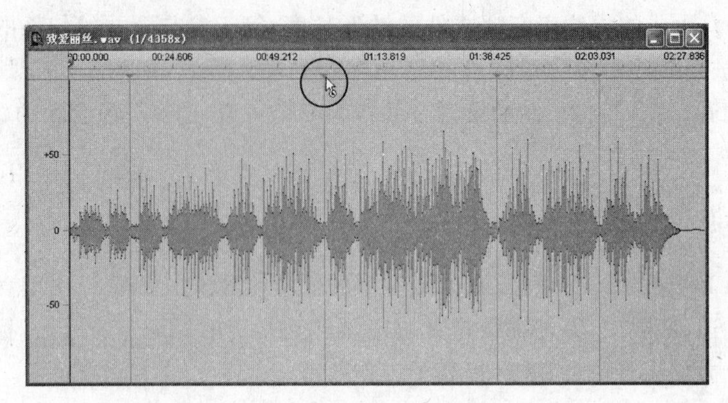

图 1-2-44　移动标记

- 标记跳转：单击工具栏上的“前一个标记”按钮，或执行【控制】→【前一个标记】命令，可跳转到前一个标记。单击工具栏上的“下一个标记”按钮，或者执行【控制】→【下一个标记】命令，则跳转到下一个标记。若执行【控制】→【转到标记】命令，打开【转到标记】对话框，如图 1-2-46 所示。在【查询】文本框中输入标记名或描述内容，或在【标记】列表框中选择一个标记，单击【转到】按钮，可跳转到指定标记。完成跳转后，单击【关闭】按钮，确认对话框。

图 1-2-45　【改变标记名称】对话框

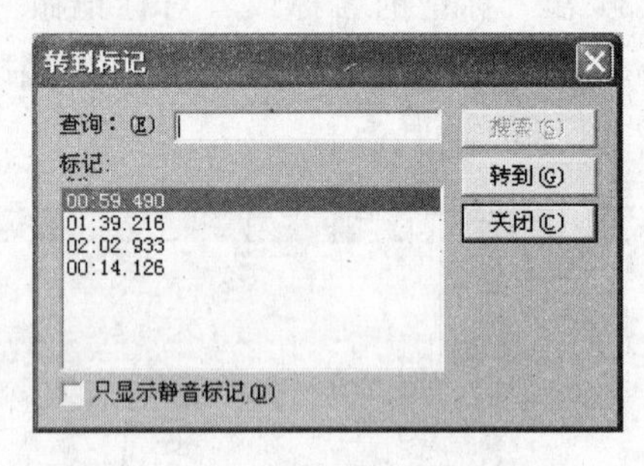

图 1-2-46　【转到标记】对话框

3）删除标记

将某一标记拖曳到波形编辑窗口之外，即可删除标记。若执行【控制】→【删除所有标记】命令，则弹出提示框，单击【确认】按钮后，将删除波形上的所有标记。

9. 混音

混音是将两个属性相同的音频文件合并成一个音频文件。操作如下：

(1) 执行【编辑】→【混和】命令，弹出如图 1-2-47 所示的对话框。

(2)【混合用】列表框中列出的选项是能够与当前音频混合的其他已打开音频的文件名。【混合级】选项区用以确定两个要混合的波形的混合级别(即音量大小)，数值越大，混入的音量越大。

(3) 设置完后单击【确定】按钮，两个音频文件混合成一个音频文件，同时弹出如图 1-2-48 所示的提示框，告知用户混合生成的音频文件的名字，单击【确认】按钮。

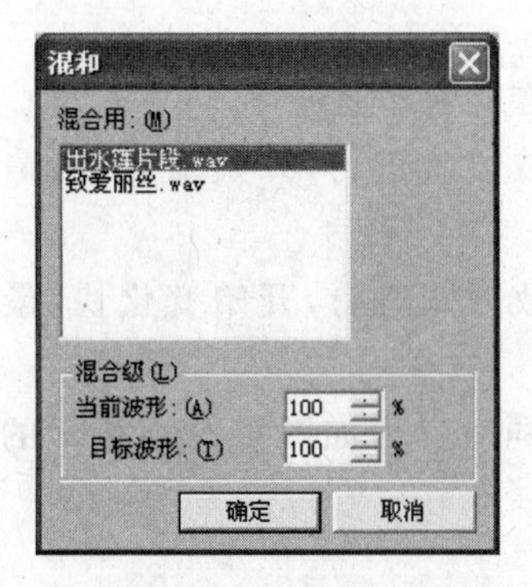

图 1-2-47 【混合】对话框

图 1-2-48 Audio Editor 提示框

提示：混合生成的音频文件的波形长度等于参与混合的较长的那个音频文件的波形长度。【混合】命令也常用来配音。虽然都可用于配音，但是【混和】命令与前面讲过的【合并】命令有所不同。【合并】是将两个属性相同的单声道音频合并成一个立体声音频，一个作为左声道，一个作为右声道；合并后的立体声音频通过"切分"还可将两个声道完整地分离出来；并且在实际播放时，可以通过调整左右声道的强度（比如通过【音量控制】窗口）来控制左右声道波形的音量大小，还可以通过选择，只播放左声道或右声道（卡拉 OK 伴奏音乐的制作方法与此类似）。【混和】命令则不同，它是将两个音频文件的波形数据进行融合，混合后的波形中彼此不分你我；参与混合的两个音频既可以是单声道的，也可以是双声道的；两个立体声音频混合时，左声道与左声道混合，右声道与右声道混合；在实际播放混合音频时，原来参与混合的两种声音的强度只能一起增大或减小。

10. 波形的十字渐变

【十字渐变】命令一般用于两个音频的交叉过渡，即将一个音频的末尾和另一个音频的开始自然地衔接起来。在两个音频的交叉区域，前面的声音渐渐淡出，后面的声音渐渐淡入，此消彼长，后者逐渐取代前者。需要指出的是，参与十字渐变的两个音频文件的属性必须相同。

【十字渐变】命令操作方法如下。

(1) 打开要进行十字渐变的两个音频文件，激活其中的一个窗口（该音频的波形位于十字交叉所生成的新波形的前面）。

(2) 执行【编辑】→【十字渐变】命令，打开【交叉渐变】对话框，如图 1-2-49 所示。

(3) 在【以交叉渐变】列表框中选择要与当前音频进行十字渐变的另一个音频的文件名。

(4) 在【交叉长度】数值框中设置音频交叉过渡区域的时间长度。若不输入数值，则操作完成后步骤(3)中所选音频的波形追加到活动波形的后面，所生成音频的波形长度等于参与交叉渐变的两个波形的长度之和。

(5) 在【改变曲线】选项区中指定一种淡入淡出的变

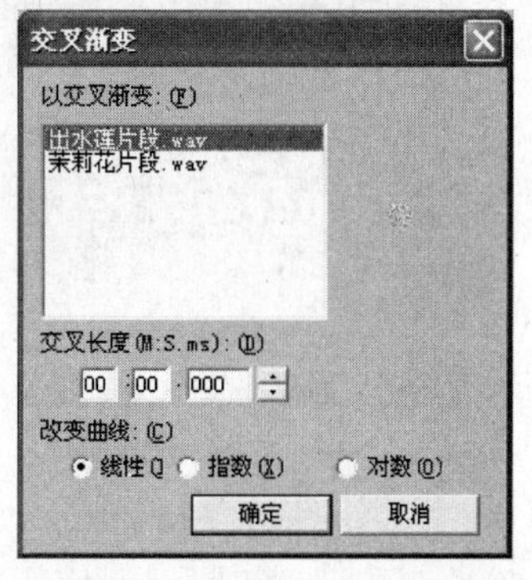

图 1-2-49 【交叉渐变】对话框

化方式。

- 【线性】：波形交叉区域的淡入淡出变化按线性方式匀加速进行。
- 【指数】：波形交叉区域的淡入淡出变化按指数方式进行，开始变化慢，最后变化快。
- 【对数】：波形交叉区域的淡入淡出变化按对数方式进行，开始变化快，最后变化慢。

(6) 单击【确定】按钮，完成两个音频的交叉渐变，同时弹出如图 1-2-50 所示的提示框，通知用户所生成的音频的文件名，单击【确定】按钮。

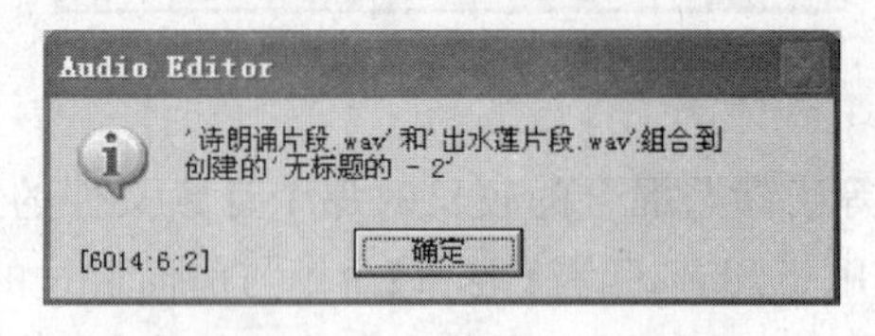

图 1-2-50　Audio Editor 提示框

图 1-2-51　【放大】对话框

2.1.5　音频特效

使用 Audio Editor 8.0 的【效果】菜单可以为声音添加多种特殊效果。比如音量缩放、消除噪声、淡入淡出处理、添加回声等。

1. 音量缩放

通过缩放音频波形来增大或减小音量，操作方法如下。

(1) 选择要调整音量的波形区域(若要改变整个波形的音量，只要激活该波形编辑窗口，不用选择其中的任何波形；当然，选择全部波形也可以)。

(2) 执行【效果】→【放大】命令，在弹出的【放大】对话框中输入要缩放的百分比数值(大于 100%表示增大音量，小于 100%表示减小音量)，如图 1-2-51 所示。

(3) 单击【确定】按钮，Audio Editor 8.0 以指定的百分比对波形进行缩放，如图 1-2-52 所示。

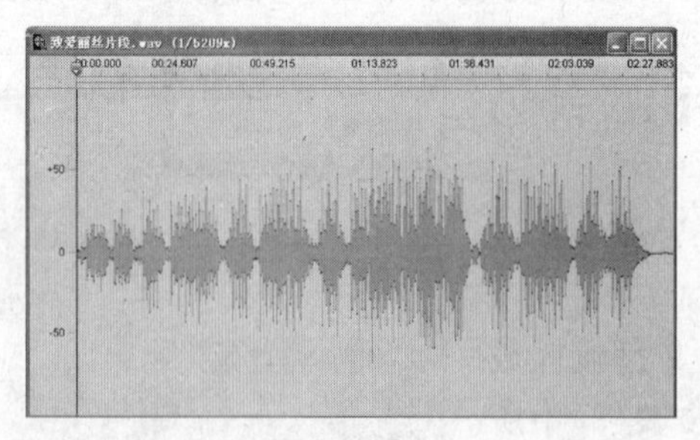

原波形

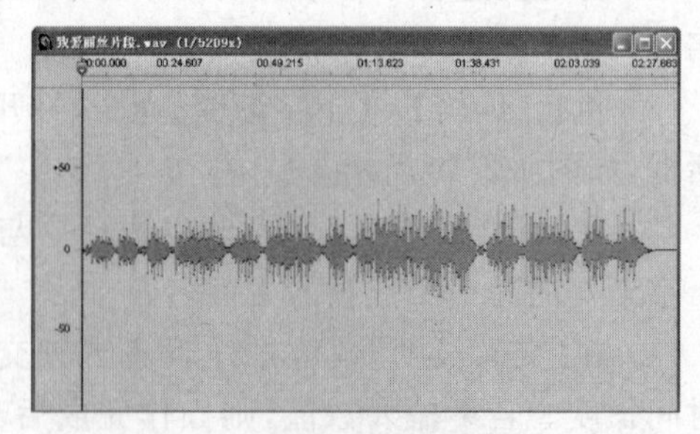

降低音量后的波形

图 1-2-52　增大整个音频的音量

2. 音频的标准化处理

音频放大后，有时会出现波峰超出编辑窗口上下边界的情形，这种音频在播放时往往会产生一些噪声或出现声音失真的现象。此时可撤销放大操作，然后执行【效果】→【标准化】命令，对音频进行标准化处理（调整波形的放大幅度，使最高波峰和最低波峰接近±100，但不超出音频编辑窗口），如图 1-2-53 所示。

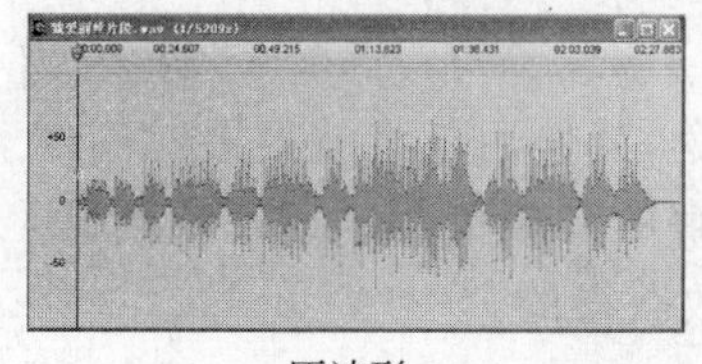

原波形

放大后波峰超出编辑窗口

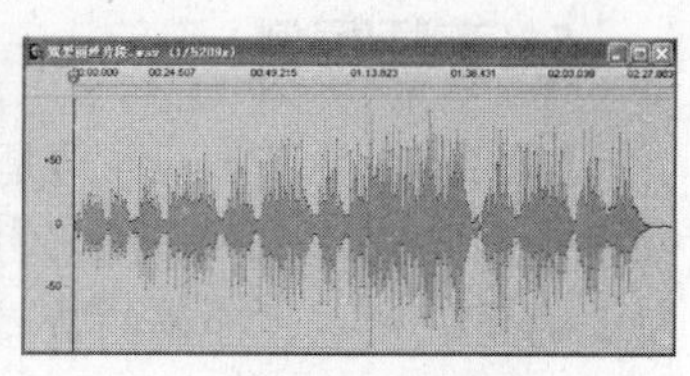

对音频进行标准化处理

图 1-2-53　音频的标准化

需要指出的是，对于录音时由于音量过高而产生的波形超出编辑窗口的情形，【标准化】命令无能为力。

3. 降低量化位数

【效果】菜单下的【数值化】命令用于降低音频的量化位数，使文件减小。由于该操作容易导致音频数据丢失，使音质下降，所以操作时要特别注意。

当活动波形的量化位数为 8 时，选择【数值化】命令将打开如图 1-2-54(a)所示的对话框，在【等级】数值框内可以输入 1～7 之间的整数。

当活动波形的量化位数为 16 时，选择【数值化】命令将打开如图 1-2-54(b)所示的对话框，在【等级】数值框内可以输入 1～15 之间的整数。

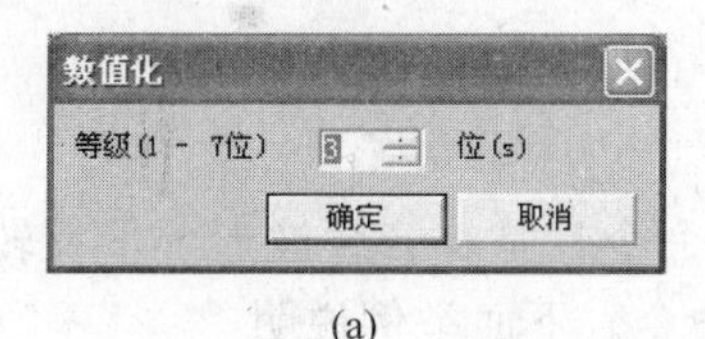

(a)

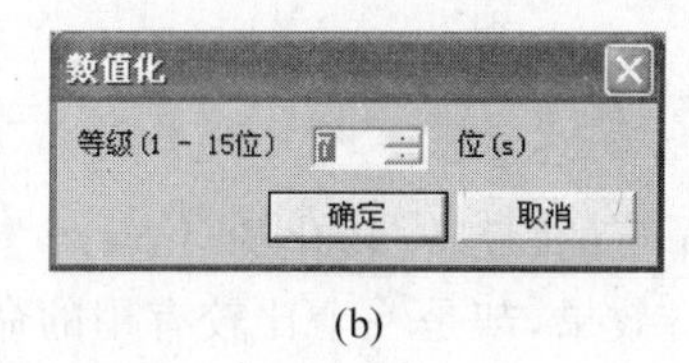

(b)

图 1-2-54　【数值化】对话框

该命令即可用于整个波形，也可用于选定的部分波形。当输入较小的等级值时，将得到声音严重失真的波形。

4. 消除噪声

一般条件下录音时，难免会产生一定程度的环境噪声，会大大影响声音的质量。使用【消除噪声】命令可以有效地滤除环境噪声。具体操作如下：

(1) 选择要消除噪声的波形（若要消除整个波形中的噪声，只要激活该波形编辑窗口即可）。

(2) 执行【效果】→【消除噪声】命令，弹出如图 1-2-55 所示的对话框。设置一个阈值。

(3) 单击【确定】按钮，低于指定阈值的波形被滤除。

提示：环境噪声的波形幅度一般比较小，设置 2%～5%的阈值就足够了。设置较高的阈值将滤除波形中的部分有效数据。

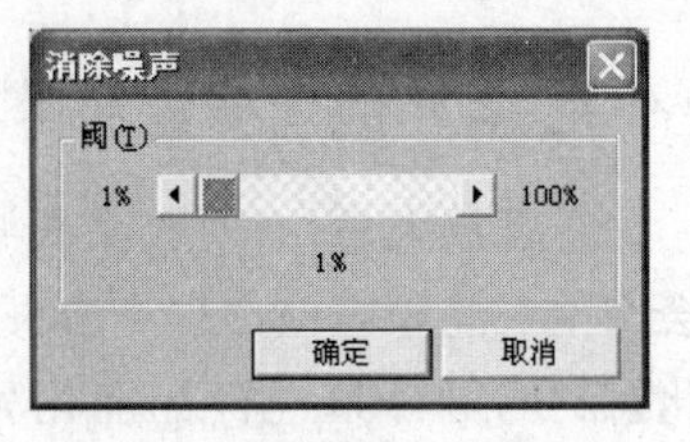

图 1-2-55 【消除噪声】对话框

5. 音频颠倒

【颠倒/相反(Reverse)】是【效果】菜单中一个有趣的命令，其作用是将波形沿时间线方向左右反转，以实现音频的反向播放，可产生让人无法理解的音频信息。据说戏剧、影视中的咒语和一些神秘的背景音乐就是将某些音频颠倒播放获得的。

音频颠倒的操作如下：

(1) 选择要颠倒的波形(若要颠倒整个音频，只要激活该波形编辑窗口即可)。

(2) 执行【效果】→【颠倒/相反】命令，如图 1-2-56 所示。

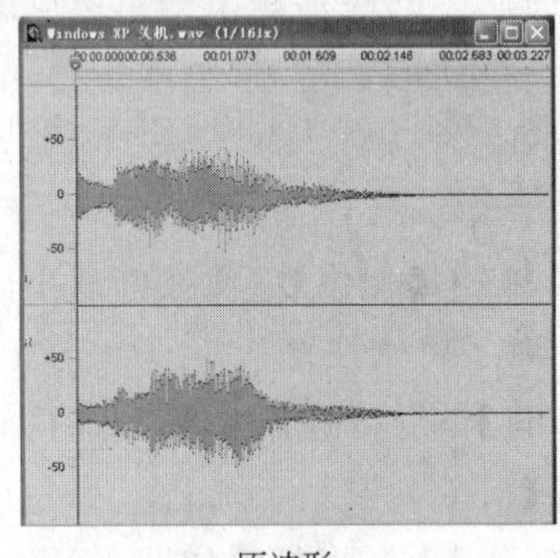

原波形

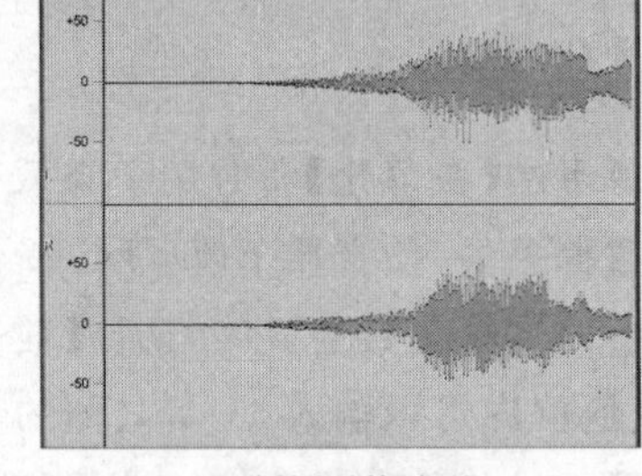

颠倒后的波形

图 1-2-56 音频颠倒的效果

6. 音频反转

【效果】菜单下的【反转/转化的(Invert)】命令只是将音频波形上下反转过来；虽然不影响实际的声音效果，却是一个比较有用的命令。下面举例说明。

(1) 打开声音文件“实验素材\第 2 章\致爱丽丝片段(立体声).wav”和“散文朗诵片段(立体声).wav”。

(2) 激活“散文朗诵片段(立体声).wav”的波形编辑窗口，如图 1-2-57 所示。

(3) 执行【编辑】→【混和】命令，打开【混和】对话框，参数设置如图 1-2-58 所示。单击【确定】按钮，将两个音频混合，生成新文件“无标题-1”，如图 1-2-59 所示。

(4) 播放混音文件“无标题-1”，可以听到为散文朗诵配的背景音乐效果。

(5) 执行【效果】→【反转/转化的】命令，将“无标题-1”的波形上下反转过来。

(6) 再次执行【编辑】→【混和】命令，【混和】对话框的参数设置如图 1-2-60 所示(注意前后两次混合级别的取值)。单击【确定】按钮，将反转后的“无标题-1”与“致爱丽丝片段(立体声).wav”混合，生成新文件“无标题-2”，如图 1-2-61 所示。

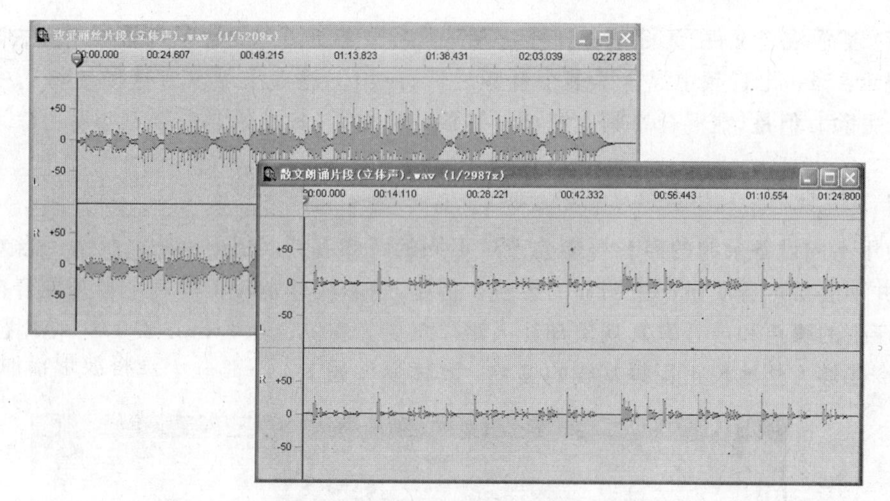

图 1-2-57　打开原文件

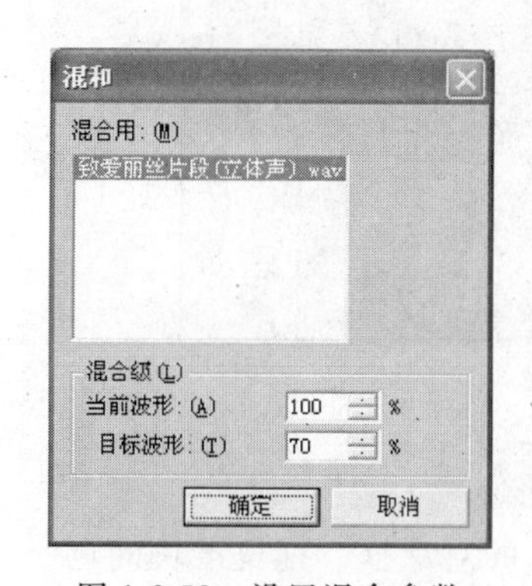

图 1-2-58　设置混合参数

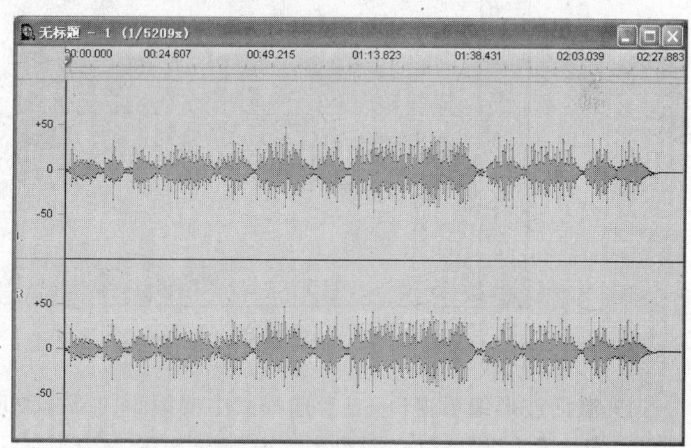

图 1-2-59　混合后的效果

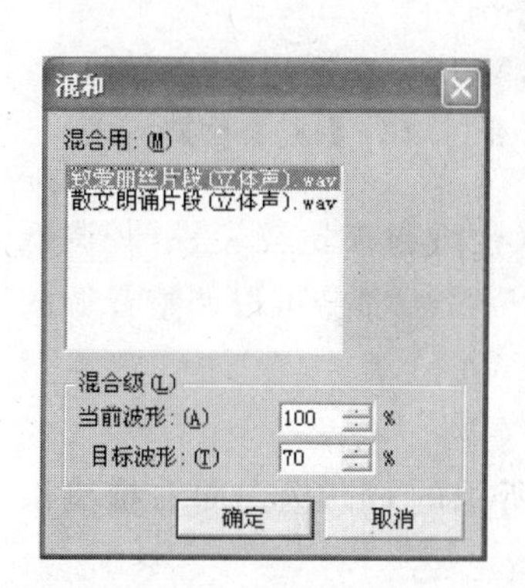

图 1-2-60　设置混合参数

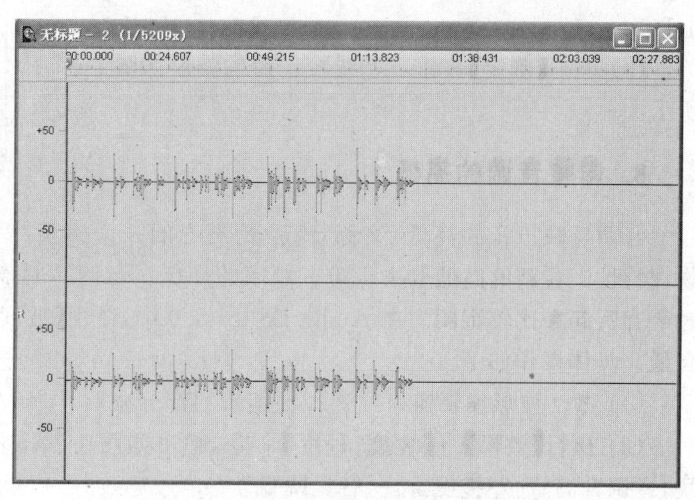

图 1-2-61　去除配乐散文中的背景音乐

（7）播放混音文件“无标题-2”，可以听到配乐散文朗诵中的背景音乐被全部去除。

提示：当一个音频中混合了多个音频之后，使用上述方法可以有选择地将其中的某些混音去除。但是，在混合音频上添加了其他效果之后，其中的混音就不容易去除了。

7. DC 补偿

使用不同设备录制的声音可能会产生不同的音频基线，如图 1-2-62 所示。当差别较小时，并不会对声音质量产生明显的影响。但是，当基线差别较大的两个音频混合在一起时，所产生的噪声和声音失真现象却让人难以接受。在 Audio Editor 8.0 中，使用【DC 补偿】命令能够方便地校正音频基线的偏差。具体操作如下。

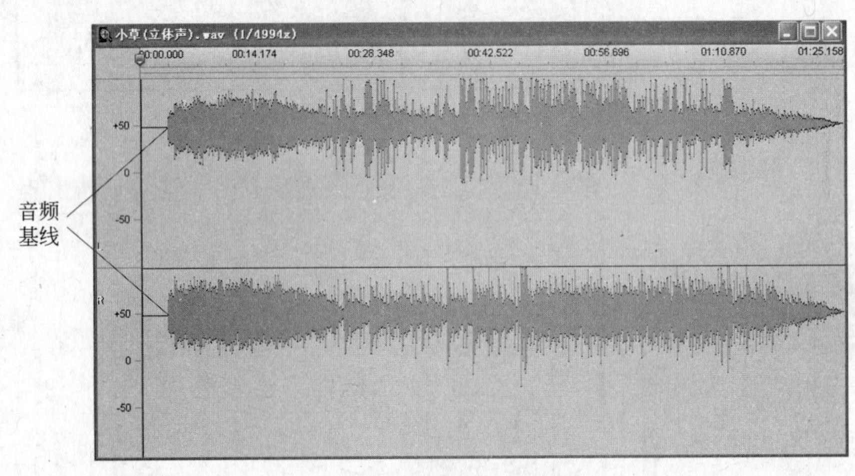

图 1-2-62　基线偏高的波形

（1）激活波形编辑窗口，或者选择其中要编辑的部分波形。

（2）执行【效果】→【DC 补偿】命令，弹出如图 1-2-63 所示的对话框。拖曳滑块确定一个校正值（向左拖曳滑块基线下移，向右拖曳滑块基线上移）。

（3）单击【确定】按钮。基线校正后的波形如图 1-2-64 所示。

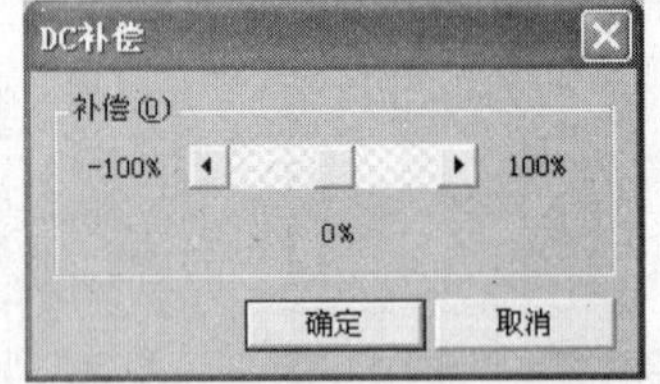

图 1-2-63　【DC 补偿】对话框

8. 调整音调的高低

音调反映声音的高低，又称音高，是声音的一个重要物理特性。音调的高低取决于声音频率的高低。音调高时声音听起来比较尖锐，音调低时声音听起来比较沉闷。在 Audio Editor 8.0 中，使用【坡度/程度】命令可以调整音调的高低。具体操作如下：

（1）激活波形编辑窗口或选择要编辑的部分波形。

（2）执行【效果】→【坡度/程度】命令，弹出如图 1-2-65 所示的对话框。向右拖曳滑块，音调升高；向左拖曳滑块，音调降低。

（3）单击【确定】按钮。

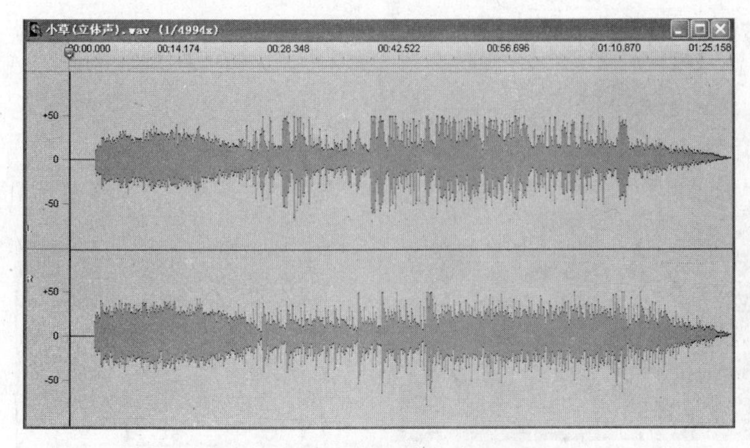

图 1-2-64　基线校正后的波形

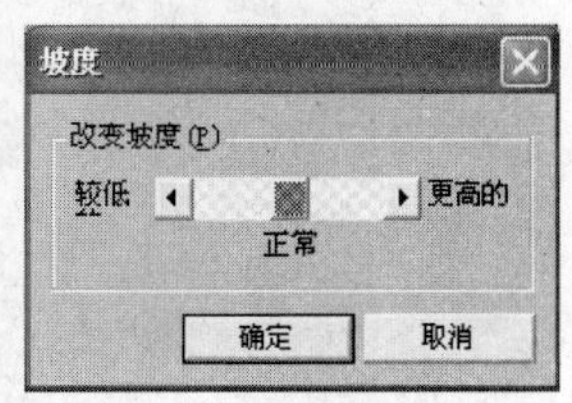

图 1-2-65　【坡度】对话框

下面举一个男女声转换的例子。

(1) 在 Audio Editor 8.0 中打开声音文件“实验素材\第 2 章\小草(立体声).wav”。

(2) 选择 22 秒 13 帧～34 秒 16 帧之间的一段波形(放大后选择比较准确,还可以借助标记),如图 1-2-66 所示。

(3) 执行【效果】→【坡度/程度】命令,将坡度设置为“更高的 33%”,如图 1-2-67 所示。

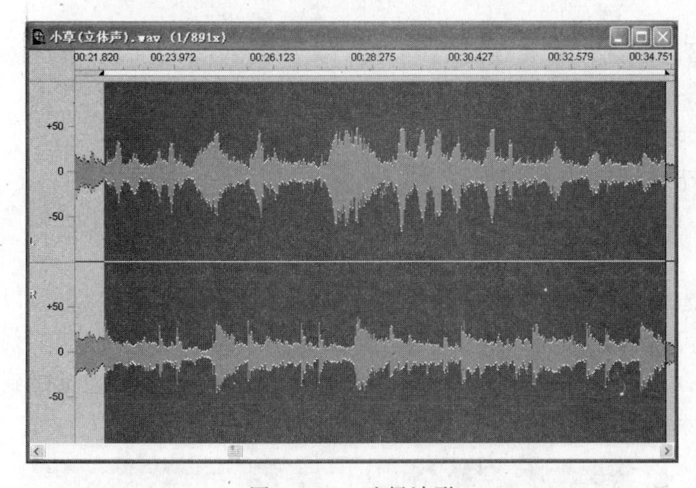

图 1-2-66　选择波形

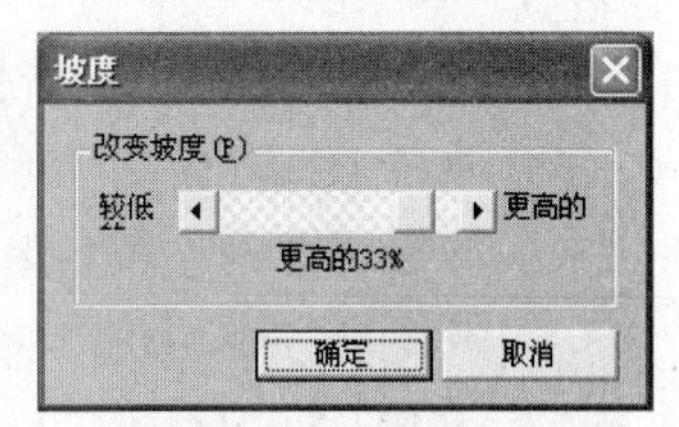

图 1-2-67　调高音调

(4) 再选择 34 秒 16 帧～59 秒 11 帧之间的一段波形。将坡度设置为“较低的 33%”,如图 1-2-68 所示。

(5) 试听整个波形的声音效果。

9. 改变播放的速度

改变播放速度可以调整声音的持续时间,还可以产生有趣的声音效果。具体操作如下:

(1) 激活波形编辑窗口或选择要编辑的部分波形。

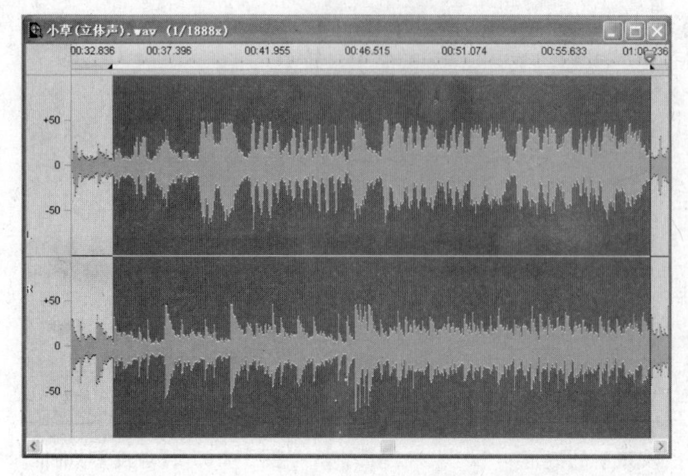

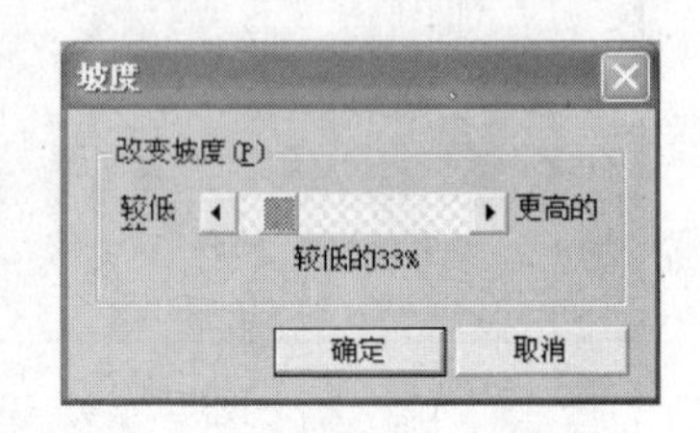

图 1-2-68　降低所选波形的音调

（2）执行【效果】→【速度】命令，弹出如图 1-2-69 所示的对话框。向右拖曳滑块，减慢播放速度，声音加长；向左拖曳滑块，加快播放速度，声音缩短。

（3）单击【确定】按钮。

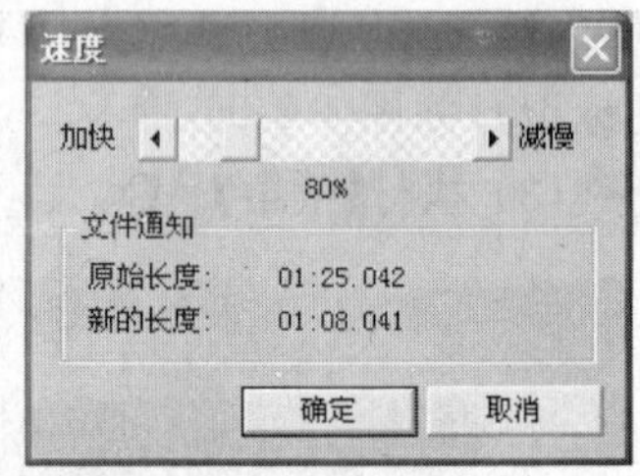

图 1-2-69　【速度】对话框

10. 制作淡入淡出效果

声音的淡入淡出是指声音的逐渐出现和逐渐消失；它是音频编辑和视频配音时经常采用的处理手段，用以表现特定场景的开始、结束或场景间的切换。具体方法如下：

（1）激活波形编辑窗口或选择要编辑的部分波形。

（2）执行【效果】→【渐变】命令，弹出如图 1-2-70 所示的对话框。在对话框中进行参数设置。

- 【渐变控制】：显示所选择的渐变效果的图表类型。通过拖曳曲线上的圆点（可以向各个方向移动），还可以自定义曲线的形状，从而随意调整渐变的效果。100％的位置表示音量不变；小于 100％的位置表示音量减小，0％的位置表示音量减到最小，声音完全消失；大于 100％的位置表示音量增大。

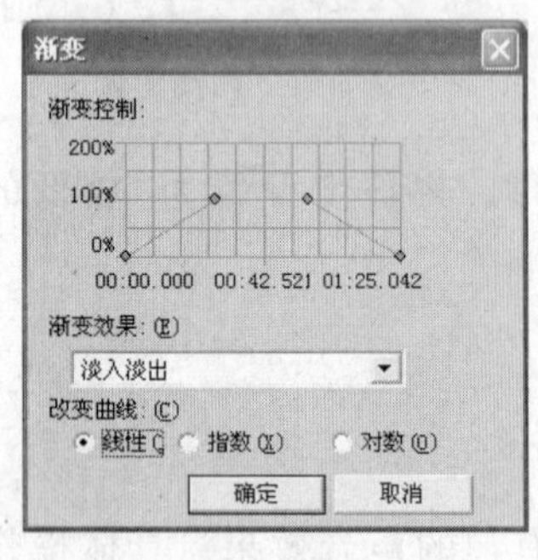

(a) 线性渐变

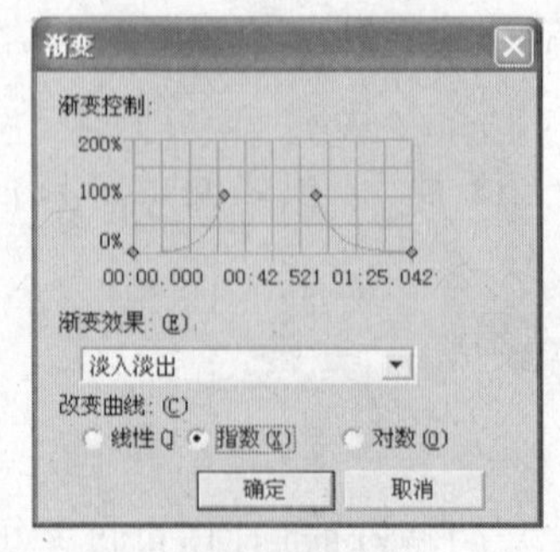

(b) 指数渐变

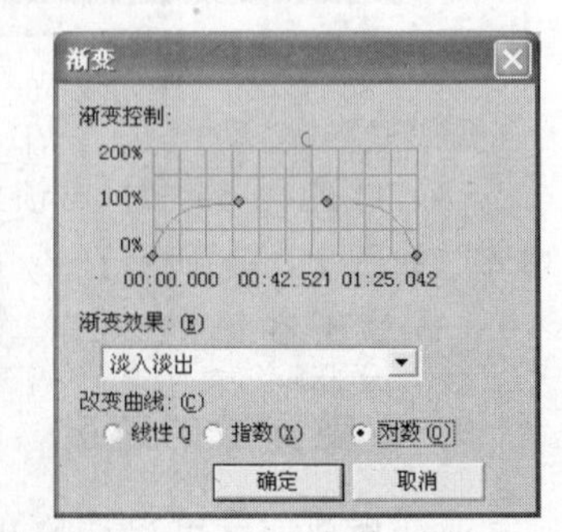

(c) 对数渐变

图 1-2-70　设置【渐变】对话框

• 【渐变效果】：下拉列表中提供了可供选择的几种预设的淡入淡出效果。选择【自定义】选项时，可以通过【渐变控制】栏的图表自行定义渐变的线型。
• 【改变曲线】：用于选择淡入淡出变化的曲线方式。【线性】表示淡入淡出变化按线性方式匀加速进行；【指数】表示淡入淡出变化按指数方式进行，开始变化慢，最后变化快；【对数】表示淡入淡出变化按对数方式进行，开始变化快，最后变化慢。

（3）单击【确定】按钮，淡入淡出变化前后的波形如图 1-2-71 所示。

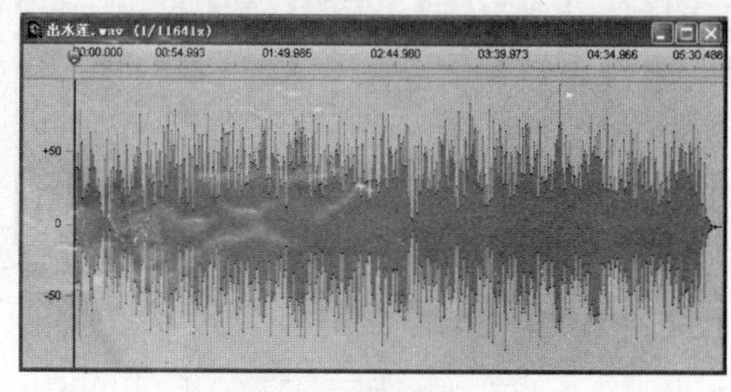
(a) 操作前

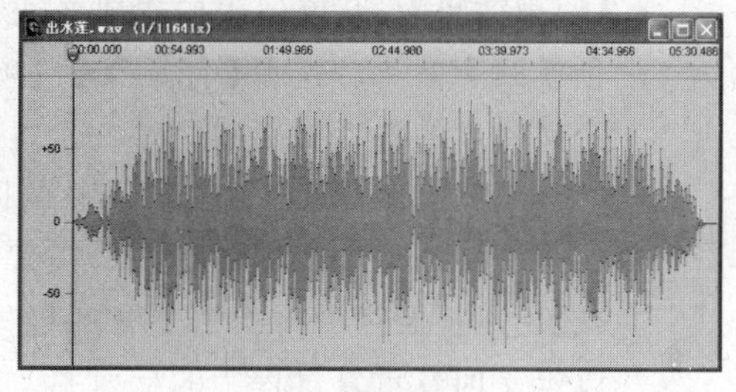
(b) 操作后

图 1-2-71　淡入淡出变化前后的波形对比

11. 制作声音环绕效果

【压平/平移】命令可以使立体声音频的一个声道产生淡入效果，而另一个声道产生淡出效果；结果听起来好像声音从一个扬声器慢慢移动到另一个扬声器，形成立体声环绕效果。具体操作如下：

（1）激活立体声音频的波形编辑窗口或选择要编辑的部分波形。

（2）执行【效果】→【压平/平移】命令，弹出如图 1-2-72 所示的对话框。其中 0% 表示音量降到最低，以至于听不到声音；100% 表示与原波形的音量相同。默认设置下，左声道淡入，右声道淡出。左右拖曳滑块可以调整百分比数值。

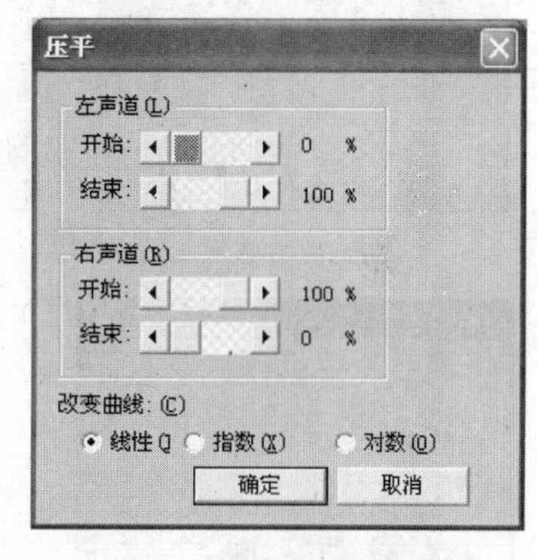

图 1-2-72　【压平】对话框

（3）单击【确定】按钮，结果压平前后的波形如图 1-2-73 所示。

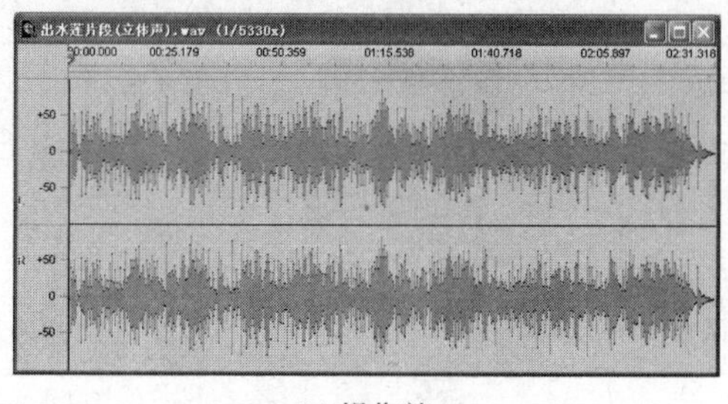
(a) 操作前

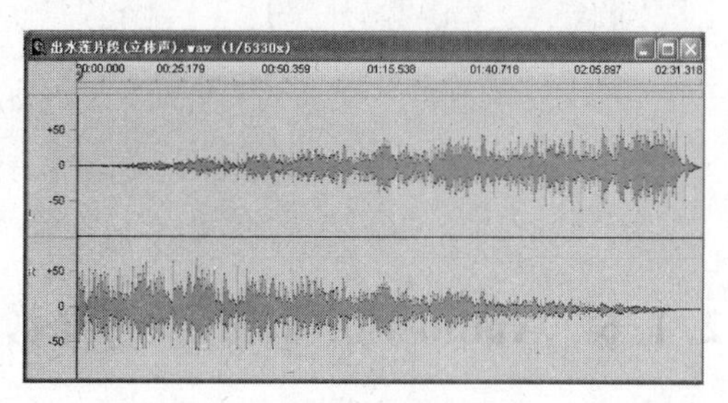
(b) 操作后

图 1-2-73　压平前后的波形比较

12. 添加回声

利用【回声】命令可以为声音添加回音与颤音效果。具体操作如下：

(1) 激活波形编辑窗口或选择要编辑的部分波形。

(2) 执行【效果】→【回声】命令，弹出如图 1-2-74 所示的对话框。在对话框中进行参数设置。

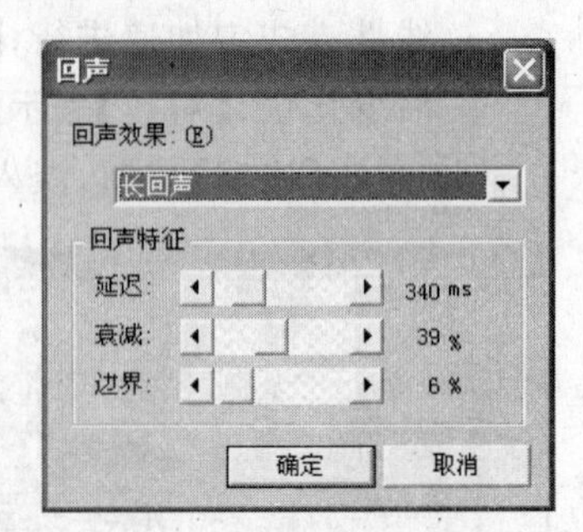

图 1-2-74 【回声】对话框

- 【回声效果】：下拉列表中提供了可供选择的几种预设回声效果。选择【自定义】选项时，可以自行定义回声的各特征参数。
- 【回声特征】：提供了 3 个可调整的回声特征参数。【延迟】用以控制听到回音前所需等待的时间；【衰减】用以控制声音每次重复时的损失量；【边界】用以定义回音重复过程中的反射率。

(3) 单击【确定】按钮，添加各种回声效果后的波形如图 1-2-75 所示。

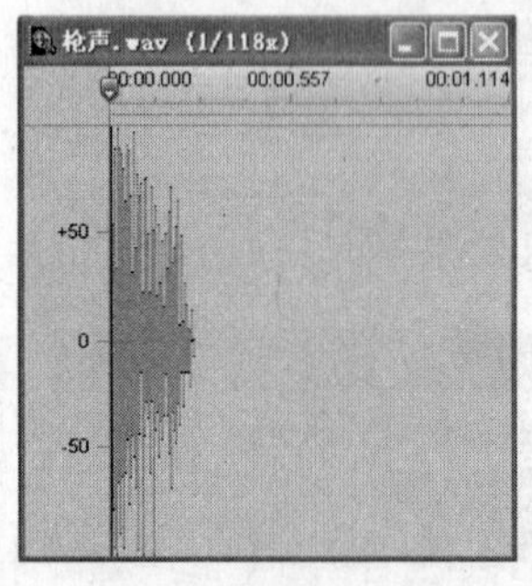

(a) 原波形

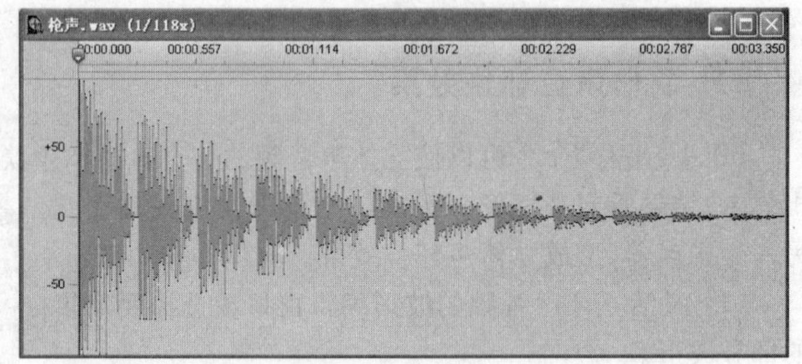

(b) 长重复

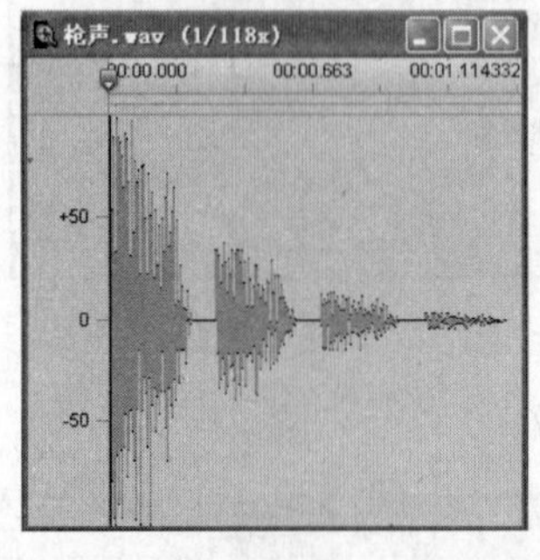

(c) 长回声

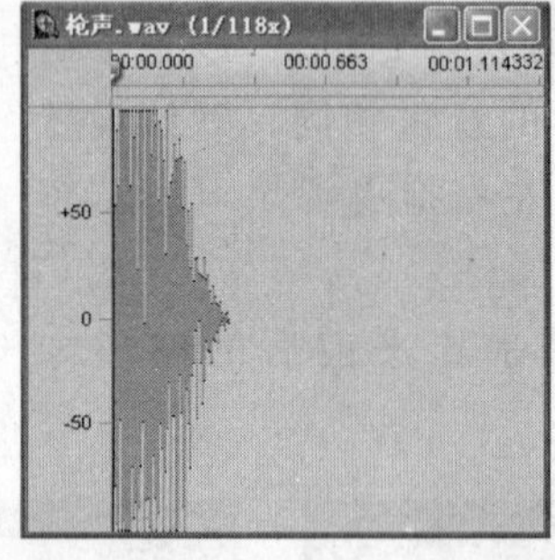

(d) 共鸣

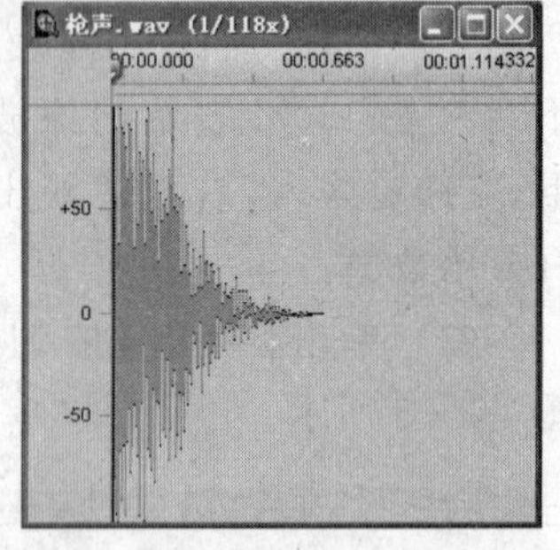

(e) 露天大运动场

图 1-2-75 原波形与添加回声效果后的波形

2.1.6 Audio Editor 8.0 的参数设置

使用【参数选择】对话框，用户可以设置 Audio Editor 8.0 的环境参数，构建一个适合自己习惯的工作环境。具体操作如下：

(1) 执行【文件】→【参数选择】命令，打开如图 1-2-76 所示的对话框。

(2) 在对话框中进行参数设置。

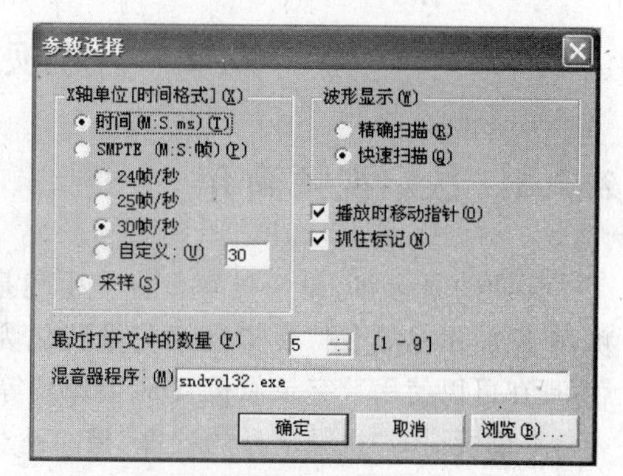

图 1-2-76 【参数选择】对话框

① 【X 轴单位[时间格式]】：指定波形编辑窗口中 X 轴上时间单位的显示格式。

- 【时间(M：S. ms)】：以分、秒、毫秒的形式显示时间信息。
- 【SMPTE(M：S：帧)】：以分、秒、帧的形式显示时间信息，还可以从下面的单选按钮中选择或自定义不同的帧频率。
- 【采样】：以每秒钟的样本数来表示波形在 X 轴上的时间信息。例如，如果音频的采样频率是 22.05kHz，则 1 秒钟长度的波形上显示 22050 个点，如图 1-2-77 所示。

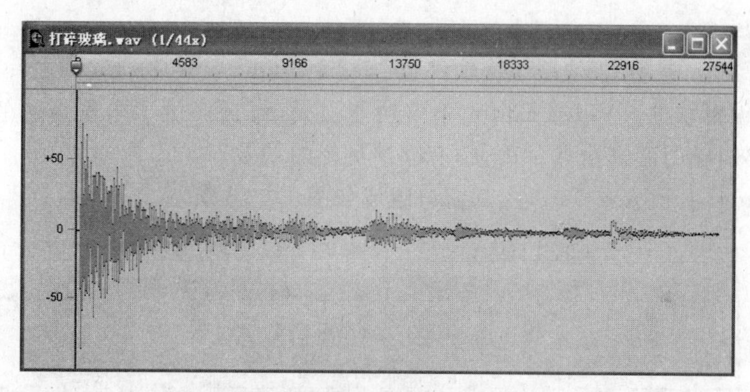

图 1-2-77 以单位时间的采样点数来表示时间信息

② 【波形显示】：控制波形显示的精细程度。

- 【精确扫描】：产生非常精细的波形图，但刷新波形时需要更多的时间。
- 【快速扫描】：产生不太精细的波形图，但刷新速度较快。这是多数情况下选用的波形显示方式。

③ 【播放时移动指针】：选中该复选框，音频播放时指针随着一起移动。否则播放指针不移动(这样可节省额外的系统资源，尤其在低内存情况下可不选)。

④ 【抓住标记】：在选择波形区域时捕捉标记点。

⑤ 【最近打开文件的数量】：指定【文件】菜单底部所显示的最近访问过的文件的个数。

⑥ 【混音器程序】：为录音操作指定混音器程序。默认设置下为 sndvol32.exe(音量控制程序)，通过单击【浏览】按钮还可以在打开的对话框中选择其他混音器程序。

(3) 单击【确定】按钮，确认对话框参数设置。

2.2 视频信号的处理

2.2.1 数字视频简介

早期的录像机、摄像机等设备产生的是模拟视频信号，要想在计算机中编辑这类视频，必须使用视频卡将模拟视频信号转化为数字视频信号，保存到计算机存储器中。当然，现在可以使用数字录像机、DV 摄像机等新型数码影音设备直接获取数字视频信号。

本章所谓的"视频信号的处理"指的是对保存在计算机存储器中的数字视频信号的处理。常用的视频处理软件有 Windows Movie Maker、Ulead Video Editor、会声会影、Adobe Premiere 等。

2.2.2 Ulead Video Editor 简介及基本操作

Video Editor 是数码影音套装软件包 Media Studio Pro 中的软件之一，是一款专业的数码视频编辑软件。Video Editor 不仅功能强大，而且提供了丰富多彩的视频编辑功能和视频特效，学习起来也非常简便，有立竿见影的功效。

启动 Video Editor 8.0 软件，其窗口组成如图 1-2-78 所示。

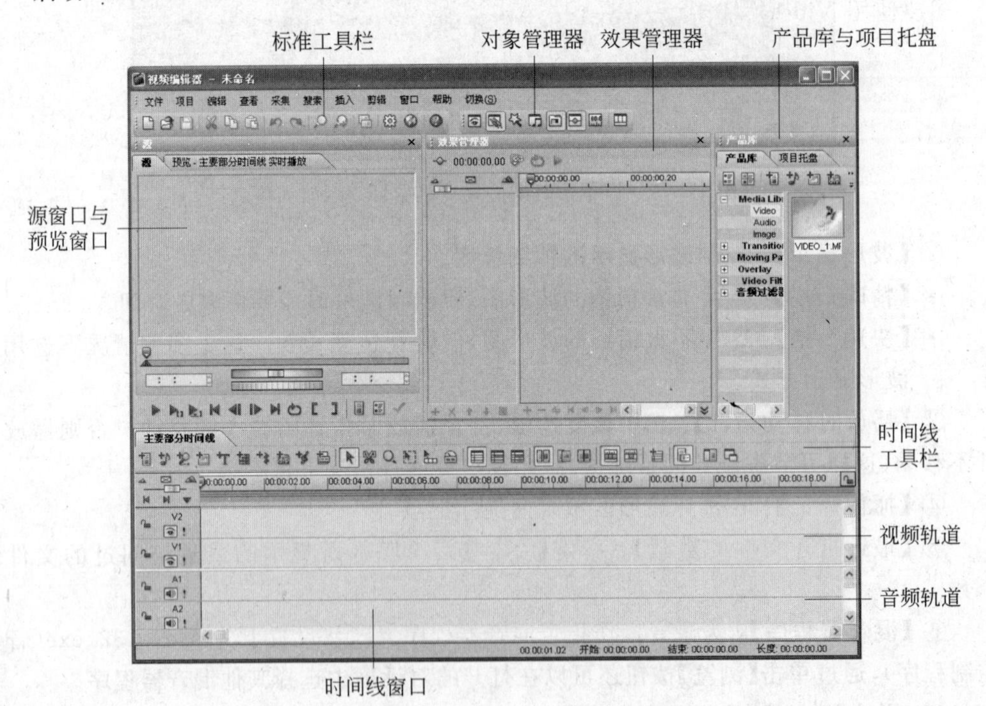

图 1-2-78 Video Editor 8.0 的窗口组成

提示：使用【窗口】菜单中的命令(如图 1-2-79 所示)，可以显示或隐藏 Video Editor 8.0 的界面元素，如面板、管理器、工具栏等，还可以对窗口界面进行布局管理。通过对象管理器上的各命令按钮(如图 1-2-80 所示)也能进行类似的操作。

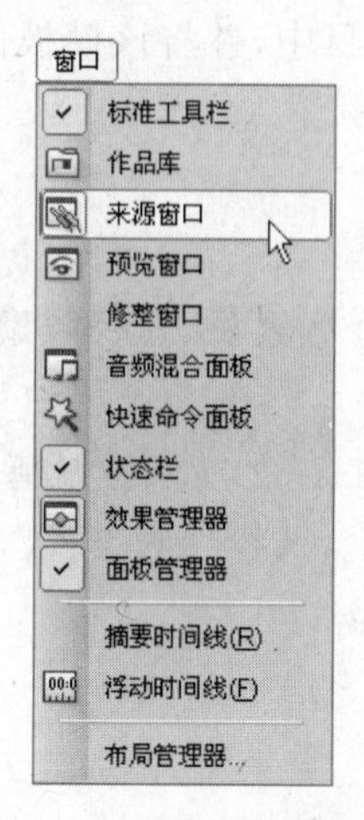

图 1-2-79 【窗口】菜单

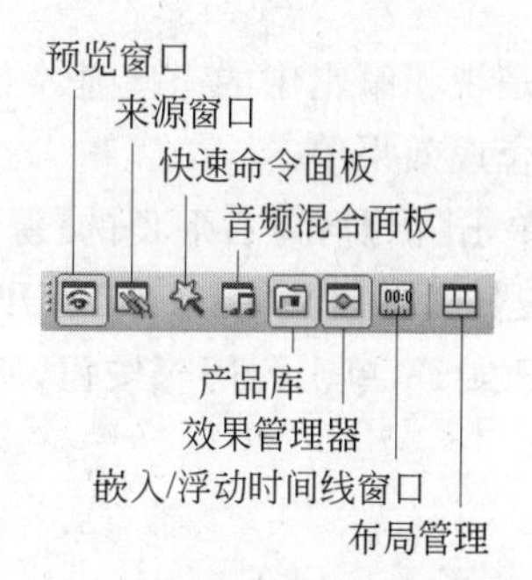

图 1-2-80 对象管理器上的按钮

以下通过一个完整的例子，来学习 Video Editor 8.0 的基本使用方法。

1. 新建视频项目文件

要使用 Video Editor 8.0 编辑视频，首先应该新建一个视频项目文件。操作方法如下：

(1) 单击标准工具栏的【新建】按钮，或执行【文件】→【新建】命令，弹出【新建】对话框，如图 1-2-81 所示。

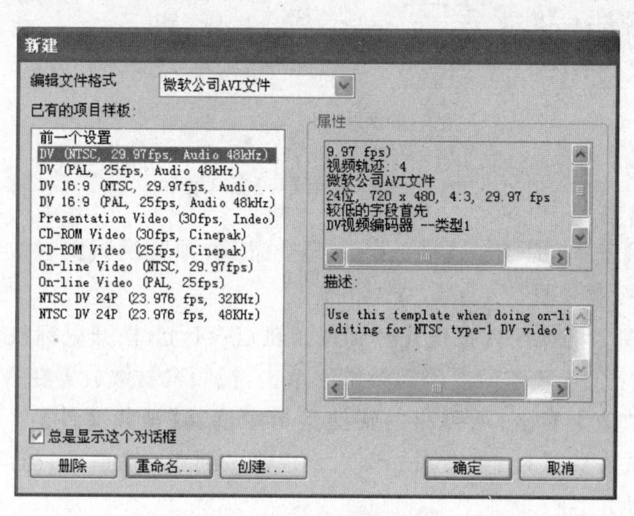

图 1-2-81 【新建】对话框

(2) 从【编辑文件格式】下拉列表中选择一种视频格式，有 avi 和 mpeg 两种选择；从【已有的项目样板】列表框中选择一种模板；此时在右侧的【属性】和【描述】选项区中可以看到所选模板的属性(帧速率、帧大小等)与使用描述。

(3) 单击【确定】按钮,即可创建一个视频项目文件。

提示:在【新建】对话框中单击【删除】和【重命名】按钮可以将所选模板删除或重新命名;单击【创建】按钮可以新建一个模板,应用于当前视频项目中,并将该模板保存在【已有的项目样板】列表框中。

2. 视频编辑初步

下面是视频编辑中的一些基本操作,包括导入视频和音频素材、在视频素材间添加过渡及预览合成效果等。

(1) 单击【源】窗口右下角的【源窗口菜单】按钮,如图 1-2-82 所示。从弹出的菜单中选择【输入】→【视频文件】命令,打开【输入视频文件】对话框,选择视频文件"实验素材\第2 章\ BEE. avi",单击【打开】按钮,所选素材将导入到【源】窗口中。

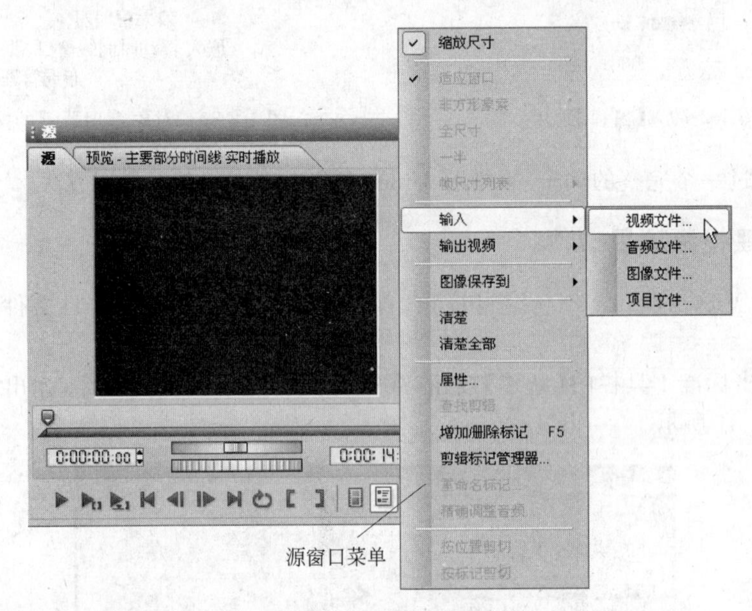

图 1-2-82　打开【源】窗口菜单

(2)单击【源】窗口左下角的【播放/停止】按钮▶,预览视频素材效果。如果不满意,可重新输入其他视频素材。

(3) 在【源】窗口的视窗内拖曳光标到视频轨道 V1 上,松开鼠标按键,如图 1-2-83 所示。将鼠标指针定位于轨道的左侧起始端并单击,视频素材被放置在 V1 轨道的开始。

(4) 在 V1 轨道上右击,从弹出的快捷菜单中选择【视频文件】命令,如图 1-2-84 所示。将视频文件"实验素材\第 2 章\FLY. avi"输入到 V1 轨道上,与前一段视频前后邻接,如图 1-2-85 所示。

(5) 单击【预览】窗口(如图 1-2-86 所示)底部的【前一个编辑点】按钮⏮,使播放指针返回到时间线的开始;单击【播放/停止】按钮▶,预览两段视频的合成效果。此时两段视频之间无过渡效果。

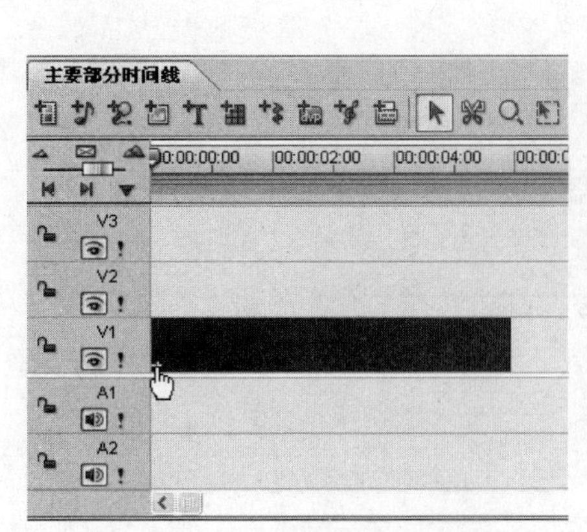

图 1-2-83　将视频素材插入视频轨道

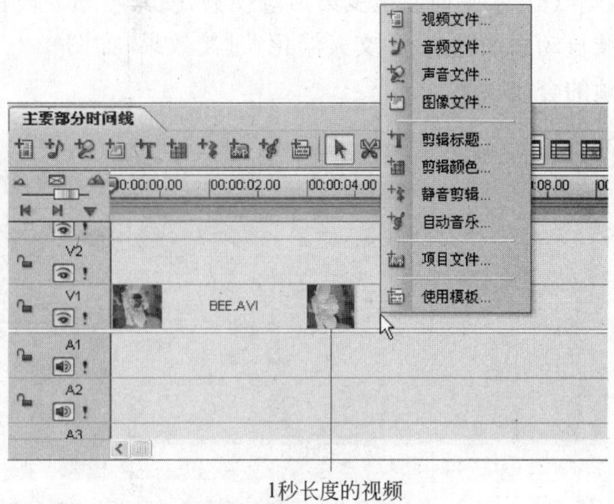

图 1-2-84　轨道快捷菜单

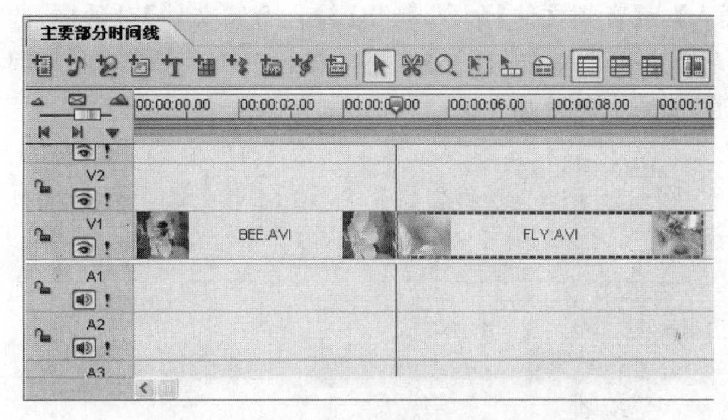

图 1-2-85　将两段视频前后邻接

图 1-2-86　预览视频合成效果

(6) 水平向左拖曳第二段视频，使其与第一段视频重叠约 1 秒钟。此时，视频重叠区域自动添加默认的“交叉淡化”过渡效果，如图 1-2-87 所示。通过【预览】窗口预览两段视频的合成效果。

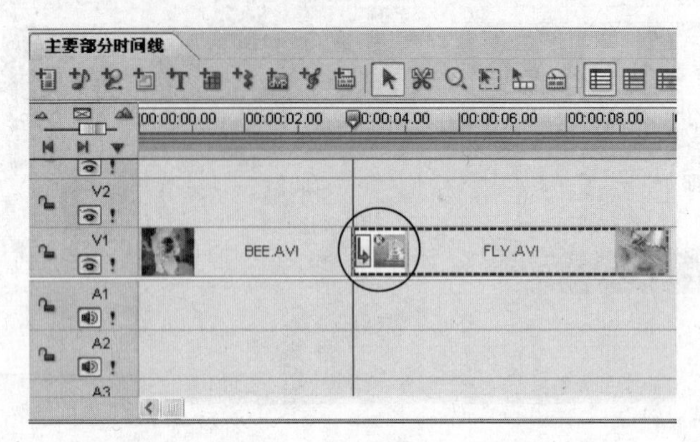

图 1-2-87　自动添加的过渡效果

(7) 执行【插入】→【音频文件】命令，弹出【输入音频文件】对话框；选择音频文件“实验素材\第 2 章\鸟鸣. wav”，单击【打开】按钮。在音频轨道 A1 的左端起始处单击，将音频插入到 A1 轨道，如图 1-2-88 所示。

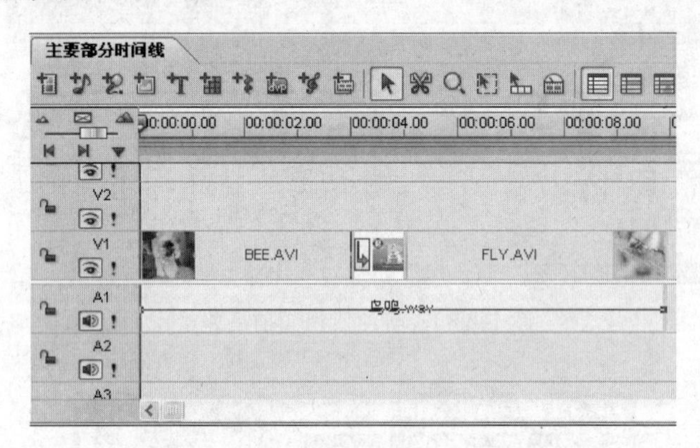

图 1-2-88　在音轨上插入音频素材

提示：使用【源】窗口、音频或视频轨道右键菜单和【插入】菜单都可以向视频项目中输入视频、音频和图像等素材。

(8) 在【预览】窗口中预览音频与视频的最终合成效果。

3. 保存项目文件并输出视频

(1) 执行【文件】→【保存】命令，打开【另存为】对话框。选择保存路径，将视频项目文件保存为 DVP(Digital Video Project)格式，命名为“春天. dvp”。

(2) 执行【文件】→【创建】→【视频文件】命令，打开【创建视频文件】对话框。选择保存路径，输入文件名为“春天”，选择保存类型为“ *. avi”；单击【保存】按钮，系统开始输出视频文件。输出完成后，系统自动打开播放窗口，播放所创建的视频文件；并在播放完毕后自动关闭播放窗口。

提示：在 DVP 格式的视频项目文件中，仅保存了音频和视频剪辑在时间线上的位置、与原始素材文件的链接等信息，并不包含原始素材文件本身的数据。所以，DVP 格式的文件非常小。在没有改变原始素材文件的存储路径和文件名的情况下，打开 DVP 文件时，Video Editor 能够将项目中的剪辑与原始素材文件正确地链接起来。

2.2.3 视频编辑

1. 剪辑的选择

要编辑剪辑，首先应选择剪辑。剪辑选择的方法有两类：基于剪辑的选择和基于时间的选择。下面介绍时间线工具栏上 3 种剪辑选择工具的使用方法。

1）剪辑选择工具

- 选择单个剪辑：选择时间线工具栏上的剪辑选择工具，如图 1-2-89 所示。在【时间线】窗口的轨道上单击要选择的剪辑。

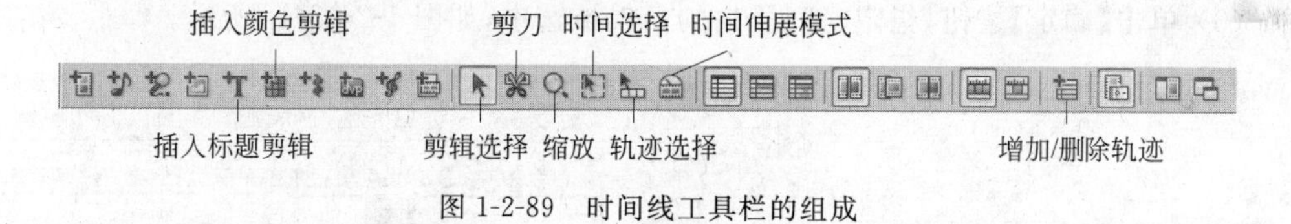

图 1-2-89　时间线工具栏的组成

- 选择多个剪辑：选择剪辑选择工具，按住 Ctrl 键的同时逐个单击要选择的剪辑。按住 Shift 键的同时进行选择，可框选多个剪辑，如图 1-2-90 所示，但不能同时选择视频剪辑和音频剪辑。按住 Shift＋Ctrl 键的同时框选多个视频剪辑或音频剪辑，还可将对应音频轨道上的剪辑或对应视频轨道上的剪辑选进来。

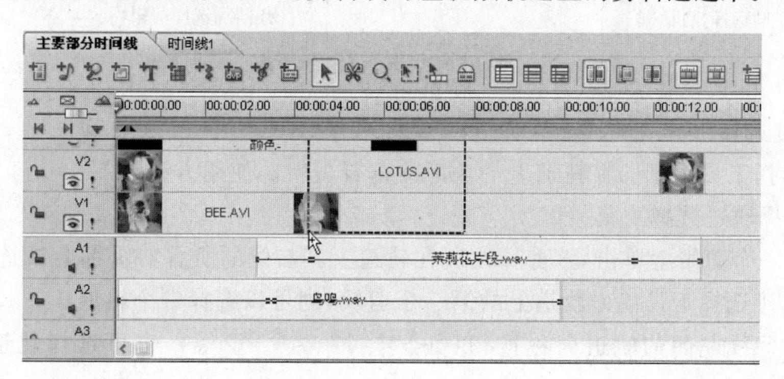

图 1-2-90　框选多个剪辑

执行【编辑】→【选择】→【所有】命令可选择当前时间线窗口中的所有剪辑。

2）时间选择工具

使用时间选择工具可以框选一个时间段，如图 1-2-91 所示。所有在该时间段内的剪辑或剪辑的一部分都会被选中（按 Delete 键可将选中的剪辑或部分剪辑删除）。

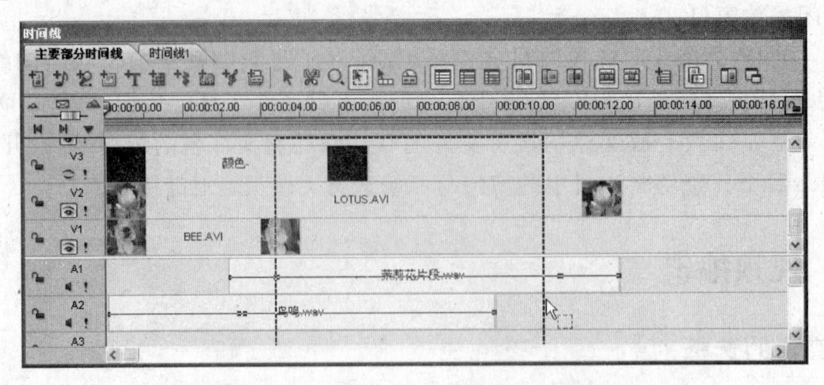

图 1-2-91　使用时间选择工具框选剪辑

使用【时间选择】命令可以更精确地选择一个时间段内的剪辑。具体操作如下：

(1) 选择时间选择工具。

(2) 执行【编辑】→【时间选择】命令，弹出【时间选择】对话框，如图 1-2-92(a)所示。在弹出的对话框中进行起始时间和终止时间的设置(时间设置格式为“时:分:秒:帧”)。

(3) 单击【确定】按钮，指定时间段内的剪辑被选中，如图 1-2-92(b)所示。

(a)【时间选择】对话框

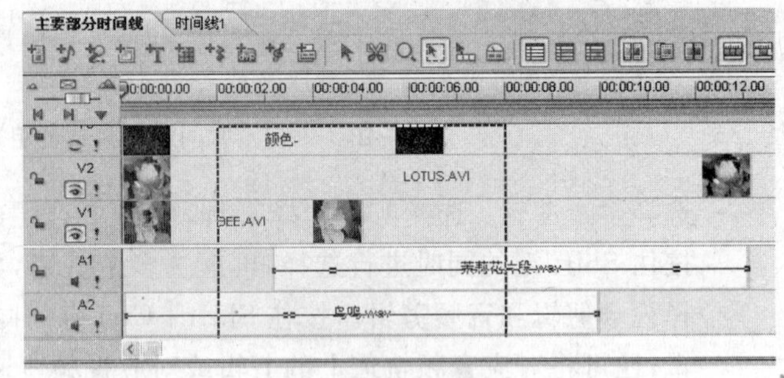

(b) 精确选择剪辑

图 1-2-92　使用【时间选择】命令精确选择剪辑

3) 轨迹选择工具

轨迹选择工具用于选择轨道上的全部或部分剪辑。使用方法如下：

(1) 选择轨迹选择工具。

(2) 在一个剪辑上单击，该剪辑及所在轨道上其右侧的所有剪辑都会被选中。因此，如果使用轨迹选择工具单击轨道上的第一个剪辑，则可以选择整个轨道。

单击时间线左侧的轨道名称按钮(如 V1 、V2 、A1 、A2 等)，也可选择轨道上的所有剪辑。

2. 剪辑的移动与删除

在选择剪辑选择工具或轨迹选择工具的情况下，使用拖曳鼠标的方式，可以在同一个轨道上或同类轨道间移动选定的剪辑。

执行【编辑】→【清除】命令或直接按 Delete 键，可删除选择的剪辑(包括使用时间选择工具选择的部分剪辑)。

3. 剪辑的剪切、复制与粘贴

操作方法如下。

(1) 选择要操作的剪辑。

(2) 执行【编辑】→【复制】命令(或按 Ctrl+C 键)或【剪切】(或按 Ctrl+X 键);或单击标准工具栏上的【复制】或【剪切】按钮,如图 1-2-93 所示。

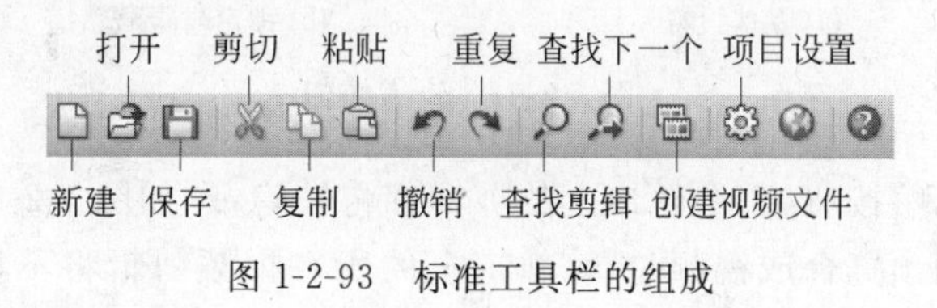

图 1-2-93 标准工具栏的组成

(3) 执行【编辑】→【粘贴】命令(或按 Ctrl+V 键),或单击标准工具栏上的【粘贴】按钮。

(4) 将鼠标指针定位于同类轨道的其他位置并单击(如果复制或剪切的剪辑中既有视频又有音频,粘贴时必须在视频轨道上单击)。

4. 剪辑的组合

为了同时对多个剪辑进行编辑,可以将它们组合。这样在很大程度上就可以像控制单个对象一样控制组合的多个对象。组合多个剪辑的操作方法如下:

(1) 选择要组合的剪辑。

(2) 执行【编辑】→【组合】命令,或在选中的剪辑上右击,从弹出的快捷菜单中选择【组合】命令。

取消组合的操作方法如下。

(1) 选择剪辑的组合。

(2) 执行【编辑】→【取消组合】命令,或在选中的剪辑上右击,从弹出的快捷菜单中选择【取消组合】命令。

5. 剪辑的锁定

执行【编辑】→【锁定】命令,或右击所选剪辑,从弹出的快捷菜单中选择【锁定】命令,可将选择的剪辑锁定。剪辑一旦被锁定,就不能进行编辑修改了。

选择被锁定的剪辑,执行【编辑】→【解锁】命令,或者右击所选剪辑,从弹出的快捷菜单中选择相应的命令,可取消剪辑的锁定。

6. 轨道的锁定与隐藏

在默认设置下,轨道是显示并且没有锁定的,如图 1-2-94(a)所示。

单击【锁定/解锁】按钮,整个轨道上的剪辑都会被锁定,如图 1-2-94(b)所示。要取消轨道的锁定状态,可再次单击【锁定/解锁】按钮。

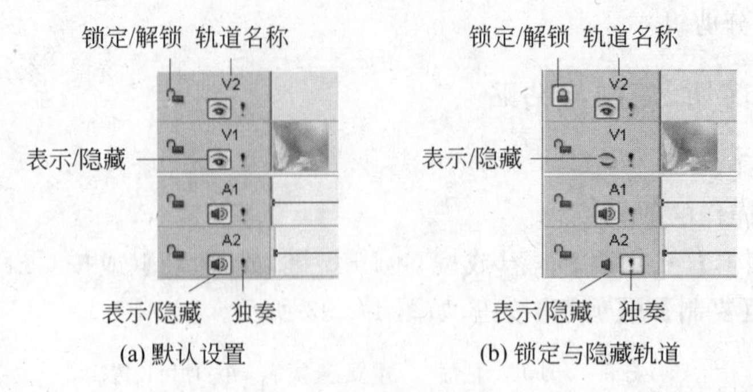

图 1-2-94 轨道按钮

单击【表示/隐藏】按钮，整个轨道上的剪辑都将被隐藏，如图 1-2-94(b)所示。如果隐藏的是视频轨道，则预览合成视频时，该轨道上的所有视频剪辑将不显示；如果隐藏的是音频轨道，则预览合成视频时，该轨道上的所有音频剪辑不播放。要取消轨道的隐藏状态，可再次单击【表示/隐藏】按钮。

单击轨道上的【独奏】按钮，则该轨道之外的其他轨道都将被隐藏，只播放该轨道上的视频或音频。要取消轨道的独奏状态，可再次单击【独奏】按钮。

7. 剪辑的裁切

剪辑的裁切与编辑是电影制作的基础。Audio Editor 8.0 提供了多种不同的裁切方法，根据剪辑类型和操作要求的不同，可以选择不同的方法。

1）使用剪刀工具

使用剪刀工具可以将轨道上的一段剪辑剪成相互独立的几段，每一段都可以在同类轨道间随意移动。使用剪刀工具裁切剪辑的操作如下：

(1) 选择剪刀工具。

(2) 在剪辑上要裁切的位置单击，将剪辑切分为前后两段，每一部分都可以独立编辑。

(3) 当被裁开的两段剪辑邻接放置时，选择剪刀工具，光标移到两段剪辑的分割线上，此时指针变成 V 形，如图 1-2-95 所示。单击，两段剪辑将重新连接在一起。

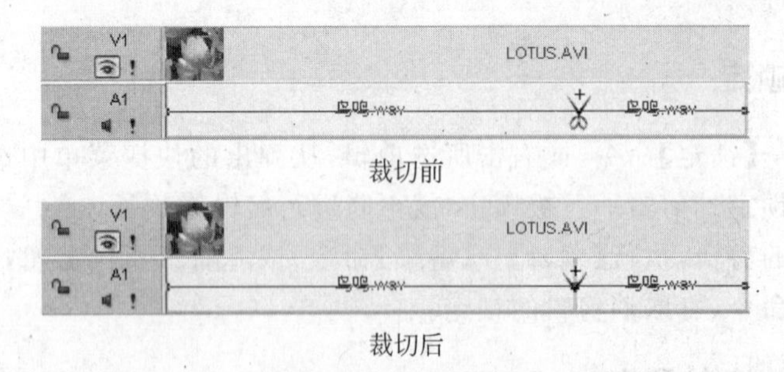

图 1-2-95 使用剪刀工具裁切和连接剪辑

2）拖曳鼠标

选择剪辑选择工具，将光标移到剪辑的左右边界上，当指针变成⇨⇦形状时，左右拖曳鼠标,可对剪辑进行裁切。左右拖曳鼠标的距离与剪辑的类型和长度有关。比如,在拖曳延长时,音频和视频剪辑的长度不能超过其源素材的时间长度;而图像、标题和颜色剪辑却可以无限制地延伸。

另外,使用缩放工具将剪辑适当放大后再裁切可以使裁切更准确、更方便。

3) 使用【长度】命令

使用【长度】命令可以精确地裁切剪辑。操作方法如下:

(1) 选择要裁切的剪辑。

(2) 执行【剪辑】→【长度】命令,或右击所选剪辑,在弹出的快捷菜单中选择【长度】命令,打开【长度】对话框,如图 1-2-96 所示。

(3) 在对话框中进行起始时间和终止时间的设置(时间设置格式为"时:分:秒:帧")。单击【确定】按钮,两个时间点之间的剪辑保留下来,其余的被裁切掉。

提示:裁切音频和视频剪辑时,若在【长度】对话框中输入的终止点的数值大于音频或视频源素材的时间长度,单击【确定】按钮后,将弹出提示框,提示用户所填数值不能超过源素材的时间长度。

8. 剪辑缩放

在时间线窗口,通过改变标尺的时间刻度,可以对剪辑进行任意缩放。剪辑缩放的方法有以下 3 种:

(1) 通过执行【查看】→【控制单元】命令组进行缩放。

(2) 通过时间线工具栏上的缩放工具进行缩放。选择缩放工具,在时间线窗口中单击可放大剪辑,按住 Shift 键的同时单击可缩小剪辑。

(3) 通过时间线窗口中标尺左侧的缩放滑块(如图 1-2-97 所示)进行缩放。向左拖曳滑块缩小剪辑,向右拖曳滑块放大剪辑。

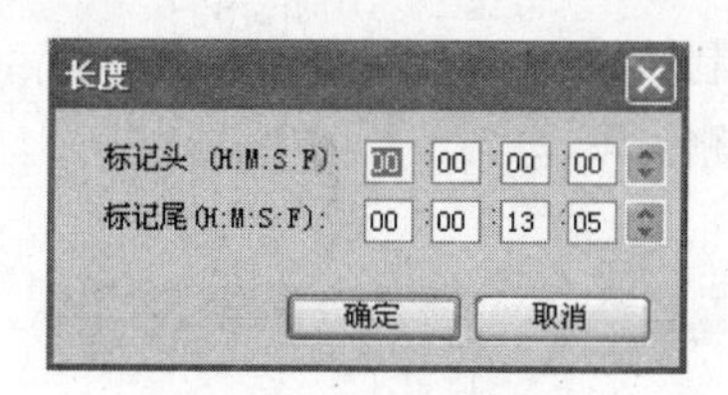

图 1-2-96 【长度】对话框

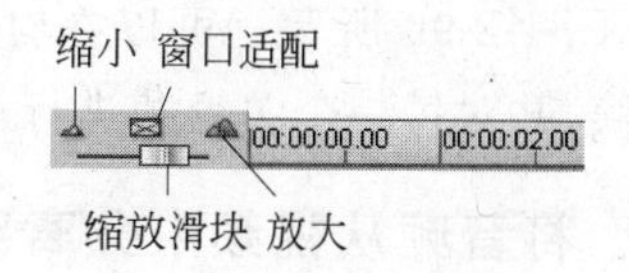

图 1-2-97 缩放滑动条

9. 调整剪辑的播放速度

通过调整音频或视频剪辑的播放速度,可以获得某种特殊效果(如电影中的慢镜头和快镜头)。以下是调整速度的两种方法:

1) 使用时间伸展模式工具

选择时间线工具栏上的时间伸展模式工具,将鼠标指针移到音频剪辑或视频剪辑的左右边界上,指针变成形状时,左右拖曳鼠标,可改变剪辑的长度。剪辑长度减小,播放速度加快;反之播放速度减慢。

2）使用【速度】命令

选择要操作的剪辑，执行【剪辑】→【速度】命令，或右击所选剪辑，在弹出的快捷菜单中选择【速度】命令，打开【速度】对话框，如图 1-2-98 所示。

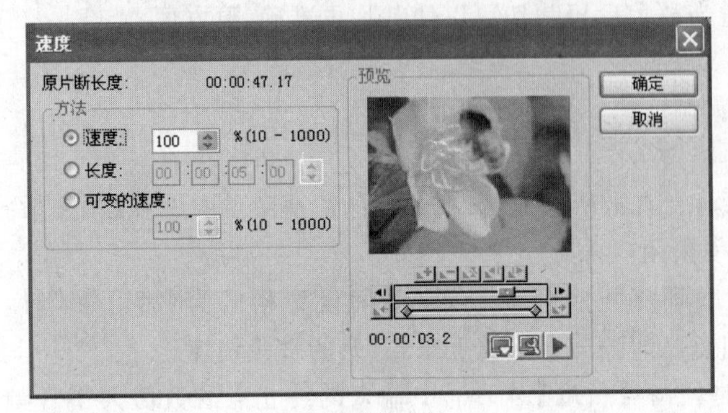

(a) 视频剪辑

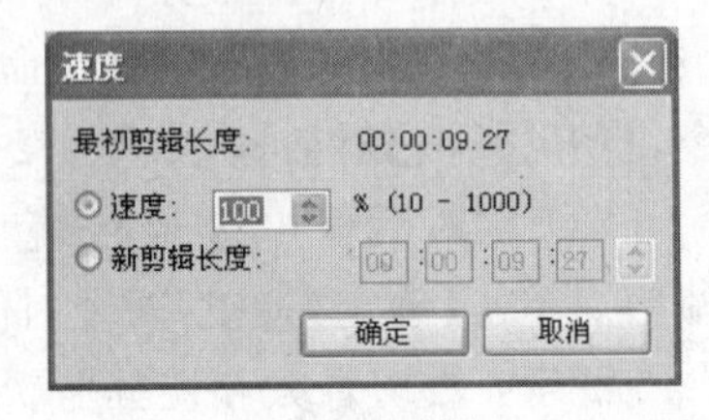

(b) 音频剪辑

图 1-2-98 【速度】对话框

在对话框中进行参数设置。有以下 3 种改变速度的方法。

- 速度：直接输入剪辑的播放速度。当输入值大于 100%时，播放速度加快，反之播放速度减慢。
- 长度：通过改变剪辑长度改变播放速度。数值格式为"时：分：秒：帧"。当输入的数值小于剪辑的原长度时，播放速度加快，反之播放速度减慢。
- 可变的速度：采用这种方法可以在剪辑的不同关键帧上设置不同的速度，从而变速播放剪辑。

提示：通过【速度】对话框右下角的关键帧控制设置，如图 1-2-99 所示。可以在时间线上添加和删除关键帧，并对每一个关键帧进行速度设置。

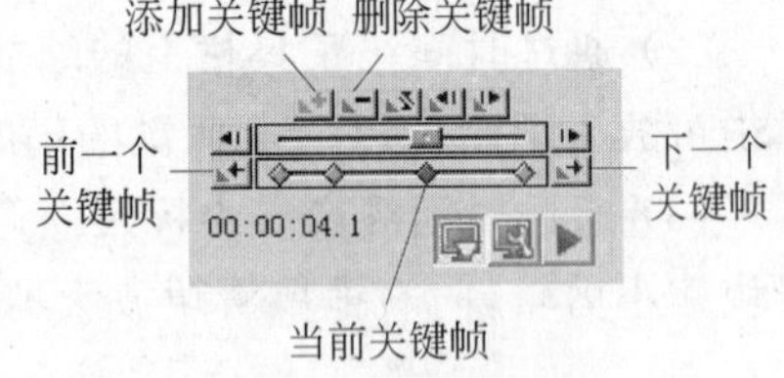

图 1-2-99 【速度】对话框中的关键帧控制器

10. 将音频从视频中分离出来

将含有音频的视频文件导入到视频轨道上时，其中的音频被放置在对应的音频轨道上(V1 对应 A1，V2 对应 A2，依此类推)，并且与视频锁定在一起；移动或删除其中一方，另一方必将被移动或删除。当只需保留其中一方时，就必须将二者分离，删除其中的另一方。分离操作如下：

(1) 选择含有音频的视频剪辑。

(2) 执行【剪辑】→【分割】命令，或者右击所选剪辑，在弹出的快捷菜单中选择【分割】命令。此时，音频与视频分离，可单独选择或删除其中的任何一方。

同时选中分离后的音频与视频，不要改变二者的相对位置及轨道的对应关系，执行【剪辑】→【合并】命令，可将两者重新锁定在一起。

提示：在视频编辑过程中，可以根据实际需要添加或删除轨道与时间线。其中，添加时间线的目的是将其嵌套到其他时间线中(最多可以实现时间线的两重嵌套)。比如,将时间线 2 嵌套到时间线 1 中,而时间线 1 再嵌套到主时间线中。嵌套的时间线作为其上一级时间线的一段独立的剪辑(内含音频和视频两部分)是可以进行单独编辑的。这为比较复杂的视频项目的编辑带来了很大的方便。

2.2.4 添加特效

1. 过渡

将视频轨道上的两段剪辑重叠之后,重叠区域将自动添加默认的"交叉淡化"过渡效果。执行【文件】→【参数设置】命令,打开【参数设置】对话框。通过【编辑】选项卡中的【应用自动音频交叉渐变】复选项可确定是否应用默认的过渡效果。另外,在【编辑】选项卡中还可以更改默认的过渡效果。

下面是通过手动方式在两段视频剪辑之间添加过渡效果的操作方法。

(1) 将两段视频剪辑放置在同一个视频轨道上,确保首尾有一部分重叠。

(2) 打开【产品库】,在左窗格中展开 Transition effect 文件夹,选择其中一个过渡类别,可以通过右窗格浏览该类别中的过渡效果,如图 1-2-100 所示。

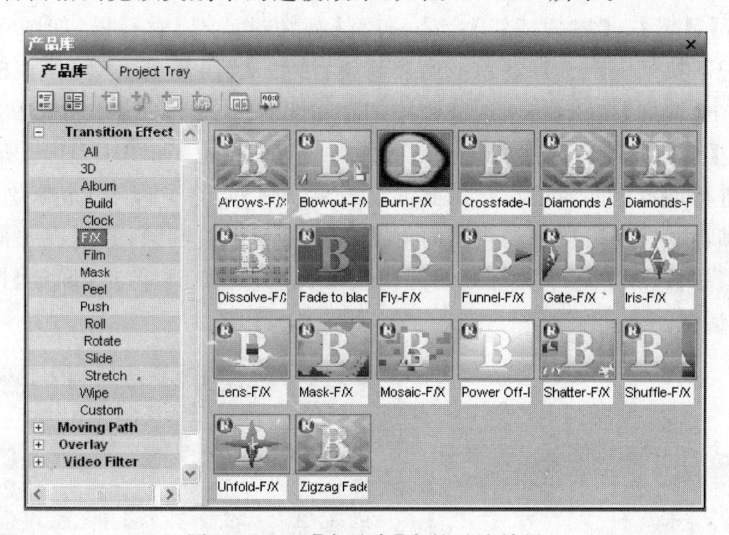

图 1-2-100 【产品库】中的过渡效果

(3) 将所需的过渡效果从【产品库】拖曳到视频剪辑的重叠区域后单击鼠标,取代默认的过渡效果。

(4) 在【预览】窗口播放合成视频,预览过渡效果。

(5) 双击视频剪辑的重叠区域,打开如图 1-2-101 所示的对话框,进行过渡选项的详细设置。

2. 滤镜

Video Editor 8.0 提供了视频和音频两种滤镜;其中音频滤镜用于音频剪辑,而视频

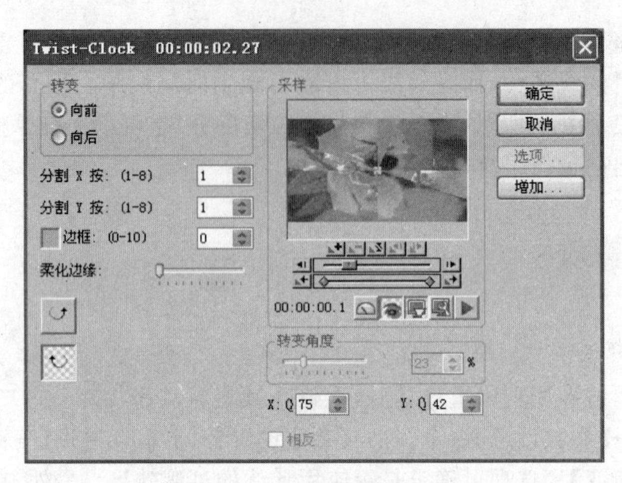

图 1-2-101 过渡选项对话框

滤镜既可以用于视频剪辑，也可以用在图像、标题等类型的剪辑上。运用滤镜，可以创建出千变万化、引人入胜的特殊效果。

视频滤镜的用法如下：

(1) 选择要添加滤镜的视频剪辑、图像或标题等剪辑。

(2) 执行【剪辑】→【视频滤镜】命令，打开【视频过滤器】对话框，如图 1-2-102 所示。首先从【范围】下拉列表中选择滤镜或所有滤镜；然后从【可用的滤镜】列表框中选择要使用的滤镜；单击【增加】按钮，将所选滤镜添加到右侧的【应用滤镜】列表框中。

(3) 单击【选项】按钮，弹出所选滤镜的参数设置对话框，如图 1-2-103 所示，对滤镜的强度等参数进行设置。同时可以预览到滤镜效果。另外，除了首尾关键帧外，通过滤镜对话框的关键帧控制器还可以在剪辑的时间线上添加其他关键帧，并且在不同关键帧上设置不同的滤镜参数；相邻两个关键帧的滤镜效果可产生过渡。单击【确定】按钮，返回【视频过滤器】对话框。

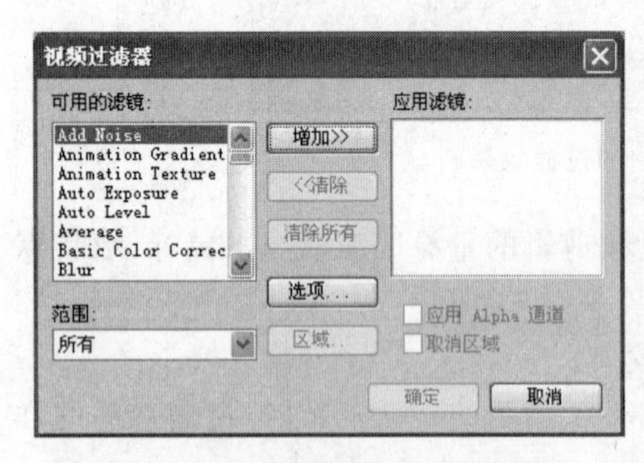

图 1-2-102 【视频过滤器】对话框

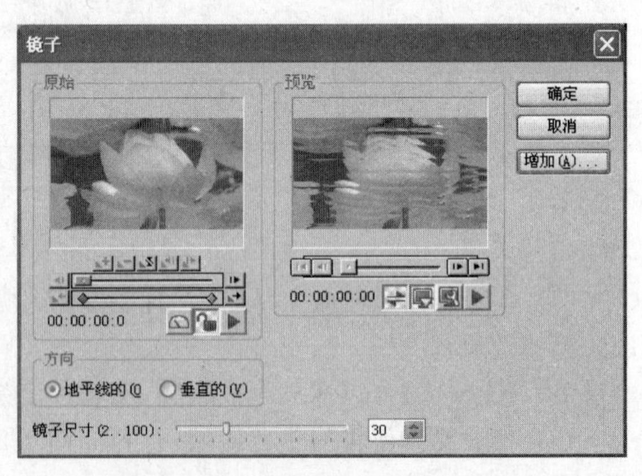

图 1-2-103 视频滤镜参数设置对话框

(4) 单击【区域】按钮，打开【区域】对话框，如图 1-2-104 所示，指定滤镜应用到视频剪辑的哪一些帧上。在该对话框中，同样可以在剪辑的时间线上添加关键帧，并且在不同的关键帧上设置不同的区域参数。单击【确定】按钮，返回【视频过滤器】对话框。

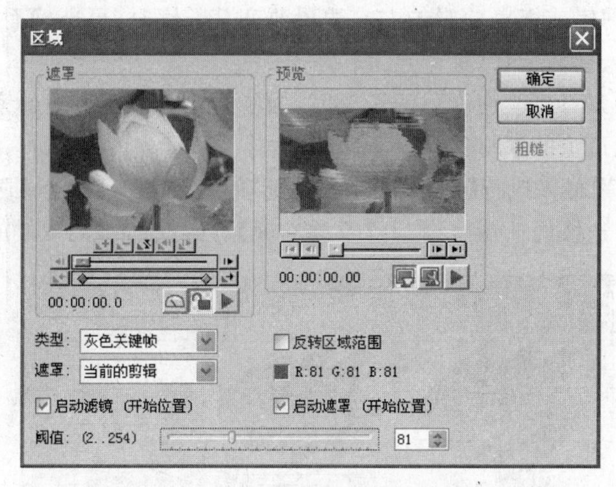

图 1-2-104 【区域】对话框

(5) 单击【确定】按钮，关闭【视频过滤器】对话框，滤镜效果将应用到所选剪辑上。

与添加过渡效果类似，也可以将滤镜从【产品库】直接拖曳到目标剪辑上(通过这种方式添加滤镜时，不用事先选择目标剪辑)。

音频滤镜的用法与视频滤镜类似。

将剪辑上的滤镜清除的方法有以下两种：

① 右击剪辑，在弹出的快捷菜单中选择【删除属性】命令。

② 使用【视频过滤器】或【音频过滤器】对话框中的【清除】和【清除所有】按钮。

3. 叠盖

时间轴窗口中的 V1～V99 轨道是众所周知的叠盖轨，素材放在这些轨道上可以被赋予不同的透明度。在轨道未被隐藏的情况下，上面轨道(即编号较高的轨道)上的素材可遮盖下面轨道上的素材。使用叠盖可以将上面素材的整个画面或画面中的某种颜色区域设置为透明，通过这些透明区域就可以看到下面轨道上的素材画面。

下面以图像叠盖为例介绍叠盖的使用方法。在本例中，想要得到最佳效果，请将图像的像素尺寸与视频帧画面的像素尺寸处理成一致；并将图像保存为 BMP 格式或灰度索引颜色模式的 GIF 格式。

(1) 在 V1 轨道上输入视频“实验素材\第 2 章\ BEE. AVI”。

(2) 在 V2 轨道上输入图片“实验素材\第 2 章\MASK. gif”。调整其长度与 BEE. AVI 一致。

(3) 将视频和图像对齐到各自轨道的起始处，如图 1-2-105 所示。

图 1-2-105 对齐图像素材与视频素材

提示：在对齐轨道上的素材前，可首先执行【编辑】→【抓到(Snap)】命令，启动捕捉功能。这样，在移动剪辑或拖曳剪辑的左右边界改变其长度时，可准确而方便地对齐到其他剪辑和过渡的边界、播放指针、标记点等位置。

在轨道上移动素材或改变素材的长度时，为了防止其他轨道上的素材随着一起移动，可事先锁定其他轨道上的素材。

(4) 选择图像素材。执行【剪辑】→【重叠选项(Overlay)】命令，或右击图像素材，在弹出的快捷菜单中选择同一命令，打开【重叠选项】对话框，如图 1-2-106 所示。

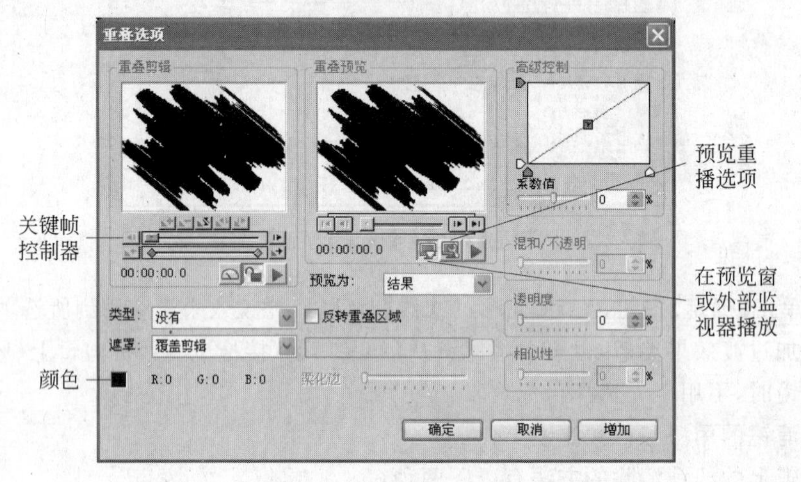

图 1-2-106 【重叠选项】对话框

(5) 将鼠标指针移到【重叠剪辑】窗格中变成"滴管"状，单击要使其透明的某种颜色区域(这里单击黑色区域)；此时，【类型】下拉列表中的选项自动切换为【颜色关键帧】选项，这是与遮罩匹配的默认类型；同时，从【重叠预览】窗格中可预览到透明后的效果，如图 1-2-107 所示。

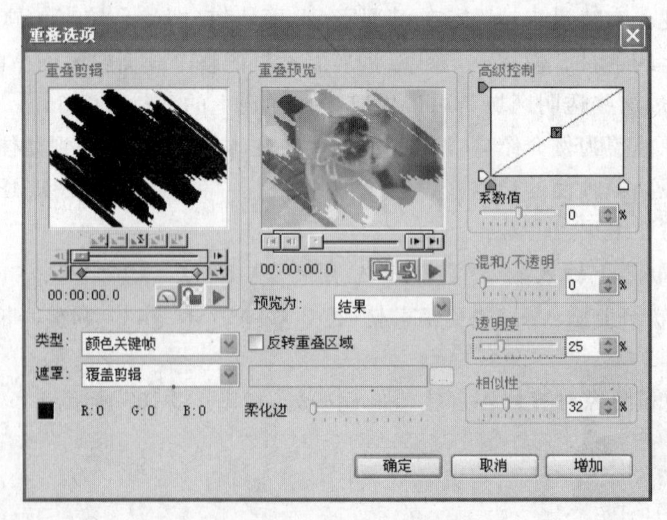

图 1-2-107 设置对话框参数

(6) 向右拖曳【相似性】滑块，增大到一定数值，可去除透明区域边界上的杂色。

(7) 向右拖曳【透明度】滑块，可增加整个叠盖画面的透明度。

(8) 单击【确定】按钮，叠盖效果应用到所选剪辑上，如图 1-2-108 所示为视频合成后的某帧画面效果。

图 1-2-108　视频的叠盖效果

【重叠选项】对话框中其他主要选项的作用如下所示。

- 【关键帧控制器】：除了首尾关键帧外，通过该控制器还可以在剪辑的时间线上添加其他关键帧，并且在不同关键帧上设置不同的重叠选项。
- 【类型】：指定用于选择画面透明部分的方法。
- 【遮罩】：指定是否额外添加其他视频剪辑或图像作为叠盖。
- 【颜色】：设置表示透明区域的颜色的 RGB 值。
- 【在预览窗或外部监视器播放】：在对话框的预览窗口、Video Editor 的预览窗口或外部监视器输出视频合成结果。
- 【预览重播选项】：单击该按钮，弹出【预览重播选项】对话框，用以指定在何处预览视频合成结果。
- 【高级控制】：提供了最大值、最小值、γ 系数、近路和阈 5 个控制设置。通过拖曳这些控制设置上的滑块，可以对叠盖效果进行更细致的调整。
- 【混合/不透明】：控制用做叠盖的剪辑(即所选剪辑)与其下面剪辑的混合程度。
- 【透明度】：指定用做叠盖的剪辑的透明程度。
- 【相似性】：将叠盖画面上其他区域的颜色与选定的透明区域的颜色进行比较，若差别在指定的数值范围内，也变成透明色。

清除剪辑上的叠盖效果的操作如下：

(1) 选择添加了叠盖效果的剪辑。

(2) 右击剪辑，在弹出的快捷菜单中选择【删除属性】命令，打开【删除属性】对话框。选中【重叠选项】复选框，单击【确定】按钮。

提示：若在快捷菜单中选择【重叠选项】命令，可打开【重叠选项】对话框，重新对叠盖参数进行修改。

4. 插入标题剪辑

添加标题文字是影视编辑中的一项基本而重要的操作。标题剪辑的创建方法如下。

(1) 在 V1 轨道上输入一段视频剪辑(或图像、颜色剪辑等)作为标题的背景。

(2) 执行【插入】→【标题剪辑】命令，或者在【时间轴】窗口的任意位置右击，从弹出的快捷菜单中选择【标题剪辑】命令，打开【插入标题剪辑】对话框，如图 1-2-109 所示。

(3) 按提示在标题预览窗的文本编辑区双击，确定插入点，并输入标题内容。

(4) 在对话框左侧的参数栏设置剪辑属性和文字属性。

① 剪辑设置。

- 长度：设置标题剪辑在时间线上的长度。

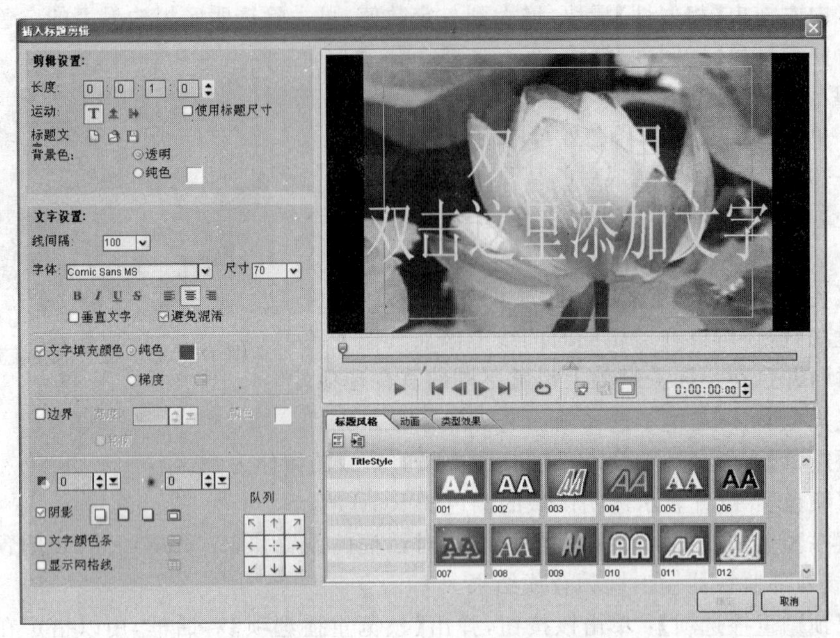

图 1-2-109 【插入标题剪辑】对话框

- 运动：设置标题文字的运动类型。有不运动、滚动和爬行 3 种。
- 标题文字：确定是创建一个新标题，还是直接载入 TXT 文件中的内容作为标题，或者将当前的标题保存到一个文件中。
- 背景色：设置标题的背景色。有纯色和透明色两种。

② 文字设置。

- 线间隔：设置标题文字的行间距。
- 字体、尺寸：设置标题文字的字体和字体大小。
- 垂直文字：指定标题文字为垂直取向还是水平取向。
- 避免混淆：设置是否平滑标题文字的笔画边缘。
- 文字填充颜色：设置标题文字的颜色，包括纯色和渐变色两种。
- 边界：设置标题文字的边界宽度、边界颜色和轮廓。
- 文字透明度 0 ：设置标题文字的透明度。
- 文字软边界 0 ：设置标题文字的边界晕影效果。
- 阴影：设置标题文字的阴影效果，可指定阴影的位置、颜色和模糊度。
- 文字颜色条：沿标题文字的排列方向在标题文字的背后添加单色或渐变色颜色条，并指定颜色条的透明度。
- 显示网格线：在标题预览窗内显示网格线，可设置网格的大小、网格线的颜色和线形等参数。
- 队列：设置标题文字在屏幕上的对齐方式。

(5) 在标题预览窗的下方设置标题文字的风格、动画效果和类型效果。

(6) 单击【确定】按钮，关闭【插入标题剪辑】对话框。将标题剪辑插入到视频剪辑上方的 V2 轨道上。图 1-2-110 所示的是插入标题剪辑后的某个视频画面。

5. 插入颜色剪辑与静音剪辑

当用户着手创建一个视频项目时，可能用到的个别素材还没有准备好。这时可用颜色剪辑临时代替尚未准备好的图像或视频剪辑，用静音剪辑临时代替尚未准备好的声音剪辑。当所有素材准备好后，再执行【剪辑】→【替换用(Replace With)】命令，将先前插入的颜色剪辑或静音剪辑替换下来；而添加在颜色剪辑或静音剪辑上的滤镜、运动路径等特殊效果将保留下来，应用到新替换的素材上。

插入颜色剪辑的方法如下：

(1) 执行【插入】→【剪辑颜色】命令，或在【时间轴】窗口的任意位置右击，从弹出的快捷菜单中选择【剪辑颜色】命令，打开【插入剪辑颜色】对话框，如图 1-2-111 所示。

图 1-2-110 在视频中插入标题剪辑

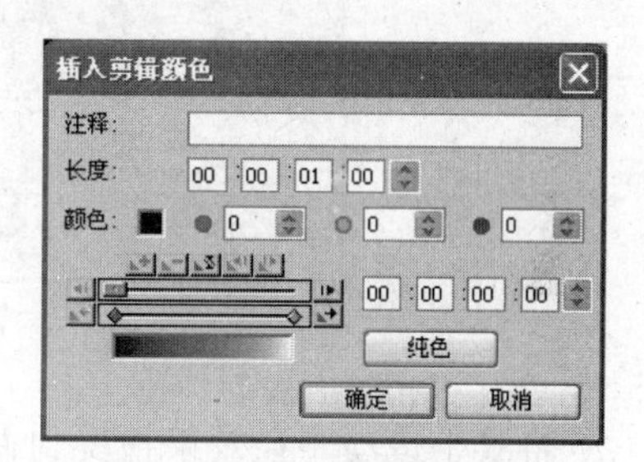

图 1-2-111 【插入剪辑颜色】对话框

(2) 在对话框中加入注释内容，设置颜色剪辑的长度和颜色(有纯色和渐变色两种)。单击【确定】按钮，将颜色剪辑插入到指定的视频轨道上。

将静音剪辑插入到音频轨道的方法类似。

另外，将颜色剪辑和图像、视频剪辑结合，使用【重叠选项】命令还可以创建消隐、色彩过渡等特殊的视觉效果，如图 1-2-112 所示。

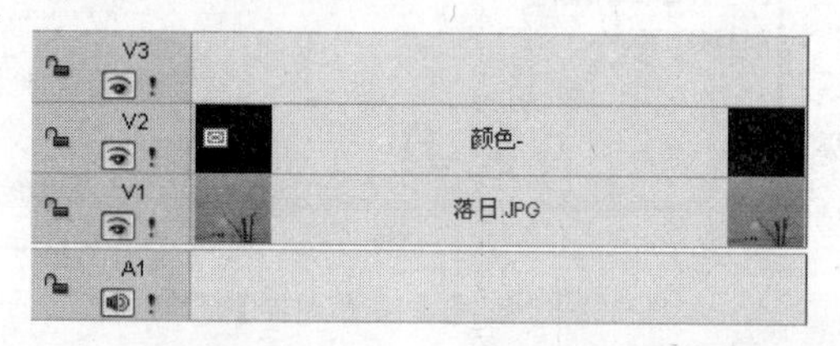

(a) 颜色剪辑上使用叠盖，设置首尾关键帧的透明度

(b) 起始关键帧透明度0%

(c) 终止关键帧透明度80%

图 1-2-112 创建视频特殊过渡效果

6. 创建运动路径

运动路径主要用来控制剪辑在屏幕上的运动方式，可应用于视频叠盖轨道的任何剪辑上。创建运动路径是 Video Editor 最强大的功能之一。

下面从基本二维运动路径着手，介绍运动路径的使用方法。

(1) 打开【产品库】窗口，在左窗格中展开 Moving Path 文件夹，选择其中的 2D Basic 文件夹；通过右窗格浏览该类别中的所有运动路径，如图 1-2-113 所示。

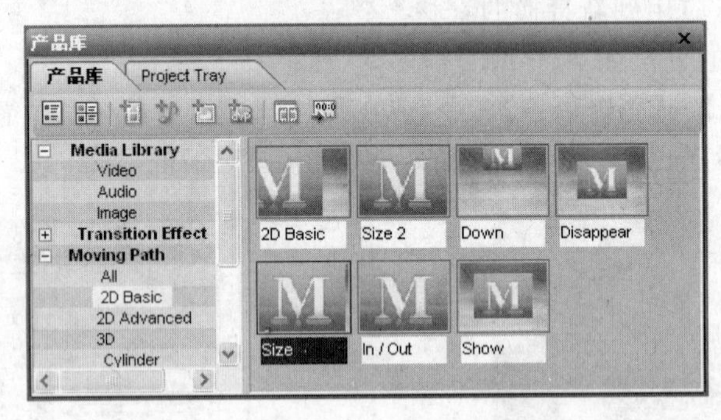

图 1-2-113　二维基本运动路径

(2) 将某个运动路径效果拖曳到视频轨道的目标剪辑上。在【预览】窗口中预览添加运动路径后的视频效果。

(3) 打开【效果管理器】窗口，如图 1-2-114 所示。选中窗口左上角的【二维基本移动路径】选项；单击【定制会话】按钮，打开【移动 2D 基本路径】对话框，如图 1-2-115 所示。

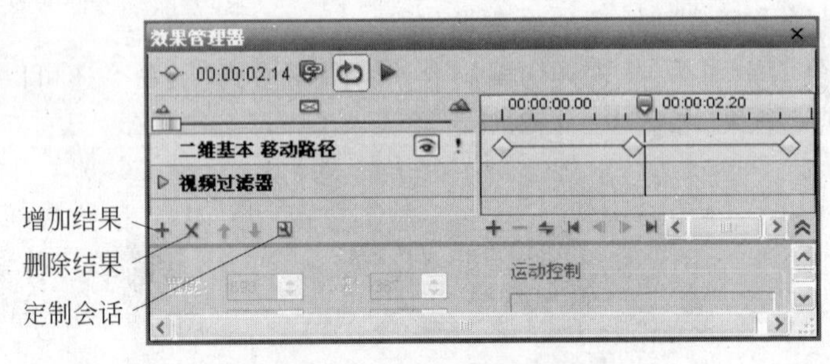

图 1-2-114　【效果管理器】窗口

提示：执行【文件】→【参数设定】命令，打开【参数选择】对话框。若在【常规】选项卡中勾选【显示选项对话框】复选项，则之后每次将运动路径或其他效果从【产品库】添加到时间线的剪辑上时，都会自动弹出该运动路径或其他效果的对话框。

(4) 在【运动控制】选项区中，通过拖曳鼠标调整起始控制点(S)和终止控制点(E)的位置，以确定运动开始和运动结束时剪辑在屏幕上的位置。移动路径上的其他控制点将改变剪辑在时间线上的其他对应关键帧画面的位置。

提示：【运动控制】选项区中的起始控制点(S)和终止控制点(E)分别对应剪辑时间线上的起始关键帧和终止关键帧。其他控制点则对应时间线上的其他关键帧。选中某个控制点之后，围绕其周围的小方框称为样本剪辑。样本剪辑是随控制点一起移动的。带水

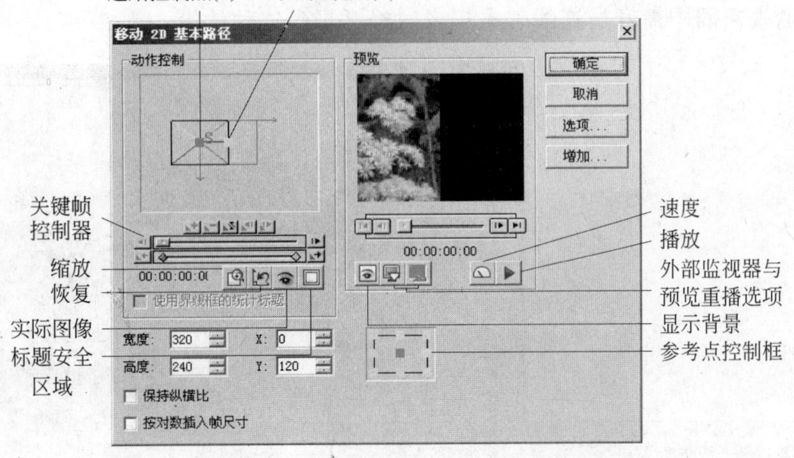

图 1-2-115 【移动 2D 基本路径】对话框

平和垂直坐标轴的灰色方框表示屏幕。

(5) 单击【播放】按钮，预览剪辑沿路径的运动效果。

【移动 2D 基本路径】对话框中其他选项的作用如下：

- 【关键帧控制器】：除了首尾关键帧外，通过控制器还可以在剪辑的时间线上添加其他关键帧，并且可以为不同的关键帧画面设置不同的位置、大小等属性。
- 【缩放】：打开放大的【动作控制】对话框。在该对话框中，单击放大，按 Shift 键的同时单击缩小。
- 【恢复】：将剪辑重置为原始大小。
- 【实际图像】：将【动作控制】选项区中的预览剪辑替换为实际剪辑的缩略图。
- 【标题安全区域】：在【动作控制】选项区中用参考线标出显示器的可视区域。
- 【宽度】、【高度】：指定当前关键帧画面的实际大小。
- 【X】、【Y】：指定当前关键帧画面的位置。
- 【保持纵横比】：使关键帧画面成比例缩放。
- 【按对数插入帧尺寸】：按对数插值法（而不是线性插值法）生成运动路径，以解决视频播放过程中因关键帧画面缩放而引起的画质下降问题。
- 【参考点控制框】：调整【动作控制】选项区中样本剪辑的控制点的位置。
- 【显示背景】：显示【时间线】窗口中的背景剪辑。
- 【外部监视器】、【预览重播选项】：用以指定在对话框的预览窗口、Video Editor 的预览窗口或外部监视器预览添加运动路径后的视频效果。
- 【播放】：预览运动路径效果。
- 【速度】：设置预览速度。

两维高级、三维等其他运动路径的使用方法类似，唯一明显不同的地方就是这些运动路径的窗口中还含有一个旋转角度参数。

值得一提的是，还有一类运动路径称为 Picture in Picture，将其应用于视频剪辑可以制作“画中画”效果，即大的视频播放窗口中还可以设置一个小的视频播放窗口，如图 1-2-116 所示。在电视新闻中播音员连线外景记者时经常见到这种效果。

图 1-2-116　画中画效果

2.2.5　基本配音处理

音频剪辑插入后，可使用时间轴工具栏上的剪刀工具将多余的音频片段剪开后删除，如图 1-2-117 所示。还可以使用剪辑选择工具在音量控制线的任意位置单击添加控制点，向上拖曳控制点增大音量，向下拖曳控制点降低音量，由此可以很方便地设置声音的淡入淡出效果，如图 1-2-118 所示。若在选中的音频剪辑上右击，并从弹出的快捷菜单中选择【重置音量】命令，将撤销对音量控制线的所有修改。

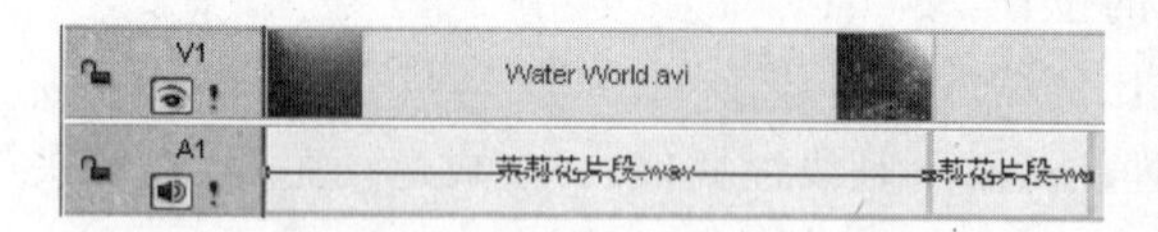

图 1-2-117　裁切音频剪辑图

图 1-2-118　增加控制点来调整音量

2.2.6　Video Editor 8.0 的参数设置

执行【文件】→【参数设定】命令或在状态栏上双击，打开【参数选择】对话框。通过该对话框可以设置 Video Editor 8.0 的环境参数，构建一个适合自己习惯的工作环境。

比如，在【常规】选项卡中可以设置操作的撤销级别、文件的自动保存间隔、默认的背景颜色、默认的轨道数等参数；在【编辑】选项卡中可以设置默认的转场(过渡)效果等参数。这些都是用户在视频项目的编辑中非常关心的问题。

2.2.7 Premiere 简介

在众多的影视类编辑软件中，Adobe公司推出的Premiere当数其中的佼佼者。该软件可用于视频和音频的非线性编辑与合成，特别适合处理由数码摄像机拍摄的影像；其应用领域有影视广告片制作、专题片制作、多媒体作品合成及家庭娱乐性质的电脑影视制作(如婚庆、家庭和公司聚会)等。Adobe Premiere不仅适合初学者使用，而且完全能够满足专业用户的各种要求，属于典型的简单易用类专业软件。

要想成为出色的多媒体和影视制作人，Adobe Premiere是必须要掌握的软件。

2.3 习题与思考

1. 选择题

(1) 以下________不是数码影音软件包Media Studio Pro 8.0中的软件。

A. Audio Editor　B. Video Editor　C. Video Capture　D. Premiere

(2) 以下________不是Audio Editor与Video Editor的特色。

A. 功能强大　B. 学习难度较高

C. 容易掌握　D. 丰富多彩的特殊效果

(3) 进行声道合并的两个单声道音频文件________。

A. 属性必须相同　B. 属性可以不同

C. 属性必须不同　D. 以上都不对

(4) 【________】命令用于两个音频的交叉过渡，即将一个音频的末尾和另一个音频的开始自然地衔接起来。

A. 声道合成　B. 混音　C. 十字渐变　D. DC补偿

(5) 【________】命令可以使立体声音频的一个声道产生淡入效果，而另一个声道产生淡出效果，结果听起来好像声音从一个扬声器慢慢移动到另一个扬声器，形成立体声环绕效果。

A. 压平/平移　B. 渐变　C. 十字渐变　D. DC补偿

(6) 以下________不能用于视频剪辑的选择。

A. 剪辑选择工具　B. 时间选择工具

C. 剪切工具　D. 轨迹选择工具

2. 填空题

(1) Media Studio Pro是________公司生产的数码影音套装软件，Audio Editor与Video Editor都是该软件包中的软件之一。

(2) ________音频更能反映人们的听觉感受，但需要两倍的存储空间(填“立体声”或

“单声道”)。

(3) ________指的是将立体声音频的左右两个声道进行分离,形成两个独立的单声道音频。

(4) 所谓音频的“属性相同”是指音频文件的________、________和________相同。

(5)【________】命令只是将音频波形上下反转过来,并不影响实际的声音效果(填“反转/转化的”或“颠倒/相反”)。

(6) 使用【________】对话框可以设置视频剪辑、颜色剪辑、图像等的全部透明或部分透明效果。

3. 思考题

(1) 通过查阅其他相关书籍或通过网络帮助,了解常用的音频处理软件还有哪些;这些软件在功能上与 Audio Editor 8.0 有何不同。

(2) 通过查阅其他相关书籍或通过网络帮助,了解常用的视频处理软件还有哪些,这些软件在功能上与 Video Editor 8.0 有何不同。

(3) 通过查阅其他相关书籍或通过网络帮助,了解在使用计算机录音和放音的过程中,音频的模拟信号与数字信号是如何转化的;实现音频模/数(A/D)转化的主要硬件设备是什么。

(4) 通过查阅其他相关书籍或通过网络帮助,了解将摄像机或录像机中的模拟视频信号导入到计算机中时,用到的主要硬件设备是什么。在具体操作时,可以利用 Media Studio Pro 软件包中的何种软件实现上述模拟信号向数字信号的转化。

第3章 数字图像处理

学习要求

掌握

- 位图、矢量图的特性。
- 影响位图图像品质的因素。
- 常用图像文件格式。
- Photoshop CS 文件浏览器的使用。
- 图像文件的创建、保存和打开。
- 选择、画笔工具的使用。
- 填充、文字工具的使用。
- 修改选区、变换选区。
- 图像复制、图像大小调整。
- 变换和自由变换菜单命令。
- 填充和描边菜单命令。
- 图层的选择、新建、删除、复制。
- 图层的改名、链接、合并。
- 背景层和文本层的操作。
- 图层样式的使用。
- 模糊、扭曲、杂色滤镜组。
- 渲染、风格化、纹理滤镜组。
- 艺术效果滤镜组。

了解

- 无损压缩原理。
- 有损压缩原理。
- Photoshop CS 的基本用途。
- Photoshop CS 的窗口环境。
- Photoshop CS 的功能与特点。
- 修图工具的使用。
- 画布大小调整、画布旋转。
- 选区调整的其他工具。
- 图层不透明度。

• 图层排列顺序调整。
• 图层混合模式。
• 画笔描边滤镜组、像素化滤镜组。
• 锐化滤镜组、素描滤镜组。
• 抽出滤镜、液化滤镜、图案生成器滤镜。

3.1 数字图像基本概念

3.1.1 位图与矢量图

数字图像分为位图与矢量图两种类型。在应用中二者为互补关系，各有优势，用途也各不相同。在平面设计中，两者往往配合使用，取长补短，以达到最佳数字图像视觉效果。

1. 位图

位图也叫点阵图、光栅图或栅格图，它由一个个像素网格点结合在一起组成。像素(Pixel)是构成位图图像的最小单位，每个像素都具有特定的位置和颜色值这些显示特征；图像文件中记录每个像素点的显示特征。位图图像中所包含的像素点越多，其分辨率越高，细节越突出，同时图像文件也就越大。由于是由像素点构成的图像，当放大位图图像时，会出现锯齿状的边缘变形现象，如图 1-3-1 所示。位图图像一般由数码相机、扫描仪、绘图程序、图像处理程序(Photoshop)生成，常用的文件格式有 JPEG、BMP、GIF、TIFF、PNG 等。

原图　　放大后的局部

图 1-3-1　位图

2. 矢量图

矢量图是由图元(直线、圆、圆弧、矩形、任意曲线)组成的图，并利用矢量的数学公式来描述图中所有图元的形状、大小，同时调用调色板来描述色彩。由于图形是由图元组成的，因此矢量图形的清晰度与分辨率无关。对矢量图进行放大、缩小时不会出现锯齿状的边缘变形现象，如图 1-3-2 所示；在任何分辨率下显示或打印矢量图，都能产生规则的清晰线条和边缘。矢量图多用于标志设计、插图设计和工程制图上。一般由 Coreldraw、

Flash、AutoCAD、3ds Max、Fireworks 等软件生成，常用文件格式有 CDR、SWF、DWG、3DS、WMF 等。

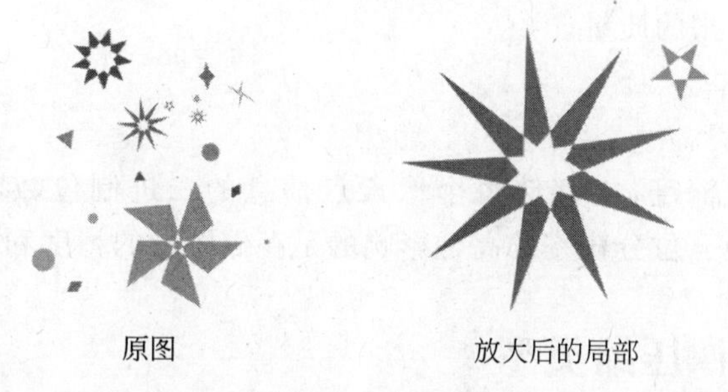

原图　　　　放大后的局部

图 1-3-2　矢量图

一般来说，矢量图所占用的存储空间较小，而位图图像文件则比较大；矢量图比较容易进行移动、缩放、旋转、扭曲等变换操作，也可以进行图元的拆分和组合操作，更适合绘制漫画、卡通画和图形设计（文字设计、标志设计、服装设计等）；位图图像更擅长表现细腻柔和、过渡自然的色彩，图像内容更趋真实，适合表现含有大量细节的画面，如风景、人物照片等。

3.1.2　分辨率

分辨率指单位长度内所含有的像素点的数目。分辨率是影响位图图像品质的关键因素之一，在对位图图像进行编辑、显示和打印时常涉及下列分辨率：

1. 图像分辨率

图像分辨率是指图像每单位长度上的像素点数，单位通常用 pixels/inch（像素/英寸）来表示，pixels/inch 常常缩写为 ppi，图像分辨率的单位还有 pixels/cm（像素/厘米）。图像分辨率的高低反映了该位图图像中存储信息的多少，图像分辨率越高表示存储的信息越多，图像的细节表现得就越突出，同时图像文件也越大。实际应用中，位图图像分辨率并非越大越好，要根据图像的实际用途而定。一般用于屏幕显示的位图，可设置其图像分辨率为 72ppi 或 96ppi。

2. 屏幕分辨率

屏幕分辨率是指显示器每单位长度上显示的像素点数。显示器分辨率取决于显示器的大小及其显示区域的像素设置，一般为 72ppi 或 96ppi。但实际应用中，通常会以显示器横向纵向显示的像素点数表示，如 1024×768 像素或 800×600 像素等。屏幕分辨率的高低将影响图像在显示器上的显示质量。

图像在屏幕上被打开显示的时候，图像中的像素可以直接转化为显示器像素。当图像分辨率比显示器分辨率高时，图像在屏幕上的显示尺寸比它的实际尺寸要大。

3. 输出分辨率

输出分辨率是指打印机等输出设备在打印图像时每单位长度产生的油墨点数，单位通常用 dots/inch(点/英寸)来表示。dots/inch 常常缩写为 dpi。一般激光打印机的分辨率为 600dpi 到 1200dpi,而大多数喷墨打印机的分辨率为 300～720dpi。打印分辨率的高低将影响图像打印输出的质量。

4. 位分辨率

位分辨率又称位深度,指存储每个像素点信息的二进制位数,有 1 位、8 位、24 位(RGB 真彩色)、48 位。位分辨率的高低影响的是存储图像的精度和颜色数。

3.1.3 数字图像压缩类型

高分辨率的位图需要占用大量的内存空间和磁盘空间,通常需要通过压缩来减少图像存储时的大小。常用压缩方法有无损压缩和有损压缩两类。

1. 无损压缩

还原后的图像与压缩前完全一致的压缩方式称为无损压缩。使用最多的无损压缩方式有游程长度编码(Run Length Encoding,RLE)方式,其基本压缩原理是相邻像素值如果相同,则只需保存一次像素信息,外加这个像素值的重复次数。

无损压缩通过对重复数据的简化记忆,减少了图像存储文件的大小。但在计算机读取这类文件时,由于数据完全恢复原样,所以并不能减少图像的内存占用量。

无损压缩方式的优点是能够比较好地保留图像的质量,但是相对来说这种方式的压缩率不能达到很高。

2. 有损压缩

还原后的图像与压缩前的图像不能完全一致的压缩方式称为有损压缩。使用最多的有损压缩方式为 JPEG 方式,它是利用人的眼睛对颜色中的高频成分变化不敏感,对图像的注意力通常集中在低频成分上的原理,通过丢弃图像中的高频成分,保留低频成分,从而减少图像总存储量。

有损压缩通过丢弃图像中人眼不敏感的像素信息,来减少图像存储文件的大小。并且在计算机读取这类文件时,由于像素信息的丢失,图像的内存占用量也减少了。有损压缩的图像因为丢弃了数据,所以无法恢复原样,但这不影响在屏幕上观看图像。

有损压缩方式的特点是能够以较高的压缩率压缩图像文件。当然,随着压缩率的增大,图像品质也随之降低。在实际应用中,应根据图像的不同用途选择适当的压缩率。

3.1.4 数字图像文件格式

数字图像的处理离不开图像处理软件,不同的图像处理软件能编辑的图像文件格式不同,某些文件格式可以在各图像处理软件之间通用。了解不同的图像文件格式,对于选择有效的方式保存图像,提高图像处理的效率,具有很大的帮助。

1. PSD 格式

PSD 格式是 Photoshop 软件的专用文件格式，可以存储图像中所有的图层、通道、蒙版、路径和不同的色彩模式等各种图像信息，是一种非压缩的原始文件保存格式。PSD 文件容量非常大，但由于可以保留所有的原始信息，因此对于尚未编辑完成的图像，选用 PSD 格式保存是最佳的选择。

2. JPEG 格式

JPEG(JPG)格式是一种静态图像有损压缩格式，是当前广泛使用的位图图像格式之一。适合保存色彩丰富、内容细腻的图像，如数码相片等。JPG 格式的文件，压缩比率较高，文件容量小，且图像色彩的损失人眼不易察觉，能够比较真实地反映原图像的内容。JPG 图像是目前网上主流图像格式之一。

3. GIF 格式

GIF 格式是 CompuServe 公司提供的一种可交换图形格式，采用无损压缩方式。GIF 图像最多支持 8 位即 256 种颜色，适合保存色彩比较简单、颜色值变化不大的图像，如卡通画、漫画等。GIF 格式允许在一个文件中保存多幅彩色图像，当将多幅图像数据逐幅读出并显示在屏幕上，就构成了一种简单的 GIF 动画。GIF 图像格式还支持透明区域，支持颜色交错，适用于网上传输、网页设计，也是目前网上主流图像格式之一。

4. PNG 格式

PNG 是可移植网络图像(Portable Network Graphic)的缩写，是专门针对网络使用而开发的一种无损压缩图像格式。PNG 格式支持透明区域，但与 GIF 格式不同的是，PNG 格式支持的颜色多达 32 位，且具有消除锯齿边缘的功能，因此可以在不失真的情况下压缩保存图像；PNG 格式还支持 1～16 位的图像 Alpha 通道。PNG 图像的发展前景非常广阔，被认为是未来 Web 图形的主要格式。

5. TIFF 格式

TIFF 格式应用非常广泛，主要用于在应用程序之间和不同计算机平台之间交换文件。几乎所有的绘图软件、图像编辑软件和页面排版软件都支持 TIFF 格式；几乎所有的桌面扫描仪都能生成 TIFF 格式的图像。

6. PDF 格式

PDF 是可移植文档格式(Portable Document Format)的缩写。PDF 格式适用于各种计算机平台；是可以被 Photoshop 等多种应用程序所支持的通用文件格式。PDF 文件可以存储多页信息，其中可包含文字、页面布局、位图、矢量图、文件查找和导航功能(比如超链接)等。

图像文件还有其他多种格式，如 BMP、TGA、PCX、PICT、WMF 等，在此不一一赘述。

3.1.5 习题与思考

1. 选择题

(1) 下列描述不属于位图特点的是________。

A. 由数学公式来描述图中各元素

B. 适合表现含有大量细节的画面

C. 图像内容会因为放大而出现马赛克现象

D. 与分辨率有关

(2) 位图与矢量图比较，其优越之处在于________。

A. 对图像放大或缩小，图像内容不会出现模糊现象

B. 容易对画面上的对象进行移动、缩放、旋转和扭曲等变换

C. 适合表现含有大量细节的画面

D. 一般来说，位图文件比矢量图文件要小

(3) JPEG 静态图像压缩标准是________。

A. 一种压缩率较低的无损压缩方式

B. 一种有较高压缩率的有损压缩方式

C. 一种不可选择压缩率的有损压缩方式

D. BMP、GIF 等图像文件格式都采用

(4) 以下________类型的图像文件具有动画功能。

A. PSD 格式　　B. JPEG 格式　　C. GIF 格式　　D. PNG 格式

2. 简答题

(1) 什么是位图？什么是矢量图？

(2) 简述图像分辨率的定义。它与显示器分辨率和打印分辨率有何区别？

(3) 简述无损压缩和有损压缩的压缩原理和特点。

3.2 认识数字图像处理大师——Photoshop

3.2.1 Photoshop 简介

Photoshop 是由美国 Adobe 公司推出的一款功能强大的图像处理软件，广泛应用于影像处理、平面广告设计、Web 图形制作、多媒体产品设计等领域，其集图像制作、编辑修改、广告创意、图像输入与输出于一体的功能，深受广大平面媒体设计人员和电脑美术爱好者的喜爱。

Photoshop 诞生于 1990 年 2 月，至今已历 20 年。从最初的 1.0 版本，发展到 6.0、

7.0 版本，在其后的发展历程中 Photoshop 8.0 的官方版本号改为 CS、9.0 的版本号则变成了 CS2、10.0 的版本号则变成 CS3、11.0 的版本则变成 CS4。

2010 年 4 月 12 日，Adobe Creative Suite 5 设计套装软件正式发布，Adobe CS5 总共有 15 个独立程序和相关技术，包括 Photoshop CS5、Flash CS5、Dreamweaver CS5 等。Photoshop CS5 有标准版和扩展版两个版本，对软硬件环境有一定的要求，有关情况可从 Adobe 公司的网站上进一步了解。

Photoshop CS 具有较强的处理和制作功能，也是一个较成熟的版本，对软硬件环境要求不高。本书中介绍的就是 Photoshop CS 版本的操作。

1. 功能与应用

(1) 平面广告设计。
(2) 制作 Web 图像。
(3) 处理照片。
(4) 建筑效果图后期处理。
(5) 为影视动画或多媒体作品加工制作资料图像。

2. 安装和运行

计算机配置的好坏会直接影响 Photoshop 软件的运行速度，较低的配置甚至无法安装或者无法正常运行 Photoshop CS。以下是安装 Photoshop CS 对计算机软硬件环境的基本要求：

- Intel Pentium Ⅲ 或 Intel Pentium Ⅳ 处理器。
- 内存至少 192MB，推荐使用 256MB 以上。
- 安装时至少有 280MB 以上的可用硬盘空间。
- Microsoft Windows 2000(含 Service Pack 3)或 Windows XP 操作系统。
- 配有 16 位彩色或更高级视频卡的彩色显示器。
- 1024×768 像素或更高的显示器分辨率。
- CD-ROM 驱动器。

对于专门从事平面设计工作的人员来说，应该在处理器、内存、硬盘、显示器等设备上尽可能选择较高的配置。这对机器的运行速度、图像的显示效果都有很大的影响，并最终影响到设计者的工作效率和工作质量。

3. 窗口组成

启动 Photoshop CS 软件，其工作窗口如图 1-3-3 所示。

1) 标题栏

标题栏显示 Photoshop CS 软件的程序名 Adobe Photoshop。当图像窗口最大化显示时，Photoshop CS 的标题栏中将同时显示 Adobe Photoshop 和图像窗口标题栏的内容。

图 1-3-3 Photoshop CS 的窗口组成

2）菜单栏

菜单栏是 Photoshop 的重要组成部分，包括【文件】、【编辑】、【图像】、【图层】、【选择】、【滤镜】、【视图】、【窗口】和【帮助】9 个菜单，囊括了 Photoshop CS 的大部分命令。

3）选项栏

当选择工具箱中的某个工具时，选项栏上将显示该工具的一些参数设置，因此其显示内容随所选工具的不同而变化。选项栏是可以浮动的，其显示和隐藏可以通过菜单命令【窗口】→【选项】来控制。

4）工具箱

工具箱汇集了 Photoshop CS 的 22 组工具。指针移到某个工具按钮上停顿片刻，会弹出工具名称提示框。若某个工具按钮的右下角有一个黑色三角标志，则表示此处还隐藏着其他工具。在某个工具按钮上单击，将选中该工具(按钮反白显示)；在某个存在黑色三角标志的工具按钮上右击或按下左键不放，将展开该工具组以选择隐藏的其他工具。

5）状态栏

状态栏显示当前图像的缩放比例、文件大小和所选中工具的简短操作提示等有用的信息。其左侧是图像比例显示框，可精确改变当前图像的缩放比例。

6）浮动面板

浮动面板是 Photoshop CS 用于图像处理的另一个重要组成部分。各浮动面板允许随意组合，形成多个面板组；可以通过【窗口】菜单中的对应命令来控制各浮动面板的显示和隐藏。另外，【窗口】→【工作区】→【复位面板位置】是一个有用的命令，当各浮动面板的默认组合被打破，或工具箱、选项栏和浮动面板的默认位置被移动，或 Photoshop CS 程序窗口的大小被改变之后，可以使用该命令使它们快速复位。

3.2.2 Photoshop CS 基本操作

1. 打开文件

启动 Photoshop CS 软件，选择【文件】→【打开】命令，弹出【打开】对话框，在对话框的【查找范围】下拉列表中选择图像文件所在的位置；在【文件类型】下拉列表中选择【所有格式】选项；从文件列表框中选择要打开的文件。

2. 使用文件浏览器管理图像文件

Photoshop CS 的文件浏览器具有相当强大的图像文件管理功能，熟练使用文件浏览器能够为图像处理带来很多的方便。

1）打开和关闭文件浏览器

执行【文件】→【浏览】或【窗口】→【文件浏览器】命令，或单击选项栏右侧的【切换文件浏览器】按钮都可以打开文件浏览器，如图 1-3-4 所示。

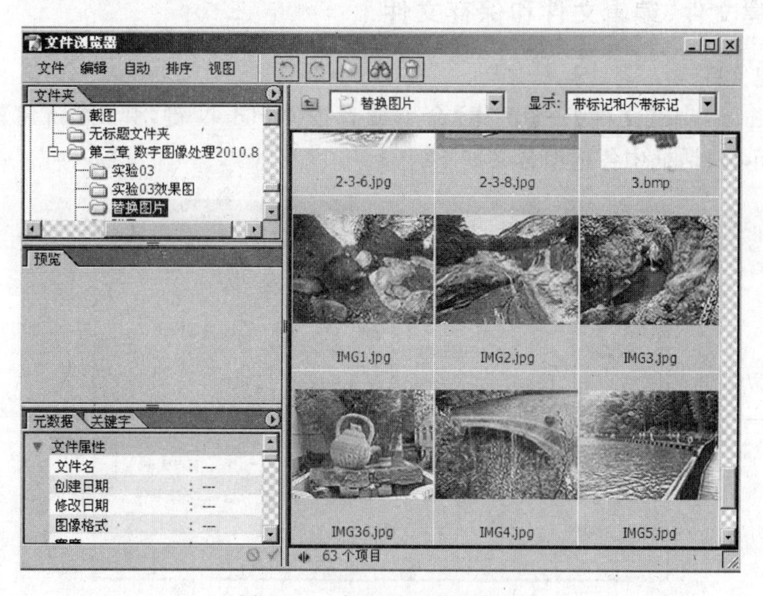

图 1-3-4　打开的文件浏览器

执行文件浏览器窗口的【文件】→【关闭文件浏览器】命令或者单击文件浏览器窗口右上角的【关闭】按钮都可以关闭文件浏览器。

2）使用文件浏览器在 Photoshop 窗口打开图像文件

在文件浏览器主窗口中双击某个图像文件的缩略图，或者选中某个图像文件后执行文件浏览器的【文件】→【打开】命令，都可以在 Photoshop CS 窗口中打开图像文件。

3）使用文件浏览器对图像文件进行排序

使用文件浏览器的【排序】菜单，可以对主窗口中的图像文件进行多种形式的排序。在每一种排序方式中，还可以选择是按升序和还是按降序进行排序。

4）使用文件浏览器进行文件夹和文件管理

（1）新建文件夹。

首先在文件浏览器的【视图】菜单中选择【文件夹】显示方式，使文件浏览器主窗口中不仅显示图像文件缩略图还会显示出各个子文件夹；在文件夹上右击，在弹出的快捷菜单中选择【新建文件夹】命令，或执行【文件】→【新文件夹】命令，都可以在当前文件夹下建立新的文件夹。

（2）重命名文件夹和文件。

在文件夹或文件上右击，并选择快捷菜单中的【重命名】命令，即可更改文件夹或文件的名字。

（3）删除文件夹和文件。

在选中的文件夹或文件上右击，并选择快捷菜单中的【删除】命令，可以删除文件。

注意：对于文件与文件夹的复制、移动等不便在文件浏览器中完成的操作，可以在操作系统的资源管理器窗口中进行相应的操作。

3. 新建文件、编辑文件和保存文件

1）新建文件

选择 Photoshop【文件】→【新建】命令或者按 Ctrl＋N 键，弹出【新建】对话框，如图 1-3-5 所示，对话框中各选项含义如下。

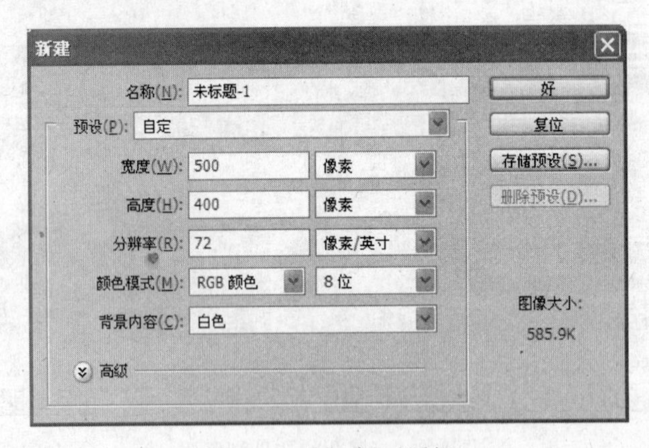

图 1-3-5 【新建】对话框

• 名称：输入新建图像的文件名。

• 预设：选择是采用自定义方式还是固定文件格式来设置新建图像的宽度和高度。

注意：预设下拉列表的底部列出的是 Photoshop 窗口中已打开图像的文件名。选择某个文件名，所建立新文件的宽度和高度将与该文件一致。

• 宽度：设置新建图像的宽度，单位有像素、英寸、厘米等。

- 高度：设置新建图像的高度，单位有像素、英寸、厘米等。

注意：*设置图像的宽度和高度时，一定要注意单位的选择。千万不要因为不小心选错单位而设置成 500cm×400cm 之类的大尺寸。*

- 分辨率：设置新建图像的分辨率。
- 颜色模式：选择新建图像的颜色模式，彩色图像一般为 RGB 颜色模式，其他还可以选择灰度模式、CMYK 颜色模式等。

注意：*如果所创建的图像用于显示器显示，一般选择 72ppi(像素/英寸)的分辨率和 RGB 颜色模式。若用于实际印刷，颜色模式应采用 CMYK 模式，分辨率则应视情况而定。书籍封面、招贴画一般使用 300ppi 左右的分辨率，而更高质量的纸张印刷可采用 350ppi 以上的分辨率。*

- 背景内容：指定新建图像的背景颜色。有白色、透明(无色)和背景色(工具箱面板中的背景色)3 种选择。

2) 选取颜色

Photoshop 的选色按钮如图 1-3-6 所示，位于工具箱的中下部。

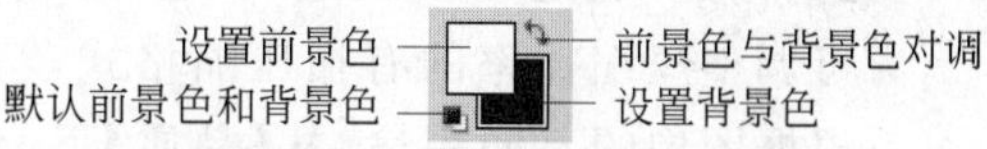

设置前景色
前景色与背景色对调
默认前景色和背景色
设置背景色

图 1-3-6　Photoshop 的选色按钮

单击【设置前景色】或【设置背景色】按钮，打开 Photoshop 的【拾色器】对话框，如图 1-3-7 所示。

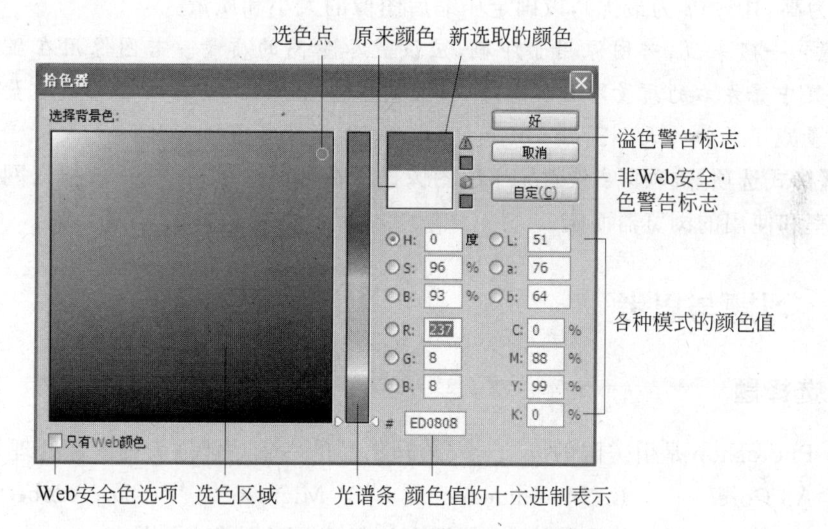

图 1-3-7　Photoshop 的【拾色器】对话框

首先在光谱条上单击或拖曳三角滑块选择色相，再在选色区中单击某个位置(进一步确定颜色的亮度和饱和度)确定最终要选取的颜色；单击“好”按钮，颜色选择完毕，【设置前景色】或【设置背景色】按钮上将显示出刚才选取的颜色。

单击工具箱上的【默认前景和背景色】按钮，把前景色和背景色设置为默认的黑色和白色。单击【前景色与背景色对调】按钮，把前景色与背景色对换过来，即设置前景色为白色。单击【设置背景色】按钮，打开【拾色器】对话框，选取一种红色作为背景色。

3）编辑文件

使用各种菜单命令，新建的图像编辑窗口中将产生相应的效果。

4）保存文件

选择【文件】→【另存为】命令，打开【另存为】对话框。在【保存在】下拉列表中选择文件保存的位置；在【格式】下拉列表中选择文件的类型；在【文件名】文本框中输入文件的名称。

若选择 PSD 格式，单击【保存】按钮，即可把图像文件保存起来；若选择 JPEG 格式，单击【保存】按钮后，弹出【JPEG 选项】对话框，如图 1-3-8 所示。其选项含义如下：

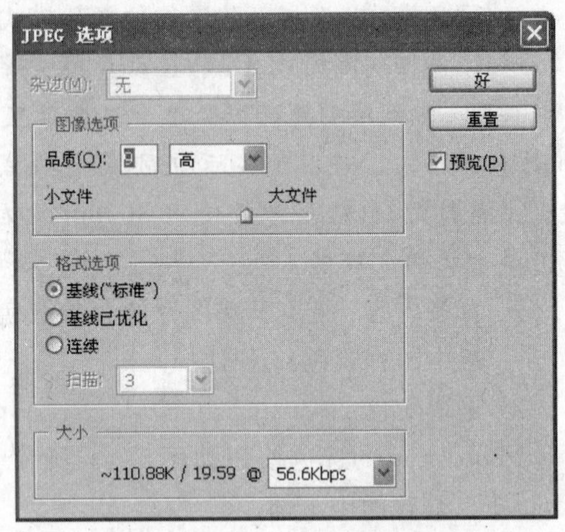

图 1-3-8 【JPEG 选项】对话框

- 【图像选项】选项区：JPEG 是一种可调整压缩比率的有损压缩格式，根据图像的不同用途，从【品质】下拉列表中选择优化选项（低、中、高、最优），拖曳滑块或在数值框中输入数值（1～4 为低，5～7 为中，8～9 为高，10～12 为最优），以确定压缩后图像的大小和质量。

注意：一般来说，若图像用于印刷，应设置尽量高的质量。若图像用在显示器上显示，则设置中等左右的质量即可。总之，设置的基本原则就是，在满足图像质量要求的前提下，尽量减小文件的大小。

- 【格式选项】选项区：设置 JPEG 图像显示在屏幕上的方式，一般根据网络传输速率和使用的浏览器而定。

3.2.3 习题与思考

1. 选择题

(1) Photoshop 是由美国的________公司出品的一款功能强大的图像处理软件。

A. Corel　　B. Macromedia　　C. Microsoft　　D. Adobe

(2) Photoshop 的功能非常强大，使用它处理的图形图像主要是________。

A. 位图　　B. 剪贴画　　C. 矢量图　　D. 卡通画

(3) Web 图形常用文件格式中，数据量小、色彩损失少，能真实反映原图片的是________。

A. JPEG　　B. GIF　　C. BMP　　D. PSD

(4) 能反映光栅图像的颜色丰富程度的指标是光栅图像的________。

A. 图像分辨率　　B. 屏幕分辨率

C. 位分辨率　　D. 输出分辨率

2. 填空题

(1) 数字图像存储方法有两大类，由一个个像素网格点结合在一起组成的位图和用矢量线段方式记录图像的________。

(2) Web 图形常用文件格式有支持 24 位彩色的静态图像有损压缩格式 JPEG 和最多支持 8 位 256 色的可交换图形格式________。

3. 思考题

(1) Photoshop 的主要用途有哪些？

(2) 安装和运行 Photoshop CS 对计算机的软硬件环境有什么要求？

(3) Photoshop CS 文件浏览器有哪些功能？

3.3 Photoshop CS 基本工具的使用

Photoshop CS 的基本工具，如选择工具、绘图工具、修图工具、文字工具等都排列在【工具】面板上，如图 1-3-9 所示。本节将详细介绍【工具】面板中各种工具的功能和使用方法。如果在 Photoshop CS 窗口界面没有出现【工具】面板，可以通过选择【窗口】→【工具】命令打开【工具】面板。

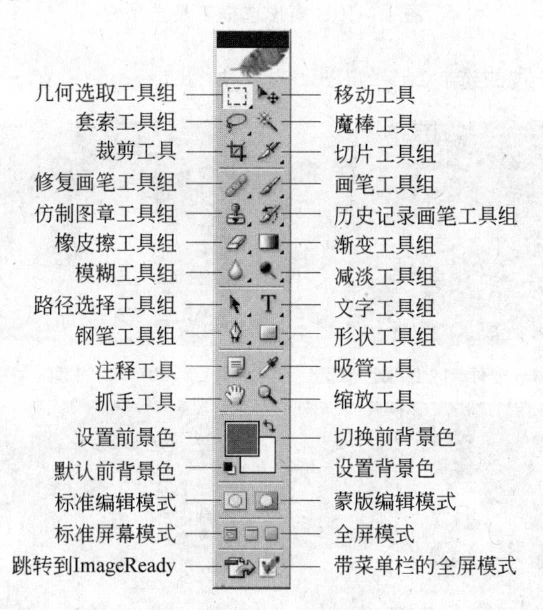

图 1-3-9 【工具】面板

3.3.1 选择工具

Photoshop【工具】面板中选择工具有 3 组：几何选取工具、套索工具和魔棒工具。

1.【几何选取工具】组

几何选取工具又称形状选择工具组，或规则选取工具组。主要用于创建正方形、矩形、圆形或椭圆形等形状规则的选区，是一组常用的选择工具。

单击【工具】面板中【几何选取工具】组按钮，在打开的工具组中选择相应工具按钮，然后在图像中拖曳或单击鼠标即可创建选区。

1）矩形选框工具

用来创建矩形或正方形选区。拖曳鼠标即可创建一个矩形区域；按住 Shift 键的同时拖曳鼠标，可创建一个正方形区域。其选项栏如图 1-3-10 所示，各选项含义如下。

- ：创建新选区，是系统默认选择方式。使用矩形选择工具在图像窗口中拖曳鼠标即可创建一个矩形选择区域。
- ：添加到选区，在现有选区上增加新的选择区域。可用来扩充一个选择区域的边界，或者选择几个不相连的区域。
- ：从选区减去，从现有选区上减去新的选取范围。
- ：与选区交叉，在现有选区上建立另一个与已建选区部分重叠的选择区域，结果是两个选区的交集。

图 1-3-10　矩形选框工具选项栏

上述不同选择方式的选择结果如图 1-3-11 所示。

(a) 现有选区上再建新选区　(b) 添加到选区

(c) 从选区减去　(d) 与选区交叉

图 1-3-11　运用不同运算方式创建选区

- 羽化：在创建一个选择区域之前，设置羽化字段中的数值，可以产生一个软边缘选择区域。以选区边界为中心，所设置的羽化值为半径，在选区边界的内部与外面之间创建一个渐变的过渡效果。当给已羽化过的选区应用一种效果时，选区边界四周的效果区域会渐渐地变得越来越透明，产生一种柔化或模糊的效果，如图 1-3-12 所示。

(a) 0羽化值

(b) 10羽化值

图 1-3-12　创建不同羽化值的选区并复制粘贴的效果

- 消除锯齿：消除锯齿是指边界周围的一个 2 或 3 像素宽的边框，其作用是调和相邻颜色，以便产生一个小过渡区，使选区边缘光滑。消除锯齿不同于羽化，羽化过渡的大小能够通过羽化半径控制，消除锯齿选项则根据文档的分辨率自动应用，通常只有几个像素宽。
- 样式：有 3 个选项，含义如下。
  - 正常：默认选项。通过拖曳鼠标来指定选框的大小与长宽比。
  - 固定长宽比：长和宽中的数值指定选框的比例。可以通过拖曳鼠标来改变选框的大小，但长宽比保持不变。
  - 固定大小：长和宽中的数值指定选框的大小，单位是像素。如果想改变度量单位，可通过右击长和宽字段来选择。

2）椭圆形选框工具

用来创建椭圆形或圆形选区。操作类似于矩形选框工具。

下面介绍几个可以与上述两种选择工具一起使用的键盘组合键，如表 1-3-1 所示。

表 1-3-1　可以与矩形、椭圆形选框工具一起使用的键盘修饰键功能列表

Shift＋拖曳	创建正方形或圆形选区
Alt＋拖曳	以鼠标指针所在位置为中心点开始创建选区
Shift＋Alt＋拖曳	以鼠标指针所在位置为中心点开始创建正方形或圆形选区
空格键＋拖曳	绘制时重新定位选区
在选区内拖曳鼠标	绘制后重新定位选区

3）单行选框工具

用来创建一个水平的一个像素宽度的选区。

4）单列选框工具

用来创建一个垂直的一个像素宽度的选区。

单行单列选框工具常用来精确修整选区，或结合滤镜等工具创建特殊的图像效果。

2.【套索工具】组

套索工具又称自由形态选择工具组，主要用于创建形状不规则的选区。

1）套索工具。

用来绘制形状不规则的选择区域。按下左键沿待选区域边界拖曳鼠标，以便用选框围住待选区域。在开始点上单击可闭合选框，松开鼠标可用一条直线来闭合选框。

2）多边形套索工具。

用来创建直边的选框。单击待选区域边界，然后在待选区域的下一个角再次单击鼠标。重复这个过程，直至返回到起始点上单击闭合选框，或者双击鼠标以便从最近刚建立的点处闭合该选择区域。按住 Shift 键的同时单击鼠标，可以创建水平、垂直或 45°的边界。

3）磁性套索工具。

该工具依据图像中像素的对比度值"直觉地"建立选择区域。当单击并拖曳鼠标时，此工具将放置一条路径，这条路径被吸引到两个反差区域的边界上。当闭合选框时，这条路径就变成一个选区。

3. 魔棒工具

魔棒工具根据像素颜色与亮度的相似性建立"自动"选区。在工具箱中选择魔棒工具，然后在要选取的区域上单击鼠标，与单击点像素颜色与亮度相似的区域被选中。

魔棒工具选项栏如图 1-3-13 所示，部分选项含义如下。

图 1-3-13　魔棒工具选项栏

- 容差：取值范围为 0～255，系统默认容差为 32。用来设置与单击点像素的颜色值相比所允许的差别范围。数值越低，包含在选区中的像素与鼠标单击点颜色的区别越小；数值越高，所允许的差别越大，包含在选区中的像素越多，如图 1-3-14 所

(a) 容差为0

(b) 容差为30

图 1-3-14　创建容差值为 0 和 30 的选区效果

示，是使用魔棒在不同容差情况下选取的选区范围。

- 连续的：将选择区域限定在相邻像素上。系统默认为勾选状态。
- 用于所有图层：将魔棒选择区域限定在单个图层或多个图层上的同一个容差范围内的像素上。

3.3.2 移动工具和裁剪工具

1. 移动工具

移动工具主要用于图层、选区的移动或复制。选择移动工具，在图像选区内或图层面板的某个图层上拖曳鼠标来移动图像或选区。该工具的使用技巧如表 1-3-2 所示。

表 1-3-2 移动技巧列表

Shift＋拖曳	沿 45°方向移动
方向键←↑→↓	每次移动一个像素点的距离
Shift＋方向键 ←↑→↓	每次移动十个像素点的距离
拖曳选区到另一个图像文件	复制选区到另一个图像文件中形成一个新层
Shift＋Ctrl＋拖曳选区到另一个图像文件	复制选区到另一个图像文件中形成一个新层，并放置在中心位置

2. 裁剪工具

用于图像的裁剪，在裁剪时可以进行旋转和设置分辨率。该工具的使用技巧如表 1-3-3 所示。

表 1-3-3 裁剪工具使用技巧列表

在裁切框内拖曳鼠标	移动裁切框
将鼠标指针放在裁切框外侧，鼠标指针变为旋转箭头时拖曳鼠标	旋转裁切框
将鼠标指针放在裁切框 4 个角的控制点上拖曳鼠标	调整裁切框大小

3.3.3 绘图工具

工具箱中的画笔工具组和历史记录画笔工具组是 Photoshop 的两组基本绘图工具。

1. 画笔工具组

1）画笔工具选项栏

画笔工具选项栏如图 1-3-15 所示，其中部分选项含义如下。

- 画笔：单击该选项打开“画笔预设”选取器，可以调整“笔头直径”、“笔头硬度”以

图 1-3-15　画笔工具选项栏

及选择各种系统预设笔头。

- 模式：控制当前画笔颜色以指定的混合模式应用到已有图像上。默认为正常模式，即画笔绘出的线条不会与原有图像颜色发生混合，仍以设定的画笔颜色显示。
- 不透明度：范围从 0%到 100%。当透明或半透明笔画被画到一个有色图像表面上时，将显示出位于它下面的那些图像像素。

2）铅笔工具

铅笔工具主要功能是用来绘制垂直或水平的硬边线条或锯齿状对角线，是 Photoshop 中唯一能够产生消锯齿笔画，或者说硬边笔画的工具。同画笔工具一样，可以选择绘画的颜色混合模式，或者调整不透明度。

2. 历史记录画笔工具组

1）历史记录画笔工具。

此工具可以将图像的一部分恢复到以前的一个状态，或者说图像历史上的某一时刻的状态。选择历史记录画笔工具，在历史记录面板中单击某一条历史记录左边的按钮建立快照（默认快照在“打开文件”状态），此快照将作为图像恢复的一个目标化状态；再选择一个适当大小的画笔，在图像上拖曳鼠标，画笔经过的地方图像会恢复到快照记录下的历史状态。

2）艺术历史记录画笔工具。

此工具的功能类似于涂抹、画笔和模糊工具的一种强力组合。使用色彩上不断变化的笔画簇进行作画，色彩的变化由正在作画的区域所具有的颜色而定。当使用艺术历史记录画笔工具作画时，颜色朝几个方向迅速沉积下来，达到印象派绘画的效果。

3. 擦除工具组

1）橡皮擦工具。

橡皮擦工具用于擦除颜色。当在背景层上擦除时，使用工具箱中的背景色替换擦除的目标区域；当在普通图层上擦除时，使用透明区域替换目标区域。不同图层擦除效果如图 1-3-16 所示。

2）背景橡皮擦工具。

背景橡皮擦在普通图层上擦除时将目标擦除到透明，在背景层上擦除时把背景层自动转换成普通图层再擦除到透明。

3）魔术橡皮擦。

使用此工具无论背景层或普通图层都将擦除处在容差范围内的所有像素。功能上类似于先用魔棒创建选区，再按 Delete 键清除选区内像素；对于背景图层，在清除前自动将其转换为普通图层；对于普通图层则直接清除。

(a) 背景层

(b) 普通图层

图 1-3-16　橡皮擦在背景层和普通图层上擦除的不同效果

- 容差：控制待删除颜色的范围。较低的容差将擦除与取样颜色相近的颜色区域；较高的容差将擦除范围较广的颜色区域。
- 消除锯齿：使待擦除区域形成一个较平滑的边缘。
- 临近：只擦除容差范围内的连续的邻接像素。
- 用于所有图层：擦透所有可见图层上的容差范围内的像素。
- 不透明度：用来确定擦除操作的强度，如图 1-3-17 为不同透明度擦除的效果。

(a) 25%

(b) 100%

图 1-3-17　魔术橡皮擦在不透明度为 25%和 100%时擦除的不同效果

4. 填充工具组

填充工具组有两个工具：渐变工具和油漆桶工具，可以进行渐变颜色的填充和单一颜色或图案的填充。

1）渐变工具

渐变工具用来对图层或选区进行多种颜色的渐变填充，其选项栏如图 1-3-18 所示，部分选项含义如下。

- ：复位按钮，恢复系统默认值。

图 1-3-18　渐变工具选项栏

- ：选择现有渐变或进行渐变编辑，单击图标右边按钮，打开渐变颜色面板，可选择一种现有渐变色进行填充。单击图标左边按钮，则打开渐变编辑器，可对当前选择的渐变色进行编辑修改或定义新的渐变色。
- ：用于设置渐变种类，依次分别为线性渐变、径向渐变、角度渐变、对称渐变、菱形渐变。
- 反向：与选择或设置的渐变色方向相反。
- 仿色：采用仿色可模拟颜色表中没有的颜色。通过混合现有颜色的像素，来模拟缺少的颜色。
- 透明区域：选择该选项能保留渐变颜色中的透明效果。

例 3.1　渐变工具的使用 1。

(1) 新建一个 400×300 像素、白色背景的图像文件。

(2) 在工具箱面板中选择椭圆选框工具，在图像编辑窗口拖曳鼠标的同时按住 Shift 键，创建一个圆形选区。

(3) 设置前/背景色为白色/红色；选择渐变工具，并在选项栏中单击按钮选择第一种“前景到背景”渐变方式；单击按钮选择“径向渐变”，其他选项保持默认值。

(4) 将鼠标从选区左上角向右下角适当拖曳一段距离，松开鼠标，即生成一个有发光效果的球体，如图 1-3-19 所示。

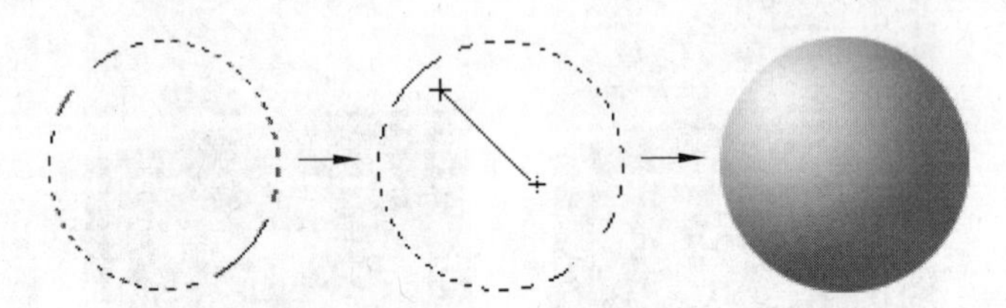

图 1-3-19　前景到背景的径向渐变制作发光球体的过程

例 3.2　渐变工具的使用 2。

(1) 打开素材图像文件“风景 1.jpg”。

(2) 在工具箱面板中设置前景色为白色。

(3) 在工具箱面板中选择渐变工具，并在选项栏中单击按钮选择第二种“前景到透明”渐变方式；单击按钮选择“径向渐变”，选中【反向】复选框，其他选项保持默认值。

(4) 从图像中心位置向右上角适当拖曳一段距离，如图 1-3-20(a)所示。松开鼠标，即可产生雾中风景的效果，如图 1-3-20(b)所示。

2) 油漆桶工具

使用此工具对图层或选区进行前景色或指定图案的填充，其选项栏如图 1-3-21 所示，部分选项含义如下。

(a) 拖曳操作

(b) 产生的效果

图 1-3-20　前景到透明的径向渐变制作雾中风景效果

图 1-3-21　油漆桶工具选项栏

• 填充：设置填充内容。有“前景”和“图案”两种，可以分别填充前景色或者指定的图案。

例 3.3　填充工具的使用。

(1) 打开素材图像文件“铅笔组件.psd”，如图 1-3-22(a)所示。在图层面板中单击背景层缩略图，选择背景图层为当前工作图层，【图层】面板状态如图 1-3-22(b)所示。

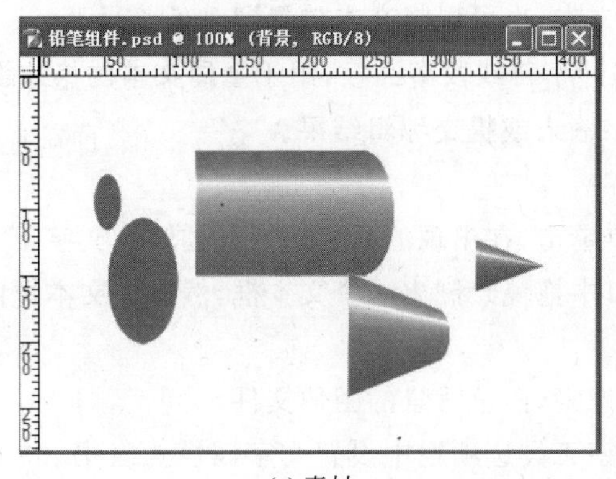

(a) 素材

(b)【图层】面板

图 1-3-22　素材图像及背景图层为工作层时的【图层】面板状态

(2) 在工具箱面板中选择油漆桶工具，并在选项栏中设置填充方式为“图案”，在【图案】面板中选择第三个图案，如图 1-3-23(a)所示。在编辑窗口中单击，为整个背景层填充图案，如图 1-3-23(b)所示。

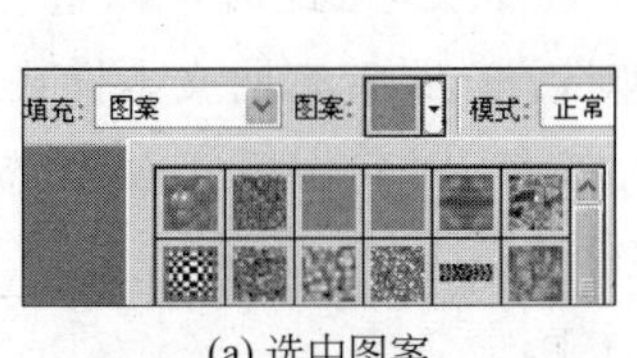

(a) 选中图案

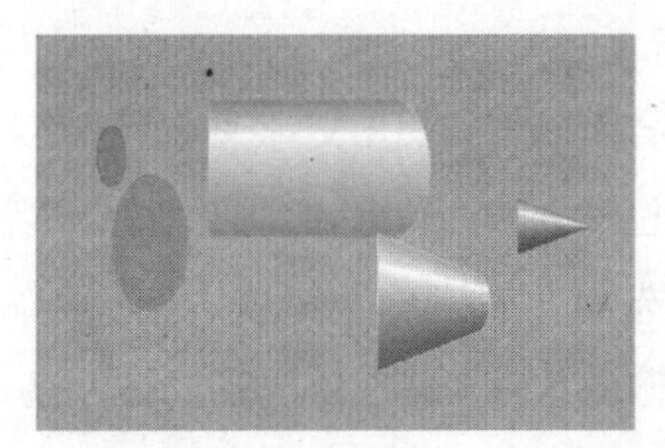

(b) 填充

图 1-3-23　图案填充背景图层效果

5. 文字工具组

Photoshop 有许多文字功能，但一般会在文字处理程序中创建和处理文本，然后再在 Photoshop 中产生各种漂亮的文本效果，以及为大号标题、小标题和图形文本生成显示文字的能力。

Photoshop 的文字功能允许直接在图像上生成完全可编辑的文字。在选择了文本工具后，可以通过文本框输入文本，也可以通过单击从插入点开始输入文本，或者使用 Photoshop CS 新增加的路径文字功能输入路径文字。

1）横排文字工具 T 和直排文字工具 IT

使用这两个基本文字工具创建文字时将生成文字图层。其选项栏如图 1-3-24 所示，部分选项含义如下。

图 1-3-24　文字工具选项栏

- 颜色：单击打开拾色器，可以为文字选择填充颜色。
- 变形文本：扭曲或弯曲文本，也可以将文本放置到一条路径上。
- 字符/段落面板：单击打开字符或段落面板，用于全局文本的格式设置。
- 取消/提交 ⊘ ✓：取消文字输入或提交编辑结果。

创建文字有以下两种方式：

- 选择文字工具，在编辑窗口单击，在出现的文字插入点处输入文字。
- 选择文字工具，在编辑窗口中拖曳绘制出一个文本框，然后在文本框内输入文字。

例 3.4　文字工具的使用 1。

(1) 新建宽 200 像素，高 300 像素，白色背景的图像文件。

(2) 选择直排文字工具，在文字工具选项栏中设置文字属性为隶书、60 像素（如果单位不是像素，可执行【编辑】→【预置】→【单位与标尺】命令，在打开的预置对话框中设置文字单位为像素即可）、颜色值为＃F89999。

(3) 选择一种汉字输入法，在图像中准备输入文字的地方单击，出现插入点。输入文字“童年往事”，单击选项栏中 ✓ 按钮提交文字输入任务，此时【图层】面板中已出现一个新的文字图层。文字输入后效果如图 1-3-25(a)所示，输入文字后【图层】面板状态如图 1-3-25(b)所示。

(4) 在图层面板中双击文字图层缩略图 T 选中文字（此时可以进行文字的各种编辑），单击选项栏中的按钮，打开【变形文字】对话框，设置弯曲文本样式为【旗帜】。

(5) 单击选项栏中 ✓ 按钮提交文字输入任务，回到图形编辑状态。文字效果如图 1-3-26(a)，输入文字后图层面板如图 1-3-26(b)。

2）横排文字蒙版工具和直排文字蒙版工具

使用它们将不会生成文字图层，而是建立一个字符形状的选择区域。当使用这两个

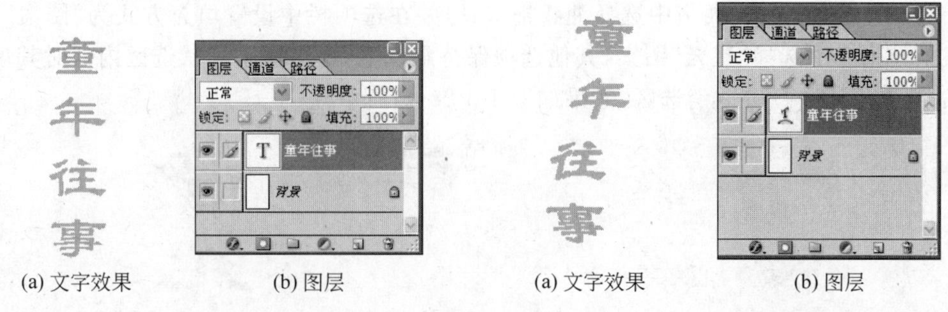

(a) 文字效果　(b) 图层　(a) 文字效果　(b) 图层

图 1-3-25　提交文字输入任务后图像及图层面板状态　图 1-3-26　变形文字后图像及图层面板状态

工具输入文本时，图像编辑窗口显示出一个红色蒙版，直至提交文字任务，结束文字输入。用这两个工具生成文字选区后，可以对该选区进行渐变填充或把指定图案粘贴到文字形选区中，以产生有趣的文字图像效果。

例 3.5　文字工具的使用 2。

(1) 新建宽 200 像素，高 300 像素，白色背景的图像文件。

(2) 选择直排文字蒙版工具，在文字工具选项栏中设置为隶书、60 像素、颜色任意。

(3) 选择一种汉字输入法，在图像编辑窗口中准备输入文字的地方单击，编辑窗口进入淡红色蒙版编辑状态，同时出现文字插入点，如图 1-3-27(a)所示。

(4) 输入文字"童年往事"，如图 1-3-27(b)所示。单击选项栏中按钮，打开【变形文字】对话框，设置弯曲文本样式为【旗帜】，如图 1-3-27(c)所示。

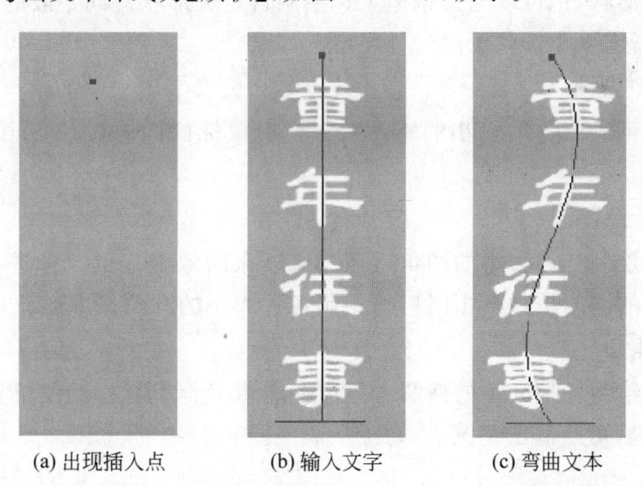

(a) 出现插入点　(b) 输入文字　(c) 弯曲文本

图 1-3-27　蒙版文字输入及变形后图像状态

(5) 单击选项栏中✓按钮提交蒙版文字输入任务，此时图层面板中不会出现新文字图层，而仅在图像编辑窗口中出现文字形状的选区，如图 1-3-28(a)所示。

(6) 在工具箱面板中选择渐变工具，并在选项栏中单击按钮选择"色谱"渐变方式；单击按钮选择"线性渐变"，其他选项保持默认值；按住 Shift 键的同时从文字形状选区上方开始向下方拖曳鼠标，按 Ctrl+D 键取消选区，彩色渐变填充效果如图 1-3-28(b)所示。

(7) 或在工具箱面板中选择油漆桶工具，并在选项栏中设置填充方式为“图案”，在图案下拉列表中选择“星云”图案，其他选项保持默认值，单击文字形状选区内部对其填充图案；再按 Ctrl＋D 键取消选区，效果如图 1-3-28(c)所示。

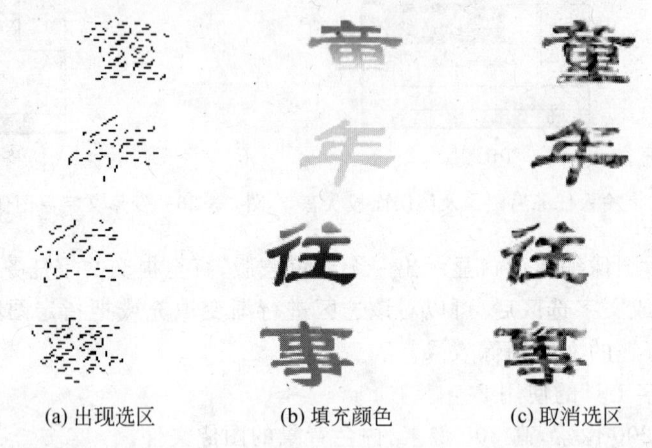

(a) 出现选区　　(b) 填充颜色　　(c) 取消选区

图 1-3-28　蒙版文字提交后状态及渐变填充和图案填充后效果

6. 形状工具

Photoshop CS 工具箱中新增了形状工具组，可以通过使用形状工具组中的任一个工具绘制系统预置形状，也可以通过钢笔工具绘制自定义形状。同一般的文字工具一样，一旦绘制完毕，将新增一个形状图层。

1) 矩形工具。

使用此工具可绘制各种大小的矩形。在拖曳鼠标的同时按住 Shift 键，可绘制各种大小的正方形。

2) 圆角矩形工具。

此工具用来绘制各种大小的圆角矩形。通过在图像上拖曳鼠标进行绘制圆角矩形，如果在拖曳鼠标的同时按住 Shift 键，可绘制各种大小的圆角正方形。

3) 椭圆工具。

此工具用来绘制各种大小的椭圆。通过在图像上拖曳鼠标绘制椭圆，在拖曳鼠标的同时按住 Shift 键，可绘制出正圆。

4) 多边形工具。

此工具用来绘制各种多边形。通过拖曳鼠标绘制多边形，在拖曳鼠标的同时按住 Shift 键，可绘制出正多边形。

5) 直线工具。

此工具用来绘制各种直线。通过拖曳鼠标进行绘制直线，在拖曳鼠标时按住 Shift 键，可绘制出水平线、垂直线或 45°角的斜线。

6) 自由形状工具。

用来绘制各种系统预制形状。通过拖曳鼠标进行绘制，在拖曳鼠标时按住 Shift 键，可绘制出长宽比固定的形状。

3.3.4 修图工具

1. 图章工具组

1）仿制图章工具

该工具又称克隆图章，用于进行图像的关联复制。其选项栏如图 1-3-29 所示，部分选项含义如下。

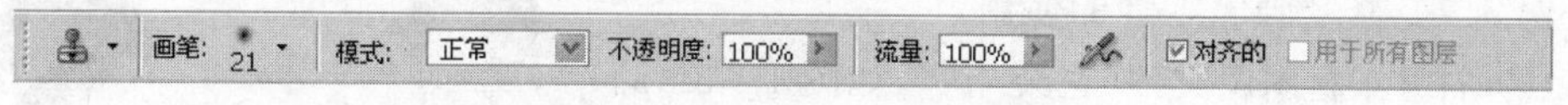

图 1-3-29 仿制图章工具选项栏

- 画笔：设置进行关联复制时涂抹笔头的大小。
- 对齐的：勾选该复选框将保持仿制图章画笔与原取样区域的对齐。在使用仿制图章工具进行涂抹的过程中，可以松开鼠标左键，当再次按下鼠标左键进行涂抹时将延续上次的涂抹；如果该选项没有选中，则在涂抹过程中最好不要松掉鼠标，一次涂抹完，因为一旦松开鼠标左键，再次按下鼠标左键进行涂抹时，将重新从原取样点开始复制。
- 用于所有图层：勾选该复选框，仿制图章工具将从所有可见图层中取样。如果未勾选，则只从当前工作图层中取样。

例 3.6 仿制图章工具的使用。

(1) 打开素材图像文件“大雁.jpg”，在工具箱面板中选择仿制图章工具，并在选项栏中勾选“对齐的”复选框。

(2) 按住 Alt 键的同时在图像编辑窗口中单击大雁头部，建立仿制图章进行关联复制的取样参考点，然后松开 Alt 键。

(3) 在图像编辑窗口的适当位置按住鼠标左键进行涂抹，涂抹过程中可看到原参考点处出现“十”字标记指示复制进程，如图 1-3-30(a)所示。涂抹到边缘或细节处可松开鼠标，在选项栏中调整画笔大小后继续涂抹，直至将完整的大雁涂抹出来，如图 1-3-30(b)所示。

(a) 复制标志及过程

(b) 复制结果

图 1-3-30 用仿制图章工具进行关联复制的效果

2）图案图章工具

利用“图案”选项中所提供的图案进行绘画。Photoshop 在图案列表中提供了几个系统默认图案，也可以通过【编辑】→【定义图案】命令将一个选区内容定义为一个新图案。

2. 修复画笔工具组

1）修复画笔工具。

此工具功能及操作方法都与仿制图章类似，但仿制图章仅为单纯的复制，且复制结果与参考点完全一致；而修复画笔在涂抹过程中复制出来的图像不仅有参考点的内容，还保留了原图像的形状、光照和纹理属性，使修复的结果更自然地融入到原图像中。

例 3.7 修复画笔工具的使用。

（1）打开素材图像文件“花朵.jpg”，如图 1-3-31(a)所示，在工具箱中选择修复画笔工具。

（2）按住 Alt 键的同时在图像编辑窗口中某水滴旁边单击鼠标建立取样参考点，然后松开 Alt 键。

（3）在图像编辑窗口中的水滴上单击（当画笔的大小与将被修复的水滴大小接近时）或拖曳鼠标进行涂抹，去除水滴。

(a) 原图

(b) 修复后

图 1-3-31　用修复画笔工具进行多次取样修复后效果

（4）重复步骤(2)（在其他水滴旁建立参考点）和步骤(3)的操作，去除花朵上其他水滴，最终效果如图 1-3-31(b)所示。

2）补丁工具。

使用此工具可用一个取样区域，去修复一个选定区域。

3）色彩替换工具。

使用此工具可用前景色替换图像上的已有颜色。

3. 模糊锐化工具组

1）模糊工具。

此工具通过降低相邻像素的对比度值来柔化作用区域。用于柔合图像边缘或区域。

2）锐化工具。

此工具通过增强相邻像素的对比度值来强化它所作用的区域。用于使图像变得更清晰。

3）涂抹工具。

此工具用涂抹的方式糅合附近像素，产生柔和或模糊的效果，常用来模仿素描或蜡笔画效果。

各种模糊锐化效果如图 1-3-32 所示。

4. 减淡加深工具组

1）减淡工具。

使用此工具可通过提高像素的亮度值来变亮作用区域。

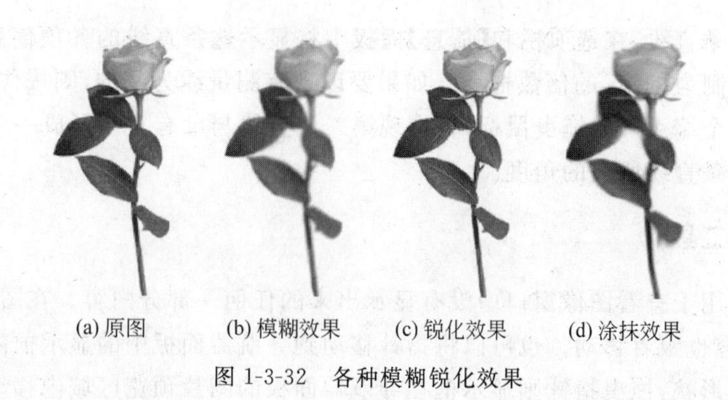

(a) 原图 (b) 模糊效果 (c) 锐化效果 (d) 涂抹效果

图 1-3-32 各种模糊锐化效果

2) 加深工具。

使用此工具可通过降低像素的亮度值来变暗作用区域。

3) 海绵工具。

使用此工具可调整图像色彩饱和度的工具。

各种减淡加深效果如图 1-3-33 所示。

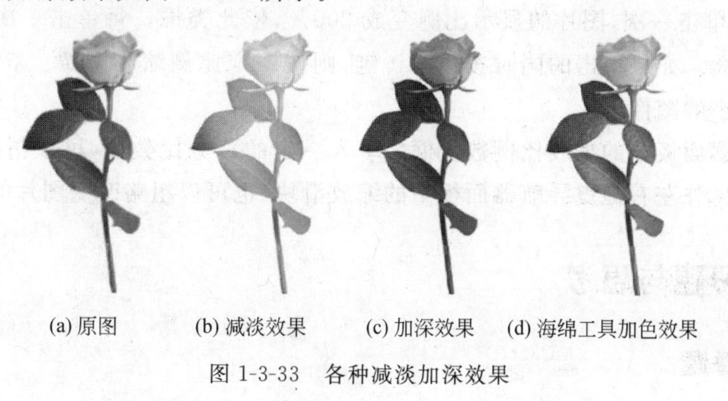

(a) 原图 (b) 减淡效果 (c) 加深效果 (d) 海绵工具加色效果

图 1-3-33 各种减淡加深效果

3.3.5 其他工具

1. 吸管工具组

1) 吸管工具。

此工具用来从图像编辑窗口中吸取颜色。在图像编辑窗口中单击,可以将单击点(或区域)的颜色吸取为背景色;按住 Alt 键的同时单击,则将颜色取为前景色。

2) 颜色取样器工具。

此工具用来在工作图层中设置取样点。通过在图像上单击设置取样点,最多可设置 4 个取样点;按住 Alt 键的同时单击取样点或单击"清除"按钮,可以删除设置好的取样点。在信息面板中可以观察到各取样点的颜色值,以便使用。

3) 度量工具。

此工具用来测量工作图层中任意两点间的距离,以及这两点的坐标值。在图像上单击并拖曳出一条直线，在选项栏和【信息】面板中将显示这条直线的各项信息。按住 Shift 键可将工具限制为按 45°的倍数拖曳。如果要以现有测量线为基准，则按住 Alt 键并从现有测量线的一个端点开始拖曳鼠标，将出现第二条直线与已有直线形成一个量角器，属性栏中将显示两条直线所夹的角度。

2. 抓手工具

抓手工具用于查看图像窗口中没有显示出来的任何一部分内容。在图像窗口中拖曳鼠标，图像内容也跟着移动。也可以将指针移动到导航器面板中的显示框内，此时指针变成抓手工具的形状，拖曳指针则显示框在导航器面板的图片预览区域内移动，而图片窗口中显示的是导航面板的显示框内对应的内容。这样也可以查看图片中的任何一部分内容。

3. 缩放工具

缩放工具用于放大或缩小图像的显示。在图像窗口中单击一次，图片的显示比例变成 100%；再单击一次，图片的显示比例变成 200%，依此类推。每单击一次，图片便以一定的比例放大。如果单击的同时按住 Alt 键，则按一定比例缩小图像。双击图标，将显示正常大小的图像。

在导航器面板中的缩放比例数值框内填入一定的百分比数值，可以精确改变图片的显示比例。另外左右拖曳导航器面板中的缩放滑块，也可以粗略改变图片的显示比例。

3.3.6 习题与思考

1. 选择题

(1) 在 Photoshop 中，选取颜色复杂、边缘不规则的区域使用________工具。

A. 矩形选取　B. 一般套索　C. 多边形套索　D. 魔棒

(2) 在 Photoshop 中，使用________工具创建文本，不生成文字图层，而是生成字符形状的选区。

A. 一般文字　B. 蒙版文字　C. 路径文字　D. 变形文字

(3) Photoshop 工具箱中的减淡/加深工具是通过调整图像颜色的________来编辑图像的。

A. 对比度　B. 浓度　C. 亮度　D. 色相

(4) 下列哪种方法不能将被处理的图像恢复到以前的状态________。

A. 历史记录面板　B. 橡皮擦工具

C. 历史记录画笔工具　D. 图层面板

2. 填空题

(1) 在 Photoshop 中，选取颜色复杂、边缘不规则的区域使用________工具。

(2) 在 Photoshop 中，________工具可以根据图像中像素颜色与亮度的相似性建立“自动”选区。

(3) 在 Photoshop 中，对图像某一区域或者某一图层进行局部的复制，并能够保持相同的角度和距离，也使用于对图像进行局部修复和特效制作的工具是________。

3. 思考题

(1) 简述选择工具选项栏中【羽化】选项的取值范围及功能。

(2) 简述魔棒工具选项栏中【容差】选项的取值范围及功能。

(3) 请说明“蒙版文字”与一般文字的区别。

(4) 简述使用仿制图章工具进行图像复制与建立选区进行图像复制的区别。

3.4 Photoshop CS 菜单命令的使用

3.4.1 选区的调整

对创建好的选区，可以通过【选择】菜单的各项命令进行调整。单击打开【选择】菜单，如图 1-3-34 所示，各项菜单命令含义如下。

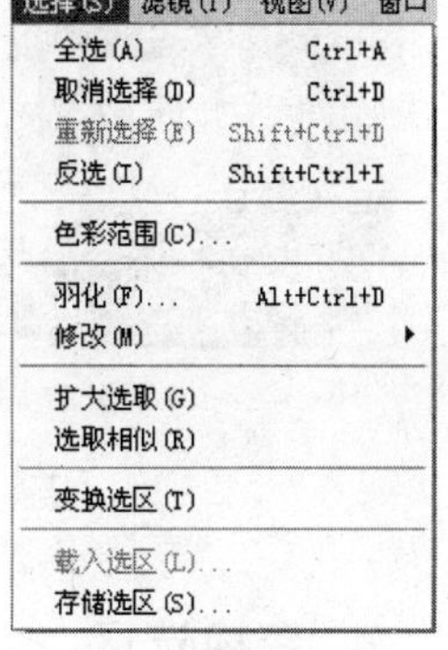

图 1-3-34 【选择】菜单各项命令

- 全选：将当前图像的全部内容纳入选区。快捷键为 Ctrl+A 键。
- 取消选择：取消已有选区。快捷键为 Ctrl+D 键。
- 重新选择：将上次取消的选区重新选取。快捷键为 Shift+Ctrl+D 键。
- 反选：将已有选区以外的区域作为选区。快捷键为 Shift+Ctrl+I 键。
- 颜色范围：用于从图像中选取具有相似颜色的区域。
- 羽化：对已有选区进行边缘羽化设置。快捷键为 Alt+Ctrl+D 键。
- 修改：对已有选区进行修改。
- 扩大选取：将选区周围在容差范围以内的像素选取进来，从而扩大已有选区。
- 选取相似：将整个图像中与选区像素相似的像素选取进来。
- 变换选区：对已有选区进行各种变换。
- 载入选区：载入已存储的选区。
- 存储选区：存储现有选区。

1. 修改选区

创建选区之后，可以通过选取【选择】→【修改】子菜单中的 4 个子命令来修改选区。

- 扩边：给当前选区装上一个指定宽度的边框，并取消原选区。具有指定宽度的边框区域成为新选区。扩边对话框中【宽度】的值即为新选区的边框宽度。其取值范围为 1～200 像素。

- 平滑：将当前选区上的尖角进行平滑，从而消除选区上的凸出部分和锯齿区域。平滑对话框中【取样半径】的值将决定平滑效果的强弱。其取值范围为 1～100 像素。
- 扩展和收缩：这两个命令分别对当前选区按指定数量的像素值进行扩大或缩小。扩展或收缩取值范围均为 1～100 像素。

以 20 像素分别使用各种修改选区命令，效果如图 1-3-35 和图 1-3-36 所示。

(a) 原始选区

(b) 扩边20像素后的选区

图 1-3-35　扩边 20 像素前后图

(a) 平滑

(b) 扩展

(c) 收缩

图 1-3-36　平滑、扩展、收缩 20 像素后的选区

2. 变换选区

在创建选区之后，可以通过【选择】→【变换选区】命令对选区边界的大小、角度或位置进行变换调整。

选择【选择】→【变换选区】命令，在选区边界周围出现一个矩形变换框，此时可以对选区做下列变换。

- 移动：将指针放置在矩形变换框内，指针变为移动工具光标形状，拖曳鼠标可以将选区移动到适当位置。键盘上的左、右、上、下方向键可以按 1 个像素的递增量移动选区，按住 Shift 键的同时按任意一个方向键可以按 10 个像素的递增量移动选区。
- 缩放：将指针放置在矩形变换框的角或边上的方形柄上，当指针变为双向箭头的缩放光标时，按住鼠标并拖曳将改变选区大小。在拖曳鼠标的同时按住 Shift 键，将保持选区的长宽比进行缩放，如图 1-3-37(a)所示。

- 旋转：将指针放置在矩形变换框外面，指针变为弧形双向箭头的旋转光标时，拖曳将旋转选区。拖曳鼠标的同时按住 Shift 键，将按 15°角的递增量进行旋转，如图 1-3-37(b)所示。

(a) 缩放

(b) 旋转

图 1-3-37　缩放选区效果与旋转选区效果

注意：位于矩形变换框中心的图标是原点，作为缩放或旋转选区的参照点。在移动选区时，应把指针放在除该图标以外的区域内拖曳鼠标，否则将移动参照点。

3.4.2　图像的调整

Photoshop CS 的【图像】菜单中几个命令是经常用来调整图像的工具。

1. 图像复制

执行【图像】→【复制】命令来复制图像。例如，打开素材图像“花瓶.psd”，执行【图像】→【复制】命令，打开【复制图像】对话框，如图 1-3-38 所示，其中选项的含义如下。

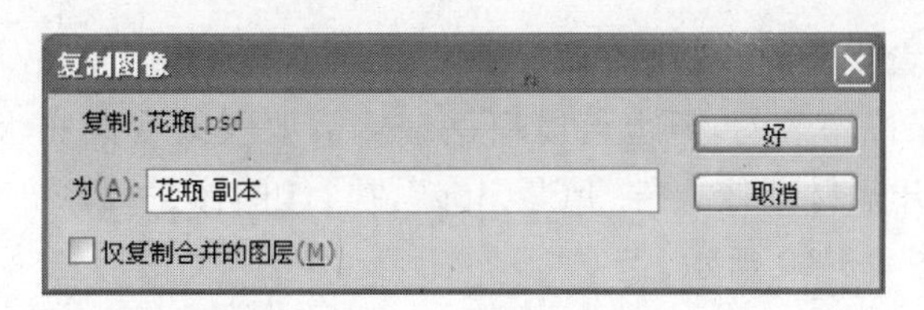

图 1-3-38　【复制图像】对话框

- 复制：显示已打开的源图像的名称。
- 为：复本图像的名称；默认的复本图像文件名比原文件名多出副本二字。
- 仅复制合并的图层：勾选此复选框，无论原图像有几个图层，副本图像都只有一个合并好的图层；不勾选该复选框，则副本图像与原图像图层状态完全一致。

2. 图像大小

执行【图像】→【图像大小】命令，可通过改变图像宽度和高度值，或者改变图像分辨率的高低，来调整图像大小。例如，打开素材图像文件“风景.jpg”，执行【图像】→【图像大小】命令，打开【图像大小】对话框，如图 1-3-39 左图所示。图 1-3-39 右图所示是在约束比例情况下将图像宽度改为 500 像素时的对话框状态。

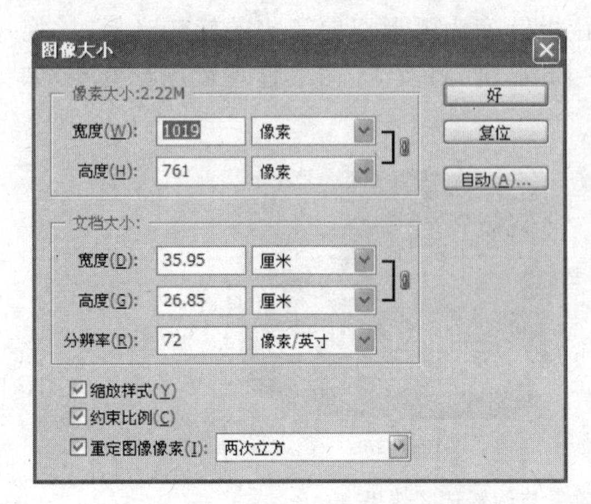

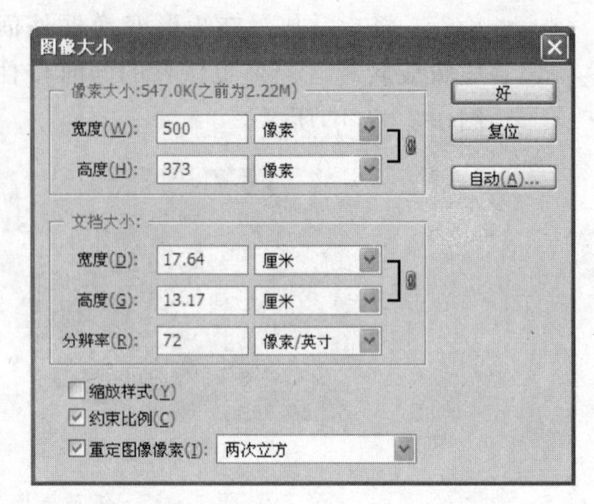

图 1-3-39 【图像大小】对话框

- 像素大小：可以设置图像宽和高的像素数量，并且显示图像以位图格式保存时的文件大小。
- 文档大小：可以设置图像宽度和高度的尺寸，以及图像分辨率的调整。
- 缩放样式：调整图像大小时按比例缩放效果。
- 约束比例：确保图像高度和宽度成比例变化。
- 重定图像像素：勾选该复选框后，前两项才能使用；在这种状态下调整分辨率，将改变像素尺寸。取消选中该复选框，图像的像素尺寸将保持不变，但图像的高度和宽度将随着分辨率的改变而改变。

3. 画布大小

【图像】→【画布大小】命令可用来调整画布大小。在 Photoshop 中，图像大小和画布大小一般情况下是保持一致的，但也可以根据编辑需要仅改变画布大小。仍以图像文件“风景.jpg”为例，打开素材图像文件“风景.jpg”，执行【图像】→【画布大小】命令，打开【画布大小】对话框，如图 1-3-40 所示。

- 当前大小：显示原始画布尺寸。
- 新大小：设置新画布尺寸。
- 相对：设置新的尺寸是绝对尺寸还是相对尺寸。
- 定位：设置图像在新画布中的位置。
- 画布扩展颜色：定义扩展出的画布的颜色。

图 1-3-40 【画布大小】对话框

注意：当新设置的画布尺寸比原图像尺寸大时，需要扩展画布，才能允许设置画布扩展颜色；当新设置的画布尺寸比原图像尺寸小时，画布扩展颜色为灰色，不能设置画布扩展颜色；如果单击【好】按钮确认改变画布大小操作时，将弹出如图 1-3-41 所示的警告对话框，若单击【继续】按钮，则改变画布大小的结果等于裁切图像。

4. 画布旋转

使用【图像】→【旋转画布】命令，可以以各种角度旋转画布。此命令多用于矫正扫描得到的歪斜图像或取景不正的数字照片。执行【图像】→【旋转画布】命令，将弹出【旋转画布】的子菜单，如图 1-3-42 所示。

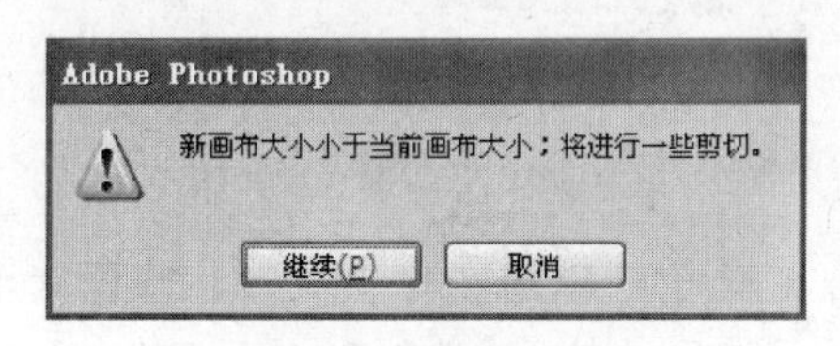

图 1-3-41 警告对话框

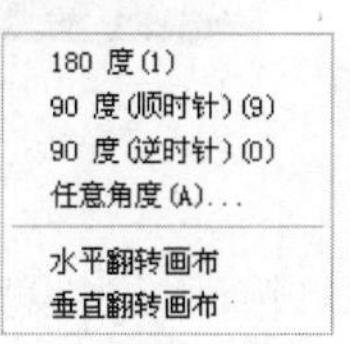

图 1-3-42 【旋转画布】的子菜单

例 3.8 调整图像实例。

(1) 打开素材图像文件“茶.jpg”(扫描老照片得到的图像)，如图 1-3-43(a)所示。经过下述各步骤操作后，图像效果如图 1-3-43(b)所示。

(a) 原图

(b) 编辑后

图 1-3-43 素材图像与编辑后图像效果

(2) 先执行【图像】→【旋转画布】→【180 度】命令，如图 1-3-44(a)所示。再执行【图像】→【旋转画布】→【任意角度】命令，顺时针旋转 2°，如图 1-3-44(b)所示。

(a) 180°旋转后

(b) 再旋转2°后

图 1-3-44 180 度旋转画布及再顺时针 2°旋转画布的效果

(3) 选择工具箱中裁切工具，裁切区域如图 1-3-45(a)所示。单击选项栏中的确认按钮✓提交裁切任务，如图 1-3-45(b)所示。

(a) 裁切

(b) 裁切后的图片

图 1-3-45　裁切图像效果

(4) 在工具箱面板中设置背色为白色；选择工具箱中椭圆选择工具，以 20 像素羽化值(其他选项保持默认值)创建如图 1-3-46(a)所示选区。执行【选择】→【反选】命令或按 Shift＋Ctrl＋I 键反选选区，再按 Delete 键清除选区，如图 1-3-46(b)所示。

(a) 创建选区

(b) 反选后清除

图 1-3-46　创建椭圆选区再反选后清除的效果

(5) 执行【图像】→【画布大小】命令，保持图像宽度不变，高度调整为 320 像素，定位在上方居中位置，扩展画布颜色值为＃B0D7F8，调整后图像如图 1-3-47(a)所示。

(a) 扩展画布

(b) 粘贴文字效果

图 1-3-47　扩展画布后效果和在直排文本框中粘贴文字效果

(6) 在资源管理器窗口中双击打开素材文件“咏茶.txt”，选中其中的文本并按 Ctrl＋C 键复制文本。

(7) 回到 Photoshop 编辑窗口，选择工具箱中直排文字工具，并在选项栏中设置文字属性为华文行楷、18 像素大小、颜色值为＃27739B；在图像下方拖出一个文本框，按 Ctrl＋V 键将文本粘贴到文本框中，如图 1-3-47(b)所示。

(8) 在文本框每句诗后按回车键对诗文按句分段，并适当调整文本框大小和位置，单击选项栏中的确认按钮 ✓ 提交文字任务，图像最终效果如图 1-3-43 右图所示。

3.4.3 对象调整

【编辑】菜单中的【自由变换】和【变换】两个命令是 Photoshop 中经常用来对选区对象或图层对象进行调整的工具。

1.【自由变换】命令

【自由变换】命令可以对选区对象或图层对象进行移动、缩放和旋转等调整。当选择了【编辑】→【自由变换】命令，在已创建的选区边界或当前工作图层(背景层必须转化为一般层后才能进行)周围将出现一个矩形变换框，通过此变换框可进行下列调整。

- 移动：将鼠标放置在矩形变换框内，指针变为移动工具光标形状，拖曳鼠标可以将对象移动到适当位置，如图 1-3-48 所示，是将选区对象进行移动的效果。

(a) 创建选区

(b) 移动选区对象

图 1-3-48　已创建选区的图像与移动选区对象的效果

按键盘上的左、右、上、下方向键可以按 1 个像素的递增量移动对象，按住 Shift 键的同时按任意一个方向键可以按 10 个像素的递增量移动对象。

- 缩放：将指针放置在矩形变换框的角或边上的方形柄上，指针变为双向箭头的缩放光标，拖曳鼠标可改变对象的大小。在拖曳鼠标时按住 Shift 键，将保持对象的长宽比进行缩放，如图 1-3-49(a)所示是将选区对象进行缩放的效果。

(a) 缩放选区

(b) 旋转选区

图 1-3-49　缩放选区的效果与旋转选区的效果

- 旋转：将指针放置在矩形变换框外面，指针变为弧形双向箭头的旋转光标时，拖曳鼠标即可旋转对象。拖曳鼠标时按住 Shift 键，将按 15°角的递增量旋转，图 1-3-49(b)所示是将选区对象进行旋转的效果。

注意：位于矩形变换框中心的图标是原点，作为缩放或旋转对象的参照点。可以通过拖曳来移动参照点。在背景层上调整对象，对象原来位置上将填充背景色；在一般层上调整对象，对象原来位置上将填充为透明区域。

2.【变换】命令

使用【编辑】→【变换】命令可以对对象进行缩放、旋转、斜切、透视、扭曲等调整。

- 缩放：相对于项目的参考点扩大或缩小项目。可以在水平、垂直方向上缩放。
- 再次：重复刚执行的变换。
- 旋转：默认情况下，参考点位于对象的中心，可将它拖曳到其他位置，使对象围绕参考点转动。
- 斜切：用于垂直或水平地倾斜对象。
- 扭曲：用于向所有方向拉伸对象。
- 透视：用于将单点透视应用到对象。

在 Photoshop 中，可以在应用变换之前连续执行几个变换命令。例如，可以先进行缩放，再进行扭曲操作，最后单击选项栏中✓按钮应用这两个变换。图 1-3-50 为对选区对象应用各种变换的效果。

(a) 斜切

(b) 扭曲

(c) 透视

图 1-3-50　从左到右分别为应用了斜切、扭曲和透视变换的效果

注意：在背景层上调整对象，对象原来位置上将填充背景色；在一般层上调整对象，对象原来位置上将填充为透明区域。

例 3.9　调整对象实例。

(1) 打开素材图像文件"小熊.jpg"。

(2) 选择工具箱中魔棒工具，右击选项栏最左边图标，在弹出的快捷菜单中选择【复位工具】命令，将魔棒工具的各选项恢复为系统默认值(工具箱中其他工具均可使用此方法恢复系统默认值)。

(3) 用魔棒在图像编辑窗口小熊的背景区域单击创建选区，再按 Shift+Ctrl+I 键反选选区，此时小熊被选中，如图 1-3-51(a)所示。

(4) 按 Ctrl+C 键复制小熊选区，再按 Ctrl+V 键粘贴选区，此时图层面板中多出一个包含了选区内容的新图层(图层 1)，并成为当前的工作图层，如图 1-3-51(b)所示。此时，图像编辑窗口中【图层 1】中的小熊与原背景图层中的小熊一样大，并遮挡住了背景层中小熊，显示在上方。

(a) 素材

(b) 面板

图 1-3-51　素材图像和复制粘贴选区后面板状态

(5) 执行【编辑】→【自由变换】命令(或按 Ctrl+T 键)，在编辑窗口【图层 1】四周出现变形框和控制点；按住 Shift 键的同时拖曳左下角点，如图 1-3-52(a)所示，缩小图层 1 中对象。再在控制框中(不要放在中心点上)拖曳鼠标将缩小后的对象拖放到如图 1-3-52(b)所示位置。单击选项栏中的确认按钮✓提交自由变换任务。

(a) 缩小对象

(b) 改变对象位置

图 1-3-52　缩小对象效果和改变对象位置效果

(6) 执行【编辑】→【变换】→【水平翻转】命令。

(7) 在工具箱中设置前景色为白色。

(8) 选择工具箱中渐变工具，在其选项栏中选择“前景到透明”的“菱形渐变”；在图像编辑窗口中拖曳绘制出一个菱形渐变，如图 1-3-53(a)所示。

(9) 在图像编辑窗口中以不同长短、不同方向拖曳绘制多个菱形渐变，最终效果如

图 1-3-53(b)所示。

(a) 水平翻转

(b) 多次菱形渐变

图 1-3-53　水平翻转加一次菱形渐变效果和多次菱形渐变效果

3.4.4　填充和描边

Photoshop 中对创建的选区或者当前工作图层，可以使用【编辑】菜单中的【填充】命令进行颜色填充或图案填充，该命令的部分功能类似于工具箱中的油漆桶工具；也可以使用【编辑】→【描边】命令对选区进行各种颜色和宽度的描边。

1.【编辑】→【填充】命令

选择【编辑】→【填充】命令，可使用各种颜色或者图案进行填充，但不能使用渐变颜色填充。

2.【编辑】→【描边】命令

选择【编辑】→【描边】命令，可用各种宽度和颜色对选区或图层(背景层需转化为一般图层)进行描边。部分描边参数如下：

- 【宽度】、【颜色】：设置描边宽度和颜色，宽度单位是像素。
- 【位置】：指定描边的位置是沿选区或图层边缘向内、居中还是向外描边。

注意：对图层进行描边，还可用添加图层样式的方法。详细内容，参照本章 3.5 节。

例 3.10　填充和描边实例。

(1) 打开素材图像文件“花瓶.psd”，在图层面板单击【背景】层缩略图，将其定为工作图层。

(2) 执行【编辑】→【填充】命令，在打开的填充对话框中设置填充颜色为＃ E57C7C、混合模式为“溶解”、不透明度为 60％，单击【好】按钮确认填充，效果如图 1-3-54(a)所示。

(3) 在图层面板单击【图层 2】缩略图，将其定为工作图层。执行【编辑】→【描边】命令，在打开的描边对话框中设置描边宽度为 3 像素、颜色为＃FFF832、居中位置，其他为默认值，单击【好】按钮确认描边，效果如图 1-3-54(b)所示。

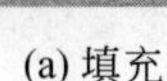

(a) 填充

(b) 描边

图 1-3-54　填充效果和描边效果

3.4.5　习题与思考

思考题

(1)【选择】菜单下的【变换选区】命令与【编辑】菜单下的【自由变换】命令功能一样吗？请说明。

(2)【图像】菜单中的调整图像大小的命令和调整画布大小的命令有何区别？

(3) 能否使用【编辑】菜单下的【填充】命令进行渐变颜色的填充？

(4) 工具箱中的填充工具组与【编辑】菜单下的【填充】命令功能一样吗？请举例说明。

(5) 能否使用【编辑】菜单下的【描边】命令进行渐变颜色的描边？

3.5　Photoshop CS 图层的基本操作

Photoshop 的图层，可以理解为电子画布。它可以是透明的，即画布上没有任何像素；也可以是不透明的，比如画布上充满像素；还可以是半透明的，即使画布上有像素，但像素的不透明度小于 100%，处于半透明状态。通常情况下，Photoshop 图像往往由多个图层上下叠加而成。图层的叠放次序确定视觉元素在图像平面内的深度和位置。

需要注意的是，若图像窗口中存在选区，则选区会浮动在所有图层之间，而不专属于某一个图层。各种编辑操作实际上是对当前工作图层选区内的像素进行的。

在 Photoshop 中，新建的图像只有一个图层，JPEG 图像打开时也只有一个图层(即背景层)。对于含有多个图层的图像，所有图层都具有相同的分辨率和相同的颜色模式；但各图层可以有不同的透明度和不同的图层混合模式。【图层】面板如图 1-3-55 所示。

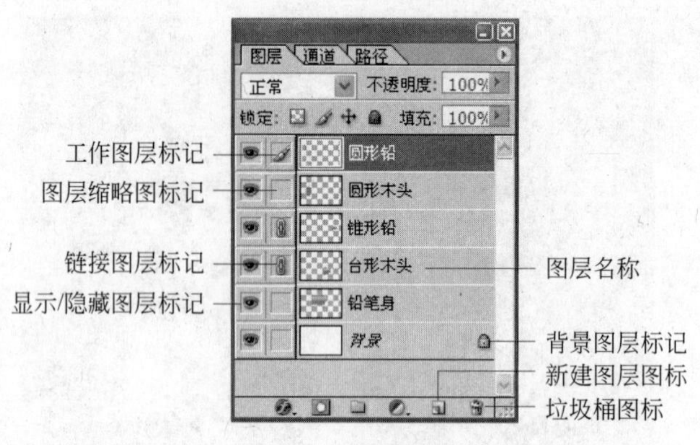

图 1-3-55 【图层】面板

3.5.1 选择图层

对含有多个图层的图像进行编辑时，首先要明确所编辑的对象位于哪一个图层，一定要先选定工作图层再进行编辑。在图层面板中单击该图层缩略图以确定该图层为当前工作图层。工作图层缩略图的左边会出现画笔图标。图 1-3-55 中的【圆形铅】图层就是工作图层。

3.5.2 新建图层

在图像的编辑中，常常要创建新的图层，然后向其中添加内容。这样可以把构成图像的不同要素放置在不同的图层上，以便在编辑或修改图像的某一要素时，不影响其他图层上的图像。这样做将为图像的编辑带来很大的方便。

1. 新建空白图层

方法 1：执行【图层】→【新建】→【图层】命令。

方法 2：单击图层面板底部的“新建图层”图标。

2. 新建有内容的图层

方法 1：根据选区建立新图层。先创建选区，再执行【图层】→【新建】→【通过拷贝的图层】或者【通过剪切的图层】命令。

方法 2：根据现有图层建立新图层。先确定工作图层，再执行【图层】→【复制图层】命令。可以在现有图像文件或其他图像文件中形成新的图层。

3.5.3 删除图层

删除不再需要的图层或图层组，既有利于图层的管理，又能够减小图像文件的大小。

方法1：在【图层】面板上，先确定要删除的图层为工作图层，再单击面板底部的垃圾桶图标；或者直接拖曳要删除图层的缩略图到垃圾桶图标上。

方法2：确定要删除的图层为工作图层，执行【图层】→【删除】→【图层】命令。

3.5.4 显示、隐藏图层

在编辑包含多个图层的图像时，可以使用图层面板有选择地隐藏和显示图层，以减小其他图层对编辑图层的干扰。

方法：在【图层】面板上单击图标，消失，则在图像窗口中该层内容被隐藏。再次单击原先的图标所在位置，则图标出现，该层内容被重新显示出来。

3.5.5 复制图层

复制图层是在同一图像内或不同图像间创建图像副本的一种非常便捷的方法。

1. 在同一图像中复制图层

方法1：在【图层】面板中，将某一图层的缩略图拖曳到【图层】面板底部新建按钮上，当按钮反白显示时松开鼠标，在原图层的上方出现一个新的副本图层。

方法2：在【图层】面板中选择要复制的图层，使用【图层】→【复制图层】命令。在打开的【复制图层】对话框中输入新图层的名称即可。

2. 在不同图像之间复制图层

方法1：打开源图像和目标图像，在【图层】面板中拖曳要复制图层的缩略图到目标图像窗口中即可。若在拖曳鼠标的同时按住Shift键，可以将源图层的图像复制到目标图像窗口的中心位置。

方法2：打开源图像和目标图像，在【图层】面板选择要复制的图层，使用【图层】→【复制图层】命令，在打开的【复制图层】对话框中输入新图层的名称，选择目标文档即可。

注意：如果图层复制是在两个具有不同分辨率的图像之间进行的，则源图层的图像复制到目标图像的窗口中之后，其大小将发生变化。

3.5.6 图层更名

在含有多个图层的图像中，根据图层的内容命名每个图层，可以帮助用户在【图层】面板中轻松地识别图层，有利于图层的管理。

方法：在【图层】面板中双击图层名称，在随后出现的名称框内输入新的名称并确认即可。

3.5.7 更改图层透明度

使用图层的不透明度可以确定某一图层遮盖下面图层的程度。不透明度为0%表示完全透明,对下一层没有任何遮盖;不透明度为100%表示完全不透明,完全遮盖住下一层。

方法:在【图层】面板中选择要改变不透明度的图层为工作图层,调整【不透明度】数值框中的数值,或单击右边扩展按钮再左右拖曳不透明度三角滑块以改变当前图层的不透明度。

例3.11 图层基本操作实例1。

(1) 依次打开素材图像文件"怪物.jpg"和"场景.jpg",使两个图像编辑窗口并排在Photoshop窗口中都可见。确定"怪物.jpg"为当前编辑窗口。

(2) 使用魔棒工具单击怪物旁边颜色单一的区域,选取该区域;按Shift+Ctrl+I键反选该选区,此时怪物被选中。

(3) 执行【图层】→【新建】→【通过拷贝的图层】命令,将根据选区生成一个新图层【图层1】,此时图层面板状态如图1-3-56(a)所示。

(4) 在图层面板上双击【图层1】的名称,【图层1】的名称被反选,此时图层面板状态如图1-3-56(b)所示。输入新的图层名称"怪物"并按Enter键确认,此时图层面板状态如图1-3-56(c)所示。

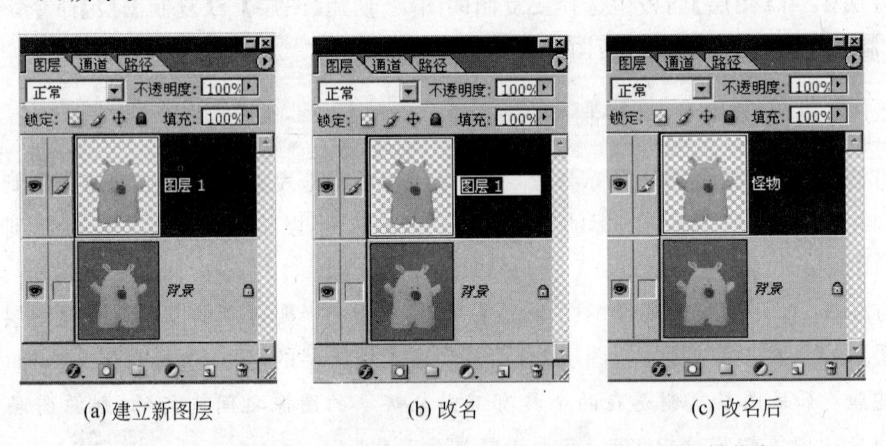

(a) 建立新图层　　(b) 改名　　(c) 改名后

图1-3-56 根据选区建立新图层、图层改名和改名后图层面板状态

(5) 在"怪物.jpg"的图层面板上拖曳"怪物"图层的缩略图到"怪物.jpg"的图像编辑窗口中,"怪物"图层被复制到"怪物.jpg"中。此时"怪物.jpg"图像的图层面板状态如图1-3-57(a)所示。

(6) 在"怪物.jpg"图像的图层面板上调整"怪物"图层的不透明度为75%,如图1-3-57(b)所示。图像最终效果如图1-3-57(c)所示,怪物头部隐隐透出怪物的形状。

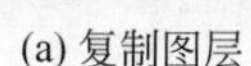
(a) 复制图层

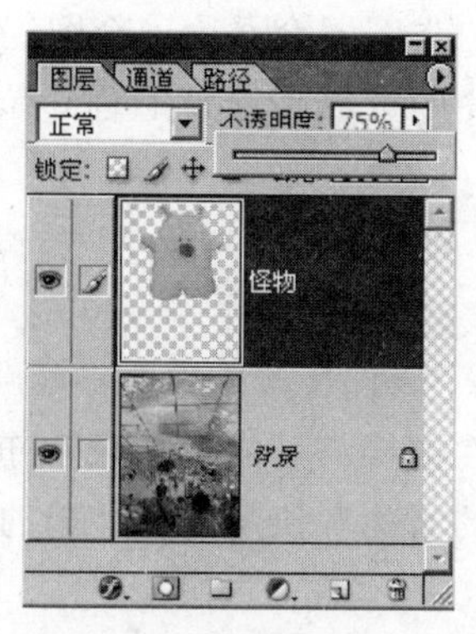

(b) 改变图层透明度

(c) 最终效果

图 1-3-57　复制图层、改变图层透明度后的图层面板状态及最终图像效果

3.5.8　改变图层排列顺序

在【图层】面板中,图层的上下堆叠顺序决定各层图像的相互遮盖关系。有两种方法可以改变图层的堆叠顺序。

方法 1: 在【图层】面板上直接拖曳图层缩略图改变上下顺序。

方法 2: 确定工作图层,使用【图层】→【排列】命令改变工作图层的排列顺序。

3.5.9　建立图层链接

对内容相关的图层建立链接关系,可对这些链接图层同时执行移动和变换操作。

方法: 在【图层】面板上先选择当前工作图层,再单击准备与当前工作图层链接的其他图层,链接图层前出现链接标记,单击此标记,可取消图层链接关系。

对相互之间存在链接关系的图层,还可以执行对齐、分布、创建图层编组和合并链接图层等操作。

3.5.10　合并图层

对于一些已经编辑好的图层,可以将它们合并起来以创建复合图像,这样能够有效地减小图像文件的大小。下面是一些常用的图层合并命令。

1. 向下合并

方法: 在【图层】面板中确定工作图层(不能是最底层),执行【图层】→【向下合并】命令,则工作图层和它下面的图层合并为一个图层。合并后图层的名称与原工作图层相同。

2. 合并可见图层

方法: 在【图层】面板中确定工作图层(该层不能被隐藏),执行【图层】→【合并可见层】命令，则所有显示的图层与工作图层合并为一个图层。合并后图层的名称和位置与合并前的工作图层一致。使用该命令可以有选择地合并位置不连续的图层，实现图层的跨越合并。

3. 合并链接图层

方法：选择链接图层中的一个图层（该层不能被隐藏）为工作图层，执行【图层】→【合并链接层】命令，则所有与之存在链接关系的可见层和工作图层合并为一个图层，同时删除隐藏的链接层。合并后图层的名称和位置与合并前的工作层一致。

4. 拼合图层

方法：使用【图层】→【拼合图层】命令，则所有可见图层都将合并起来，并用白色填充图像中的透明区域，形成背景层。若合并前存在隐藏的图层，则执行该命令后，弹出 Adobe Photoshop 警告框，询问是否合并可见层并丢弃隐藏层。

多数情况下，一直到图像的各层编辑完成之后，才需要拼合图像。图像拼合后，文件的大小会明显减小。

3.5.11 选择图层上的不透明区域

方法 1：按住 Ctrl 键的同时单击【图层】面板中的图层缩览图，可以快速选择图层上的所有不透明区域。使用这种方法选择对象时，被单击层可以不是当前层。

方法 2：在【图层】面板中选择对象所在的图层，执行【选择】→【载入选区】命令，在弹出的【载入选区】对话框中保持默认选项，单击【确认】按钮即可。

注意：在上述两种方法中，被操作层不能是【背景】图层。

例 3.12 图层基本操作实例 2。

(1) 打开素材图像文件"太阳.psd"，此时图层面板如图 1-3-58 所示，可以看到【远山】图层在【近山】图层上方。

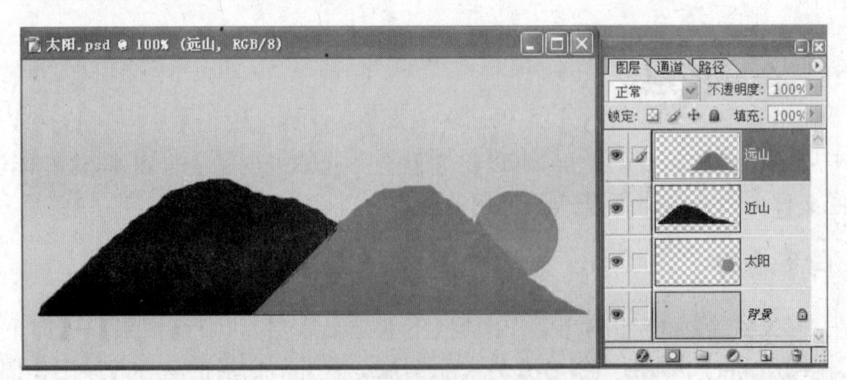

图 1-3-58 原图和原图图层面板状态

(2) 在【图层】面板中拖曳【远山】图层的缩略图到【近山】图层缩略图的下方，并单击

【近山】图层缩略图左边的方格，为【近山】图层与【远山】图层建立链接，此时图像和图层面板如图 1-3-59 所示。

图 1-3-59　调整图层上下次序后图像和建立链接图层后图层面板状态

(3) 执行【编辑】→【自由变换】命令或按 Ctrl＋T 键，在编辑窗口两个链接图层四周出现变形框和控制点。拖曳各控制点，对两个链接图层同时进行自由变换，放大到如图 1-3-60 所示大小，单击选项栏中的确认按钮✓提交自由变换任务。

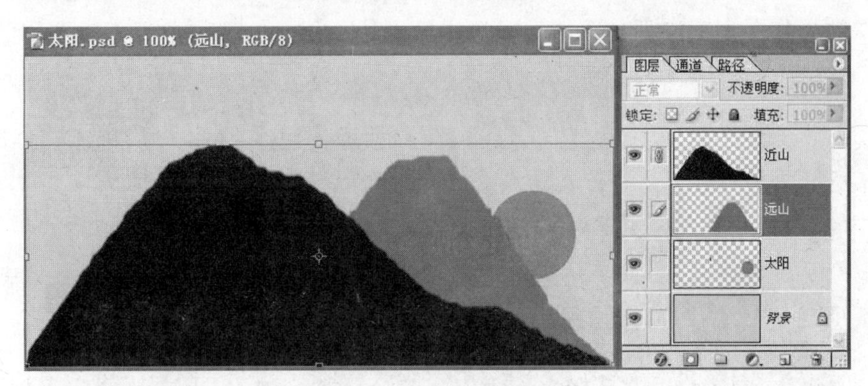

图 1-3-60　自由变换链接图层效果

(4) 单击【图层】面板中的【太阳】图层缩略图使之成为当前工作图层，选择工具箱中移动工具，在图像编辑窗口中拖曳红色圆形太阳到图像右上角，如图 1-3-61 所示。

图 1-3-61　移动【太阳】图层效果

(5) 在【图层】面板中，按住 Ctrl 键的同时单击【太阳】图层缩略图，将【太阳】图层中的红色圆形区域选中。执行【选择】→【羽化】命令，羽化半径取 5 像素。

(6) 执行【编辑】→【描边】命令，设置描边宽度为 5 像素、描边颜色为黄色＃FFFC00、描边位置为居外，其他保持默认值，图像效果如图 1-3-62 所示。

图 1-3-62　羽化并描边【太阳】图层效果

(7) 按 Ctrl+D 键取消选区。在【图层】面板中调整【太阳】图层的不透明度为 50%，最终图像效果如图 1-3-63 所示。

图 1-3-63　降低【太阳】图层不透明度效果

3.5.12　设置图层的混合模式

图层的混合模式决定该层中的像素如何与其下层中的像素进行混合。正确地理解并能够熟练地使用混合模式，可以创建出大量意想不到的特殊效果。

图层默认的混合模式为【正常】，在这种混合模式下，图层中的图像完全遮盖其下面图层中的图像。当然，如果图层中存在透明的区域，则从该区域可以透出下面图层中对应位置的图像来。在【图层】面板中单击混合模式下拉列表框，从展开的下拉列表中可以选择不同的图层混合模式，如图 1-3-64 所示。

例 3.13　图层混合模式示例。

(1) 打开素材图像文件“风景 4.jpg”和“风景 5.jpg”。

(2) 执行【图像】→【图像大小】命令，改变“风景4.jpg”图像的大小为400×298像素。

(3) 设定“风景5.jpg”图像为当前编辑窗口，选择工具箱中的移动工具，在图层面板中拖曳兰花的背景图层到“风景4.jpg”的编辑窗口中，在“风景4.jpg”的图层面板中将出现一个新图层，即【图层1】。

(4) 在“风景4.jpg”的图层面板中确定【图层1】图层为当前工作图层，单击【图层】面板中的图层混合模式下拉列表框，从展开的下拉列表中选择【变亮】混合模式，效果如图1-3-65所示。

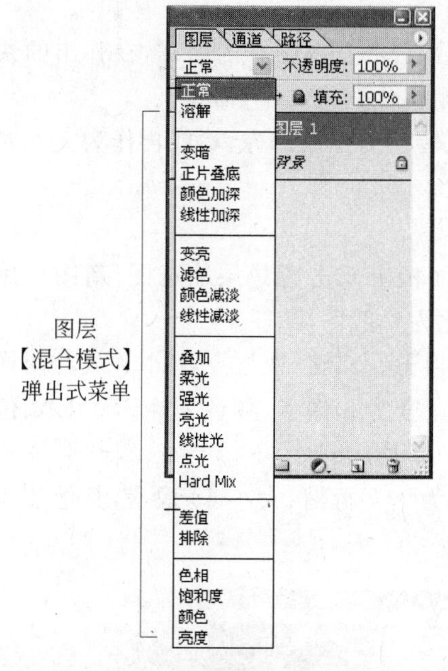

图1-3-64 选择图层的混合模式

图1-3-65 图层【变亮】混合模式的效果

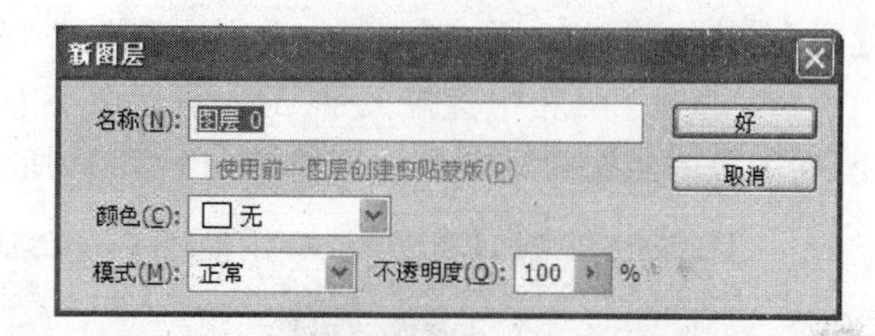

图1-3-66 【新图层】对话框

3.5.13 背景层与文本层

1. 背景层

背景层总是位于所有图层的最底部，既不能改变它的位置，也不能改变其大小、混合模式和不透明度。解除这些“枷锁”的唯一方法就是将其转换为一般图层。

方法：在【图层】面板中双击【背景】图层缩览图，弹出如图1-3-66所示的【新图层】对话框，在其中输入新图层的名称即可。

另一方面，在没有【背景】图层的图像中，执行【图层】→【新建】→【背景图层】命令，可以将当前工作层转化为背景层，并置于图层最底部。转换前若原图层中存在透明区域，则转换为背景层后透明区域以当前的背景色填充。

注意：背景层的很多属性虽不能改动，但仍可以使用绘画与填充工具、图像修整工具及【滤镜】等菜单命令对其进行编辑修改。特别在使用【橡皮擦工具】在背景层上擦除的时候，擦除过的区域的颜色与当前的背景色一致，按Delete键或执行【编辑】→【清除】命令删除背景层上选区内的图像时，也是以当前的背景色取代。

2. 文本层

文本层是使用文字工具创建了文本对象后生成的图层。在【图层】面板中，文本层的缩览图上有一个 T 符号；并且以图层中的文字内容作为默认的图层名称。

Photoshop 文本使用基于矢量的字体，方便缩放和变形；但有些操作，如【滤镜】命令、【编辑】菜单中的【填充】和【描边】命令等，都不能作用在文本层。如果想要在文本层上使用滤镜、描边或填充图案，必须对文本层栅格化，将文本层转换为一般图层后再做这些操作。

方法：在【图层】面板上选择准备栅格化的文本层，右击文本图层的名称，在弹出的快捷菜单中选择“栅格化图层”命令，或执行【图层】→【栅格化】→【文字】命令。

文本层转换为一般图层后，其中的矢量图形随之转换为位图图像，不能再作为文本对象进行字体、字号和文字变形等字符或段落属性的更改。

例 3.14 背景图层和文本图层编辑示例。

(1) 打开素材图像文件“风景 5.jpg”，在【图层】面板上双击背景层缩览图，新图层用默认图层名称“图层 0”，单击【好】按钮，将背景层转化为一般图层。

(2) 按 Ctrl+T 组合键或执行【编辑】→【自由变换】命令，将“图层 0”缩小并放在图像窗口中间位置；执行【编辑】→【描边】命令，设置描边宽度为 5 像素、颜色为 #FF00EA、位置居中，其他值不变，单击【好】按钮，效果如图 1-3-67(a)所示。

(3) 选择工具箱中直排文字工具，设置文字字体为华文行楷、大小 60 像素，其他值不变，在图像两侧输入文字。效果如图 1-3-67(b)所示。

(a) 转化后的图层

(b) 输入文字

图 1-3-67 背景层转化为一般图层并描边、输入文字效果

(4) 在【图层】面板中文字图层“热带风光”的名称上右击，将其栅格化；再按住 Ctrl 键的同时单击该图层缩略图，选中图层所有内容。

(5) 执行【编辑】→【描边】命令，设置描边宽度为 2 像素、颜色为 #FF9600、位置居外，其他值保持不变，单击【好】按钮，再按 Delete 键(或执行【编辑】→【清除】命令)。按 Ctrl+D 键取消选区，此时效果如图 1-3-68(a)所示。

(6) 右击【图层】面板中【热带风光】文字图层的名称，将其栅格化；再按住 Ctrl 键的同时单击该图层缩略图，选中图层所有内容。

(7) 在工具箱中选择渐变工具,并在选项栏中单击按钮选择“色谱”渐变方式;单击按钮选择“线性渐变”,其他选项保持默认值;按住 Shift 键的同时从“热带风光”的上方拖曳鼠标到下方;按 Ctrl+D 键取消选区。

(8) 在【图层】面板中单击面板下方“新建图层”按钮;在工具箱中设置背景颜色为白色;执行【图层】→【新建】→【背景图层】命令,将新建的图层转化为背景层,最终图像效果如图 1-3-68(b)所示。

(a) 描边和渐变填充

(b) 效果

图 1-3-68 文字层栅格化后描边和渐变填充、新建背景图层效果

3.5.14 使用图层样式

图层样式由一个或多个图层效果组成。使用图层样式可以在图层上添加【投影】、【外发光】、【斜面与浮雕】等多种图层特效。灵活使用各种图层样式,可以使 Photoshop 在平面设计中发挥更强大的作用。

方法:确认工作图层,执行【图层】→【图层样式】命令或者在【图层】面板中单击面板下方图标;或直接在【图层】面板中双击一般图层的缩略图,都将打开如图 1-3-69 所示的【图层样式】对话框。接着在对话框左侧的【样式】列表框中选择不同的图层样式,对话框右侧的参数区域将出现不同的参数项目,根据需要设置各参数,然后单击【好】按钮确认应用图层样式。

下面以一些实例效果对常用的图层样式进行说明。

(1)【投影】样式:在图像边缘外部产生阴影效果。部分参数含义如下:

- 【混合模式】:设置投影的混合模式。一般来说,各种样式的默认模式都将产生最好的效果,无须改变。单击【混合模式】下拉列表右侧的颜色块可以打开【拾色器】对话框,从中选择其他颜色作为阴影的颜色。
- 【不透明度】:设置阴影的不透明度。
- 【角度】:设置灯光照射的方向,以确定阴影出现在受光对象的哪一侧。可以拖曳圆周内的半径线或在其右侧的框内输入数值(范围是 −360～+360)以确定角度值。

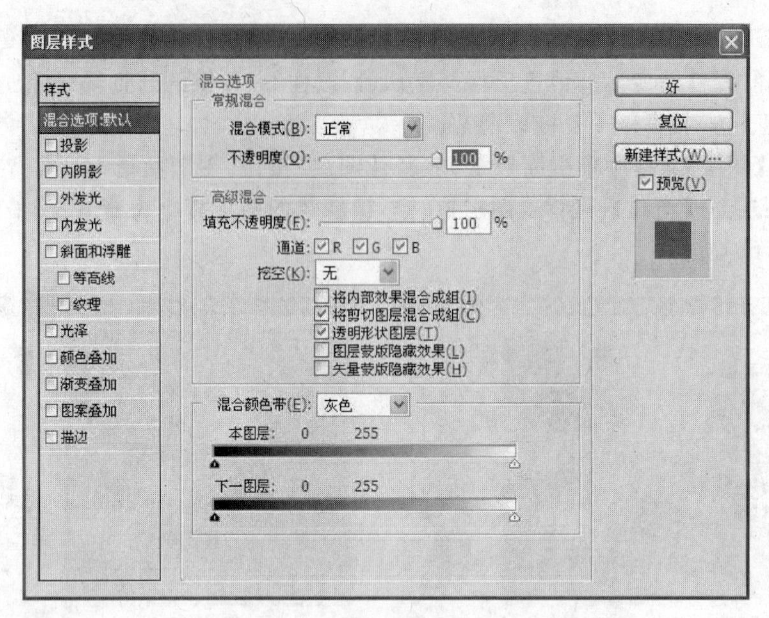

图 1-3-69 【图层样式】对话框

- 【使用全局光】：勾选该复选框，可使图像中所有【图层样式】的灯光照明角度保持一致，从而在图像上设置统一的光源照明效果；取消该复选框的勾选，则可以为各个图层指定不同角度的局部光照效果。
- 【距离】：设置阴影的偏移距离。
- 【扩展】：设置灯光强度及阴影的影响范围。
- 【大小】：设置阴影的模糊程度。

(2)【内阴影】样式：在图像边缘内侧添加阴影，从而产生立体效果。

注意：增大【内阴影】对话框【阻塞】选项的数值，可以收缩内阴影的边界，并使其模糊度减小。其他参数与【投影】对话框参数基本相同。

例 3.15 投影和内阴影图层样式示例。

① 打开素材图像文件“竹叶青青.psd”，在【图层】面板中双击【竹子】图层缩略图，在打开的图层样式对话框里勾选【投影】复选框，单击【好】按钮。

② 右击【图层】面板中【文字】图层的名称，将其栅格化；双击【文字】图层缩略图，在打开的【图层样式】对话框里选择“内阴影”样式，在右侧参数栏中设置距离和大小均为 3 像素，其他保持默认，单击【好】按钮。图像最终效果如图 1-3-70 所示。

(3)【外发光】样式：在图像边缘外侧产生发光或晕影效果。部分参数含义如下(其他参数含义与前面类似)：

- ：选中前面的单选按钮，可以设置【外发光】的颜色为单色(单击正方形颜色块进行选择)；选中后面的单选按钮，则可以设置【外发光】的颜色为渐变色(打开渐变色列表进行选择)。

(4)【内发光】样式：在图像边缘内侧产生发光或晕影效果。

例 3.16 外发光和内发光图层样式示例。

① 打开素材图像文件“荷香.psd”，在【图层】面板中确认【荷香】文字图层为当前工作

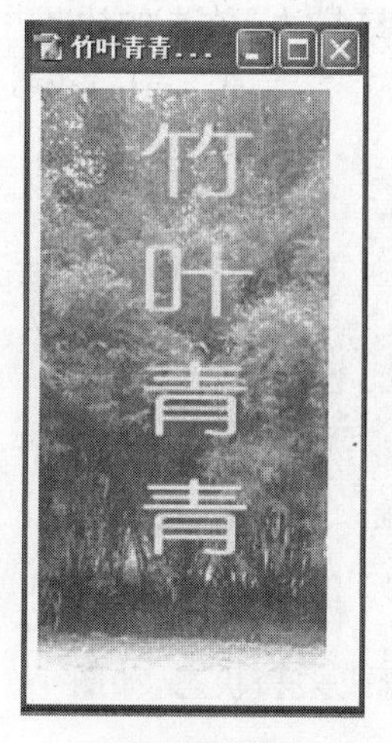

(a) 设置投影　　(b) 内阴影图层样式后的效果

图 1-3-70　原图像设置投影和内阴影图层样式后效果

图层；在【图层】面板中单击面板下方按钮，选择【外发光】样式，在打开的【图层样式】对话框中设置扩展为 20%、大小为 10 像素，其他选项保持默认，此时效果如图 1-3-71(a)所示。

② 在【图层样式】对话框中选择"内发光"样式，在右侧的参数栏中设置大小为 10 像素，其他选项保持默认，单击【好】按钮，效果如图 1-3-71(b)所示。

(a) 外发光图　　(b) 应用内发光及外发光图层样式后

图 1-3-71　外发光图层样式同时应用内发光和外发光图层样式后效果

(5)【斜面和浮雕】样式：制作各种形式的浮雕效果。部分参数含义如下(其他参数的含义与前面类似)：

- 【样式】：指定【斜面和浮雕】的 5 种样式，如图 1-3-72 所示。
  - 【内斜面】：在图像的内侧边缘生成斜面效果，该样式为默认样式。
  - 【外斜面】：在图像边缘的外侧生成斜面效果。
  - 【浮雕】：以下层图像为背景创建当前层图像的浮雕效果。
  - 【枕状浮雕】：创建将当前层图像的边缘压入下层图像中的压印浮雕效果。

■【描边浮雕】：将浮雕效果应用于图像【描边】效果的边界中，图层必须添加【描边】样式，才能有描边浮雕效果。

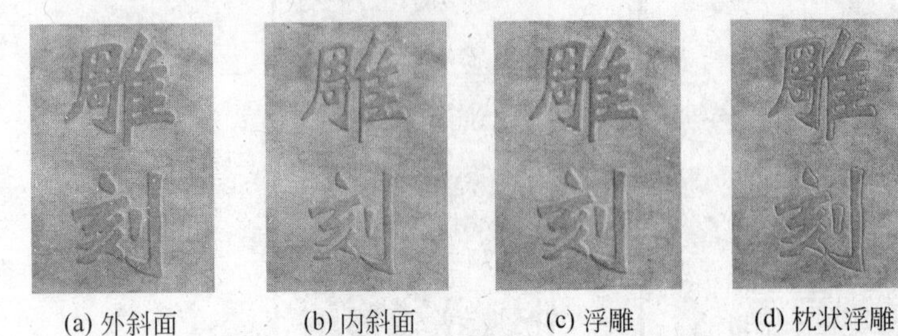
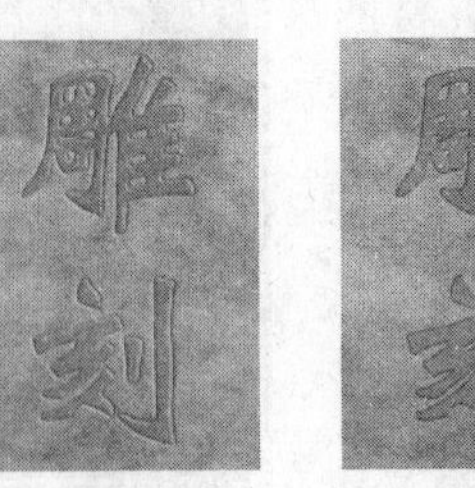

(a) 外斜面　(b) 内斜面　(c) 浮雕　(d) 枕状浮雕　(e) 描边浮雕

图 1-3-72　在【斜面和浮雕】中不同的样式效果

- 【方法】：设置【斜面和浮雕】边界的平滑或柔和状态，如图 1-3-73 所示。

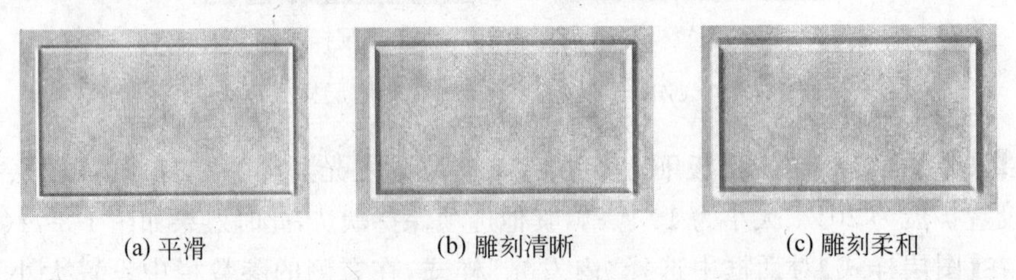

(a) 平滑　(b) 雕刻清晰　(c) 雕刻柔和

图 1-3-73　在【斜面和浮雕】中不同【方法】参数的效果

- 【方向】：设置【斜面和浮雕】的凹凸方向，如图 1-3-74 所示。

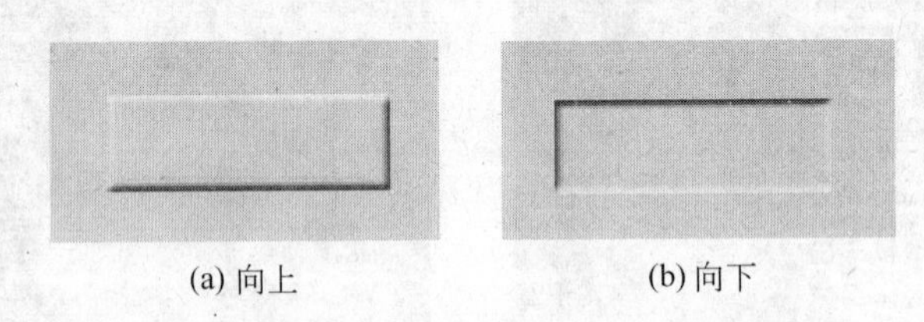

(a) 向上　(b) 向下

图 1-3-74　制作按钮的凸凹效果

- 【高度】：设置光源的高度。
- 【高光模式】/【暗调模式】：设置【斜面和浮雕】效果中高光或暗调部分的混合模式。单击右侧颜色块可选择高光或暗调部分的颜色。
- 【不透明度】：设置高光或暗调部分的不透明度。

在对话框中，【斜面和浮雕】样式下还有【等高线】和【纹理】两个子选项，勾选【等高线】复选项，则对话框右侧切换到【等高线】参数面板，其中参数含义如下：

- 【等高线】：可以设置【斜面和浮雕】的边缘形成不同的轮廓效果。
- 【消除锯齿】：使轮廓线更平滑，不产生锯齿效果。
- 【范围】：控制轮廓线的位置。

勾选【纹理】复选项，则对话框右侧切换到【纹理】参数面板，其中参数含义如下：

- 【图案】：从下拉列表中选择预设图案或自定义图案。
- 【缩放】：调整图案的大小。

• 【深度】：设置纹理效果的强弱程度。

例 3.17 斜面浮雕图层样式示例。

① 打开素材图像文件“瓷砖.psd”，如图 1-3-75(a)所示。对各图层添加不同图层样式后，最终图像效果如图 1-3-75(b)所示。

(a) 原图

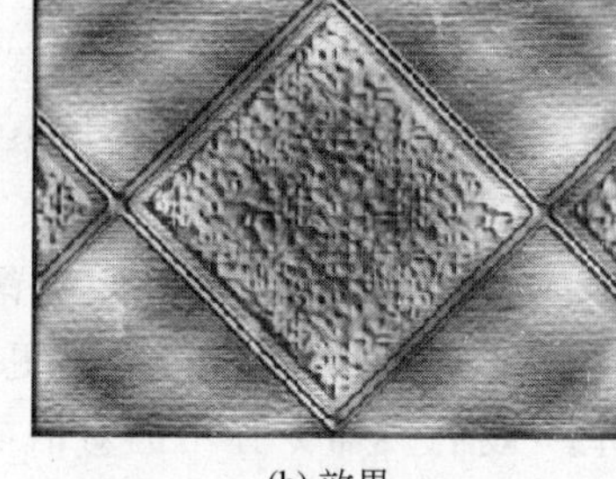

(b) 效果

图 1-3-75　原图与最终图像效果

② 在【图层】面板中双击【边框】图层缩略图，在打开的【图层样式】对话框左侧的列表框中选择“等高线”样式，右侧参数栏中设置如图 1-3-76(a)所示，图像效果如图 1-3-76(b)所示。单击【好】按钮确认应用图层样式。

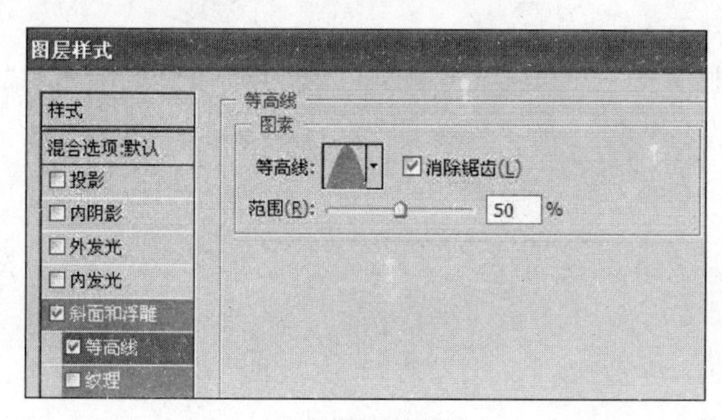

(a) 设置“等高线”

(b) 设置后的效果

图 1-3-76　设置“等高线”参数与“等高线”图层样式效果

③ 在【图层】面板中双击【菱形】图层缩略图，在打开的【图层样式】对话框左侧列表框中选择“纹理”样式，右侧参数栏中设置如图 1-3-77(a)所示，图像效果如图 1-3-77(b)所

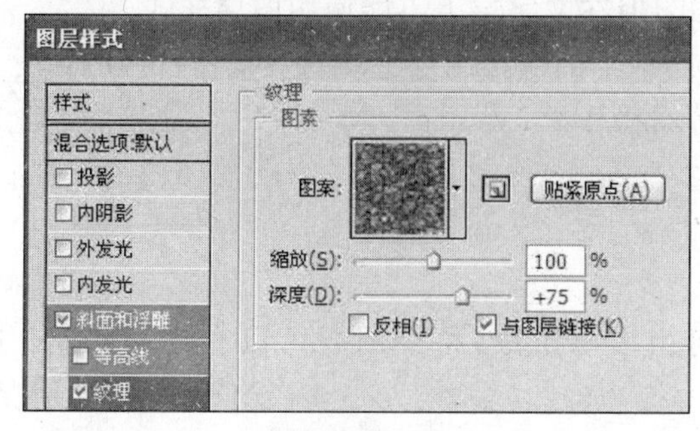

(a) 设置“纹理”

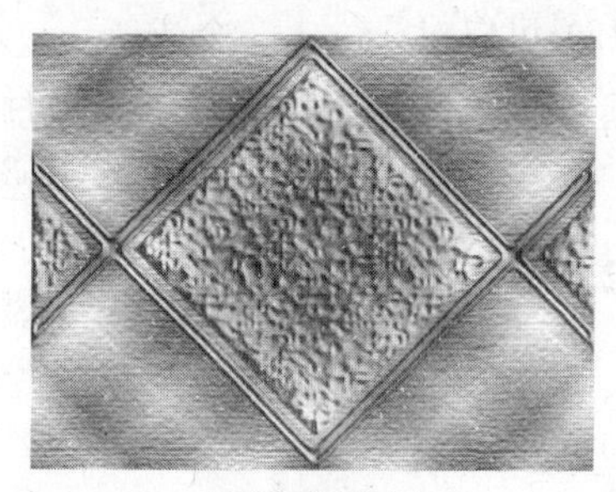

(b) 设置的效果

图 1-3-77　设置“纹理”参数与“纹理”图层样式效果

示。单击【好】按钮确认应用图层样式。

④ 在【图层】面板中双击【墙壁】图层缩略图，在打开的【图层样式】对话框左侧列表框中选择“斜面和浮雕”样式，单击【好】按钮确认应用图层样式。最终图像效果如图 1-3-75 右图所示。

⑤【光泽】样式：在图像的边缘内部产生光晕或阴影效果，如图 1-3-78 所示。

⑥【叠加】样式：在图层图像上叠加单色、渐变色或者图案，如图 1-3-79 所示。

⑦【描边】样式：在图像边缘以单色、渐变色或图案描边。功能比【编辑】→【描边】命令更强大，参数与执行【编辑】→【描边】命令弹出的对话框中的参数类似。各种描边效果如图 1-3-80 所示。

图 1-3-78　文字应用“光泽”样式效果

(a) 原图

(b) 颜色叠加

(c) 渐变叠加

(d) 图案叠加

图 1-3-79　各种叠加样式效果

(a) 原图

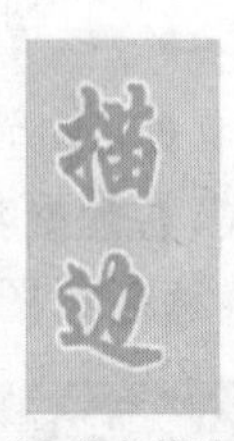

(b) 单色描边

(c) 渐变描边

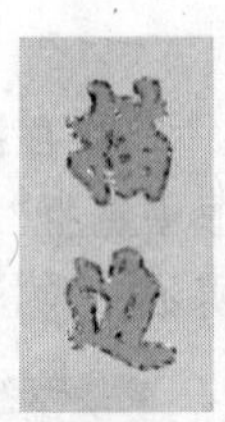

(d) 图案描边

图 1-3-80　各种描边样式效果

3.5.15　习题与思考

1. 选择题

(1) 以下关于图层的说法，不正确的是________。

A. 名称为“背景”或“Background”的图层不一定就是背景层

B. 对背景层不能进行移动、更改透明度和缩放、旋转等变换

C. 新建图层总是位于当前层之上，并自动成为当前层

D. 对背景层可以添加图层样式，但在文字层上不能使用图层样式

(2) 可以对________个或________个以上的链接图层进行对齐操作；可以对________个或________个以上的链接图层进行分布操作。

A. 2、2、3、3　　B. 2、2、2、2　　C. 3、3、3、3　　D. 3、3、2、2

2. 填空题

(1) Photoshop CS 中，一幅图片可由多层组成，每个图层可以有 3 种状态：透明、________和完全不透明。

(2) Photoshop CS 中，图像的显示效果是各层叠加之后的总体效果，上层遮盖下层的程度由上层的________决定。

3. 思考题

(1) 请解释 Photoshop CS 中图层的含义。

(2) 简述背景层与普通图层有何不同。

(3) 简述文字层与普通图层有何不同。

(4) 若要同时移动多个图层上的图像,且保持各图像间的相对位置不变,有什么办法?

(5) 对于存在多个图层并且尚未编辑好的图像如何进行保存?

(6) 简述图层混合模式的含义。

3.6 Photoshop CS 滤镜的使用

3.6.1 滤镜概述

在 Photoshop 中,滤镜是用来处理图像的一种特效工具。滤镜工具实际上是使所作用区域的像素产生位移或颜色值发生变化,从而使图像中产生各种各样的神奇效果。

Photoshop CS 的【滤镜】菜单中提供了 14 组滤镜(每组滤镜包含若干个滤镜),并新增【抽出】、【液化】、【图案生成器】等滤镜插件,共有一百多种。要使用好这么多的滤镜,必须经过长期大量的实践,并在实际应用中不断积累丰富的经验。

3.6.2 滤镜的基本操作方法

大多数滤镜命令在执行时都会弹出对话框,要求进行参数设置;只有少数几种滤镜无须用户自己设置参数,效果直接应用到图像上。滤镜的一般操作过程如下:

(1) 确定滤镜作用对象(如整个工作图层或者选区)。

(2) 执行【滤镜】菜单中某个滤镜命令。

(3) 在弹出的对话框中设置滤镜参数;然后单击【好】按钮,滤镜效果即可应用到工作图层或选区中(若不出现对话框,则说明滤镜效果已应用到工作图层或选区上)。

3.6.3 使用滤镜

1.【模糊】滤镜组

【模糊】滤镜组共有 8 个滤镜,其中【模糊】、【进一步模糊】和【平均】3 个滤镜没有参数设置,可以直接应用;其他 5 个滤镜需要设置参数来控制其滤镜效果。

(1)【平均】:使用工作层或选区的平均颜色来填充整个工作图层或选区。

(2)【模糊】:产生轻微模糊效果,可多次使用以增强效果。

(3)【进一步模糊】:以较大强度再次应用刚使用过的模糊滤镜。

(4)【高斯模糊】：以模糊半径控制模糊程度。

(5)【动感模糊】：沿指定角度，以指定强度进行模糊。

(6)【径向模糊】：模仿旋转相机或前后移动相机拍摄所产生的模糊效果。

(7)【特殊模糊】：以半径和阈值参数分别控制模糊的程度和范围。

(8)【镜头模糊】：通过模糊图像中的指定区域，产生较窄的景深效果。

图 1-3-81 所示的是添加不同【模糊】滤镜后的效果。

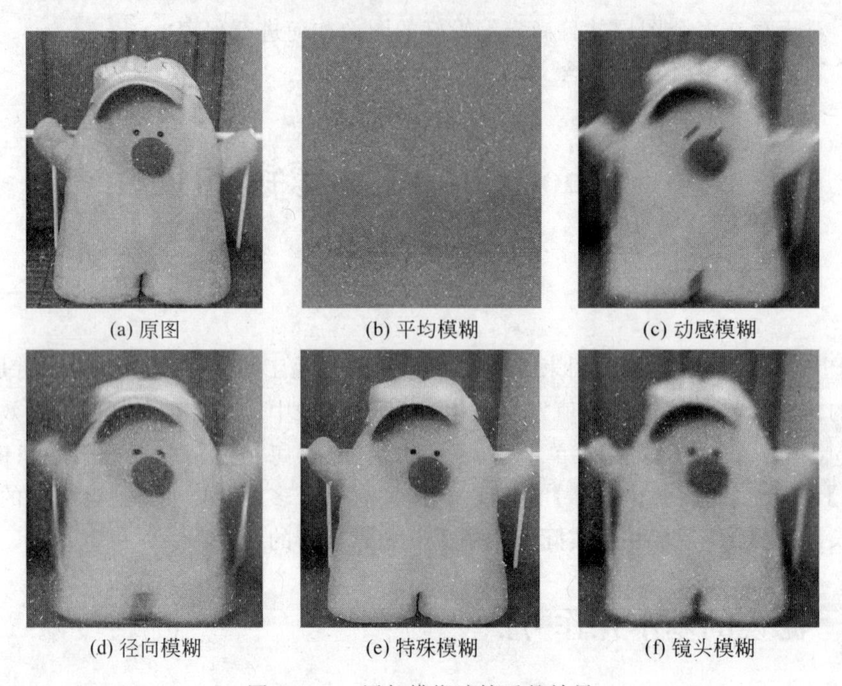

(a) 原图　(b) 平均模糊　(c) 动感模糊

(d) 径向模糊　(e) 特殊模糊　(f) 镜头模糊

图 1-3-81　添加模糊滤镜后的效果

2. 【杂色】滤镜组

【杂色】滤镜共 4 种，可以在图像上添加杂色，创建颗粒状的纹理效果；还能够减弱或移除图像中的瑕疵，如灰尘和划痕等。

(1)【添加杂色】：在工作图层或区域添加随机像素，生成杂点效果。

(2)【去斑】：去除或减弱画面上的斑点、条纹等杂色，效果较弱，在使用时通常会应用多次。

(3)【蒙尘与划痕】：通过半径参数设置模糊范围以去除区域中的瑕疵，再通过阈值参数修复区域的纹理。

(4)【中间值】：同【蒙尘与划痕】效果类似，但无阈值参数来修复区域的纹理。

图 1-3-82 所示的是使用【杂色】滤镜后的效果。

3. 【扭曲】滤镜组

【扭曲】滤镜共 12 种，通过对图像进行几何变形，创建三维效果或其他变形效果。

(a) 添加杂色

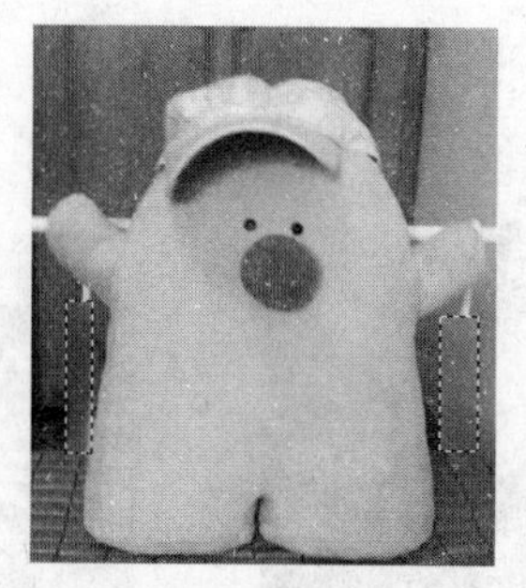
(b) 蒙尘与划痕

图 1-3-82　使用杂色滤镜后的效果

(1)【扩散亮光】: 产生透过扩散过滤器观看图像的效果。
(2)【玻璃】: 产生透过不同类型的玻璃观看图像的效果。
(3)【水波】、【波纹】、【海洋波纹】、【波浪】: 在图像上产生波纹或波浪效果。
(4)【挤压】、【球面化】: 在图像上产生挤压或膨胀变形效果。
(5)【极坐标】: 将图像从直角坐标系转换到极坐标系显示,或反之。
(6)【切变】: 根据用户设置的曲线扭曲图像。
(7)【旋转扭曲】: 以图像中心为变形中心对图像进行旋转扭曲。
(8)【置换】: 根据所选置换图中的颜色值和形状对图像进行变形。
图 1-3-83 所示的是添加各种【扭曲】滤镜后的效果。

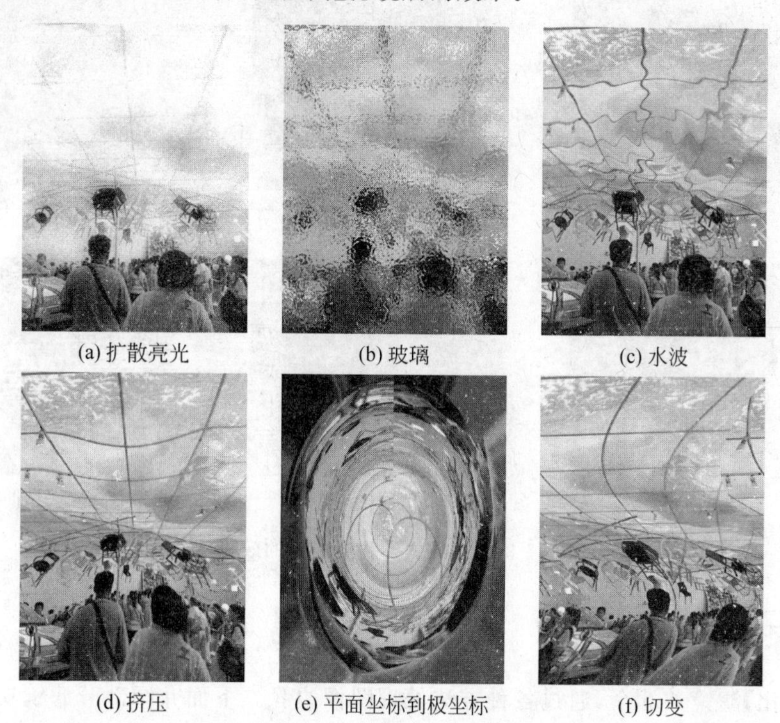
(a) 扩散亮光　(b) 玻璃　(c) 水波
(d) 挤压　(e) 平面坐标到极坐标　(f) 切变

图 1-3-83　各种扭曲滤镜效果

(g) 旋转扭曲

(h) 置换图及置换效果

图 1-3-83 （续）

4. 【像素化】滤镜组

【像素化】滤镜组共 7 个滤镜，通过分解像素并重组成各种形状的像素组形成特效。

(1) 【彩块化】、【碎片】：使像素结成像素块或发生位置偏移。

(2) 【晶格化】、【马赛克】、【点状化】：将临近像素结成晶格、方块、网点。

(3) 【铜版雕刻】：以点、线方式给图像添加杂色。

(4) 【彩色半调】：将图像划分为矩形像素块后用圆形替换。

图 1-3-84 所示的是原图以及添加各种【像素化】滤镜后的效果。

(a) 原图

(b) 彩块化

(c) 碎片

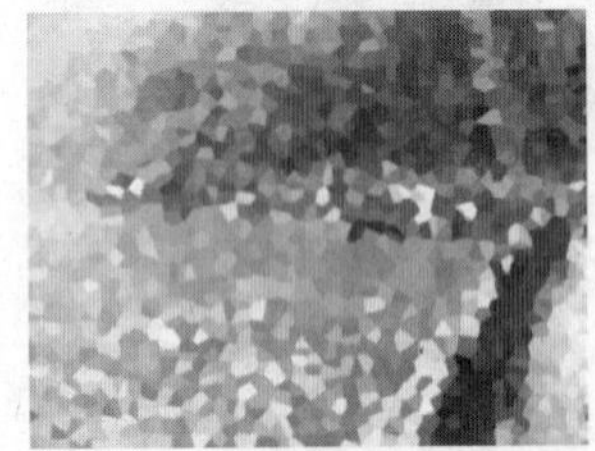

(d) 晶格化

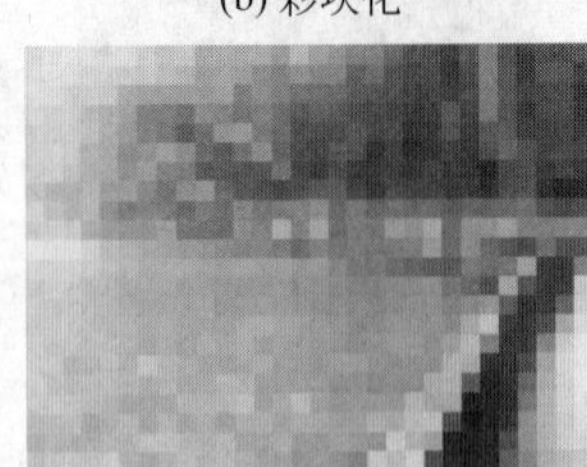

(e) 马赛克

(f) 铜版雕刻

图 1-3-84 添加各种滤镜后的效果

5. 【风格化】滤镜组

【风格化】滤镜共 9 个，通过各种方法处理图像边缘。下面介绍部分滤镜功能：

(1) 【风】：在图像中创建细小的水平线条来模拟不同类型的风的效果。

(2)【浮雕效果】：将图像的填充色转换为灰色，并使用原填充色描画画面中图像的边缘，使图像呈现出在石板上雕刻所形成的浮雕效果。

(3)【拼贴】、【凸出】：产生方形拼贴或三维立方体拼贴的图像效果。

(4)【查找边缘】、【照亮边缘】：用深色或类似霓虹灯的亮线条重新描绘边缘。

(5)【扩散】：以溶解方式扩散图像边缘。

图 1-3-85 所示的是原图和添加各种【风格化】滤镜后的效果。

(a) 原图　(b) 风　(c) 浮雕效果

(d) 拼贴　(e) 查找边缘　(f) 照亮边缘

图 1-3-85　各种风滤镜效果

6.【艺术效果】滤镜组

【艺术效果】滤镜组中共包括 15 种滤镜，使用这些滤镜可以重现传统艺术媒体的效果。部分【艺术效果】滤镜作用后如图 1-3-86 所示。

7.【画笔描边】滤镜组

该组滤镜组中共包括 8 种滤镜，与【艺术效果】滤镜组类似，【画笔描边】滤镜模仿使用不同的画笔和油墨对图像进行描边，形成多种风格的绘画效果。部分【画笔描边】滤镜效果如图 1-3-87 所示。

8.【素描】滤镜组

【素描】滤镜共 14 种，使用前/背景色重绘图像，产生多种绘画效果。当前/背景色为默认的黑/白色时，部分素描滤镜效果如图 1-3-88 所示。

9.【纹理】滤镜组

【纹理】滤镜共 6 种，可以在图像表面形成多种纹理，使图像表面具有深度感或质感，形成某种组织结构的外观效果。

(a) 原图　(b) 粗糙蜡笔　(c) 木刻

(d) 胶片颗粒　(e) 绘画涂抹　(f) 海报边缘

图 1-3-86　部分艺术滤镜效果

(a) 原图　(b) 墨水轮廓　(c) 喷色描边

图 1-3-87　部分画笔描边滤镜效果

(a) 原图　(b) 便条纸

(c) 水彩画纸　(d) 炭精笔

图 1-3-88　部分素描滤镜效果

(1)【龟裂缝】：模仿在凸凹不平且布满裂缝的石膏表面上绘制图像的效果。

(2)【颗粒】：通过模拟不同种类的颗粒，对图像添加纹理效果。

(3)【马赛克拼贴】：用小的方形碎片或块拼贴图像，在碎片或块之间有缝隙。

(4)【拼缀图】：将图像分解为用小块区域的主色填充的正方形拼贴图像。

(5)【染色玻璃】：将图像分解为由相邻的不规则多边形单元格拼接而成的图像。

(6)【纹理化】：将图像绘制在选择或创建的材料纹理上。

图 1-3-89 所示的是原图以及添加各种【纹理】滤镜后的效果。

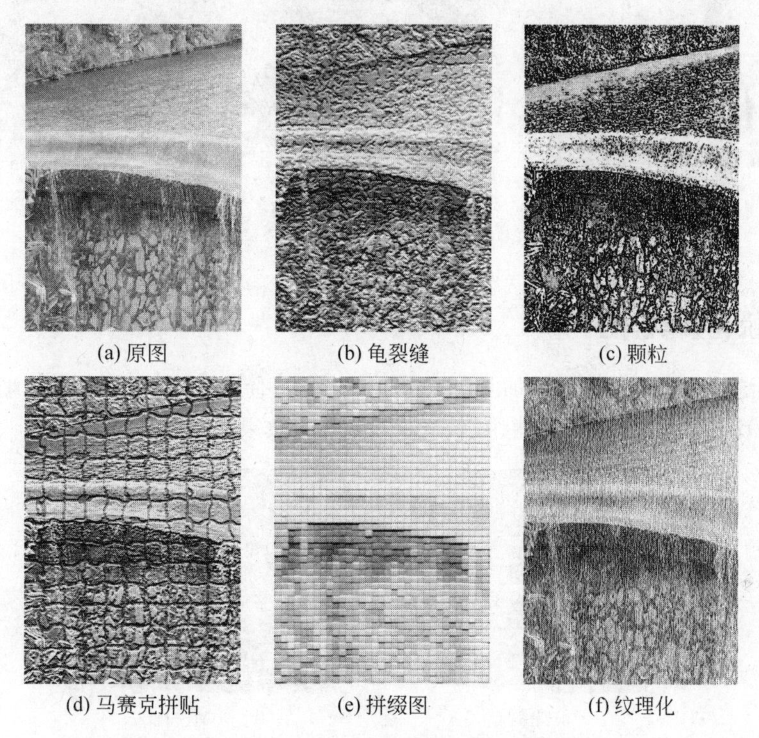

(a) 原图　(b) 龟裂缝　(c) 颗粒

(d) 马赛克拼贴　(e) 拼缀图　(f) 纹理化

图 1-3-89　添加各种纹理滤镜后的效果

10.【渲染】滤镜组

【渲染】滤镜共 5 种，可以在图像中产生云彩、分层云彩、纤维、镜头光晕和光照效果。

(1)【云彩】：根据前背景色随机获取像素的颜色值，生成云彩图案，取代原图像。

(2)【分层云彩】：根据前背景色随机获取像素的颜色值，生成云彩图案，并将云彩图案和原图像进行混合。

(3)【纤维】：使用前背景色创建编织纤维的外观效果，取代原图像。

(4)【镜头光晕】：模仿亮光照射到相机镜头上而产生的折射效果。

(5)【光照效果】：模仿各种灯光照射在图像上产生的效果。

图 1-3-90 所示的是原图以及添加各种【渲染】滤镜后的效果。

(a) 原图　(b) 云彩　(c) 分层云彩

(d) 纤维　(e) 镜头光晕　(f) 光照效果

图 1-3-90　原图及各种渲染滤镜效果

11.【锐化】滤镜组

【锐化】滤镜有 4 种，通过增加相邻像素的对比度，使模糊的图像变得清晰。图 1-3-91 所示的是原图及使用【锐化】滤镜后的效果。

(a) 原图　(b) USM锐化

图 1-3-91　原图及锐化滤镜效果

12.【抽出】滤镜

【抽出】滤镜为选取前景对象提供了一种比较高级的方法。尤其适合选择图像中边缘细微、复杂或无法确定的对象，比如人物的发丝或动物的毛发。无须花费太多的操作就可以将该类对象从背景中分离出来。对象抽出时，边缘上源于周围背景颜色的像素将被去除，因此抽出后的对象放在新的背景上将不会产生杂边。

使用该滤镜抽出对象的一般过程如下：首先，绘制标记对象边缘的高光，并定义对象的内部；然后，可以预览抽出效果，并根据需要重做或修饰结果。抽出对象时，Photoshop 会将对象的背景抹除为透明。

13.【液化】滤镜

【液化】滤镜可对图像进行推、拉、旋转、反射、折叠和膨胀等随意变形，这种变形可以是细微的，也可以是非常剧烈的，使得该滤镜成为 Photoshop 修饰图像和创建艺术效果的强大工具。

14.【图案生成器】滤镜

【图案生成器】滤镜用于从选区图像或剪贴板内容创建多种无缝对接的平铺图案，并且所生成的图案与样本图像具有相同的视觉特性。

15. Photoshop 外挂滤镜

Photoshop 自带的滤镜称为内置滤镜。还有一类滤镜，种类也非常多，不是由 Adobe 软件开发商开发的，而是由第三方厂商生产的，称为外挂滤镜。这类滤镜安装好之后，将会出现在 Photoshop【滤镜】菜单的底部，和内置滤镜一样使用。

3.6.4 习题与思考

1. 选择题

(1) 按________键，可以将上一次使用的滤镜快速应用到图像中，而无须再进行参数设置(滤镜参数与上一次相同)。

A. Ctrl＋F　　B. Ctrl＋Alt＋Z　　C. Ctrl＋Y　　D. Ctrl＋Z

(2) 滤镜命令执行完毕后，在【编辑】菜单中有一个【________】命令，使用该命令可以调整滤镜效果在原图像中的使用程度及混合模式。

A. 撤销　　B. 重复　　C. 返回　　D. 消退

(3) 在应用某些滤镜时需要占用大量的内存，特别是将这些滤镜应用到高分辨率的图像时，为了提高计算机的性能，以下说法不正确的是________。

A. 首先在一小部分图像上试验滤镜效果，记下参数设置，再将同样设置的滤镜应用到整个图像上

B. 可分别在每个图层上应用滤镜

C. 在运行滤镜之前可首先使用【编辑】→【清理】命令释放内存

D. 应尽量退出其他应用程序，以便将更多的内存分配给 Photoshop 使用

2. 填充题

(1) 滤镜实际上是使图像中的________产生位移或颜色值发生变化等，从而使图像中出现各种各样的特殊效果。

(2) 在包含矢量元素的图层(如文本层、形状层等)上使用滤镜前，应首先对该层进行________化。

(3) 任何滤镜都不能应用于【________】模式或【________】模式的图像。

第4章 动画制作技术

学习要求

掌握

- 笔触颜色和填充色的设置方法。
- 选择工具、线条工具、椭圆工具、矩形工具、铅笔工具、墨水瓶工具、颜料桶工具、静态文本工具、任意变形工具的基本用法。
- 文档的打开、新建、保存，文档属性的设置，SWF动画的发布。
- 图形图像、声音的导入。
- 图层的新建、删除、显示与隐藏、叠盖顺序的调整。
- 对象的组合与分离。
- 内部库资源的利用。
- 逐帧动画、补间动画的创建与基本属性设置。
- 对象排列顺序的调整。
- 遮罩层在基本动画制作中的使用。
- 引导层的使用。
- 元件和实例在基本动画制作中的使用。

了解

- 计算机动画的基本概念。
- 常用的动画制作软件。
- Flash动画的特点。
- Flash 8.0窗口组成。
- 面板的显示与隐藏、折叠与展开。
- 图层、时间轴、舞台、工作区、帧、关键帧、场景的基本概念。
- 多角星形工具、橡皮擦工具、滴管工具、手形工具、缩放工具的基本用法。
- 图层的重命名、锁定与解锁。
- 对齐对象、精确变形对象。
- 公用库资源的使用、外部库资源的使用。
- 逐帧动画、补间动画的有关概念。

4.1 计算机动画简介

4.1.1 什么是计算机动画

动画是由一系列静态画面按照一定顺序组成的，这些静态画面称为动画的帧。通常情况下，相邻的帧的差别不大，其内容的变化存在着一定的规律。当这些帧按顺序以一定的速度播放时，由于眼睛的视觉暂留作用的存在，便形成了连贯的动画效果。所谓计算机动画就是以计算机为工具创作的动画。

4.1.2 常用的动画制作软件

1. GIF Animator

该软件是台湾友立公司出品的一款 GIF 动画制作软件。使用 GIF Animator 创建动画时，可以套用许多现成的特效。该软件可将 AVI 影视文件转换成 GIF 动画文件，还可以使 GIF 动画中的每帧图片最优化，有效地减小文件的大小，以便浏览网页时能够更快地显示动画效果。

2. Adobe ImageReady

该软件是 Photoshop CS(8.0)之前的版本中集成在 Photoshop 软件包中的一个 GIF 动画制作软件，使用它可以制作逐帧动画、补间动画和蒙版动画等。ImageReady 的界面及用法与 Photoshop 很相似，熟悉 Photoshop 的用户可以比较容易地掌握 ImageReady 动画的制作方法，因此该软件会受到一些 Photoshop 用户的特别青睐。从 Photoshop CS2(9.0)开始，ImageReady 被 Adobe 公司抛弃，而将这种动画功能植入到 Photoshop 窗口中，至此 Photoshop CS3(10.0 扩展版)已比较完善。也就是说，从 Photoshop CS3(10.0 扩展版)开始，Photoshop 本身也可以制作动画了。

3. Flash

Flash 是由 Macromedia 公司生产的一款功能强大的二维矢量动画制作软件，是当今最受用户欢迎的动画工具之一；由于其简单易学、功能强大、动画文件小巧及流式传输的特点，Flash 成为“闪客”们创作网页动画的首选工具。

4. Director

Director 是由 Macromedia 公司开发的一款专业的多媒体制作软件，用于制作交互动画、交互多媒体课件、多媒体交互光盘，最突出的功能是制作多媒体交互光盘；也用来开发小型游戏。Director 主要用于多媒体项目的集成开发。它功能强大、操作简单、便于掌握，目前已经成为国内多媒体开发的主流工具之一。从编程的角度来讲，Director 的 Lingo 语言比 Flash 的 ActionScript 要强；但 Director 的动画功能比 Flash 要弱。尽管如此，目前 Director 的用户群还是很大的。

5. 3ds Max

3ds Max 是由美国 Autodesk 公司开发的一款动画制作软件。在众多的三维动画软件中，由于 3ds Max 开放程度高，学习难度相对较小，功能比较强大，完全能够胜任复杂动画的设计要求；因此，3ds Max 已成为目前用户群最庞大的一款三维动画创作软件。

6. Maya

Maya 是由 Alias|Wavefront(2003 年更名为 Alias)公司开发的世界顶级的三维动画软件，主要应用于专业的影视广告、角色动画、电影特技等领域。作为三维动画软件的后起之秀，深受业界的欢迎与钟爱，已成为三维动画软件中的佼佼者。Maya 集成了 Alias|Wavefront 最先进的动画及数字效果技术，它不仅包括一般三维和视觉效果制作的功能，而且还结合了最先进的建模、数字化布料模拟、毛发渲染和运动匹配技术。在造型上，有些方面已完全达到了任意揉捏造型的境界。Maya 掌握起来有些难度，对计算机系统的要求相对较高。尽管如此，目前 Maya 的使用人数仍然很多。

4.2 使用 Flash 制作动画

4.2.1 Flash 简介

Macromedia Flash 动画主要有以下特点。

1. 简单易用

Flash 软件的界面非常友好，其功能虽然强大，基本动画的制作却非常方便，绝大多数用户通过学习都有能力掌握。利用 Flash 提供的 ActionScript 脚本语言能够设计非常复杂的动画和交互操作。这对于普通用户来说虽然有些困难，但对于具有一定编程基础的用户而言，却比较容易上手。

2. 基于矢量图形

Flash 动画主要基于矢量图形，并且可以重复使用库中的资源。这一方面使得 Flash 动画文件所占用的存储空间较小；另一方面矢量图形也使得画面可以无级缩放而不会产生变形，从而保证了动画放大演示时的画面质量。

3. 流式传输

Flash 动画采用了流媒体传输技术,在互联网上可以边下载边播放,而不必全部下载到本地机器上之后再观看。由于不存在下载延时的问题,避免了用户在网络上浏览 Flash 动画时的等待问题。

4. 多媒体制作环境和强大的交互功能

Flash 动画能够实现对多种媒体的支持,如 GIF 动画、图像、声音、视频等。声音的加入,有效地渲染了动画的气氛;外部图像的导入,丰富了动画画面的色彩。加上 Flash 强大的动画功能,这意味着利用 Flash 软件能够创作出有声有色、动感十足的多媒体作品。更可贵的是,利用 Flash 提供的动作脚本语言进行编程,完全可以满足高级交互功能的设计要求。

鉴于上述特点和优点,Flash 软件深受广大动画制作者的偏爱。近年来 Macromedia 公司已经被 Adobe 公司收购,Flash 也已经升级到 CS4(相当于 11.0 版本);但很多用户认为,Flash 8.0 仍然是 Flash 系列中比较成熟和好用的一个版本。

启动 Flash 8.0 软件,其窗口界面如图 1-4-1 所示。利用该窗口中列出的选项可以打开已有文件,创建新文件或利用模板创建新文件。

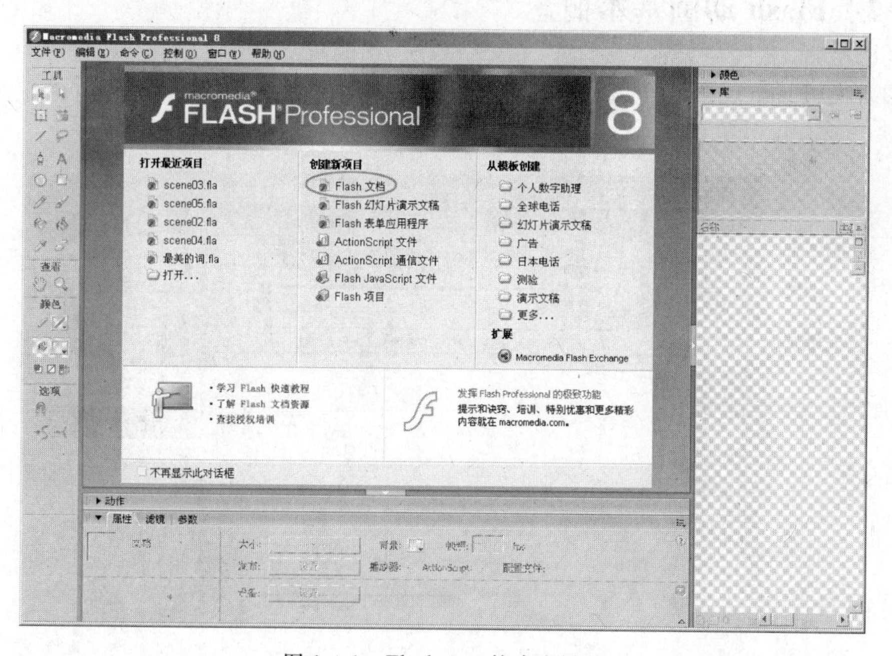

图 1-4-1　Flash 8.0 的欢迎界面

单击【创建新项目】中的【Flash 文档】选项,进入 Flash 8.0 的文档编辑环境,如图 1-4-2 所示。

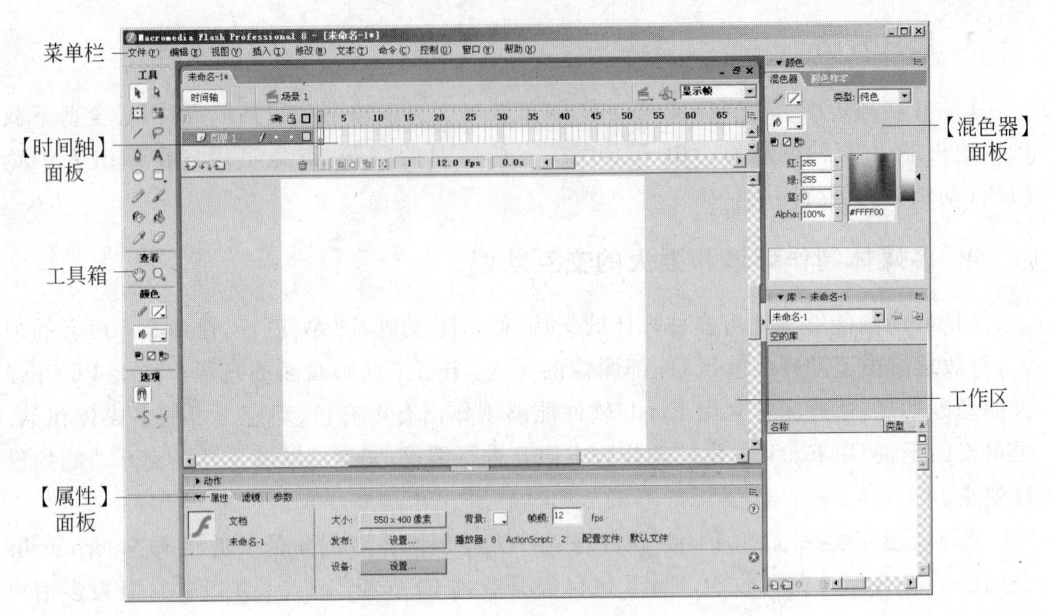

图 1-4-2　Flash 8.0 的窗口组成

4.2.2　Flash 动画基本概念

要学好 Flash 动画制作，正确理解以下基本概念至关重要，如图 1-4-3 所示。

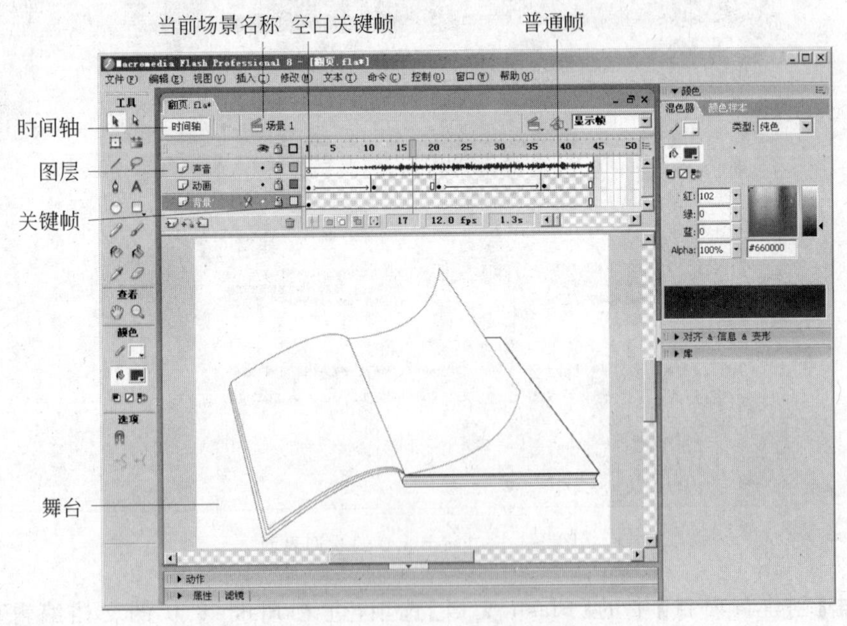

图 1-4-3　Flash 8.0 的文档窗口

1. 图层

图层是 Flash 动画中一个非常重要的概念。在其他很多相关设计软件(如 Photoshop、Dreamweaver、AutoCAD 等),甚至文本处理软件 Word 中都有层的概念,其含义和作用大同小异。在图层的操作上,Flash 与 Photoshop 比较接近。

可以将 Flash 动画中的图层理解为透明的电子画布。在 Flash 动画文档中往往由多个图层自上而下按一定顺序相互叠盖在一起。在每一张电子画布上都可以利用绘图工具绘制图形,或者将外部导入的图形图像置于其中。在动画每帧画面的显示上,上面的图层具有较高的优先级。在 Flash 舞台和工作区中所看到的画面实际上是各图层叠加之后的总体效果。

使用图层一方面可以控制动画对象在舞台上同一位置的相互遮盖关系;另一方面,将一部动画中的不同对象(如静止对象、运动对象、声音、动作等)和动画中不同的动作(如太阳的升起、小鸟的飞行、树条在微风中的摆动等)置于不同的图层中,彼此互不干扰,有利于动画的管理和维护。

2. 时间轴

时间轴的作用是组织和控制动画中各元素的出场顺序。其中的每一个小方格代表一帧。动画在播放时,一般是从左向右,依次播放每个帧中的画面。

3. 舞台

舞台是制作和观看 Flash 动画的矩形区域(新建一个动画文件时,屏幕中间的空白区域)。动画中关键帧画面的编辑正是在舞台上完成的。另外,每一帧画面中的对象只有放置在舞台上才能够保证这些内容在动画播放时的正常显示。

4. 工作区

工作区包括舞台与周围的灰色区域。在灰色区域中同样可以定义和编辑关键帧画面中的对象,只是在播放发布后的 Flash 电影时看不到该区域内的所有内容。比如,在创建物体由屏幕外以某种方式运动到屏幕内的动画时,就需要在这块灰色区域中定义和编辑对象。

5. 帧

帧是 Flash 动画的基本组成单位,一帧就是一个静态画面。Flash 动画一般都由若干帧组成,按顺序以一定的帧速率进行播放,进而形成动画。使用帧可以控制对象在时间上出现的先后顺序。

6. 关键帧

关键帧是一种特殊的、表示对象特定状态(颜色、大小、位置、形状等)的帧,一般表示一个变化的起点或终点,或变化过程中的一个特定的转折点。在外观上,关键帧上有一个圆点或空心圆圈。关键帧是 Flash 动画的骨架和关键所在,在 Flash 动画中起着非常重要的作用。在制作 Flash 动画时,关键帧的画面一般由动画制作者编辑完成,关键帧之间的其他帧(称为普通帧)由 Flash 自动计算完成。

7. 场景

场景类似于电视剧中的“集”或戏剧中的“幕”。一个 Flash 动画可以由多个场景组成。这些场景将按照场景面板中列出的顺序依次播放。场景面板可以通过执行【窗口】→【其他面板】→【场景】命令显示出来。

4.2.3 Flash 8.0 基本工具的使用

工具箱是 Flash 最重要的面板之一,用于绘图、填色、选择和修改图形、浏览视图等。以下介绍工具箱中几种常用工具的基本用法。

1. 笔触颜色

“笔触颜色”按钮用于设置图形中线条的颜色,操作方法如下:

(1) 在工具箱上单击“笔触颜色”按钮上的■,弹出如图 1-4-4 所示的选色面板,同时指针变成“吸管”状。

(2) 在选色面板上选择单色或渐变色(面板底部)。

(3) 单击图 1-4-4 中标①的按钮,可将笔触色设置为无色。

(4) 单击图 1-4-4 中标②的按钮,将打开如图 1-4-5 所示的【颜色】对话框,以自定义笔触颜色。

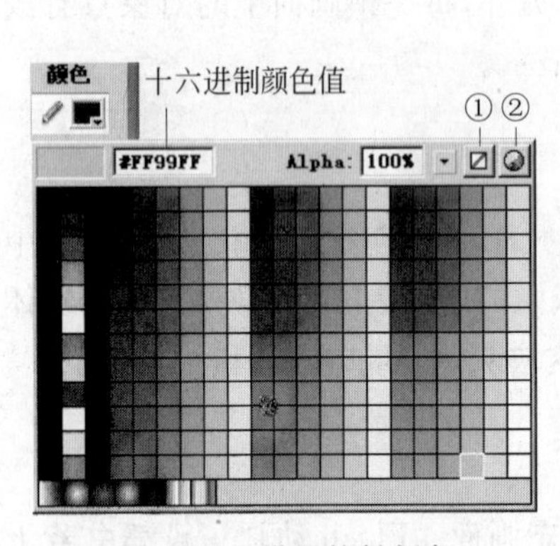

图 1-4-4 设置笔触颜色

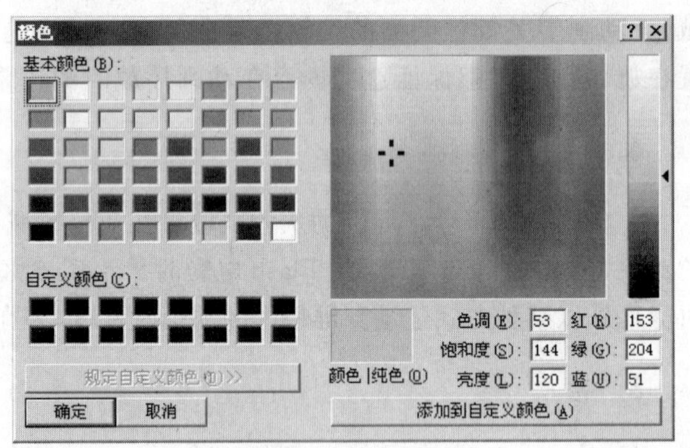

图 1-4-5 颜色面板

(5) 还可在图 1-4-4 中的十六进制颜色值数值框中输入特定颜色的十六进制颜色值。

(6) 在图 1-4-4 中的 Alpha 数值框中输入百分比值,以控制笔触色的透明度。

另外,在工作区选中线条的情况下,还可以在【属性】面板中设置线形和线宽;也常常从【混色器】面板设置线条的颜色和透明度。

2. 填充色

“填充色”按钮用以设置图形内部填充的颜色。在 Flash 8.0 中,可以在图形中填充

单色、渐变色或位图,操作方法如下:

(1) 在工具箱上单击“填充色”按钮上的■,弹出与图 1-4-5 相同的选色面板。

(2) 在选色面板上选择无色、单色或渐变色,必要时设置颜色的透明度。

(3) 若步骤(2)中选择的是渐变填充色,可使用【混色器】面板编辑渐变填充色(如图 1-4-6 所示)。渐变填充色包括线性和放射状两种。在【混色器】面板上单击选择渐变色控制条上的色标(选中的色标尖部显示为黑色,未选中的色标尖部显示为灰色),可通过选色器、Alpha 选项等修改该处色标的颜色和透明度。在渐变色控制条的下面单击可增加色标;左右拖曳色标可改变色标的位置,向下拖曳色标可将该色标删除。

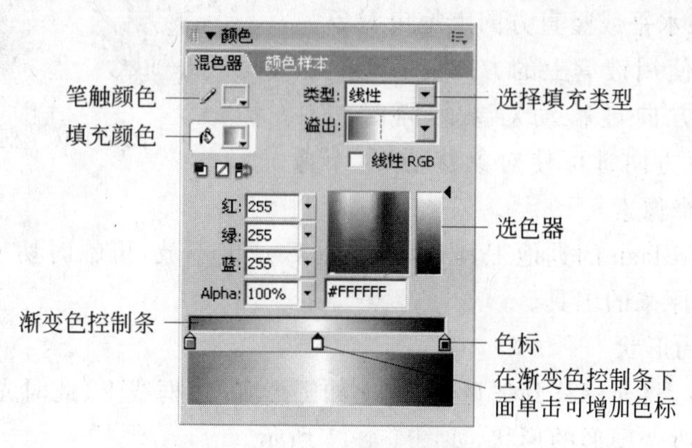

图 1-4-6 【混色器】面板

3. 选择工具

选择工具的基本功能是选择和移动对象,同时还可以调整线条的形状。

1) 选择和移动对象

使用选择工具选择对象的要点如下。

- 单击:使用选择工具在对象上单击可选择对象,在对象外的空白处单击或按 Esc 键可取消对象的选择。特别要注意的是,对于使用矩形、椭圆和多角星形等工具直接绘制的完全分离的矢量图形(假设填充色和笔触色都不是无色),在图形内部单击,将选中图形的填充区域,如图 1-4-7 所示。在图形的边界上单击,将选中图形的边界线条,如图 1-4-8 所示。
- 双击:使用选择工具在矢量图形的内部双击,可选择整个图形(包括填充区域和边界线条),如图 1-4-9 所示。

图 1-4-7 选择填充区域

图 1-4-8 选择边界线条

图 1-4-9 选择全部

提示：绘制矩形(假设笔触色不是无色)。使用选择工具分别在矩形的边框上单击和双击，看结果有何不同。

- 加选：按住 Shift 键的同时使用选择工具依次单击要选择的对象，可选中多个对象。
- 框选：使用选择工具，在舞台中拖曳鼠标将所有要选择的对象框选中，如图 1-4-10 所示，所有框在内部的对象都将被选中。

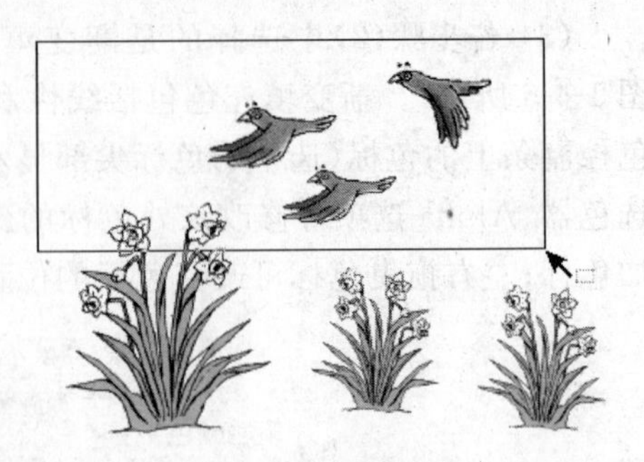

图 1-4-10 框选对象

要使用选择工具移动对象，只要拖曳选中的对象，即可改变对象的位置。按住 Shift 键的同时使用选择工具可在水平或竖直方向上拖曳对象。

当然，也可以使用键盘上的方向键移动选中的对象。在使用方向键移动对象的同时按住 Shift 键，每按一下方向键可使对象移动 10 个像素(否则仅移动 1 个像素)。

提示：在使用 Flash 的其他工具时，若按住 Ctrl 键不放，可临时切换到选择工具；松开 Ctrl 键，将返回原来的工具。

2) 调整线条的形状

选用选择工具，将光标移到矢量图形(比如圆形)的边框线上(此时光标旁出现一条弧线)，拖曳鼠标，可改变图形的形状，如图 1-4-11 所示。

若在拖曳图形的边框线前按下 Ctrl 键，则可改变图形局部的形状，如图 1-4-12 所示。

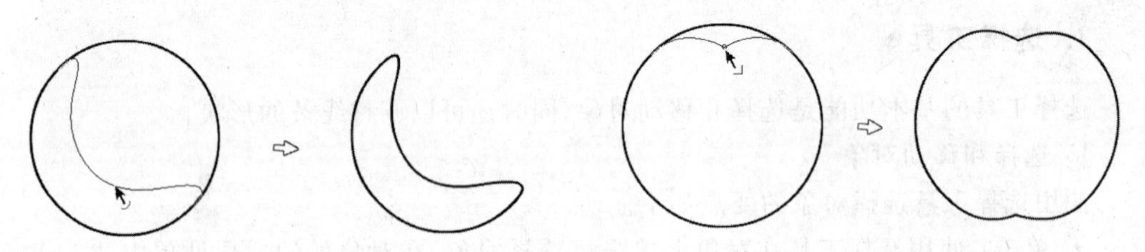

图 1-4-11 修改图形的形状　　图 1-4-12 改变图形局部的形状

提示：在上述使用选择工具改变图形形状的时候，必须满足以下两个条件：①图形是未经组合的矢量图形(如使用矩形、椭圆和多角星形等工具直接绘制出来完全分离的图形)；②图形对象未被选择。

4. 线条工具

选用线条工具，在属性面板上设置线条的颜色(即笔触颜色)、粗细和线形；在舞台上拖曳鼠标，可绘制任意长短和方向的直线段。若在绘制线条时按住 Shift 键不放，可创建水平、垂直和 45°角倍数的直线段。

5. 椭圆工具

椭圆工具用来绘制椭圆形和圆形。操作方法如下：

(1) 选择椭圆工具，在工具箱或属性面板上设置要绘制图形的填充色和笔触色。

(2) 在属性面板上设置笔触的粗细和线形。

(3) 在工作区中拖曳鼠标,可绘制椭圆形。

(4) 在绘制椭圆时,若同时按住 Alt 键,可绘制以鼠标指针的起始位置为中心的椭圆。

(5) 在绘制椭圆时,若按住 Shift 键,可绘制圆形。

(6) 在绘制椭圆时,若同时按住 Shift 键与 Alt 键,可绘制以鼠标指针的起始位置为中心的正圆形。

(7) 通过将填充色或笔触色设置为无色,可绘制只有内部填充或只有边框的椭圆形或圆形。

例 4.1 使用前面学习过的工具及相关操作绘制"皓月当空"的效果。

(1) 执行【修改】→【文档】命令,新建 Flash 空白文档。设置舞台大小 400×300 像素,背景色为#0099FF,其他属性默认。

(2) 使用椭圆工具,配合 Shift 键与 Alt 键在舞台中央绘制一个没有边框的白色圆形,如图 1-4-13 所示。

(3) 使用选择工具选择白色圆形。选择【修改】→【形状】→【柔化填充边缘】命令,弹出【柔化填充边缘】对话框,参数设置如图 1-4-14 所示,单击【确定】按钮。

(4) 取消圆形的选择状态,效果如图 1-4-15 所示。

图 1-4-13　绘制圆形

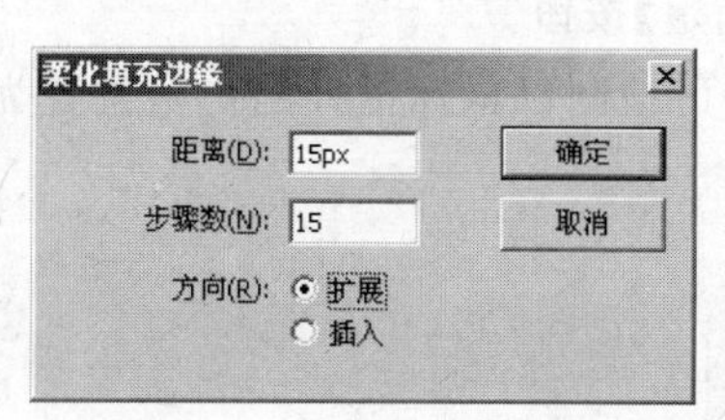

图 1-4-14　设置边缘柔化参数

图 1-4-15　边缘柔化后的圆形

6. 矩形工具

矩形工具用来绘制矩形、正方形和圆角矩形,操作方法如下:

(1) 选择矩形工具,在工具箱或【属性】面板上选择要绘制图形的填充色和笔触色。

(2) 在【属性】面板上设置笔触的粗细和线形。

(3) 在舞台上拖曳鼠标,绘制矩形。

(4) 在绘制矩形时,若同时按住 Alt 键,可绘制以鼠标指针的初始位置为中心的矩形。

(5) 在绘制矩形时,若按住 Shift 键,可绘制正方形。

(6) 在绘制矩形时,若同时按住 Shift 与 Alt 键,可绘制以鼠标指针的初始位置为中心的正方形。

(7) 通过将填充色或笔触色设置为无色,还可以绘制只有内部或只有边框的矩形。

(8) 在绘制矩形前,单击工具箱底部的"圆角矩形半径"按钮,将弹出【矩形设置】对话框，输入【边角半径】的数值，如图 1-4-16 所示，单击【确定】按钮关闭对话框。此时可在舞台上绘制指定圆角值的矩形，如图 1-4-17 所示。

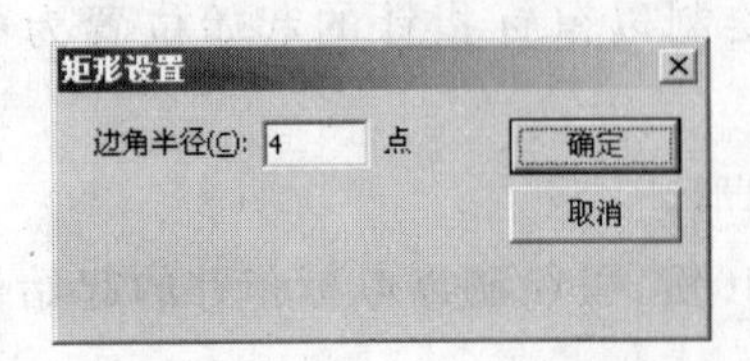

图 1-4-16　设置圆角参数

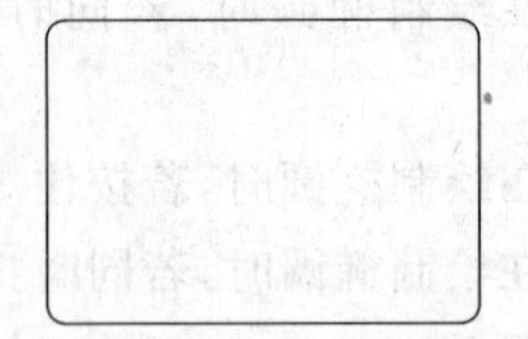

图 1-4-17　绘制圆角矩形

7. 多角星形工具

多角星形工具用来绘制正多边形和正多角星形，使用方法如下：

(1) 在工具箱的矩形工具按钮上按下鼠标左键停顿片刻，展开工具组列表，选择其中的多角星形工具。

(2) 在工具箱或【属性】面板上设置要绘制图形的填充色和笔触色。

(3) 在【属性】面板上设置笔触的粗细和线形。

(4) 单击【属性】面板上的【选项】按钮，弹出如图 1-4-18 所示的【工具设置】对话框。在【样式】列表中选择图形类型(如多边形、星形)，输入【边数】和【星形顶点大小】(即锐度，仅对星形有效)的值，单击【确定】按钮。

(5) 在工作区拖曳鼠标，可绘制以鼠标指针的初始位置为中心的正多边形或星形，如图 1-4-19 示。

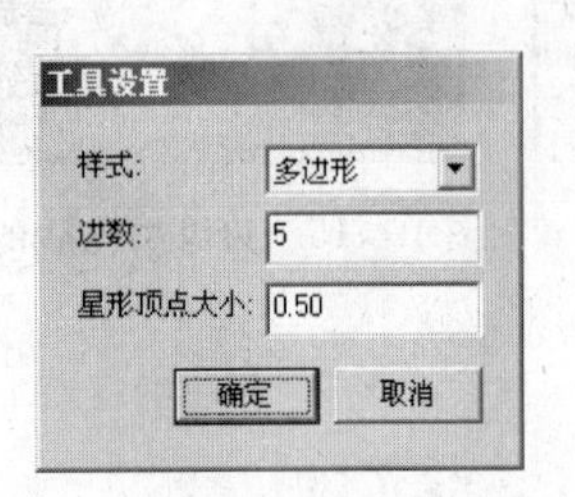

图 1-4-18　【工具设置】对话框

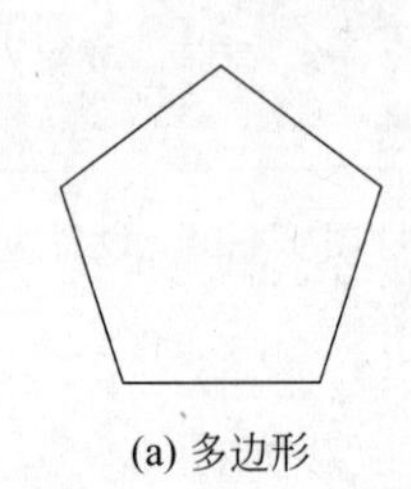

(a) 多边形

(b) 星形

图 1-4-19　绘制多边形和星形

8. 铅笔工具

铅笔工具可使用笔触色绘制手绘线条，使用方法如下。

(1) 选择铅笔工具，在【属性】面板上设置笔触颜色、粗细和线形。

(2) 在工具箱的选项栏选择绘图模式，如图 1-4-20 所示。

- 伸直：进行平整处理，转化为最接近的三角形、圆、椭圆、矩形等几何形状。
- 平滑：进行平滑处理，可绘制非常平滑的曲线。

图 1-4-20　选择绘图模式

• 墨水：绘制接近于铅笔工具实际运动轨迹的自由线条。

(3) 在舞台上拖曳鼠标，可随意绘制线条；Flash 将根据绘图模式对线条进行调整。按住 Shift 键的同时使用铅笔工具可绘制水平直线段或竖直线段。

9. 橡皮擦工具

橡皮擦工具除了可以擦除绘图工具(如线条工具、钢笔工具、椭圆工具、矩形工具、多角星形工具、铅笔工具、刷子工具等)绘制的图形外，还可以擦除完全分离的组合、位图、文本对象和元件实例。另外，在工具箱上双击橡皮擦工具，将快速擦除舞台上所有未锁定的对象(包括组合、未分离的位图、文本对象和元件的实例等)。

10. 墨水瓶工具

使用墨水瓶工具可以修改线条的颜色、透明度、线宽和线形，操作方法如下：

(1) 选择墨水瓶工具。

(2) 在工具箱、【属性】面板或【混色器】面板上设置笔触的颜色。

(3) 在属性面板上设置笔触的粗细和线形。

(4) 在混色器面板上设置笔触颜色的透明度(即 Alpha 值)或编辑渐变笔触色。

(5) 在完全分离的图形上单击，效果如图 1-4-21、图 1-4-22 和图 1-4-23 所示。

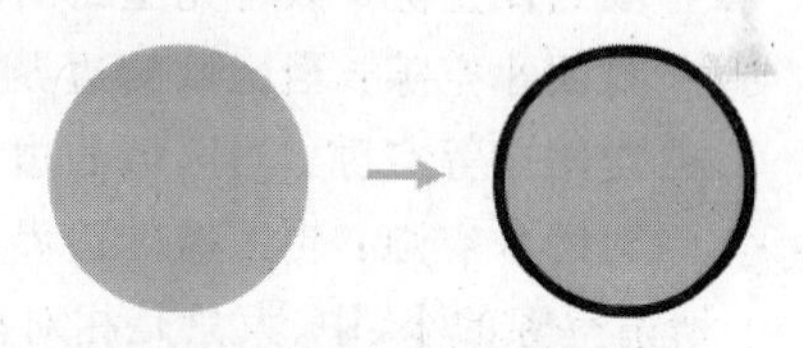

图 1-4-21　修改图形的边缘线条

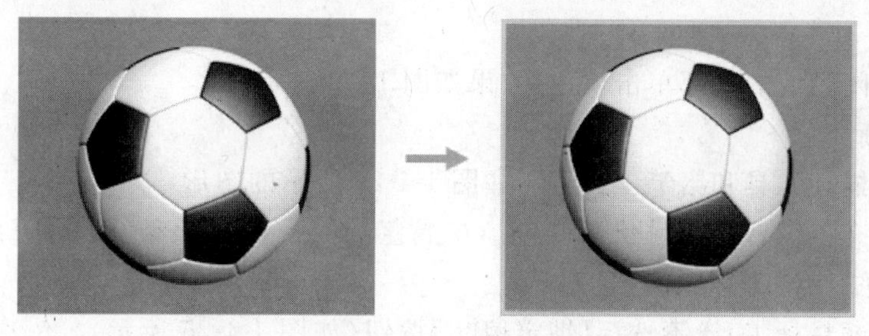

图 1-4-22　为完全分离的位图添加边框

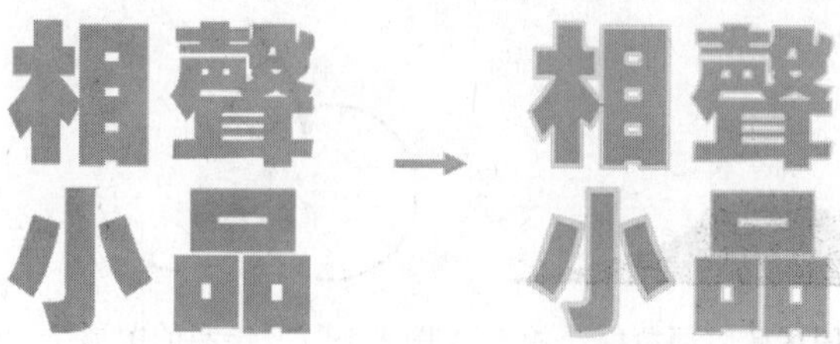

图 1-4-23　为完全分离的文本添加边框

11. 颜料桶工具

颜料桶工具可以在图形的填充区域填充单色、渐变色和位图，其用法如下：

1）填充单色

（1）使用线条工具、铅笔工具绘制封闭的区域，如图 1-4-24 所示。

（2）选择颜料桶工具，在工具箱、【属性】面板或【混色器】面板上将填充色设置为纯色，必要时可设置透明度参数。

（3）如果要填充的区域没有完全封闭（存在小的缺口），此时可在工具箱底部的选项栏选择一种合适的填充模式，如图 1-4-25 所示。

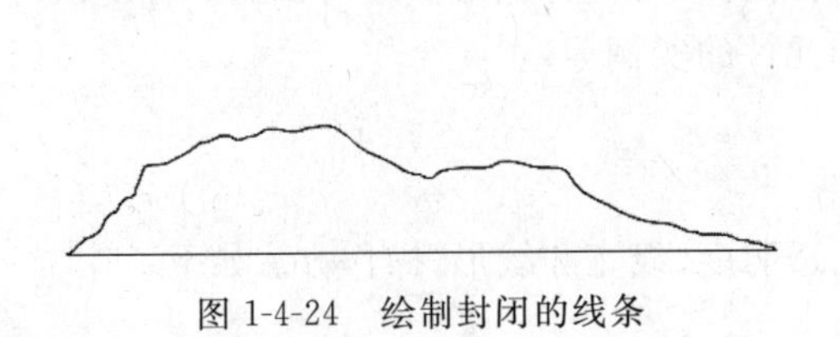
图 1-4-24　绘制封闭的线条

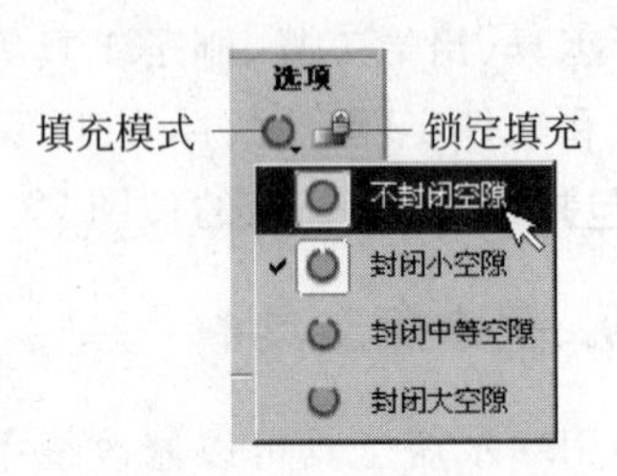

图 1-4-25　选择填充模式

- 不封闭空隙：只有完全封闭的区域才能进行填充。
- 封闭小空隙：当区域的边界上存在小缺口时也能够进行填充。
- 封闭中等空隙：当区域的边界上存在中等大小的缺口时也能够进行填充。
- 封闭大空隙：当区域的边界上存在较大缺口时仍然能够进行填充。

所谓空隙的小、中、大只是相对而言。当区域的边界缺口很大时，任何一种填充模式都无法填充。所以在缩小视图显示的情况下，间隙即使看上去很小，也可能会填不上颜色。

（4）在封闭区域的内部单击填色，效果如图 1-4-26 所示。

2）填充渐变色

（1）使用椭圆工具和铅笔工具绘制如图 1-4-27 所示的图形。

（2）将填充色设置为放射状渐变色。在混色器面板上对渐变色进行修改（左侧色标设置为白色，右侧色标设置为紫色）。

（3）选择颜料桶工具，不选择【锁定填充】按钮（如图 1-4-25 所示）。依次在两个圆形区域的内部单击，填充渐变色（单击点即放射状渐变的中心），效果如图 1-4-28 所示。

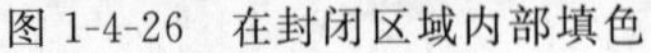
图 1-4-26　在封闭区域内部填色

图 1-4-27　绘制的图形

图 1-4-28　填充渐变色

3）填充位图

（1）新建空白文档。在舞台上绘制矩形，如图 1-4-29 所示。

（2）执行【文件】→【导入】→【导入到舞台】命令，将素材图像“第 4 章素材\小狗.jpg”导入，如图 1-4-30 所示。

(3) 确认选中导入的位图。执行【修改】→【分离】命令，将位图分离。

(4) 选择滴管工具，在分离的位图上单击。此时，位图图样被吸取到混色器面板的填充颜色中；同时，滴管工具自动切换到颜料桶工具。

(5) 在前面绘制的矩形内部单击，位图图样被填充到矩形内，如图 1-4-31 所示。

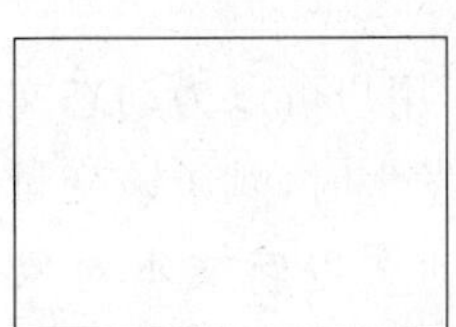

图 1-4-29 绘制矩形

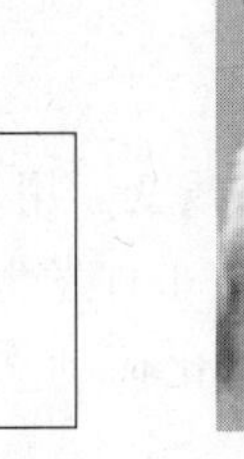

图 1-4-30 导入位图

图 1-4-31 填充矩形

12. 手形工具

当工作区中出现滚动条的时候，使用手形工具可以随意拖曳工作区中的画面，使隐藏的内容显示出来。在编辑修改动画对象的局部细节时，往往需要将画面放大许多倍。此时，手形工具变得非常有用了。

在使用其他工具时，按住空格键不放，可切换到手形工具；松开空格键，将重新返回原来的工具。另外，双击工具箱上的手形工具按钮，舞台将全部且最大化显示在工作区窗口的中央位置。

13. 缩放工具

缩放工具的作用是将舞台放大或缩小显示，其用法如下：

(1) 在工具箱上选择缩放工具。

(2) 根据需要在工具箱的选项栏上单击【放大】按钮或【缩小】按钮。

(3) 在需要缩放的对象上单击，舞台将以一定的比例放大或缩小画面，且 Flash 将以该单击点为中心显示放大或缩小后的画面。

(4) 使用缩放工具拖曳鼠标，将所要显示的内容框选后松开鼠标，此时无论选择的是【放大】按钮还是【缩小】按钮，框选的内容都将放大显示到整个工作区窗口中，如图 1-4-32 所示。

当舞台放大或缩小显示时，双击工具箱上的缩放工具按钮，舞台将恢复到 100%的显示比例。

14. 文本工具

文本是向观众传达动画信息的重要途径。Flash 中的文本包括静态文本、动态文本和输入文本 3 种类型。

图 1-4-32　框选放大

静态文本在动画播放过程中外观与内容保持不变。

动态文本的内容及文字属性在动画播放过程中可以动态改变。用户可以为动态文本对象指定一个变量名，并可以在时间轴的指定位置或某一特定事件发生时，赋予该变量不同的值。在运行动画时，Flash 播放器可以根据变量值的变化而动态更新文本对象的显示。

在 Flash 8.0 中，通过属性面板可以为静态文本和动态文本建立 URL 链接。

输入文本允许用户在动画播放时重新输入内容。比如，在 Flash 动画的开始创建一个登录界面，运行动画时，用户只有输入正确的信息才能继续观看动画电影的其余内容。

下面重点介绍静态文本的基本用法。

选择文本工具，根据需要在【属性】面板上设置文本的属性，如图 1-4-33 所示。以下介绍的是部分不易理解的重要参数。

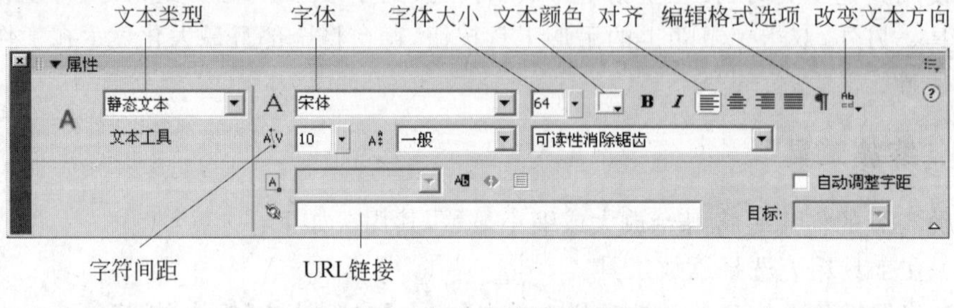

图 1-4-33　文本工具的属性设置

- 文本类型：选择文本的类型。此处选择“静态文本”。
- 改变文本方向：选择文本的方向，包括“水平”、“垂直，从左向右”（表示文本竖排，从左向右换行）和“垂直，从右向左”3 种。
- 编辑格式选项：单击该按钮，可打开【格式选项】对话框，以设置文本的缩进、行距和边距参数。
- 字符间距：设置文本的字符间距。
- URL 链接：为静态文本指定超级链接目标页面的 URL 地址。

此外，在 Flash 中也可以在使用【文本】菜单设置文本的部分属性。

文本属性设置好之后，在舞台上单击确定插入点，然后输入文字内容。这样创建的是单行文本，输入框将随着文本内容的增加而延长，需要换行时按 Enter 键即可。

若在文本属性设置好之后，在舞台上拖曳鼠标，则可创建文本输入框，然后在其中输入文本内容。这样产生的是固定宽度的文本，当输入文本的宽度接近输入框的宽度时，文本将自动换行。

在 Flash 8.0 及其之前的版本中，文本只能设置单色填充色，且不能使用颜料桶工具进行填充，也不能使用墨水瓶工具设置边框。当文本对象被彻底分离后，才可以使用颜料桶工具填充渐变色和位图，或使用墨水瓶工具设置边框的颜色，如图 1-4-34 所示。

图 1-4-34　制作的渐变效果文字

15. 任意变形工具

使用任意变形工具可以对舞台上的对象进行缩放、旋转和斜切变形；对于使用 Flash 的绘图工具绘制的矢量图形和完全分离的文本、完全分离的位图等还可以进行扭曲和封套变形。

选择变形对象，在工具箱上选择任意变形工具，其选项栏如图 1-4-35 所示。

- 【旋转与倾斜】：选择该按钮后，所选对象的周围出现变形控制框。鼠标指针移到 4 个角控制块的旁边(控制框外部)，指针变成弯曲的箭头，沿顺时针或逆时针方向拖曳鼠标，可随意旋转对象，如图 1-4-36 左图所示。若鼠标指针移到 4 条边中间的控制块旁边，指针变成⇌或⇅形状时，沿水平或竖直方向拖曳鼠标，可使对象产生斜切变形，如图 1-4-36 右图所示。

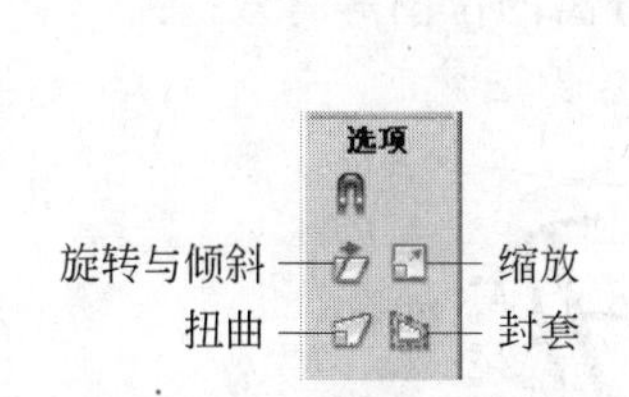

图 1-4-35　任意变形工具的选项栏

图 1-4-36　旋转和斜切变形

- 【缩放】：选择该按钮后，鼠标指针移到变形控制框 4 条边中间的控制块上，指针变成⟷或↕形状，沿水平或竖直方向拖曳鼠标，可在水平或垂直方向上随意缩放对象，如图 1-4-37 左图所示。若鼠标指针移到 4 个角的控制块上，指针变成⤡形状时，拖曳鼠标，可成比例缩放对象，如图 1-4-37 右图所示。在上述变形过程中，按住 Alt 键可在保持变形中心(变形控制框几何中心的小圆圈)位置不变的情况下缩放对象。
- 【扭曲】：选择该按钮后，将鼠标指针移到四周的控制块上变成▷状时，可沿任意方

图 1-4-37 缩放变形

向拖曳控制块,使对象产生随意的扭曲变形,如图 1-4-38 左图所示。若拖曳的是四条边中间的控制块,可产生斜切变形,如图 1-4-38 中图所示。若按住 Shift 键的同时沿水平或竖直方向拖曳 4 个角的控制块,可产生透视变形,如图 1-4-38 右图所示。扭曲变形仅对使用绘图工具绘制的矢量图形和完全分离的文本、完全分离的位图有效。

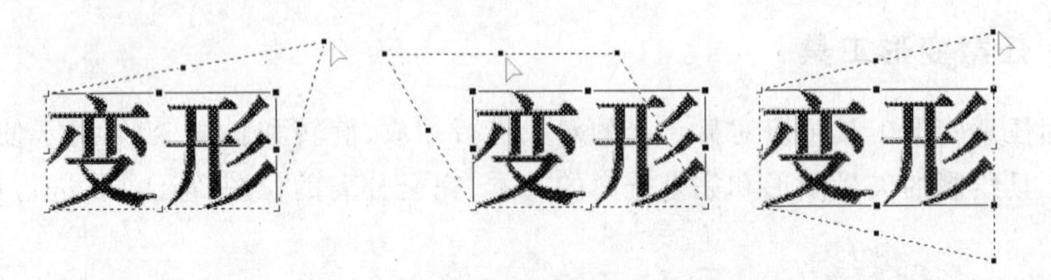

图 1-4-38 扭曲变形

- 【封套】:选择该按钮后,将鼠标指针移到四周的控制块上变成▷状时,可沿任意方向拖曳控制块,使对象产生更加自由的变形,如图 1-4-39 左图所示。还可以拖曳控制点,通过改变控制线的长度和方向改变封套的形状,从而使对象发生形变,如图 1-4-39 右图所示。实际上,封套是一个变形边框,其中可以包含一个或多个对象。更改封套的形状将从整体上影响封套内对象的形状。封套变形仅对使用绘图工具绘制的矢量图形和完全分离的文本、完全分离的位图等有效。

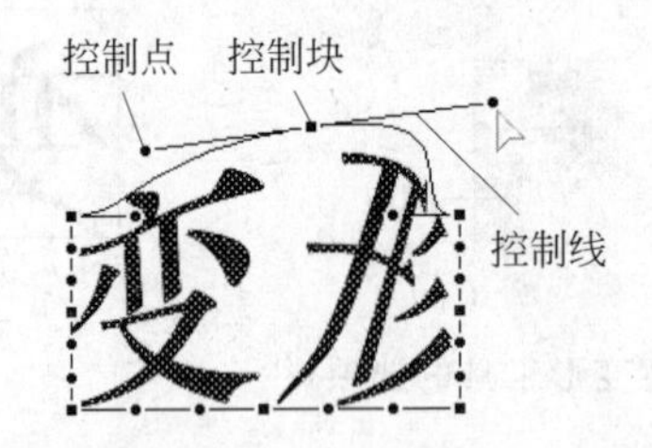

图 1-4-39 封套变形

例 4.2 利用任意变形工具绘制如图 1-4-40 所示的小房子。

(1) 新建一个空白文档。设置舞台大小为 550×300 像素,其他属性保持默认。

(2) 选择矩形工具,将填充色设置为黑色,笔触色设置为没有颜色。在舞台上创建一个黑色矩形,矩形的长宽比例如图 1-4-41 所示。

(3) 选择任意变形工具,单击【旋转与倾斜】按钮,对矩形实施水平斜切变形,如图 1-4-42 所示。

图 1-4-40　绘制两个小房子

图 1-4-41　绘制黑色矩形

图 1-4-42　进行斜切变形

(4) 用选择工具分别拖曳平行四边形的左右两边,进一步变形,如图 1-4-43 所示。

(5) 在舞台空白处再创建一个黑色矩形,矩形的长宽比例如图 1-4-44 所示。注意该矩形不要与上面绘制的图形重叠。

(6) 选择任意变形工具,单击【旋转与倾斜】按钮,对矩形实施顺时针旋转变形,如图 1-4-45 所示。

图 1-4-43　弯曲变形

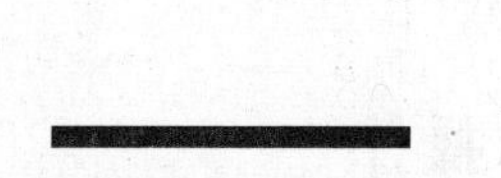

图 1-4-44　创建矩形

图 1-4-45　旋转变形

(7) 使用选择工具将旋转后的矩形拖曳到如图 1-4-46 所示的位置。

(8) 使用选择工具分别拖曳右侧矩形的两条长边,进一步变形,如图 1-4-47 所示。

(9) 使用矩形工具在如图 1-4-48 所示的位置绘制两个同样大小的矩形。

图 1-4-46　旋转并移动矩形

图 1-4-47　侧面房顶造型

图 1-4-48　绘制的两个矩形

(10) 使用线条工具在如图 1-4-49 所示的位置绘制 3 条竖直线。至此,第一个小房子“造好”了。

(11) 使用矩形工具在舞台上的空白处创建一个黑色矩形。矩形的长宽比例如图 1-4-50 所示。注意该矩形不要与上面绘制的图形重叠。

(12) 选择任意变形工具,单击【扭曲】按钮,配合 Shift 键对矩形进行透视变形,如图 1-4-51 所示。

图 1-4-49　绘制 3 条竖直线

图 1-4-50　绘制矩形

图 1-4-51　透视变形

(13) 使用选择工具分别拖曳上述图形的左右两边，进一步实施变形，如图 1-4-52 所示。

(14) 使用矩形工具在如图 1-4-53 所示的位置绘制两个同样大小的矩形作为窗户。

(15) 使用线条工具在如图 1-4-54 所示的位置绘制两条竖直线。第二个小房子也“造好”了。

图 1-4-52　弯曲变形　　　　图 1-4-53　绘制窗户　　　　图 1-4-54　正面房型

(16) 将前后两个小房子排列在一起，就形成图 1-4-40 所示的图案。

除本章讲到的上述工具之外，Flash 8.0 工具箱中还有钢笔工具、部分选取工具和填充变形工具等。本书的学习内容对这些工具不做要求。

4.2.4　Flash 8.0 基本操作

1. 设置文档属性

执行【修改】→【文档】命令，通过打开的【文档属性】对话框可以设置动画文档的舞台大小、动画场景的背景色、帧频率和标尺单位等属性。

在动画制作过程中，随时可以更改文档的属性。但是，一旦动画的许多关键帧创建完毕，再来修改文档的某些属性，将会给动画的制作带来不必要的麻烦。比如舞台大小一旦改变，往往需要重新调整舞台上众多对象的位置，其工作量不可小觑。所以最好在动画制作前，根据需要首先设置动画文档的属性。

2. 调整舞台的显示比例

在制作动画的过程中，为了方便动画的编辑处理，常常需要调整舞台的显示比例。常用的方法有两种。

(1) 通过编辑栏右侧的缩放比率下拉列表框，如图 1-4-55 所示，调整舞台的显示比例。

- 【符合窗口大小】：将舞台以适合工作区窗口大小的方式显示出来。
- 【显示帧】：将舞台在工作区窗口中全部显示并尽可能最大化居中显示。

图 1-4-55　编辑栏上的缩放比率选项

• 【显示全部】：将工作区中的动画元素全部显示并尽可能最大化显示。

其余各选项均是以特定的百分比规定舞台的显示比例。另外，用户还可以在缩放比率下拉列表框中输入任意比例值，然后按 Enter 键确认，舞台即以该比例显示。

(2) 通过执行【视图】→【缩放比率】命令调整舞台的显示比例。

3. 面板管理

Flash 的绝大多数面板命令都分布在【窗口】菜单的二级或三级子菜单中。

1) 面板的显示与隐藏

通过勾选和取消勾选【窗口】菜单中相应的命令，可在 Flash 程序窗口中显示和隐藏相应的面板。也可以通过面板菜单中的“关闭”命令隐藏面板或面板组，如图 1-4-56 所示。

图 1-4-56　通过面板菜单隐藏面板或面板组

2) 面板的折叠与展开

通过单击面板左上角的三角按钮▼/▶，可展开或折叠面板与面板组。

3) 隐藏与显示所有面板

执行【窗口】→【隐藏面板】→【显示面板】命令或按 F4 键，可隐藏或显示 Flash 程序窗口中的当前所有面板，包括工具箱。

4) 恢复面板默认布局

执行【窗口】→【工作区布局】→【默认】命令，将恢复面板的默认布局。

4. 导入外部对象

1) 图形图像的导入

【导入(Import)/导出(Export)】命令一般位于【文件】菜单中，用于在不同工具软件之间交换数据。能够导入 Flash 8.0 中的外部图形图像资源的类型包括 JPG、BMP、GIF、PSD、PNG、AI、WMF、TIF 等。这些资源一旦导入到库，就可以在动画场景中无限重复使用。

(1) 导入到舞台。

执行【文件】→【导入】→【导入到舞台】命令，打开【导入】对话框。从中选择所需的图形图像文件，单击【打开】按钮，将图形图像导入到舞台。此时，导入的图形图像资源也会同时出现在 Flash 的库面板中。

(2) 导入到库。

执行【文件】→【导入】→【导入到库】命令，打开【导入到库】对话框。从中选择所需的图形图像文件,单击【打开】按钮,将图形图像导入到 Flash 的库面板。此时,舞台上并不会出现导入的图形图像。

2) GIF 动画的导入

将 GIF 动画导入到 Flash 后,GIF 动画的帧将自动转换为 Flash 的帧。Flash 根据原 GIF 动画每帧滞留时间的长短确定转换后的 Flash 帧数。

执行【文件】→【导入】→【导入到舞台】命令,选择所需的 GIF 动画文件,单击【打开】按钮,即可将 GIF 动画导入到 Flash 当前层的时间线上。同时,组成 GIF 动画的各帧画面出现在 Flash 的库面板中。

3) 视频的导入

执行【文件】→【导入】→【导入视频】命令,可以将 MOV、WMV、MPEG、AVI、FLV 等多种类型的视频资源导入到 Flash 中。

4) 声音的导入与使用

在 Flash 动画中,声音的导入与使用有着不同寻常的意义。无论是为动画配音,还是作为背景音乐,声音的使用无疑将为动画电影的整体效果增色许多。合理地使用声音可以更好地渲染动画气氛,增强动画节奏。

(1) 导入声音。

与图形图像的导入类似,通过执行【文件】→【导入】→【导入到库】命令,可以将 WAV、MP3、AU 和 AIF 等多种类型的声音文件导入到 Flash 的库中。综合考虑音质和文件大小等因素,在 Flash 中一般采用 22kHz、16Bit 和单声道的音频。

(2) 向动画中添加声音。

将音频素材导入到 Flash 后,在时间轴上单击选择要添加音效的关键帧,从【属性】面板的【声音】下拉列表中选择所需的声音即可,如图 1-4-57 所示。

图 1-4-57　在属性面板中选择声音

属性面板中有关声音的主要参数如下。

- 【声音】:选择导入到 Flash 库中的声音资源的名称。
- 【效果】:设置声音的播放效果。包括【左声道】、【右声道】、【从左到右淡出】、【从右到左淡出】、【淡入】、【淡出】和【自定义】等。
- 【同步】:设置声音播放的同步方式。可供选择的同步方式如下:
  - 【事件】:使声音与某一动画事件同步发生。在该同步方式中,声音从事件起始帧以独立于动画时间轴的方式进行播放,直至播放完毕(不管动画有没有结束)。
  - 【开始】:其作用与【事件】方式类似。区别是,如果同一声音已经开始播放,则不会创建新的声音实例进行播放。

■【停止】：将所选的声音指定为静音。

■【数据流】：在 Web 站点上播放动画时，该方式使声音和动画同步。Flash 将调整动画的播放速度使之与数据流方式的声音同步。若声音过短而动画过长，Flash 将无法调整足够快的动画帧，有些动画帧将被忽略，以保持动画与声音同步。与事件方式不同，若动画停止，数据流方式的声音也将停止。

无论选择哪一种同步方式，都可以选择声音的循环方式，包括【循环】和【重复】两种。

5. 图层管理

Flash 中的图层分为普通层、引导层和遮罩层 3 种，这里先介绍普通层的操作方法。这些操作与 Photoshop 中图层所对应的操作类似。

1）新建图层

新建的 Flash 文档只有一个图层，默认名称为"图层 1"。在时间轴面板左侧的图层控制区，单击【插入图层】按钮，如图 1-4-58 所示。或者右击所选图层，从弹出的快捷菜单中选择【插入图层】命令，可在当前图层的上方添加一个新图层。

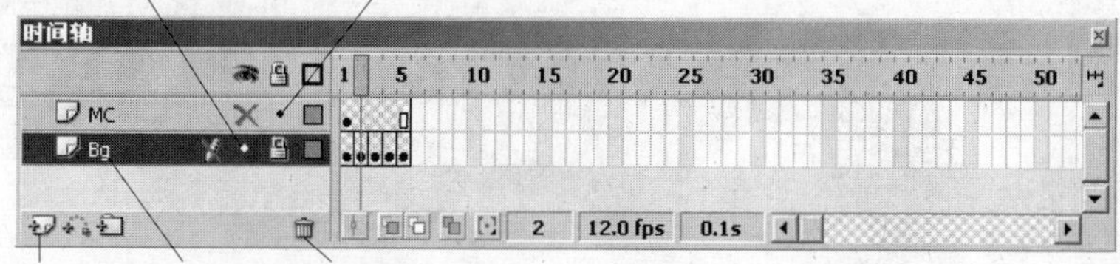

图 1-4-58 【时间轴】面板

2）删除图层

单击图层控制区上的【删除图层】按钮，如图 1-4-58 所示。或者右击所选图层，从弹出的快捷菜单中选择【删除图层】命令，可删除当前图层。当时间轴面板上仅剩一个图层时，是无法删除的。

3）重命名图层

在时间轴面板的图层控制区，双击某个图层的名称，进入图层名称编辑状态，输入新的名称，按 Enter 键或者在图层名称编辑框外单击即可。

4）隐藏和显示图层

通过单击图层名称右侧的"图层显示状态"标记，可以在图层的显示与隐藏状态之间进行切换。隐藏某个图层后，该图层上的每帧画面在工作区中是看不到的。单击图层控制区上的🕶图标，可以隐藏或显示所有图层。

5）锁定与取消锁定图层

通过单击图层名称右侧的"图层锁定状态"标记，可以在图层的锁定与解锁之间切换。锁定某个图层后，Flash 禁止对该图层上每一帧所对应的舞台内容作任何改动。但是，对锁定图层上有关帧的操作（如复制帧、删除帧、插入关键帧等）仍然可以继续进行。

单击图层控制区上的🔒图标，可以锁定或解锁所有图层。

6）调整图层的叠盖顺序

在时间轴面板的图层控制区，图层的上下排列顺序将影响舞台上对象之间的相互遮盖关系。将图层向上或向下拖曳，当突出显示的线条出现在要放置图层的位置时，松开鼠标即可改变图层的排列顺序。

例 4.3 使用 Flash 为 GIF 动画“第 4 章素材\下雨了\下雨了.GIF”配上下雨的音效。所使用的声音文件为同一素材文件夹下的“雨.WAV”。

(1) 启动 Flash 8.0 软件，新建空白文档。

(2) 修改文档属性。设置舞台大小为 500×334 像素，背景色为黑色，其他属性默认。

(3) 调整舞台的显示比例为【符合窗口大小】。

(4) 执行【文件】→【导入】→【导入到舞台】命令，导入 GIF 动画“第 4 章素材\下雨了\下雨了.GIF”，如图 1-4-59 所示。

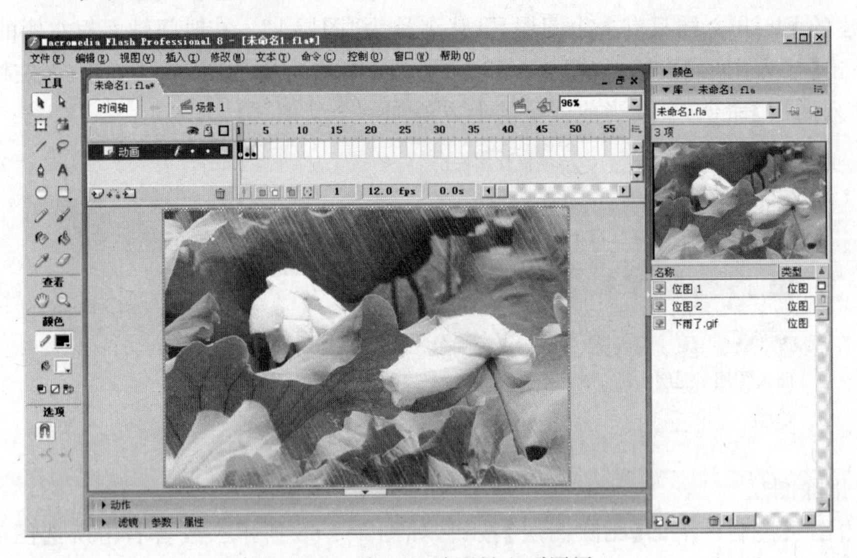

图 1-4-59　将 GIF 动画导入到图层 1

(5) 将【图层 1】层的名称更改为“动画”。

(6) 新建【图层 2】层，并将该图层的名称更改为“声音”。

(7) 执行【文件】→【导入】→【导入到库】命令，导入“第 4 章素材\下雨了\雨.WAV”文件。

(8) 在【声音】层的第一帧上单击，选中该空白关键帧。

(9) 在【属性】面板的【声音】下拉列表框中选择【雨.WAV】选项；在【同步】下拉列表框中选择【开始】选项；在【声音循环】下拉列表框中选择【循环】选项。此时的 Flash 窗口如图 1-4-60 所示。

(10) 执行【控制】→【测试影片】命令，测试动画效果。

(11) 锁定【动画】层和【声音】层。

(12) 执行【文件】→【保存】命令，以“下雨了.fla”为名保存动画源文件。

图 1-4-60　添加声音

6. 调整对象的排列顺序

Flash 不同图层的对象相互遮盖，上面图层上的对象优先显示。实际上，同一图层上的对象之间也存在着一个叠放顺序。一般来说，最晚创建的对象位于最上面，最早创建的对象则在最底部；完全分离的对象永远处于组合、文本、元件实例、导入的位图等非分离对象的下面。

使用【修改】→【排列】命令下的【上移一层】、【下移一层】等子命令可以调整同一图层上不同对象间的上下叠放次序，从而改变它们的相互遮盖关系。

但是，一个图层上某个对象的叠放顺序无论怎样靠上，也总是被上面图层上的对象所遮盖；同样，一个图层上某个对象的叠放顺序无论怎样靠下，都总是将其下面图层上的对象遮盖住。

7. 锁定对象

正如前面所述，图层的锁定是图层的每一帧上所有对象的锁定。要想锁定图层上的部分对象，可使用【修改】→【排列】→【锁定】命令。操作方法如下：

(1) 在某一图层上选择要锁定的对象。

(2) 执行【修改】→【排列】→【锁定】命令。

对象一旦锁定，就无法选择和编辑修改，除非执行【修改】→【排列】→【解除全部锁定】命令首先解锁。另外需要注意的是，【锁定】命令对完全分离的对象是无效的；当同时选择多个图层上的对象时，也不能使用【锁定】命令。

8. 组合对象

在 Flash 中，为了同时对多个对象进行编辑，需要将它们组合。这样在很大程度上就可以像控制单个对象一样控制组合的多个对象。组合对象操作方法如下：

(1) 选择要组合的多个对象或单个完全分离的对象。

(2) 执行【修改】→【组合】命令，如图 1-4-61 所示。

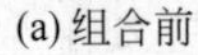

(a) 组合前

(b) 组合后

图 1-4-61　组合对象

当需要修改组合中的部分对象时，可执行【修改】→【取消组合】命令将组合解开。

对于完全分离的对象，其中任何一部分均可以被选定；这种图形若不将其组合，会很容易被改动或删除。因此，【组合】命令也常用来组合单个完全分离的对象，如图 1-4-62 所示。

(a) 组合前

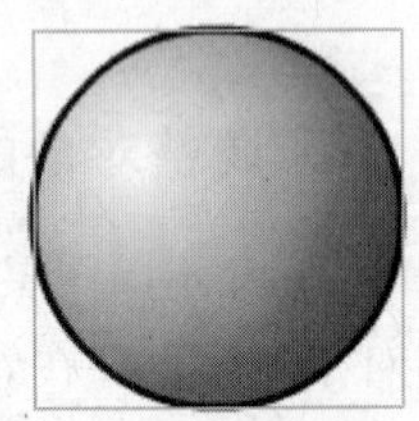

(b) 组合后

图 1-4-62　组合分离的单个对象

将 Flash 的绘图工具(线条工具、钢笔工具、椭圆工具、矩形工具、多角星形工具、铅笔工具、刷子工具等)绘制的图形组合后，其边框色与填充色将无法修改，除非双击该对象进入"组"编辑状态或重新取消组合，回到完全分离、一盘散沙的状态。

9. 分离对象

分离对象的操作如下：

(1) 选择要分离的对象。

(2) 执行【修改】→【分离】命令或按 Ctrl+B 键。

文本对象、组合、导入的位图和元件的实例等不能用于形状补间动画的创建。只有将这些对象进行分离，分离到不能继续分离(【分离】命令变灰色不可用)为止，才能用作形状补间动画中的变形对象。图 1-4-63 和图 1-4-64 所示的是文本与多重嵌套的组合体分离时的状况。

分离前

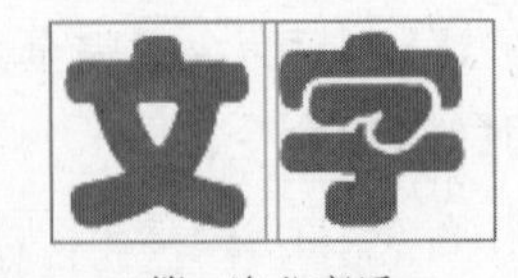

第一次分离后

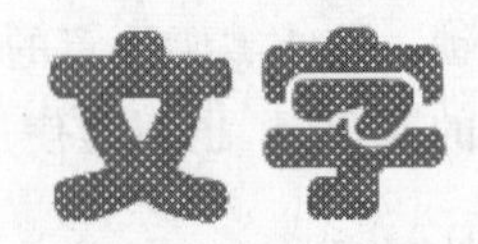

第二次彻底分离后

图 1-4-63　分离文本对象

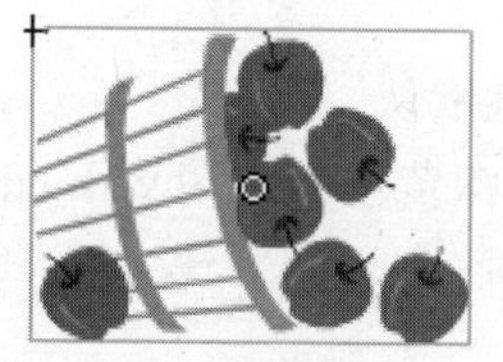
分离前
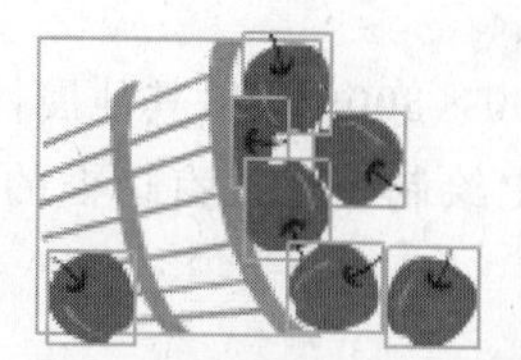
第一次分离后

第二次分离后

第三次彻底分离后

图 1-4-64　分离多重组合体

【分离】与【取消组合】虽然是两个不同的命令，但两者之间存在着如下关系。

- 对于导入的位图、文本对象和元件的实例，只能将其分离，而不能取消组合。所谓“分离位图”实际上就是将位图矢量化。
- 对于组合体，执行一次【分离】或【取消组合】命令，其操作结果是等效的。

当两个或多个完全分离的图形（包括使用 Flash 的绘图工具直接绘制的图形）重叠在一起时，在两个图形相交的边界，下面的图形将被分割；而在相互重叠的区域，上面的图形将取代下面的图形。下面举例说明。

(1) 在舞台上绘制一个黑色矩形，再绘制一个其他颜色的圆形，如图 1-4-65 所示。

(2) 选择整个圆形（边框和填充），移动其位置使之与矩形部分重叠，如图 1-4-66 所示。

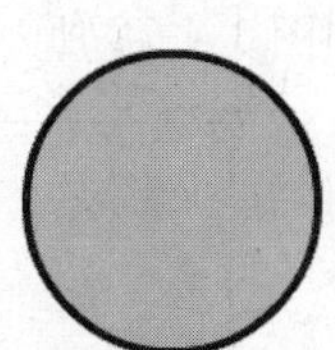

图 1-4-65　绘制矩形与圆形

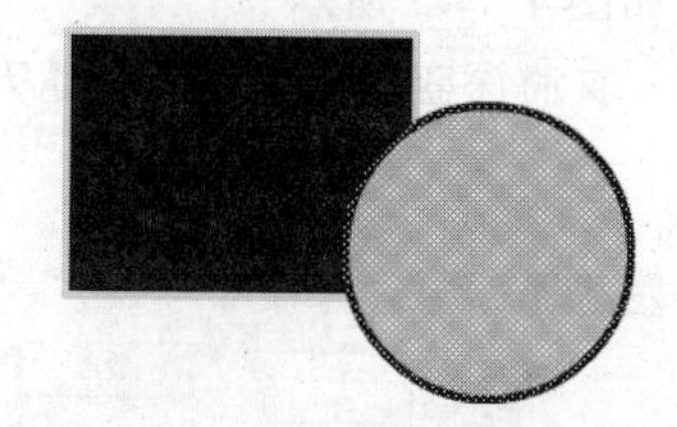

图 1-4-66　重叠放置

(3) 取消圆形的选择状态。

(4) 使用选择工具双击矩形上没有被覆盖的填充区域，并将其移开，结果如图 1-4-67 所示。

(5) （接步骤(3)）使用选择工具双击圆形的填充区域，重新选择圆形，并将其移开，结果如图 1-4-68 所示。

图 1-4-67　被分割的矩形

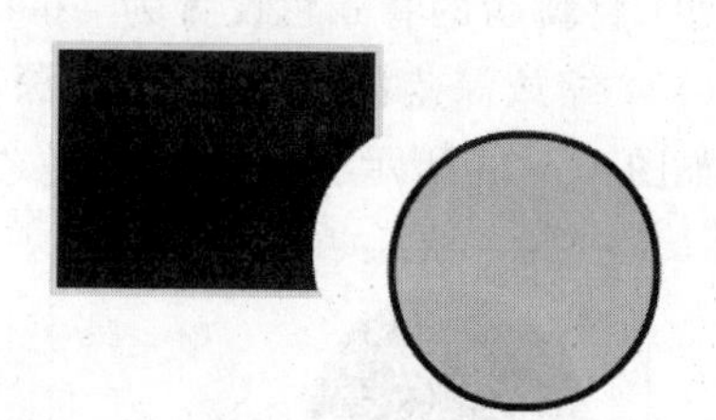

图 1-4-68　重叠区域内圆形取代矩形

在动画制作中，若两个完全分离的图形不得不重叠放置且不希望任何一方被分割或取代时，可以将两者放置在不同图层中。

例 4.4 在 Flash 中绘制"月牙儿"效果。

(1) 新建空白文档。设置舞台大小为 400×300 像素，其他属性默认。

(2) 使用椭圆工具配合 Shift 键在舞台上绘制一个没有边框的深黄色(＃FBD85E)正圆形，如图 1-4-69 所示。

(3) 将深黄色圆形组合。

(4) 同样绘制一个大小差不多的无边框的深蓝色(＃000099)正圆形，如图 1-4-70 所示。

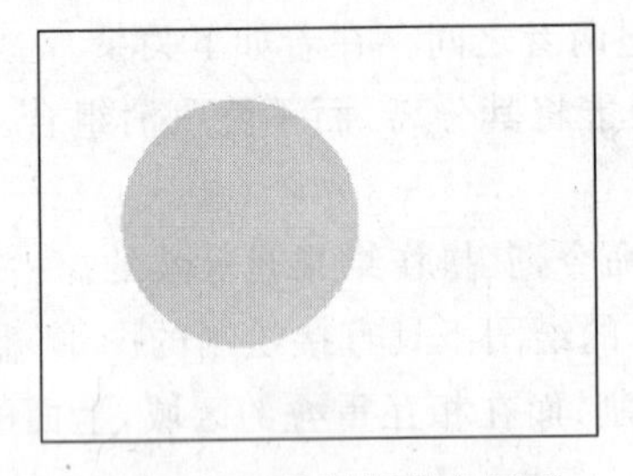

图 1-4-69　绘制深黄色圆形

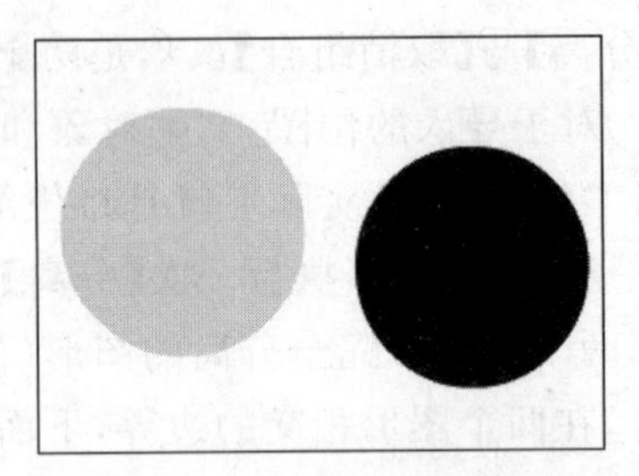

图 1-4-70　绘制深蓝色圆形(右)

(5) 选择深蓝色圆形，执行【修改】→【形状】→【柔化填充边缘】命令柔化圆形边缘，参数设置如图 1-4-71 所示。

(6) 取消深蓝色圆形的选择状态，柔化效果如图 1-4-72 所示。

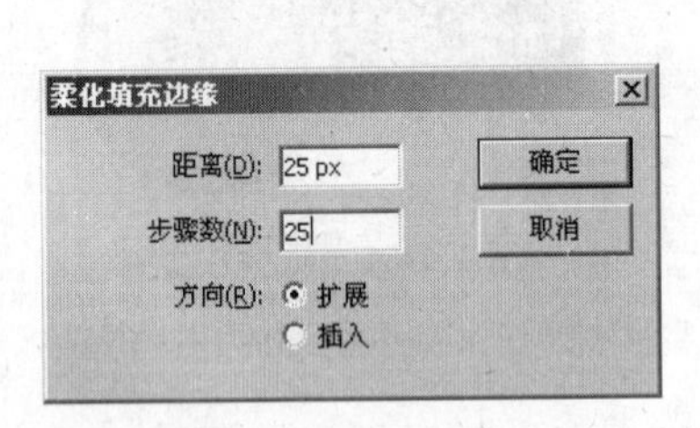

图 1-4-71　设置边缘柔化参数

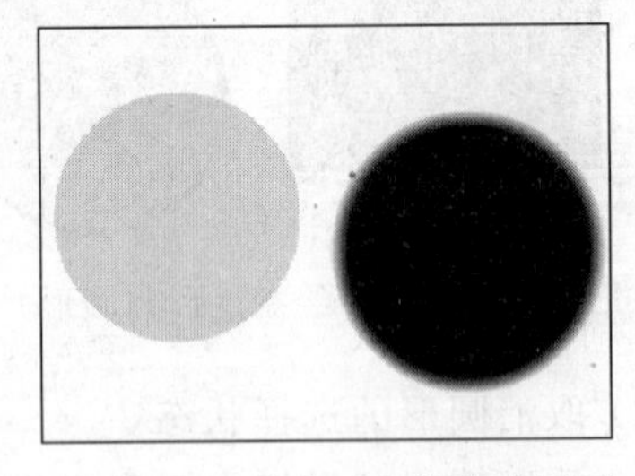

图 1-4-72　柔化后的深蓝色圆形

(7) 将深蓝色圆形组合。

(8) 移动深蓝色圆形使之与深黄色圆形部分重叠，如图 1-4-73 所示。

(9) 将舞台的背景色设置为＃000099，即与深蓝色圆形的颜色一致。

(10) 缩放深蓝色圆形(应该比深黄色圆形小一点)，并适当调整深蓝色圆形的位置，效果如图 1-4-74 所示。

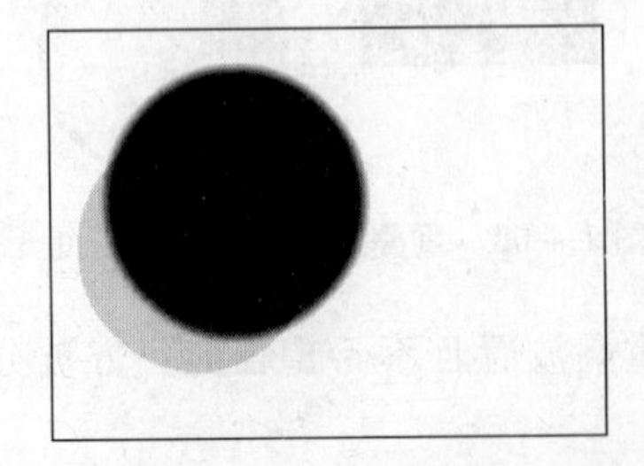

图 1-4-73　使两个圆形部分重叠

图 1-4-74　月牙儿

(11) 将深蓝色圆形与深黄色圆形组合。此时,就可以根据需要在整个舞台上随意移动“月牙儿”了。

10. 对齐对象

执行【窗口】→【对齐】命令,显示【对齐】面板,如图 1-4-75 所示。其中【对齐】选项区的按钮从左向右依次是左对齐、水平中齐、右对齐、上对齐、垂直中齐和底对齐。

对象对齐的操作方法如下:

(1) 首先选择舞台上两个或两个以上的对象(这些对象可处于不同图层)。

(2) 在对齐面板上单击相应的对齐按钮。

图 1-4-77 所示的是执行各项对齐命令后对象的排列情况,对象的初始位置如图 1-4-76 所示。

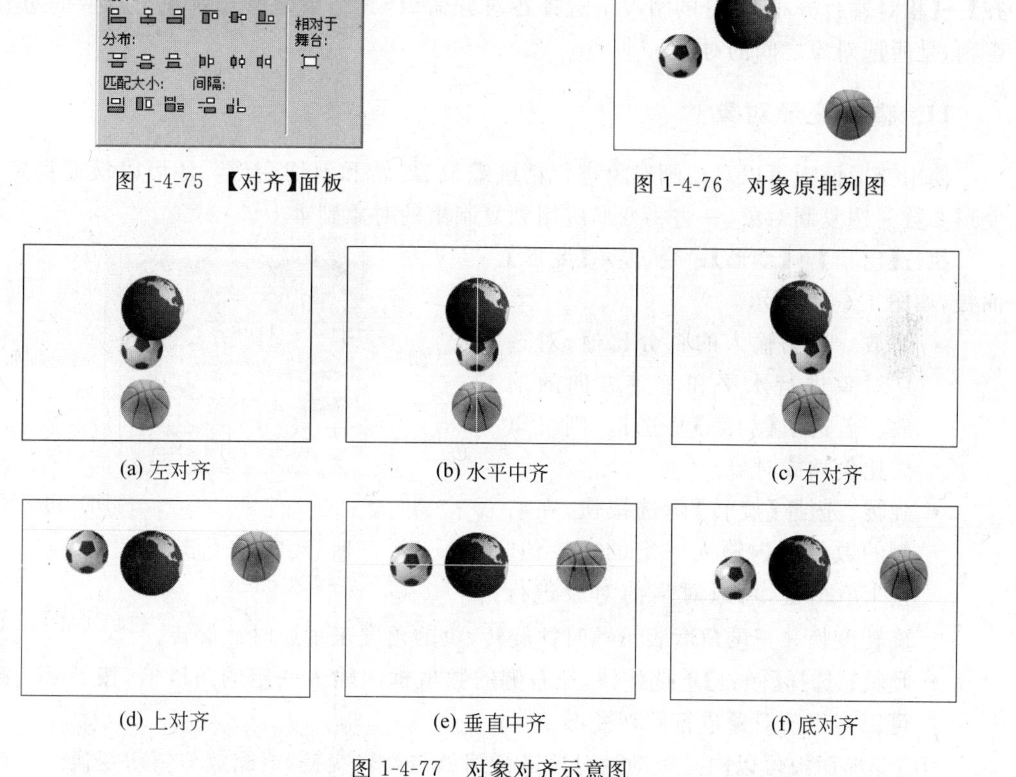

图 1-4-75 【对齐】面板

图 1-4-76 对象原排列图

(a) 左对齐 (b) 水平中齐 (c) 右对齐

(d) 上对齐 (e) 垂直中齐 (f) 底对齐

图 1-4-77 对象对齐示意图

在对齐对象前,若事先选择对齐面板上的【相对于舞台】按钮(按钮反白显示),再单击上述各对齐按钮,则结果是所选各对象(可以是一个)分别相对于舞台的对齐,如图 1-4-78 所示(对象的初始排列如图 1-4-76 所示,图中的方框表示舞台)。

也可以执行【修改】→【对齐】命令下相应的子命令对齐对象。在执行【修改】→【对

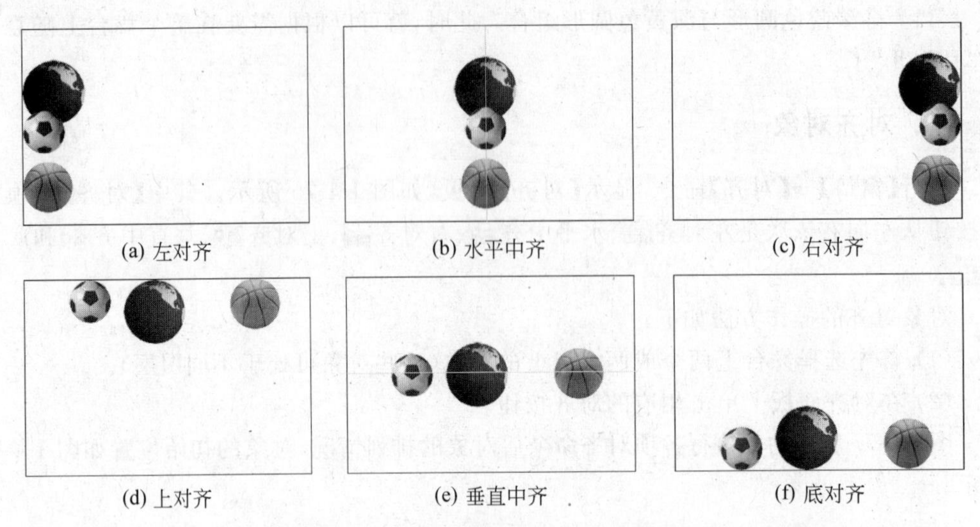

图 1-4-78　对象与舞台的对齐示意图

齐】→【相对舞台分布】命令的情况下选择各对齐命令，其结果是所选对象与舞台的对齐；否则，是所选对象之间的对齐。

11. 精确变形对象

使用变形面板可以对动画对象进行精确缩放、旋转和斜切变形。还可以根据特定的变形参数一边复制对象，一边将变形应用到复制出的对象副本上。

执行【窗口】→【变形】命令，显示【变形】面板，如图 1-4-79 所示。

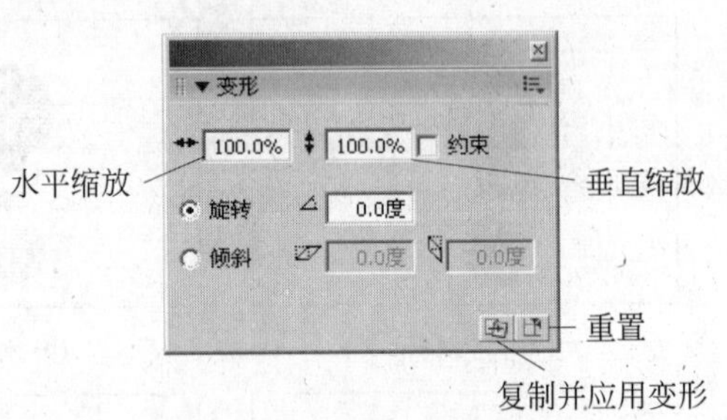

图 1-4-79　【变形】面板

- 缩放：根据输入的百分比值，对选定对象进行水平和垂直方向的缩放。若选中【约束】复选框，则可以成比例缩放对象。
- 旋转：选择【旋转】单选按钮，在右侧的数值框内输入一定的角度值，按 Enter 键，可以对当前对象进行旋转变换。正的角度表示顺时针旋转，负的角度表示逆时针旋转。
- 倾斜：选择【倾斜】单选按钮，在右侧的数值框内输入一定的角度值，按 Enter 键，可以对当前对象进行斜切变形。

利用变形面板可以同时对动画对象进行缩放与旋转变换，或缩放与斜切变换。

例 4.5　利用【变形】面板制作美丽图案。

(1) 新建空白文档。设置舞台背景色为黑色，其他属性保持默认。

(2) 使用椭圆工具在舞台中央绘制一个宽度 60 像素、高度 240 像素的椭圆。

(3) 将椭圆的边框和内部填充都设置为蓝色(＃019BF8)。其中内部填色的透明度为 50％，如图 1-4-80 所示。

(4) 使用选择工具双击椭圆内部将椭圆全部选中，执行【修改】→【组合】命令，将椭圆组合，如图 1-4-81 所示。

(5) 显示【变形】面板，选择【旋转】单选按钮，在右侧角度数值框内输入 12，如图 1-4-82 所示。

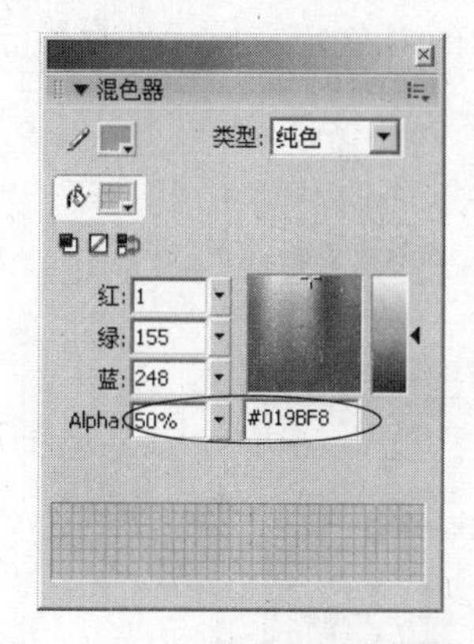

图 1-4-80　设置填充色与透明度

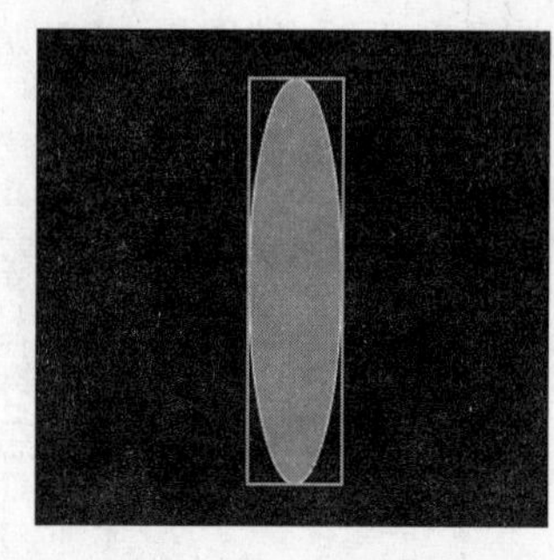

图 1-4-81　组合椭圆

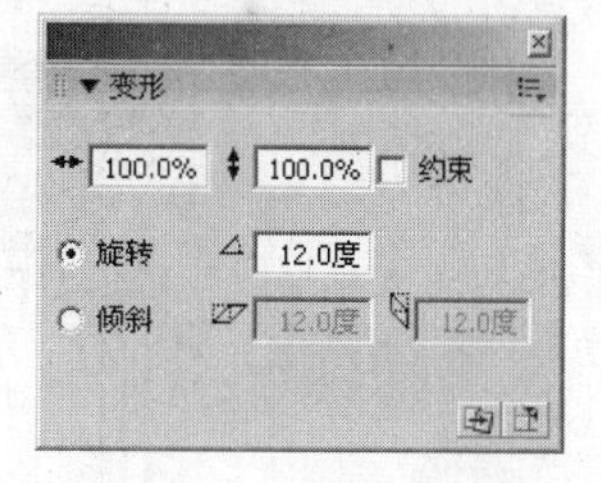

图 1-4-82　设置变形参数

(6) 单击变形面板上的【复制并应用变形】按钮，复制并旋转椭圆。这样一直单击操作下去，如图 1-4-83 所示。总共进行 14 次，最终效果如图 1-4-84 所示。

图 1-4-83　连续旋转和复制椭圆

图 1-4-84　最终效果

提示：旋转复制是【变形】面板的拿手好戏，在实际中应用很广。比如，在使用 Flash 制作如图 1-4-85 所示的扇子(扇面与扇骨的大量复制)时，【变形】面板的【复制并应用变形】按钮无疑起到了类似的关键作用。

图 1-4-85　展开的折扇

12. 库资源的利用

1）库资源的使用

每个 Flash 源文件都有自己的库，其中存放着元件以及从外部导入的图形图像、声音、视频等各类可重复使用的资源。将动画中需要多次使用的对象定义成元件存放于库中，可以有效地减小文件的大小。

执行【窗口】→【库】命令，打开库面板，如图 1-4-86 所示。

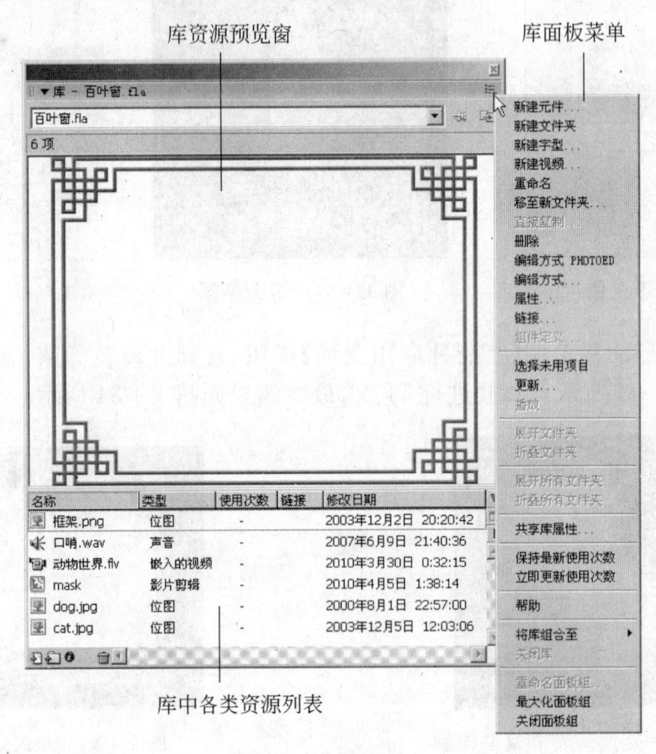

图 1-4-86 【库】面板

(1) 使用库资源：在库资源列表中单击选择某个资源（蓝色显示），从库资源预览窗中可以预览该资源。如果要在动画中使用该资源，可将该资源从库资源列表或库资源预览窗中直接拖曳到舞台上。

(2) 重命名库资源：在库资源列表区右击需要重命名的库资源，在弹出的快捷菜单中选择【重命名】命令，或选择库面板菜单中的【重命名】命令，可以更改当前库资源的名称。

(3) 删除库资源：在库资源列表区右击要删除的库资源，在弹出的快捷菜单中选择【删除】命令，或选择库面板菜单中的【删除】命令，可以将资源删除。

2）公用库资源的使用

公用库是 Flash 自带的、在任何 Flash 源文件中都能够使用的库。Flash 8.0 的公用库有 3 个，分别是【学习交互】库、【按钮】库和【类】库。

执行【窗口】→【公用库】下的【学习交互】、【按钮】和【类】子命令，可分别打开上述3类公用库。

3）外部库资源的使用

在Flash 8.0的当前源文件窗口可以打开其他源文件的库（外部库），并将其中的资源用于当前文件中。操作方法如下：

执行【文件】→【导入】→【打开外部库】命令，弹出【作为库打开】对话框，如图1-4-87所示。选择某个fla文件，单击【打开】按钮，该fla文件的库面板即可显示在当前文档窗口中。

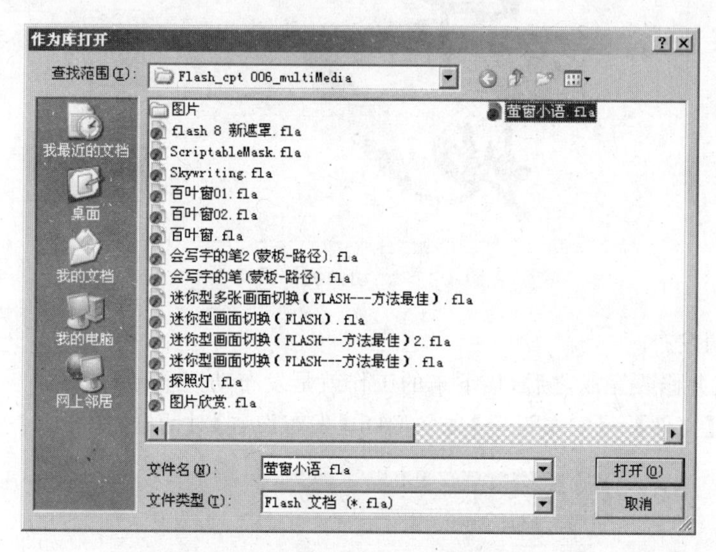

图1-4-87 【作为库打开】对话框

外部库中的资源可以使用，但不允许编辑。外部库资源列表窗中的背景色为灰色。

13. 动画的测试与发布

1）动画的测试

Flash动画的创作过程一般是边制作，边测试，边修改；再制作，再测试，再修改，直至满意为止；最后发布动画作品。整个过程虽然艰辛，但也是一个逐渐满足个人艺术享受的过程。

在Flash动画文档编辑窗口中直接按Enter键，可以从当前帧开始播放动画，直至运行到动画的最后一帧结束。按这种方式进行测试，舞台上元件实例的动画效果是无法演示的。

比较常用的测试方法是，执行【控制】→【测试影片】命令，或者按Ctrl+Enter键，打开如图1-4-88所示的播放窗口，演示动画效果。同时将当前动画导出为SWF文件，保存在动画源文件（fla文件）存储的位置（该SWF文件与动画源文件的主名相同）。

此时，如果发现动画中存在问题，可关闭测试窗口，回到源文件编辑窗口对动画进行修改。如此循环反复，直到满意为止。

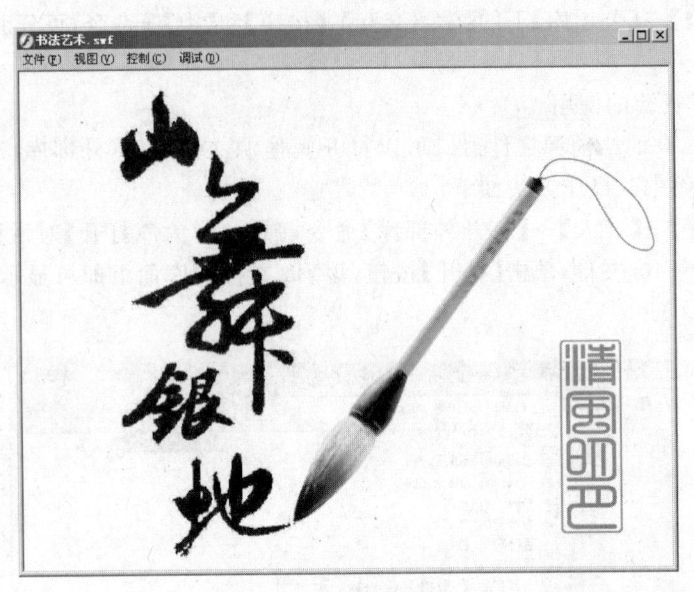

图 1-4-88　动画测试窗口

2）动画的发布

动画测试并修改完成之后，接下来的工作就是发布动画电影。

(1) 执行【文件】→【发布设置】命令，弹出【发布设置】对话框，如图 1-4-89 所示。

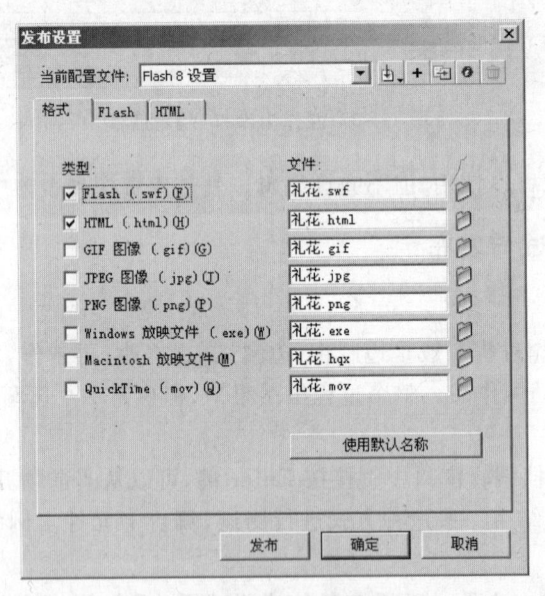

图 1-4-89　【发布设置】对话框

(2) 在对话框的【格式】选项卡中选择动画的发布类型，并输入相应的文件名。必要时可单击对应类型右侧的按钮，选择所发布文件的存储位置。在默认设置下，所发布的任何类型文件的主名就是已存储的 Flash 源文件的主名，且发布位置也与 Flash 源文件的存储位置相同。

(3) 单击【发布】按钮，以设定的类型、文件名和发布位置发布动画。单击【确定】按钮，关闭对话框。

以下简单介绍 Flash 动画中几种常用的发布类型：

- Flash(.swf)：该格式是 Flash 动画电影的主要发布格式，唯一支持所有 Flash 交互功能。选择该类型后，可以继续在【发布设置】对话框的 Flash 选项卡中为 SWF 电影设置【发布版本】、【防止导入】和【ActionScript 版本】等属性。所谓的“防止导入”，就是禁止他人在 Flash 中执行【文件】→【导入】命令将该 SWF 文件导入或附加导入条件。一旦勾选了【防止导入】复选框，可在下面的【密码】文本框中输入密码。这样，当在 Flash 中导入该影片时，要输入正确的密码才能将该影片导入。
- HTML(.html)：可发布包含 SWF 影片的 HTML 网页文件。选择该类型后，可以继续在【发布设置】对话框的 HTML 选项卡中进一步设置 SWF 电影在网页中的尺寸大小、画面品质、窗口模式(如有无窗口、背景是否透明)等属性。
- Windows 放映文件(.exe)：该格式可以直接在 Windows 系统中播放，无须安装 Macromedia Flash Player 软件。

4.2.5 使用 Flash 8.0 制作基本动画

使用 Flash 可以制作如下类型的动画：逐帧动画、补间动画、蒙版动画和交互式动画，补间(Tween)动画又分为运动(Motion)补间动画与形状(Shape)补间动画。下面仅介绍逐帧动画和补间动画的基本概念和制作方法。

- 逐帧动画：动画的每个帧都要由制作者手动完成，这些帧称为关键帧。
- 补间动画：制作者只完成动画过程中首尾两个关键帧的制作，关键帧之间的过渡帧由计算机自动计算完成。
- 运动补间动画：在某一关键帧中设置对象的位置、大小、角度、颜色等属性，然后在另一关键帧中改变这些属性，最后由 Flash 完成这些属性的过渡。
- 形状补间动画：在某一关键帧中绘制矢量对象，然后在另一关键帧中修改该矢量对象，或重新绘制其他矢量对象，并由 Flash 自动插入中间的各变形帧，形成变形效果。

以下通过一些典型的实例来学习上述基本动画的制作方法。

1. 逐帧动画的制作

在逐帧动画中，关键帧中的对象可以使用 Flash 的绘图工具绘制完成，也可以通过将外部的图形图像素材导入获取。

例 4.6 制作内容载入动画，动画最终效果参照“实验素材\第 4 章\下载.swf”。

(1) 启动 Flash 8.0 软件，新建空白文档。

(2) 执行【修改】→【文档】命令，将舞台设置为 300×150 像素，其他属性采用默认值。

(3) 执行【视图】→【缩放比率】→【显示帧】命令，调整舞台显示大小，以方便后面动画的制作。

(4) 在工具箱中选择文字工具，在【属性】面板中设置文字属性：静态文本、字体为 Academy Engraved LET、字号为 44、黑色、字符间距为 9。在舞台上创建文本“Loading...”。

(5) 利用对齐面板将文本对齐到舞台的中央位置。至此，【图层 1】层的第一个关键帧制作完毕，如图 1-4-90 所示。

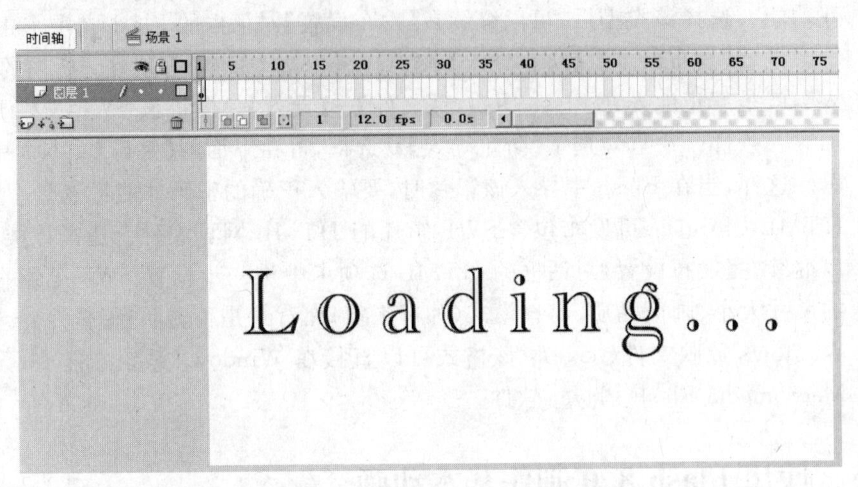

图 1-4-90　编辑完成第一个关键帧

(6) 确保文本对象“Loading...”处于选择状态。执行【修改】→【分离】命令或按 Ctrl+B 键，把文本对象分离成各自独立的单个字符，如图 1-4-91 所示。

图 1-4-91　分离文本一次

(7) 在时间轴面板上单击选择【图层 1】层的第 2 帧，再在按住 Shift 键的同时单击第 10 帧，选择2～10 间的所有帧，如图 1-4-92 左图所示。在选中的帧上右击，在弹出的快捷菜单中选择【转换为关键帧】命令，则所有选中的帧全部转变成关键帧，如图 1-4-92 右图所示。每个关键帧中的内容都和第 1 帧相同。

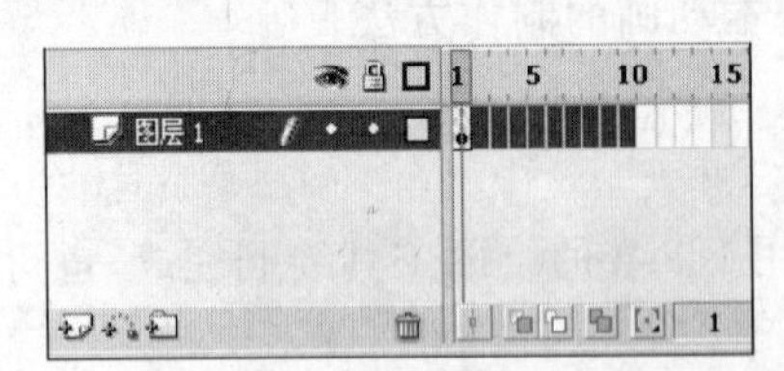

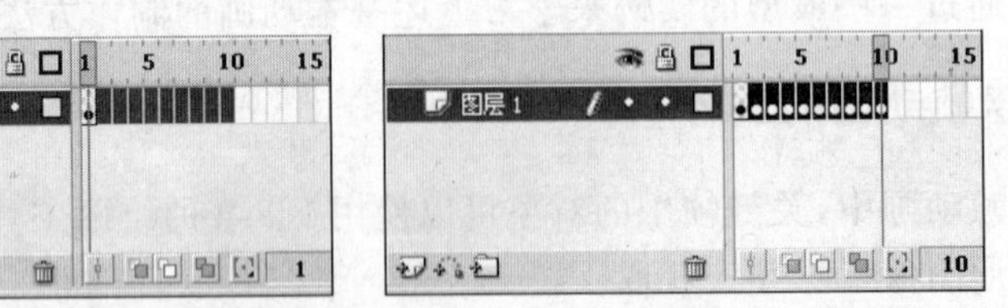

图 1-4-92　将第 2～10 帧全部转变成关键帧

提示：在时间轴上插入一个关键帧或将时间轴上的某帧转换成关键帧后，该关键帧的内容与前面相邻关键帧的内容完全相同。在步骤(7)中，也可以首先在第 2 帧上右击，在弹出的快捷菜单中选择【插入关键帧】命令，将第 2 帧转换成关键帧；接着在第 3 帧～第

10 帧上执行同样的操作。

(8) 单击选择【图层 1】层的第一个关键帧。在舞台上的空白处单击或按 Esc 键,取消所有字符的选择状态。使用选择工具框选后面的 9 个字符,按 Delete 键将其删除。此时第 1 帧的舞台上只剩下字符 L,如图 1-4-93 所示。

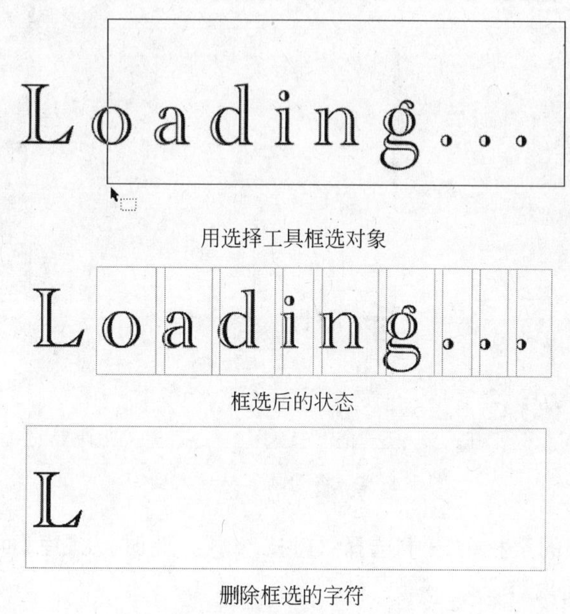

图 1-4-93　编辑第一个关键帧

提示:单击选择某一帧时,该帧的舞台上所有未锁定的对象都将被选中。

(9) 单击选中第二个关键帧,按类似的方法在舞台上删除后面的 8 个字符,只保留前两个字符 Lo。

(10) 单击选中第三个关键帧,在舞台上只保留前 3 个字符 Loa,其余删除。

(11) 依此类推,最后选中第九个关键帧,只删除舞台上的最后一个字符。

(12) 第十个关键帧舞台上的文本内容保持不变。

(13) 执行【文件】→【另存为】命令,将动画源文件保存为"下载. fla"。

(14) 执行【控制】→【测试影片】命令,观看动画效果。同时,Flash 将在保存"下载. fla"文件的位置输出电影"下载. swf"。

(15) 关闭 Flash 源文件"下载. fla"。

例 4.7　制作一只蝴蝶停在树枝上扇动翅膀的动画效果。动画中用到的素材位于"实验素材\第 4 章"目录下,文件名分别是"树枝. gif"、"蝴蝶组件 1. png"、"蝴蝶组件 2. png"和"蝴蝶组件 3. png"。动画最终效果请参照同一目录下的"扇动翅膀的蝴蝶. swf"。

(1) 新建一个空白文档,文档属性采用默认值。

(2) 执行【文件】→【导入】→【导入到库】命令,将"实验素材\第 4 章"目录下的"树枝. gif"、"蝴蝶组件 1. png"、"蝴蝶组件 2. png"和"蝴蝶组件 3. png" 导入到【库】面板中。

(3) 执行【窗口】→【库】命令,显示【库】面板,如图 1-4-94 所示。

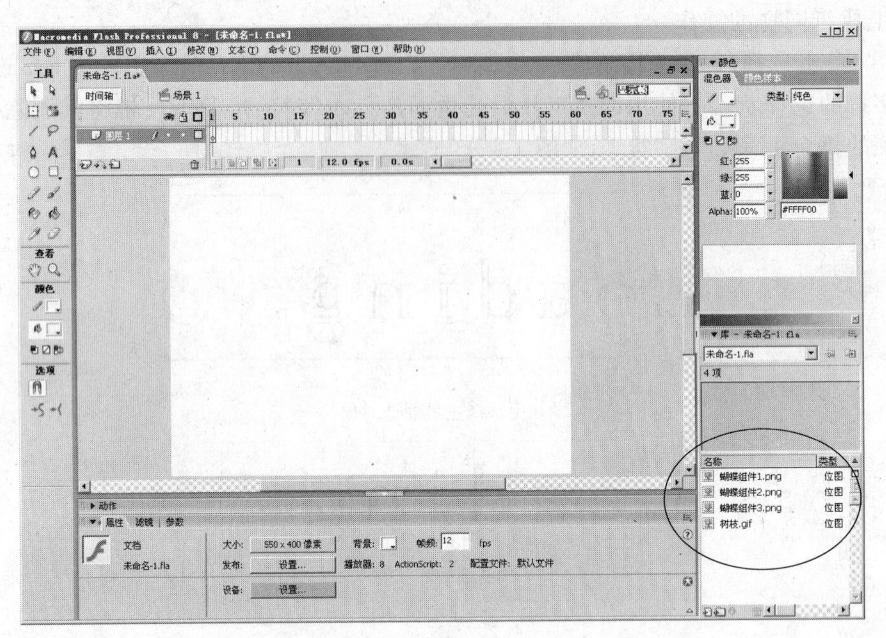

图 1-4-94　将动画素材导入到库

（4）在【库】面板的素材列表中选择“树枝.gif”。此时，从【库】面板的预览窗中可以预览到该位图的画面内容。

（5）在素材列表中的“树枝.gif”上或预览窗中开始，拖曳鼠标，将素材拖曳到舞台上，如图 1-4-95 所示。

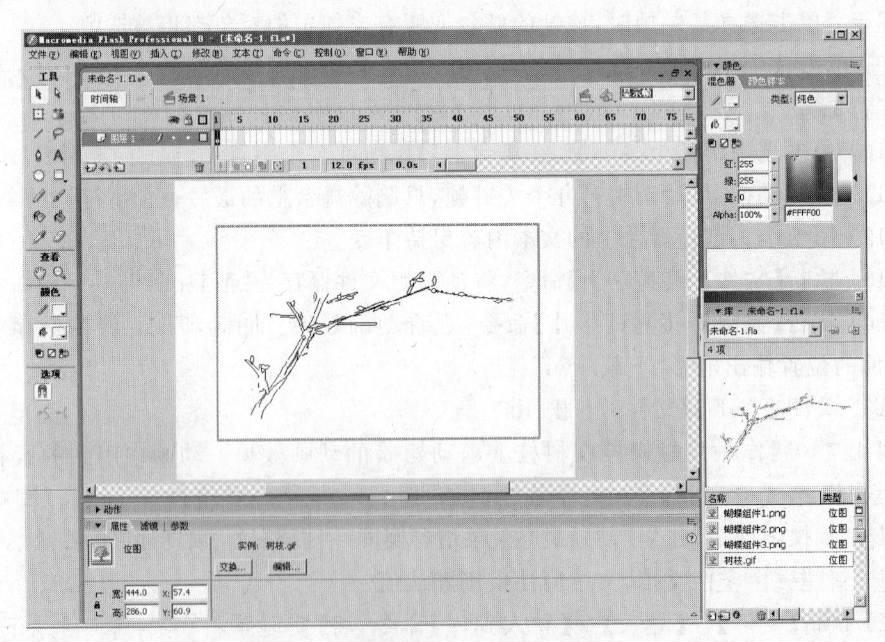

图 1-4-95　将“树枝.gif”拖曳到舞台中

(6) 在【图层 1】层的时间轴的第 2 帧上右击，从弹出的快捷菜单中选择【插入帧】命令，将“树枝.gif”画面延续到第 2 帧。

提示：在时间轴的某一帧上插入普通帧之后，与该帧相邻的前一个关键帧的画面将一直延续到该帧。也就是说，插入的帧和前面相邻关键帧之间的所有帧的内容都与前面相邻关键帧的内容相同。

(7) 锁定【图层 1】层，新建【图层 2】层。

(8) 将【库】中的“蝴蝶组件 3.png”拖曳到舞台上如图 1-4-96 所示的位置。

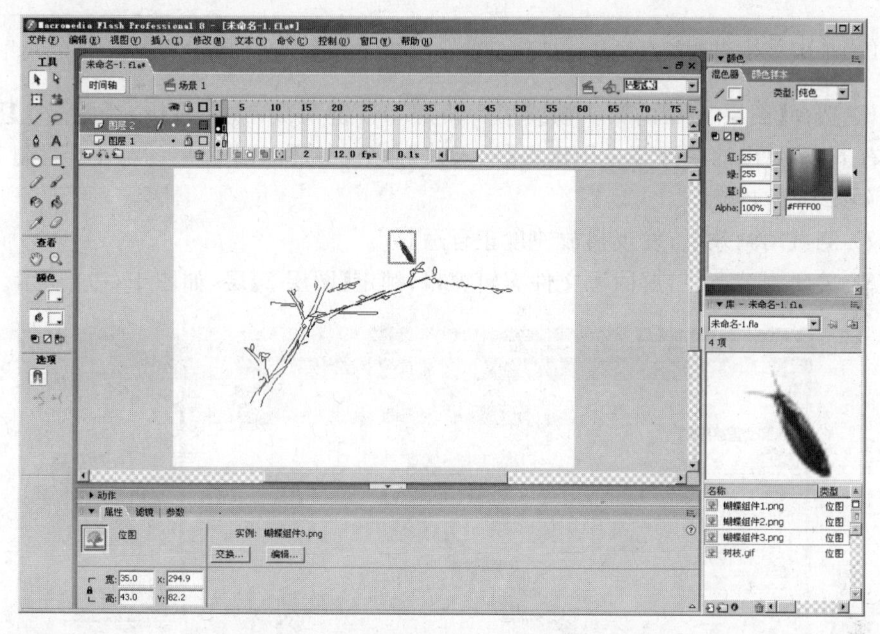

图 1-4-96 将“蝴蝶组件 3.png”拖曳到舞台中

(9) 执行【修改】→【排列】→【锁定】命令，将“蝴蝶组件 3.png”锁定在舞台上。

(10) 在【图层 2】层的第 2 帧上右击，从弹出的快捷菜单中选择【插入关键帧】或【转换为关键帧】命令，将第 2 帧转换为关键帧。

(11) 选择【图层 2】层的第 1 帧，将【库】面板中的“蝴蝶组件 1.png”素材拖曳到舞台上。调整其位置，并使用自由变形工具沿顺时针方向适当调整其角度，使“蝴蝶组件 1.png”与“蝴蝶组件 3.png”对齐，如图 1-4-97 所示。

(12) 选择【图层 2】层的第 2 帧，将【库】面板中的“蝴蝶组件 2.png”素材拖曳到舞台上。按同样的方法调整其位置和角度，使之与“蝴蝶组件 3.png”对齐，如图 1-4-98 所示。

(13) 执行【控制】→【测试影片】命令，观看动画效果。此时会发现动画速度太快。

(14) 关闭影片测试窗口，返回源文件编辑窗口。

(15) 分别在【图层 2】层的第 1 帧和第 2 帧上右击，从弹出的快捷菜单中选择【插入帧】命令。这样可以在第 1 帧和第 2 帧的后面分别增加一个普通帧，以延缓关键帧画面的滞留时间。

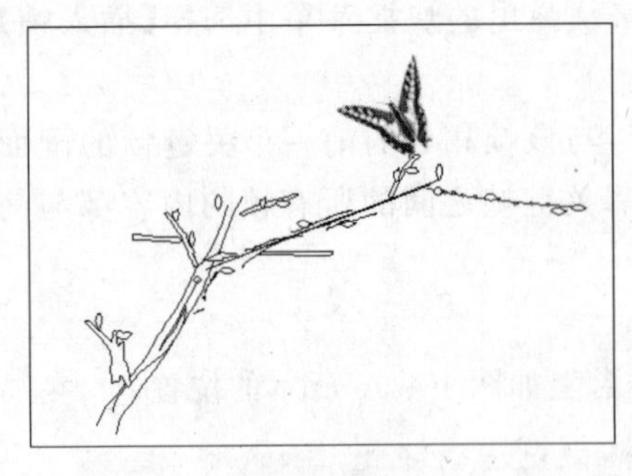

图 1-4-97　对齐“蝴蝶组件 1.png”

图 1-4-98　对齐“蝴蝶组件 2.png”

(16) 选择【图层 1】层的第 1 帧或第 2 帧，按 F5 键两次；或者直接在【图层 1】层的第 4 帧上右击，从弹出的快捷菜单中选择【插入帧】命令。将【图层 1】层的第 1 个关键帧的画面一直延续到第 4 帧。

(17) 测试动画效果，发现播放速度正合适。

(18) 关闭测试窗口，返回源文件编辑窗口，锁定【图层 2】层，如图 1-4-99 所示。

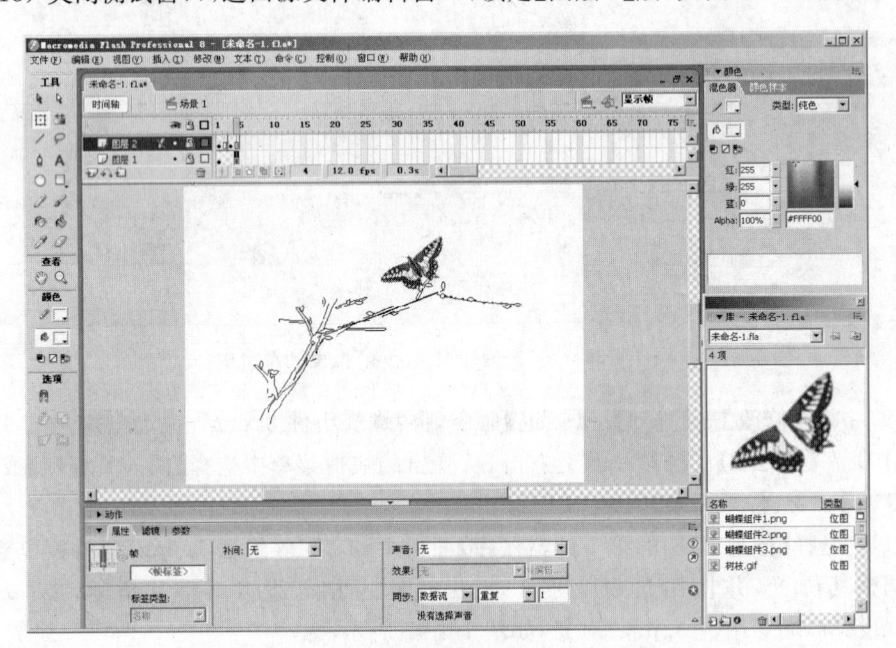

图 1-4-99　动画制作完成并锁定所有图层

(19) 保存 FLA 源文件，并发布 SWF 电影。

2. 形状补间动画的制作

在 Flash 中，能够用于形状补间动画的对象有：使用 Flash 的绘图工具绘制的矢量图形，完全分离的组合、元件实例、文本对象和位图等。在形状补间动画中，能够产生过渡的对象属性有形状、位置、大小、颜色、透明度等。

例 4.8　制作水果变形动画。最终效果参考“实验素材\第 4 章\水果变形.swf”。

(1) 在 Flash 8.0 软件中新建空白文档。文档属性采用默认值。

(2) 在工具箱上选择椭圆工具，将笔触色设置为无色，填充色设置为由白色到黑色的放射状渐变，如图 1-4-100 所示。

(3) 在【混色器】面板上修改填充色，将黑色换成绿色（＃54A014），如图 1-4-101 所示。

(4) 按住 Shift 键的同时使用椭圆工具在舞台上绘制一个正圆形，如图 1-4-102 所示。在工具箱上选择颜料桶工具（工具箱底部的选项栏不选【锁定填充】按钮），在圆形的左上角单击重新填色，以改变渐变的中心，如图 1-4-103 所示。至此【图层 1】层的第一个关键帧编辑完成。

图 1-4-100 选择填充模式

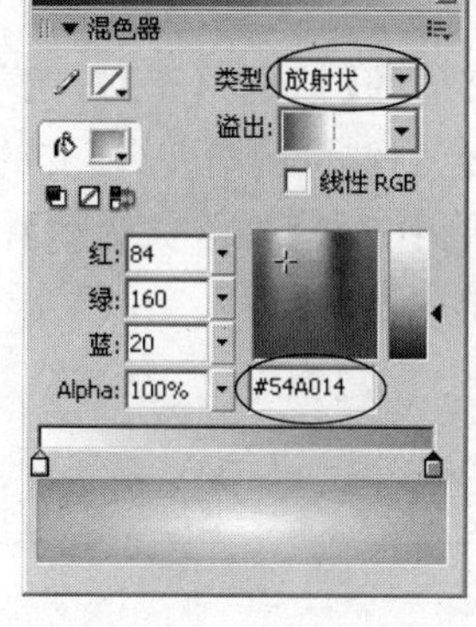
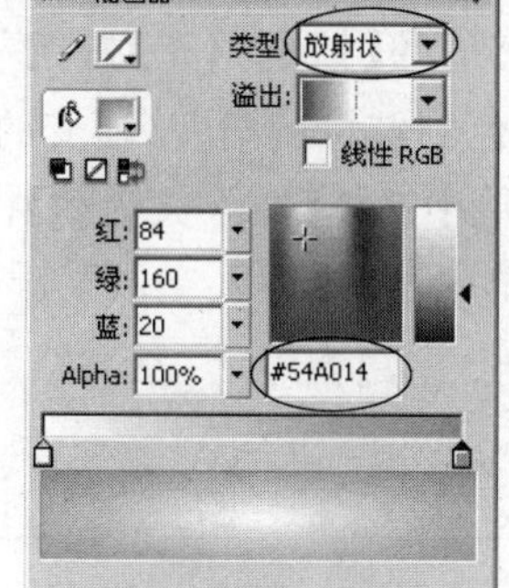

图 1-4-101 编辑渐变色

图 1-4-102 绘制圆形

图 1-4-103 修改渐变中心

(5) 分别在【图层 1】层的第 5 帧和第 20 帧上右击，从弹出的快捷菜单中选择【插入关键帧】命令，如图 1-4-104 所示。

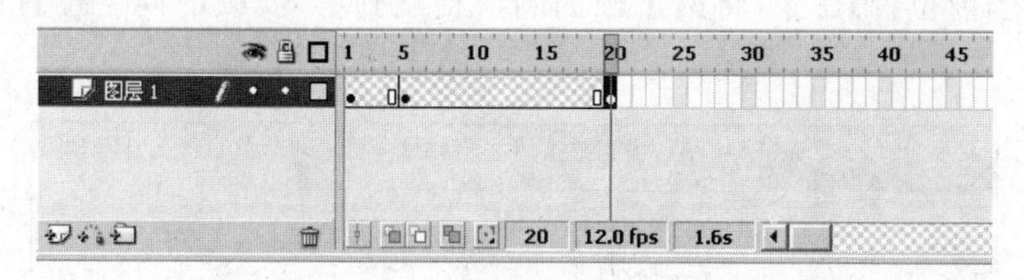

图 1-4-104 在第 5 帧和第 20 帧分别插入关键帧

(6) 选择第 20 帧，按 Esc 键取消对象的选择。

(7) 在工具箱上选择选择工具，将鼠标指针移到圆形的边框线的顶部（此时，光标旁出现一条弧线），按住 Ctrl 键不放向下拖曳鼠标，改变圆形局部的形状，如图 1-4-105 所示。

(8) 同理，按住 Ctrl 键的同时在圆形底部的边框线上向下拖曳鼠标，改变圆形底部的形状，如图 1-4-106 所示。

(9) 在【混色器】面板上修改渐变填充的颜色，将原来的绿色（＃54A014）换成红色（＃FA3810），如图 1-4-107 所示。

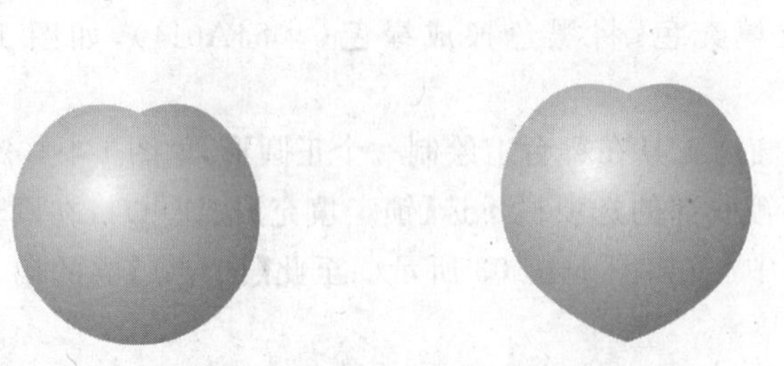

图 1-4-105　修改圆形顶部的形状　图 1-4-106　修改圆形底部的形状　图 1-4-107　修改渐变填充色

(10) 选择颜料桶工具(不选择工具箱底部的【锁定填充】按钮)，在“桃子”图形左上角的渐变中心单击，将填充色修改成由白色到红色的渐变(渐变的中心大致不变)。

(11) 在第 25 帧右击，从弹出的快捷菜单中选择【插入关键帧】命令。

(12) 在第 40 帧右击，从弹出的快捷菜单中选择【插入空白关键帧】命令，如图 1-4-108 所示。

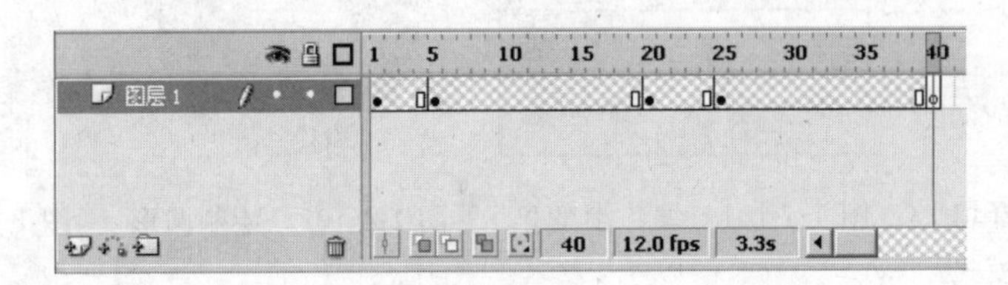

图 1-4-108　在第 40 帧插入空白关键帧

(13) 选中第 1 帧，按 Ctrl+C 键拷贝该帧舞台上的图形。再选中第 40 帧，执行【编辑】→【粘贴到当前位置】命令，将第 1 帧的圆形粘贴到第 40 帧的同一位置，如图 1-4-109 所示。

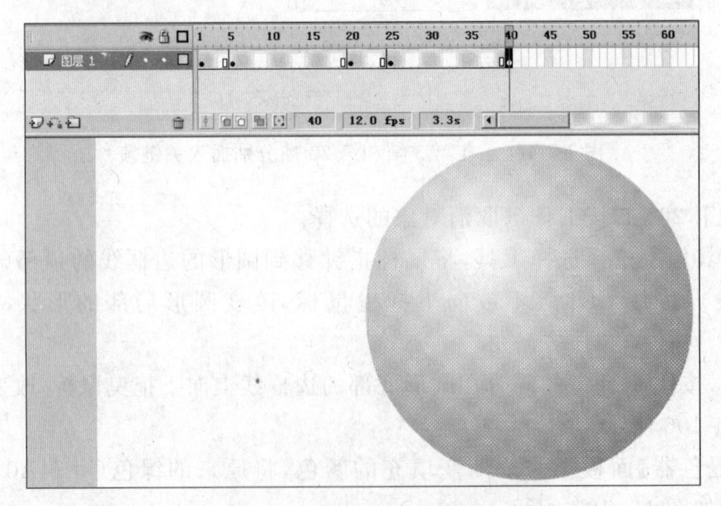

图 1-4-109　原位置复制图形

(14) 选中第 5 帧，从属性面板的【补间】下拉列表框中选择【形状】选项。这样就在第 5 帧和第 20 帧之间创建了一段形状补间动画。对第 25 帧进行同样的操作，如图 1-4-110 所示。

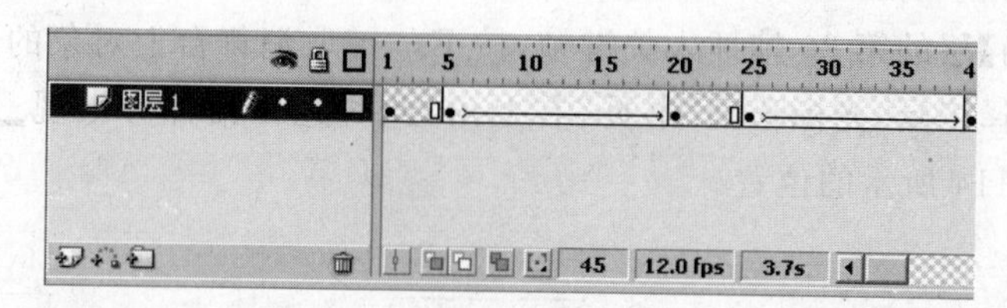

图 1-4-110　在第 5 帧和第 25 帧分别插入形状补间动画

(15) 测试动画效果。锁定【图层 1】层。保存 FLA 源文件，并发布 SWF 电影。

提示：形状补间动画创建成功后，关键帧之间由实线箭头连接，且关键帧之间的所有过渡帧显示为浅绿色。

例 4.9　打开素材文件“实验素材\第 4 章\翻页(资料).fla”。利用库中提供的资源和声音文件“实验素材\第 4 章\风.wav”制作一段动画：一阵风吹过来，书页轻轻翻起；风过后，书页又缓慢地落下。最终效果参考“实验素材\第 4 章\翻页.swf”。

(1) 打开素材文件“实验素材\第 4 章\翻页(资料).fla”。执行【窗口】→【库】命令，显示【库】面板。

(2) 将【图层 1】层更名为“背景”。

(3) 将库中素材“静止书本”拖曳到舞台上如图 1-4-111 所示的位置。然后在第 80 帧插入帧，并锁定【背景】层。

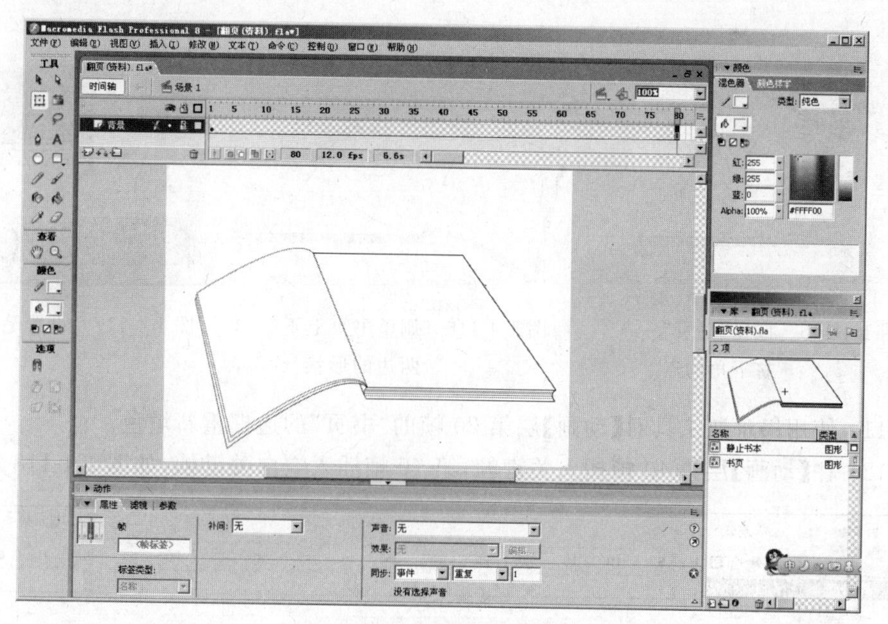

图 1-4-111　编辑【背景】层

(4) 新建图层，命名为“动画”。将库中项目“书页”拖曳到【动画】层第 1 帧的舞台上，如图 1-4-112 所示。

(5) 调整“书页”的位置,使之与【背景】层书本的右页面对齐。执行【修改】→【分离】命令,将“书页”分离,如图 1-4-113 所示。

(6) 在【动画】层的第 20 帧插入关键帧,按 Esc 键取消舞台上对象的选择状态。

(7) 选择选择工具,光标移到“书页”右上角,此时光标指针旁出现⌙形状,将该节点拖曳到如图 1-4-114 所示的位置。

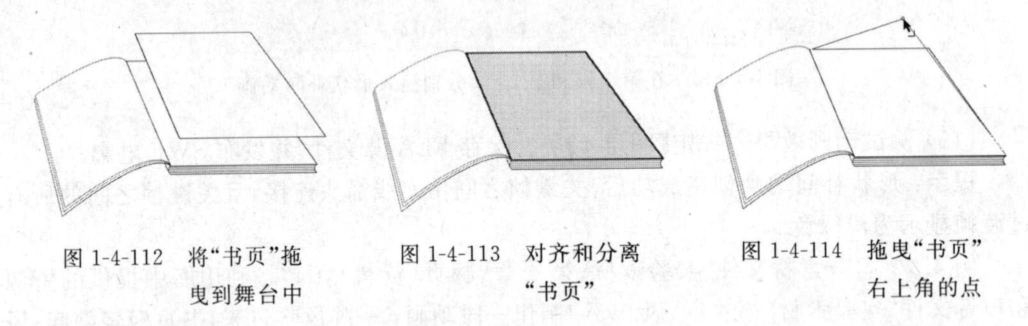

图 1-4-112 将“书页”拖曳到舞台中　　图 1-4-113 对齐和分离“书页”　　图 1-4-114 拖曳“书页”右上角的点

(8) 同理,将“书页”右下角的节点拖曳到如图 1-4-115 所示的位置。

(9) 使用选择工具将“书页”的上下两条边调整成如图 1-4-116 所示的形状。

(10) 使用【混色器】面板将笔触色设置为黑色,透明度(即 Alpha 值)设置为 50%,如图 1-4-117 所示。

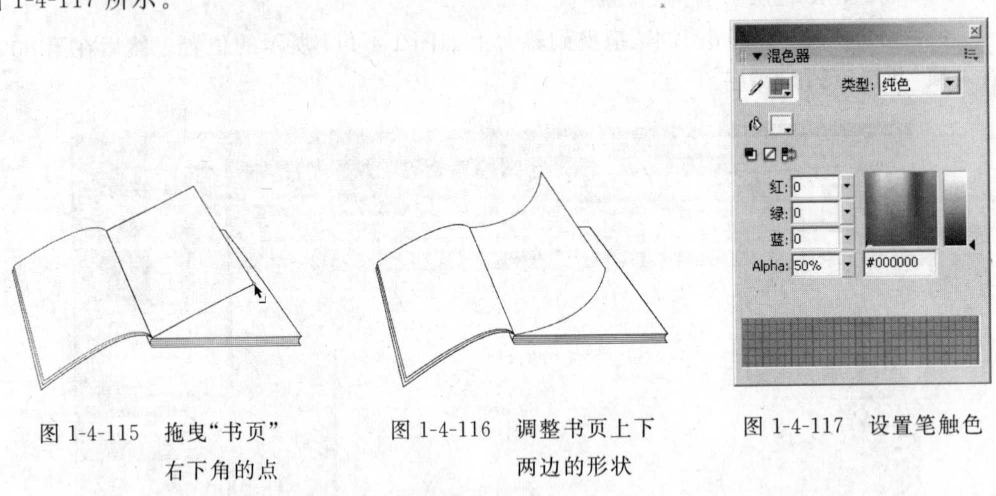

图 1-4-115 拖曳“书页”右下角的点　　图 1-4-116 调整书页上下两边的形状　　图 1-4-117 设置笔触色

(11) 使用墨水瓶工具对【动画】层第 20 帧的“书页”的边框重新填色。

(12) 在【动画】层第 40 帧插入关键帧,第 70 帧插入空白关键帧,如图 1-4-118 所示。

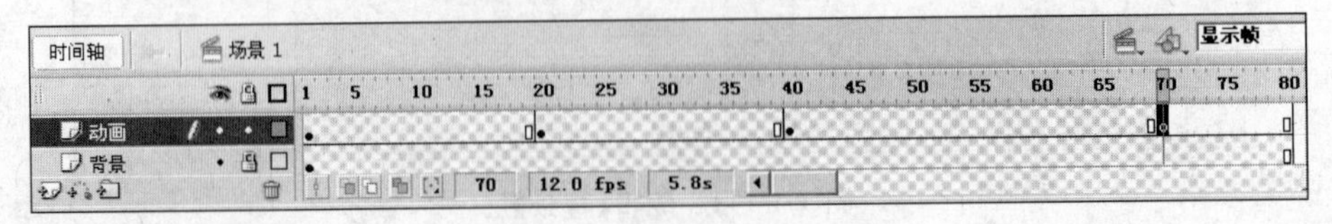

图 1-4-118 第 40 帧插入关键帧并在第 70 帧插入空白关键帧

(13) 选中【动画】层的第 1 帧，按 Ctrl+C 键拷贝舞台上的图形。选中第 70 帧，执行【编辑】→【粘贴到当前位置】命令，将复制的图形粘贴到第 70 帧舞台上的同一位置。

(14) 利用【属性】面板在【动画】层的第 1 帧和第 40 帧分别插入形状补间动画。其中第 1 帧的【属性】面板参数设置如图 1-4-119 所示。

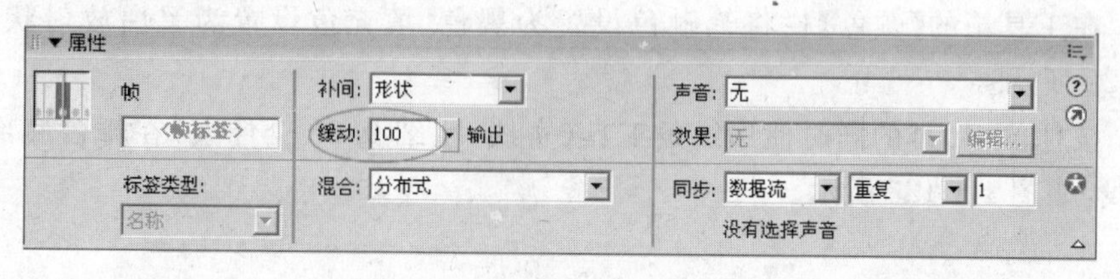

图 1-4-119　设置变形动画的属性

(15) 锁定【动画】层。

(16) 新建一个图层，命名为“声音”。

(17) 执行【文件】→【导入】→【导入到库】命令，导入音频文件“实验素材\第 4 章\风. wav”。

(18) 选择【声音】层的第一帧，设置其【属性】面板参数如图 1-4-120 所示。锁定【声音】层，此时的【时间轴】面板如图 1-4-121 所示。

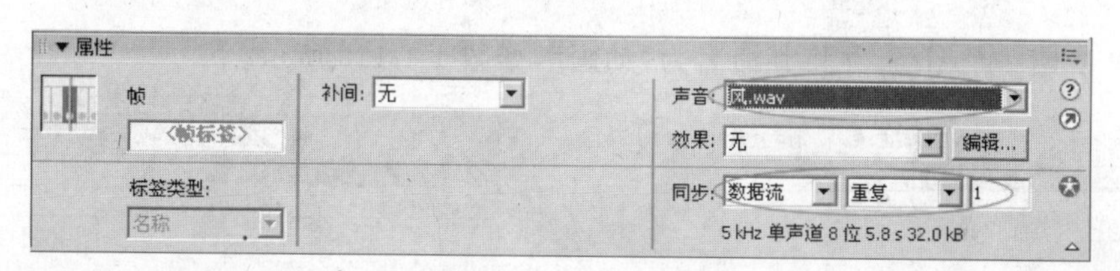

图 1-4-120　插入音效

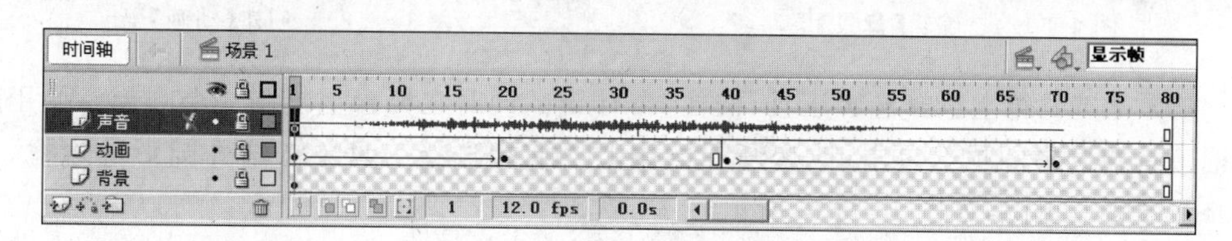

图 1-4-121　动画完成后的【时间轴】面板

(19) 测试动画效果。保存 FLA 源文件，并发布 SWF 电影。

3. 运动补间动画的制作

在 Flash 中，能够用于运动补间动画的对象有元件的实例、组合体、文本对象、导入的位图等。在运动补间动画中，能够产生过渡的对象属性有位置、大小、角度、颜色(只对实例)、透明度(只对实例)等。

例 4.10　制作一段发光球体从空中下落到地面又弹起的动画，要求如下：

- 小球的颜色为黑色，发光点的颜色为白色。

• 假设小球每次弹起的高度相同。

最终动画效果可参考“实验素材\第 4 章\跳动的小球.swf”。

(1) 新建空白文档。执行【修改】→【文档】命令，将舞台大小设置为 400×350 像素，文档的其他属性保持默认。

(2) 在工具箱的【颜色】栏将笔触色设置为黑色，填充色设置为黑白放射状渐变，如图 1-4-122 所示。

(3) 按住 Shift 键的同时使用线条工具(实线、粗细 0.25 个像素)在舞台底部绘制一条水平线，如图 1-4-123 所示。

图 1-4-122 选择填充模式

图 1-4-123 绘制底部水平线

(4) 将【图层 1】层改名为“背景”。锁定【背景】层，并在该层第 20 帧插入帧，如图 1-4-124 所示。

(5) 新建一个图层，并将其命名为“动画”，如图 1-4-125 所示。

图 1-4-124 编辑【背景】层

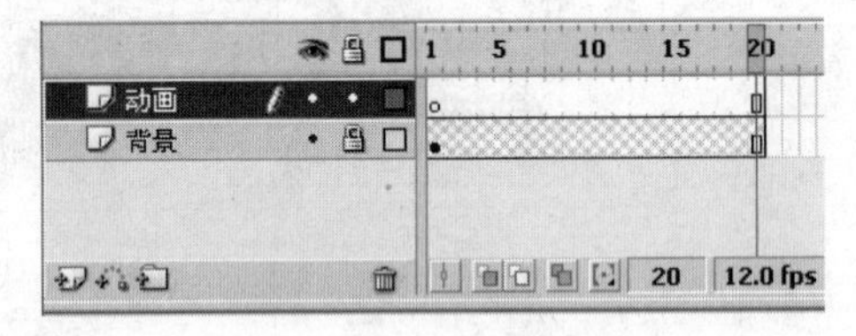

图 1-4-125 创建【动画】层

(6) 在工具箱上选择椭圆工具，按住 Shift 键的同时在舞台上绘制一个圆形。使用颜料桶工具在圆形的顶部单击，改变渐变的中心。使用选择工具单击选择圆形的边框，按 Delete 键将其删除，如图 1-4-126 所示。

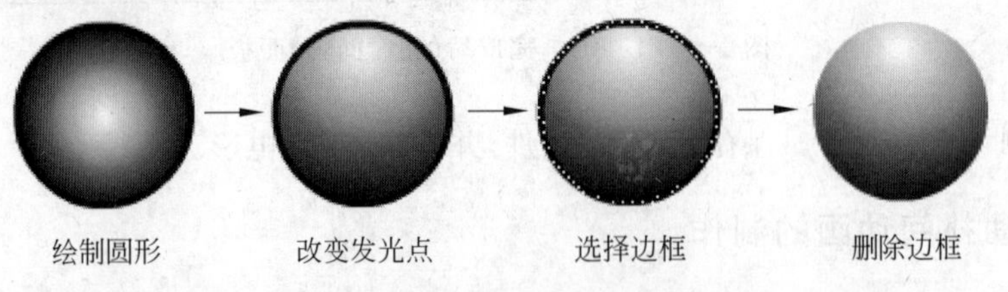

图 1-4-126 绘制发光球体

(7) 选择发光球体。执行【修改】→【组合】命令，将发光球体转换成组合体。

提示：步骤(7)的操作非常关键。使用 Flash 的绘图工具直接绘制的图形不能用于运动补间动画。只有将该类图形组合起来或者转换成元件的实例，才可用作运动补间动画的运动对象。

(8) 利用【对齐】面板将小球对齐到舞台的水平中央位置。再在按住 Shift 键的同时使用选择工具将小球沿竖直方向拖曳到舞台的顶部，如图 1-4-127 所示。

(9) 在【动画】层的第 10 帧和第 20 帧分别插入关键帧，如图 1-4-128 所示。

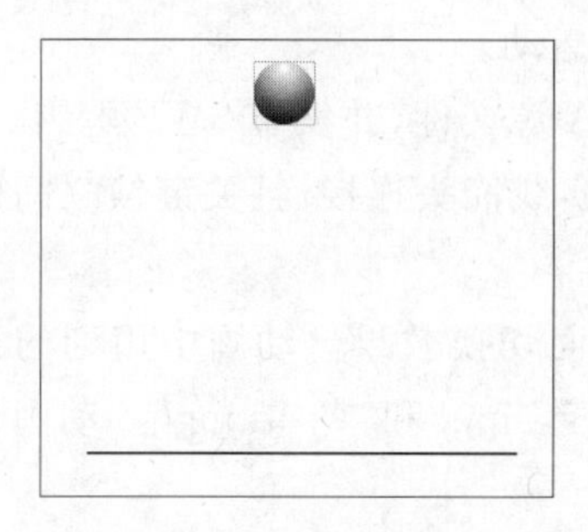

图 1-4-127　调整小球位置

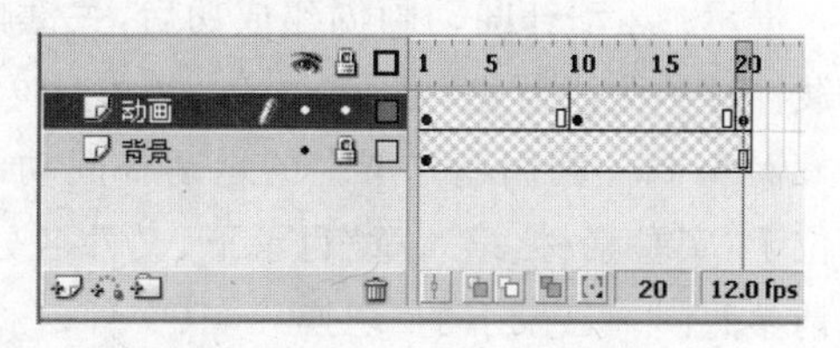

图 1-4-128　插入关键帧

(10) 选择【动画】层的第 10 帧。按住 Shift 键的同时使用选择工具将舞台上的小球竖直拖曳到水平线的上方与水平线相切的位置，如图 1-4-129 所示。

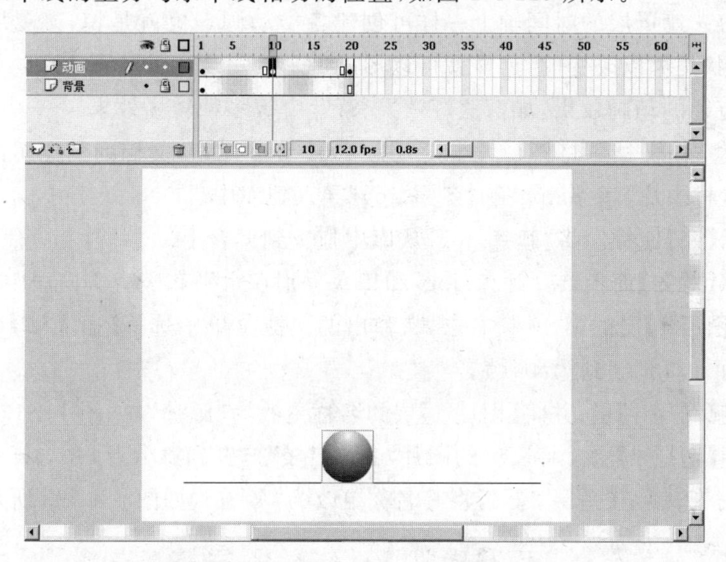

图 1-4-129　将第 10 帧的小球移到底部

(11) 在【动画】层的图层名称旁单击，选择整个【动画】层，如图 1-4-130 所示。

(12) 在【属性】面板的【补间】下拉列表中选择【动画】选项；或者在【动画】层的被选中的帧上右击，从弹出的快捷菜单中选择【创建补间动画】命令。这样就在【动画】层的所有关键帧之间插入了运动补间动画，如图 1-4-131 所示。

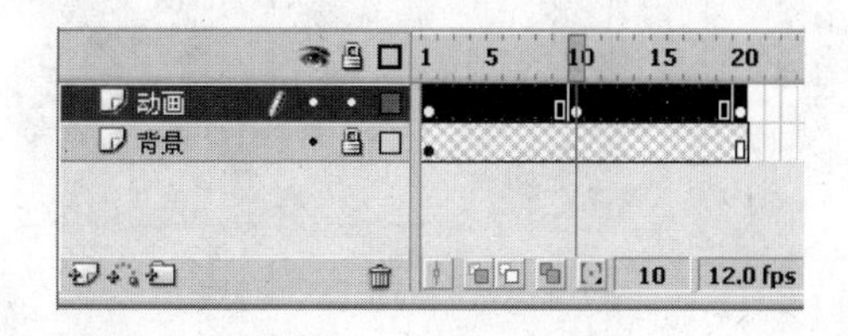

图 1-4-130　选择【动画】层

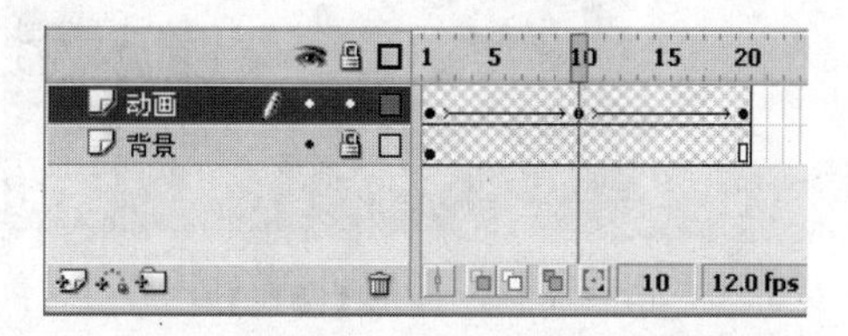

图 1-4-131　创建运动补间动画

(13) 选择【动画】层的第 1 帧，在【属性】面板中设置【缓动】值为−100。同理，设置第 10 帧的【缓动】值为 100。

提示：通过【缓动】参数可以设置运动的加速度，其绝对值越大，则速度变化越快。【缓动】值为正时，表示减速运动；值为负时，表示加速运动。

(14) 锁定【动画】层，并测试动画效果。保存 FLA 源文件，并发布 SWF 电影。

提示：运动补间动画创建成功后，关键帧之间由实线箭头连接，且关键帧之间的所有过渡帧显示为浅蓝色。

例 4.11 利用遮罩层上的运动补间动画制作画面切换效果。动画中用到的素材图片位于"实验素材\第 4 章"目录下，文件名分别是"睡莲.jpg"和"冬雪.jpg"。动画最终效果请参照同一目录下的"切换.swf"文件。

提示：遮罩层是 Flash 中的特殊图层之一。遮罩层用于控制紧挨在它下面的被遮罩层上画面的显示区域。更确切地说，遮罩层上的填充区域（无论填充的是单色、渐变色还是位图，也不管填充区域的透明度如何）像一个窗口，透过它可以看到被遮罩层上对应部分的画面内容。遮罩层的时间轴上一样可创建各类动画。也就是说，遮罩层上图形的位置、大小和形状是可以改变的，这样就可以形成一个随意变化的动态窗口。利用遮罩层可以制作许多有趣的动画效果，如探照灯效果、百叶窗等多种转场效果。

(1) 新建空白文档。将舞台大小设置为 400×300 像素，文档的其他属性保持默认。

(2) 将素材图片"睡莲.jpg"和"冬雪.jpg"导入到库中。

(3) 显示【库】面板。将"睡莲.jpg"从库中拖曳到舞台上。

(4) 显示【对齐】面板，将"睡莲.jpg"和舞台分别在水平和竖直方向居中对齐。

(5) 在【图层 1】层的第 40 帧右击，从弹出的快捷菜单中选择【插入帧】命令。这样可将"睡莲"画面一直延续到第 40 帧。

(6) 锁定【图层 1】层，并将【图层 1】层的名称更改为"睡莲"，如图 1-4-132 所示。

(7) 新建【图层 2】层。将库中的图片"冬雪.jpg"拖曳到舞台上，并与舞台在水平和竖直方向居中对齐；锁定【图层 2】层，将其名称更改为"冬雪"，如图 1-4-133 所示。

图 1-4-132 编辑【睡莲】层

图 1-4-133 编辑【冬雪】层

(8) 新建【图层 3】层，在【图层 3】层的名称上右击【睡莲】层，在弹出的快捷菜单中选择【遮罩层】命令。此时【图层 3】层转换成遮罩层，同时【冬雪】层转换成被遮罩层，如图 1-4-134 所示。

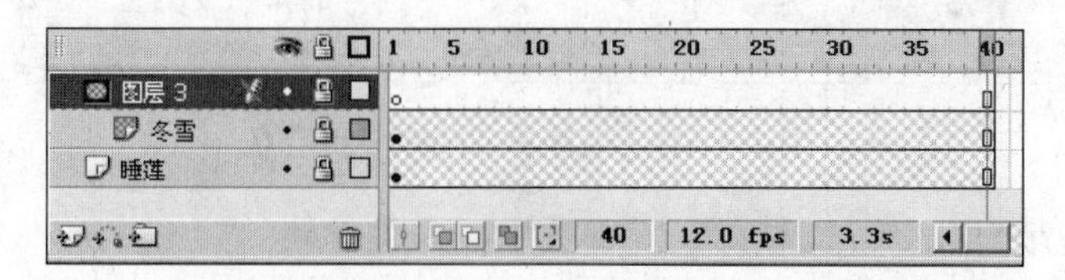

图 1-4-134 为【冬雪】层添加遮罩层

(9) 将【图层 3】层的名称更改为“转场”。

提示：在遮罩层或被遮罩层的名称上右击，在弹出的快捷菜单中选择【属性】命令，打开【属性】对话框，选择其中的【一般】或【正常】选项，可将遮罩层或被遮罩层转换成普通层。利用类似的方法也可将普通层转换成遮罩层或被遮罩层(选择【属性】对话框中的【遮罩层】或【被遮罩】单选按钮)。遮罩层和被遮罩层的删除操作与普通层的删除操作相同。将遮罩层删除或将遮罩层转换成普通层后，被遮罩层将自动转换成普通层。

(10) 取消【转场】层的锁定状态，选择该层的第 1 帧。在舞台上绘制一个没有边框只有填充的矩形。选择该矩形，执行【修改】→【组合】命令，将该矩形组合起来。

(11) 在【转场】层的第 15 帧插入关键帧，如图 1-4-135 所示。

图 1-4-135 在第 15 帧插入关键帧

(12) 选择【转场】层的第 1 帧，使用选择工具在矩形上单击，使【属性】面板上显示出矩形组合的参数。将【宽】与【高】都设置为 1 个像素。使用【对齐】面板将缩小后的矩形对齐到舞台中央。

(13) 选择【转场】层的第 15 帧，使用同样的方法将该帧的矩形修改为 400×400 像素，并对齐到舞台中央。

(14) 利用【属性】面板在【转场】层的第 1 帧插入运动补间动画，参数设置如图 1-4-136 所示。

图 1-4-136　设置运动补间动画参数

(15) 在【转场】层的第 20 帧、第 35 帧分别插入关键帧。

(16) 在【转场】层的第 20 帧插入运动补间动画,如图 1-4-137 所示。

(17) 选择【转场】层的第 35 帧,将其中的矩形修改为 1×400 像素的矩形,并水平对齐到舞台中央,如图 1-4-138 所示。

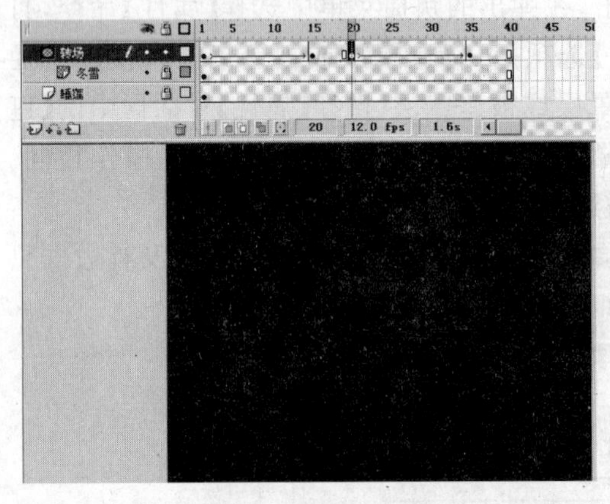

图 1-4-137　在第 20 帧插入运动补间动画

图 1-4-138　修改第 35 帧的矩形

(18) 在【转场】层的第 40 帧插入关键帧,利用【属性】面板将其中的对象修改为 1×1 像素的矩形,并对齐到舞台中央。

(19) 在【转场】层的第 35 帧插入运动补间动画。

(20) 重新锁定【转场】层,如图 1-4-139 所示。

图 1-4-139　锁定【转场】层

(21) 测试动画效果。保存 FLA 源文件，并发布 SWF 电影。图 1-4-140 所示的是动画运行过程中两个画面的切换效果。

图 1-4-140　本例的画面切换效果

4.2.6　元件和实例在动画制作中的使用

在 Flash 8.0 中，元件(Symbol)是可以重复使用的图形、动画或按钮，并存放于库之中。

元件分为图形(Graphic)、按钮(Button)和影片剪辑(Movie Clip)3 类。使用元件的好处主要有以下几点：

- 在 Flash 动画制作中，将多次重复使用的对象定义为元件后，再次修改元件时，元件的所有实例将自动更新，有利于动画的维护。
- 舞台上可能存在同一个元件的多个实例，在这种情况下使用元件可显著减小动画文件所占用的存储空间，提高动画的下载和播放速度。
- 由于元件存放于库中，所以可作为共享资源应用于其他动画作品中。

1. 创建元件

1) 图形元件

图形元件主要用于动画中的静态图形图像；有时也用来创建动画片段，但图形动画片段的播放依赖于主时间轴，并且交互性控制和声音不能在图形元件中使用。

图形元件的创建方法如下：

(1) 执行【插入】→【新建元件】命令，打开【创建新元件】对话框，如图 1-4-141 所示。

图 1-4-141　【创建新元件】对话框

(2) 选中【图形】单选按钮，输入元件的名称。单击【确定】按钮，进入图形元件的编辑环境，如图 1-4-142 所示。舞台中的“+”号表示坐标原点位置(元件舞台的中心)。

(3) 在图形元件的编辑环境中完成图形元件的编辑。

(4) 单击【时间轴】面板右上角的“编辑场景”按钮，如图 1-4-143 所示。在弹出的下拉列表中选择原来场景的名称，返回场景编辑窗口。

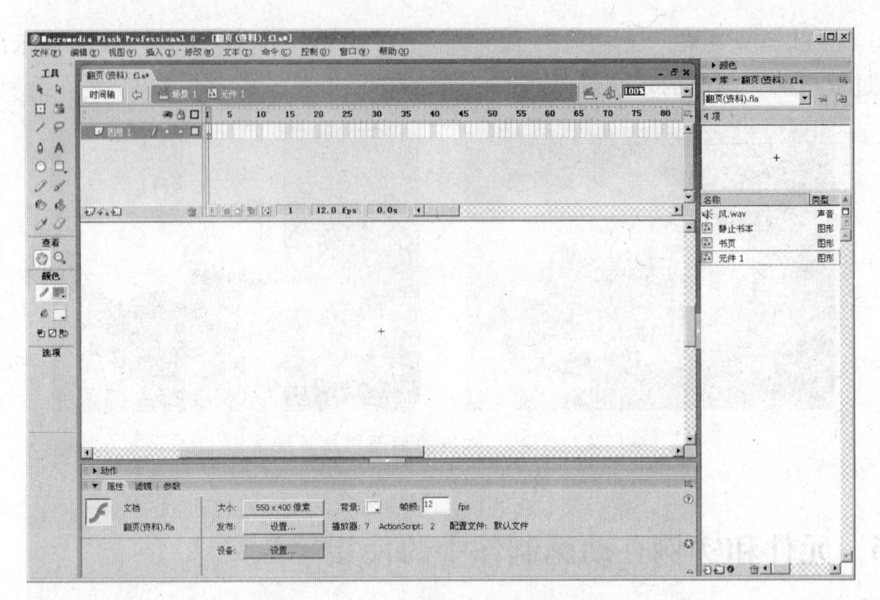

图 1-4-142　图形元件的编辑环境

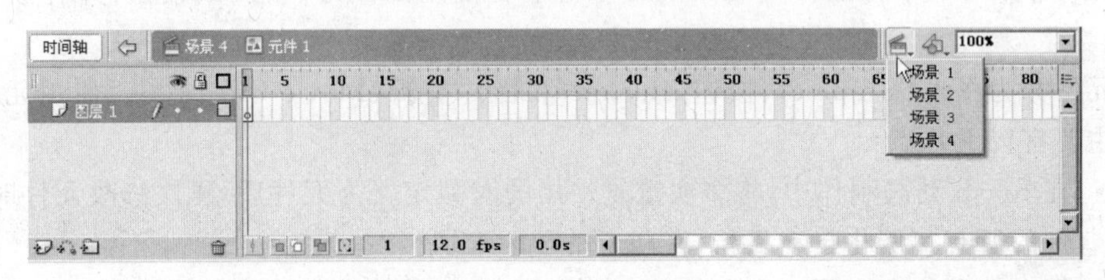

图 1-4-143　【时间轴】面板

创建图形元件的另一种方法是，直接选择舞台上的对象，然后执行【修改】→【转换为元件】命令，打开【转换为元件】对话框，如图 1-4-144 所示。选中【图形】单选按钮，输入元

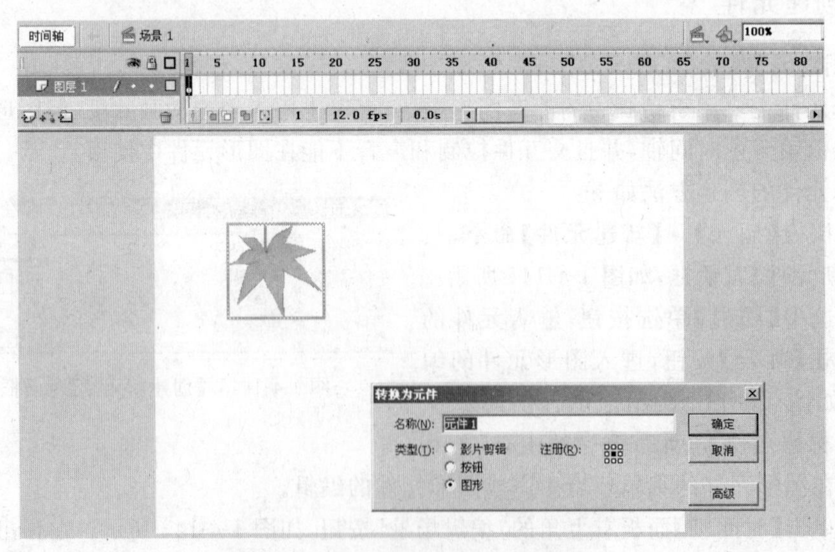

图 1-4-144　【转换为元件】对话框

件名称，并利用“注册”按钮▦设置元件舞台的中心定位在对象的什么位置。单击【确定】按钮，即可由舞台上的对象创建一个图形元件。舞台上原来被选中的对象将自动转化为元件的一个实例，如图 1-4-145 所示。

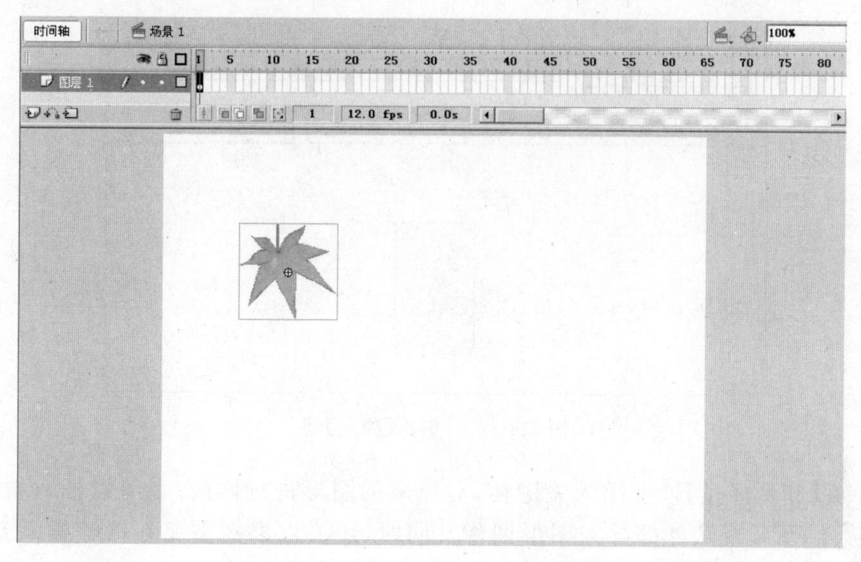

图 1-4-145　转换后的元件实例

2）按钮元件

按钮元件用于制作动画中响应标准鼠标事件的交互式按钮，它可以在触发相应的鼠标事件时执行为按钮添加动作脚本。按钮元件的创建方法如下：

(1) 执行【插入】→【新建元件】命令，打开【创建新元件】对话框。选中【按钮】单选按钮，输入元件的名称，单击【确定】按钮，进入按钮元件的编辑环境，如图 1-4-146 所示。舞台中的“＋”号表示元件舞台的中心位置。

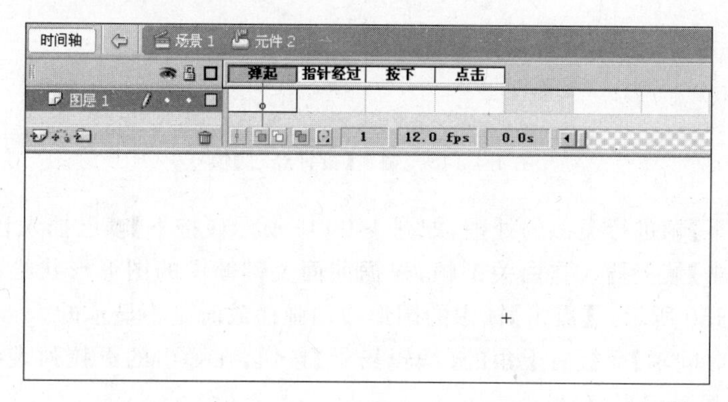

图 1-4-146　按钮元件的编辑环境

按钮元件几个状态帧的作用如下：

- 【弹起(Up)】：鼠标指针不在按钮上时的状态。
- 【指针经过(Over)】：鼠标指针碰到按钮时的状态。

- 【按下(Down)】：在按钮上按下鼠标左键时的状态。
- 【点击(Hit)】：对鼠标事件做出反应的范围，即响应区域。

(2) 在【弹起】关键帧的舞台上绘制图形或从外部导入图形图像，如图 1-4-147 所示。

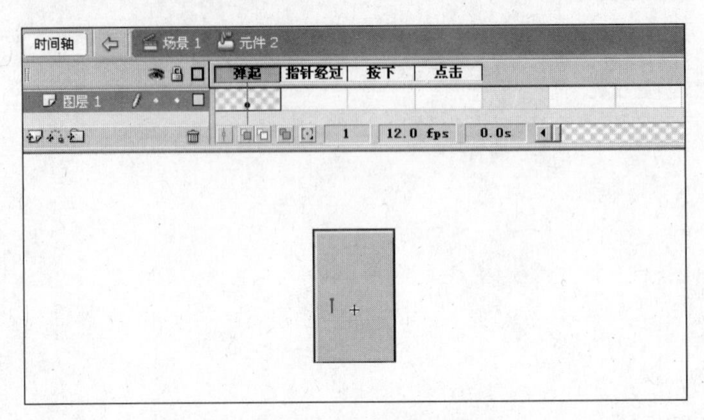

图 1-4-147　编辑【弹起】帧

(3) 在【指针经过】帧上插入关键帧，对原来的图形进行修改；也可以插入空白关键帧，重新绘制图形或从外部导入图形图像。同时，还可以根据需要在该帧插入音效，如图 1-4-148 所示。

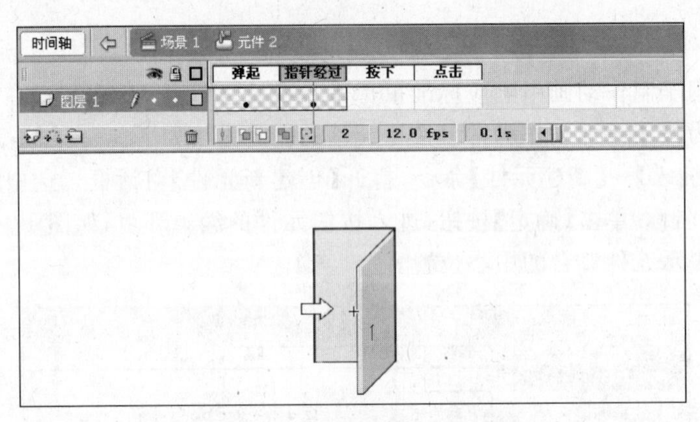

图 1-4-148　编辑【指针经过】帧

(4) 对【按下】帧进行类似的处理，如图 1-4-149 所示(【按下】帧已插入音效)。

(5) 在【点击】帧上插入空白关键帧，根据前面关键帧中的图形形状绘制合适的响应区域，如图 1-4-150 所示。【点击】帧中的图形在动画播放时是不显示的。

(6) 单击【时间轴】面板右上角的【编辑场景】按钮，在弹出的下拉列表中选择原来场景的名称，返回场景编辑窗口。

在上述操作过程中，特别要注意各关键帧中图形图像的位置对应关系。

上述按钮效果及源文件可参照"实验素材\第 4 章"目录下的"请进. swf"和"请进. fla"。按钮制作中所需要的素材为同一目录下的 door-up. gif、door-over. gif、door-down. gif 和 ding. wav 文件。

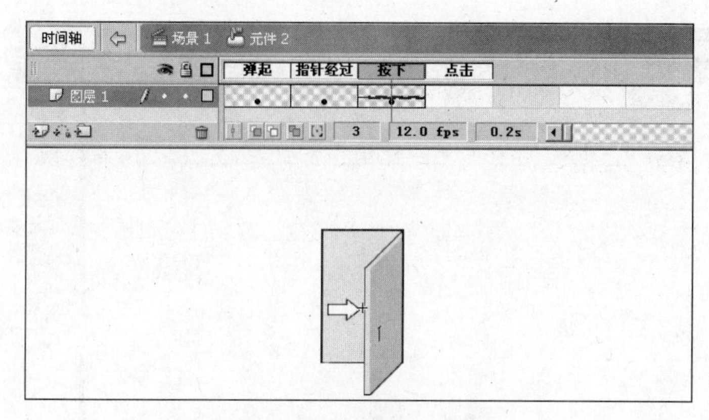

图 1-4-149　编辑【按下】帧

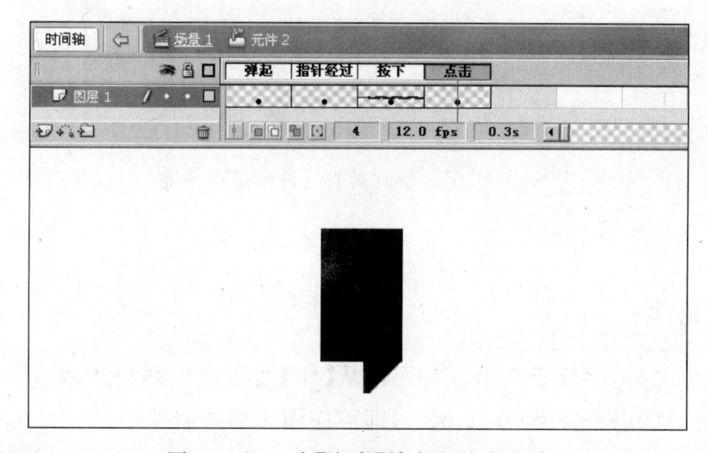

图 1-4-150　在【点击】帧定义响应区域

3）影片剪辑元件

影片剪辑元件的适用对象是独立于时间轴播放的动画片段。影片剪辑元件中可包含交互式控制和声音，其创建方法如下：

(1) 执行【插入】→【新建元件】命令，打开【创建新元件】对话框。

(2) 在对话框中选中【影片剪辑】单选按钮，输入元件的名称，单击【确定】按钮，进入影片剪辑元件的编辑环境，如图 1-4-151 所示。舞台中的"+"号表示元件舞台的中心位置。

(3) 在影片剪辑元件的编辑环境中，与在场景中创建动画一样完成影片剪辑动画片段的编辑。

(4) 退出元件的编辑环境，返回场景编辑窗口。

影片剪辑元件的实例即使只占用主时间轴的一个关键帧，只要动画在该帧的停留时间(可用动作脚本控制)足够长(大于或等于该影片剪辑播放一遍所需的时间)，则影片剪辑中的动画片段就至少能够得到一次完整地播放。而图形元件中的动画片段不同，要想使图形元件中的动画完整地播放一遍，图形元件的实例所连续占用的主时间轴帧数至少应该等于图形元件本身的帧数，这与动画在放置图形元件实例的帧上停留时间的长短无关。上述区别是除了能否包含交互式控制和声音之外，影片剪辑元件与图形元件的又一

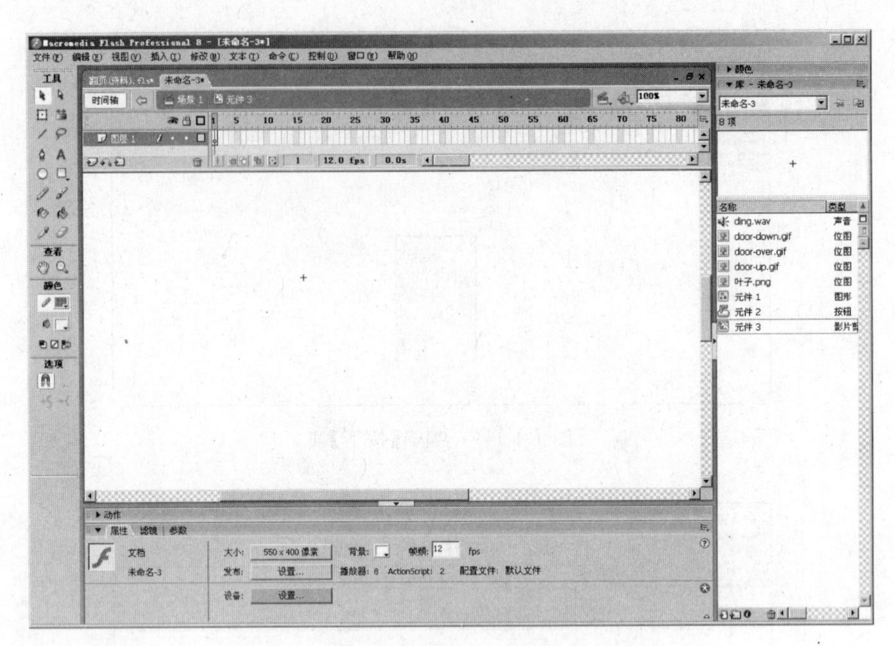

图 1-4-151　影片剪辑元件的编辑环境

重要区别。

2. 应用元件

元件创建好之后，存放于库中。将元件从【库】面板拖曳到场景或其他元件的工作区中，就得到该元件的一个实例(Instance)，即可应用于动画制作中。

在基本动画的制作中，元件的实例常用于运动补间动画。与组合、文本对象和导入的位图不同的是，不仅实例的大小、位置和角度可产生运动过渡，且实例的颜色、透明度等属性也可产生运动过渡效果。

例 4.12　利用“实验素材\第 4 章\”目录下提供的素材文件“蝴蝶动作 1. png”、“蝴蝶动作 2. png”和“水面. jpg”制作一段蝴蝶沿任意路线飞舞的动画。动画效果参照“实验素材\第 4 章\飞舞的蝴蝶. swf”。

(1) 新建 Flash 文档。将舞台大小设置为 500×372 像素。文档的其他属性保持默认值。

(2) 将“实验素材\第 4 章”文件夹下的“蝴蝶动作 1. png”、“蝴蝶动作 2. png”和“水面. jpg”导入到库中。

(3) 执行【窗口】→【库】命令，显示【库】面板。将库中素材“水面. jpg”拖曳到舞台上。

(4) 通过【对齐】面板将图片与舞台分别在水平和竖直方向居中对齐。

(5) 在【图层 1】层的第 40 帧上右击，在弹出的快捷菜单中选择【插入帧】命令，将第一个关键帧的画面一直延续到第 40 帧。

(6) 锁定【图层 1】层，并将【图层 1】层的名称更改为“背景”，如图 1-4-152 所示。

(7) 执行【插入】→【新建元件】命令，打开【创建新元件】对话框。选中【影片剪辑】单

图 1-4-152　创建动画的背景

选按钮，输入元件的名称“蝴蝶”。单击【确定】按钮，进入影片剪辑元件的编辑环境。

(8) 将“蝴蝶动作 1. png”从库面板拖曳到舞台上，并对齐到舞台的中心位置，如图 1-4-153 所示。

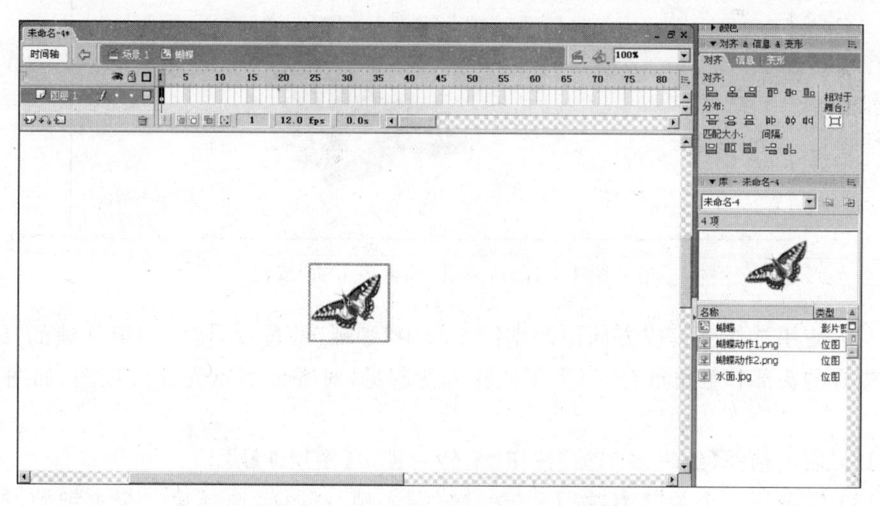

图 1-4-153　编辑元件的第一个关键帧

(9) 在【图层 1】层的第 2 帧插入空白关键帧。将“蝴蝶动作 2. png”从库面板拖曳到舞台，如图 1-4-154 所示。

(10) 确定选中第二个关键帧。在【时间轴】面板上单击“编辑多个帧”按钮，如图 1-4-155 所示。

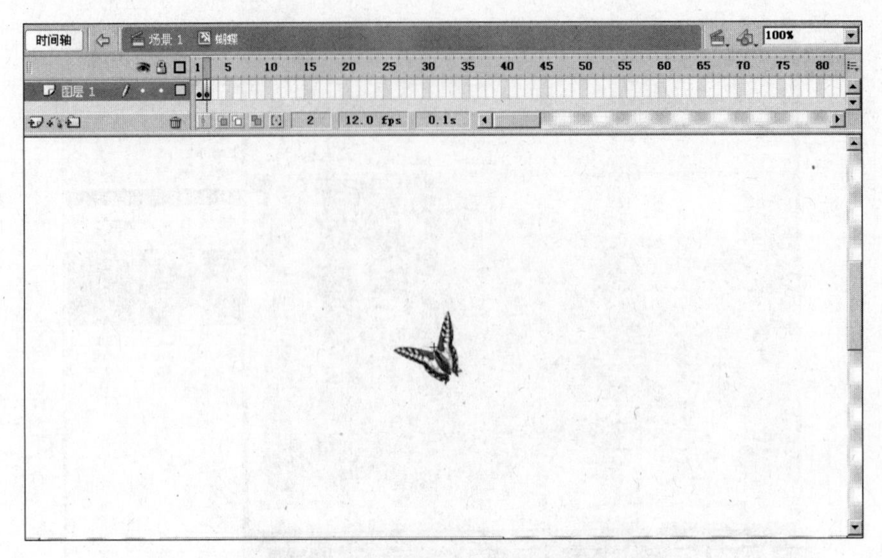

图 1-4-154　将“蝴蝶动作 2.png”放在第二帧

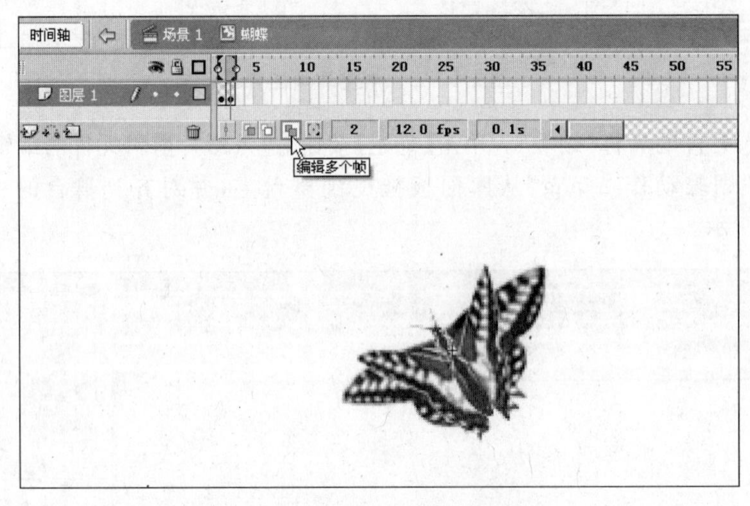

图 1-4-155　单击“编辑多个帧”按钮

(11) 使用选择工具或方向键调整第 2 帧中“蝴蝶”的位置,使之与第 1 帧的“蝴蝶”对齐(使蝴蝶的头部和触角重合)。为了操作方便起见,对齐前可首先放大视图,如图 1-4-156 所示。

(12) 取消选择【编辑多个帧】按钮,然后锁定【图层 1】层。

(13) 选择第一个关键帧,按 F5 键一次(插入帧);同样,选择第二个关键帧,按 F5 键一次。

(14) 返回场景编辑窗口。新建一个图层,命名为“动画”。将“蝴蝶”影片剪辑元件从【库】面板拖曳到舞台右下角,得到该元件的一个实例。使用任意变形工具适当缩小蝴蝶,并沿逆时针方向旋转蝴蝶,使其头部指向舞台左上角方向,如图 1-4-157 所示。

(15) 在【动画】层的第 40 帧插入关键帧。将该帧的“蝴蝶”拖曳到舞台的左上角。

图 1-4-156　将第 1 帧与第 2 帧的蝴蝶对齐

图 1-4-157　编辑“蝴蝶”元件的实例

(16) 在【动画】层的第 1 帧插入动作补间动画。

(17) 执行【控制】→【测试影片】命令，可以看到蝴蝶沿直线飞舞的动画。关闭测试窗口。

(18) 在图层控制区左下角单击【添加运动引导层】按钮，为【动画】层创建引导层。此时，【动画】层自动转化为被引导层，如图 1-4-158 所示。锁定【动画】层。

(19) 使用铅笔工具(在工具箱的选项栏选择【平滑】模式 [平滑])在引导层绘制如图 1-4-159 所示的任意曲线(引导路径)并锁定引导层。

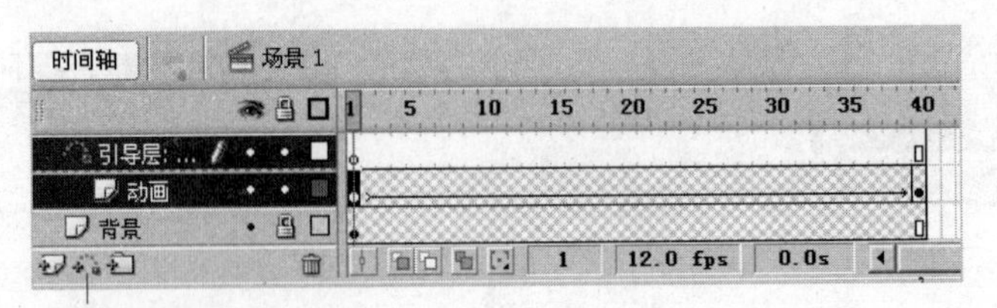

图 1-4-158 为动画层添加运动引导层

图 1-4-159 绘制引导路径

(20) 执行【视图】→【贴紧】→【贴紧至对象】命令。

(21) 解除【动画】层的锁定状态，选择该层的第 1 帧。选择选择工具，将鼠标指针定位于"蝴蝶"中心的小圆圈上，拖曳鼠标捕捉到曲线的一个端点，如图 1-4-160 所示。

图 1-4-160 使运动对象捕捉路径的一个端点

(22) 使用任意变形工具将"蝴蝶"旋转到如图 1-4-161 所示角度(与路径端点的切线

方向一致，注意不要改变“蝴蝶”的位置）。

图 1-4-161　调整运动对象的角度

（23）选择【动画】层的第 40 帧。使用选择工具拖曳“蝴蝶”的中心使其捕捉到曲线的另一个端点，如图 1-4-162 所示。并使用任意变形工具调整“蝴蝶”的角度，如图 1-4-163 所示。

图 1-4-162　使运动对象捕捉路径的另一个端点

（24）重新锁定【动画】层。执行【控制】→【测试影片】命令，可以看到蝴蝶沿曲线路径飞舞的动画，但飞舞时还不能随曲线的变化调整方向。关闭测试窗口。

图 1-4-163 调整运动对象的角度

(25) 选择【动画】层的第 1 帧。在【属性】面板上勾选【调整到路径】复选框。再次测试影片,蝴蝶飞舞的动作就比较自然了。关闭测试窗口。

(26) 保存 FLA 源文件,并发布 SWF 电影。

4.3 习题与思考

1. 选择题

(1) 以下________不是 Flash 8.0 的特色。

A. 简单易用　B. 基于矢量图形　C. 流式传输　D. 基于位图图像

(2) 以下对帧的叙述不正确的是________。

A. Flash 动画的基本组成单位

B. 一帧就是一个静态画面

C. 帧一般表示一个变化的起点或终点,或变化过程中的一个特定的转折点

D. 使用帧可以控制对象在时间上出现的先后顺序

(3) 以下对关键帧的叙述不正确的是________。

A. 是一种特殊的、表示对象特定状态(颜色、大小、位置、形状等)的帧

B. 空白关键帧不是关键帧

C. 一般表示一个变化的起点或终点,或变化过程中的一个特定的转折点

D. 关键帧是 Flash 动画的骨架和关键所在

(4) 使用 Flash 8.0 不能创建________。

A. SWF 电影　B. 网页

C. 图形图像　　　　　　　　　　　D. MPEG 格式的视频

(5) 使用任意变形工具不可以对舞台上的组合对象实施________变形。

A. 封套　　　B. 倾斜　　　C. 缩放　　　D. 旋转

(6) 在 Flash 中，以下________不能用于创建形状补间动画。

A. 元件的实例　　　　　　　　　B. 使用绘图工具绘制的矢量图形

C. 完全分离的组合　　　　　　　D. 完全分离的位图

(7) 在 Flash 的形状补间动画中，不能产生过渡的对象属性是________。

A. 位置与大小　B. 形状与颜色　　C. 旋转角度　　D. 透明度

(8) 在 Flash 中，以下________不能用于创建运动补间动画。

A. 元件的实例　　　　　　　　　B. 导入的位图

C. 使用绘图工具绘制的矢量图形　D. 文本对象与组合体

(9) 在 Flash 的运动补间动画中，不能产生过渡的对象属性是________。

A. 位置与大小　　　　　　　　　B. 形状

C. 旋转角度　　　　　　　　　　D. 颜色与透明度(只对实例)

2. 填空题

(1) ________的作用是组织和控制动画中的各个元素。其中的每一个小方格代表一帧。动画在播放时，一般是从左向右依次播放每个帧中的画面。

(2) ________是制作和观看 Flash 动画的矩形区域。每一帧画面中的对象只有放置在该区域内才能够保证播放发布后的动画时看到它们。

(3) ________类似于电视剧中的“集”或戏剧中的“幕”。它们将按照一定的顺序依次播放。

(4) ________工具用于修改线条的颜色、透明度、线宽和线形；而________工具用于在图形的填充区域填充单色、渐变色和位图。

(5) 使用【________】对话框可以设置 Flash 文档的标尺单位、舞台大小、背景颜色和帧频率等属性。

3. 思考题

(1) 在第 2 篇第 4 章的实验 4-1 中，若一开始就将绘制的直线段转换为图形元件，用该元件的实例组成一片树叶。通过复制将多个树叶排列在树干上。采用这种方式生成的 FLA 源文件和 SWF 文件与原来比较，文件大小上差别是否明显。

(2) 借助运动引导层，能否制作两只蝴蝶沿着任意路径一起飞舞的动画。动画效果可参考“实验素材\第 4 章\蝴蝶飞舞与镜头移动动画. swf”。

(3) 通过本章“形状补间动画的制作”部分的实例“翻页. swf”，思考一下如何制作书页从打开的书的一边翻起，越过中线，落到书的另一边的动画(动画效果可参考“实验素材\第 4 章\图片欣赏. swf”)。(若要用到超出本章讲解范围的 Flash 技术，请查阅其他 Flash 书籍或通过网络获得帮助)

(4) 思考一下如何实现这样一段动画：小球从桌面上滚下来，落到地面上弹起，然后

做自由落体运动。(若要用到超出本章范围的 Flash 技术,请查阅其他 Flash 书籍或通过网络获得帮助)

(5) 在实验 4-7 中,细心的读者会发现这样一个问题:“小汽车”在行驶过程中,“车轮”有周期性地短时间停止转动的现象。要解决这个问题,可以在影片剪辑元件“转动的车轮”的最后一帧上添加动作代码“gotoAndPlay(1);”。有兴趣的读者试一试能否通过查阅其他 Flash 书籍或通过网络帮助把该动作代码添加上去。

第5章 网页制作

学习要求

掌握

- 使用表格布局网页。
- 制作框架网页。
- 在网页中运用层。
- 网页中的文字处理。
- 网页中的图像处理。
- 网页中超级链接的设置。
- 网页中 Flash 动画的应用。
- 网页中表单的制作。

了解

- 超文本标记语言。
- 网页开发工具。
- 网站设计的基本过程。
- 网页浏览的原理。
- 在网页中插入媒体文件。
- 制作简单的动态效果网页。

5.1 基础知识

5.1.1 网页基本知识

随着计算机网络的不断发展,万维网(World Wide Web)也越来越普及。万维网可以看作由一个巨大的全球范围的 Web 页面的集合组成,这些 Web 页面简称为网页。网页中一般含有文字、图像、动画、表格等元素,通过超文本链接实现页面间的跳转,用户可以通过超级链接,来到它所指向的页面。从而获取到互动的、丰富多彩的信息。

网页通常以网页文件及其附属文件的形式存在。网页文件最终都采用超文本标记语言(Hyper Text Markup Language,HTML)说明网页中文字和图像的格式设置、层次结构、超文本链接等。有时也在网页文件中加入脚本语言(如 JavaScript、VBScript 等)来完成一些不涉及计算机安全的功能,如某些动态显示效果、用户输入内容的校验等。

根据页面内容是否固定，页面文件可以分为静态页面文件（以 html 或 htm 为扩展名）和动态页面文件（具体扩展名依所采用技术而定，常见的有 asp、aspx、php 等）。本章主要介绍静态页面文件，除特殊说明外，所述页面文件皆指静态页面文件。

静态页面文件（也被称为 HTML 文件）在文本文件的基础上使用 HTML 语言描述其格式，可以在其中嵌入图像、声音、动画等信息。静态页面文件是纯文本文档，可以用任何一种文本编辑软件（记事本、写字板等）进行编辑，也可以借助各种网页开发软件（FrontPage、Dreamweaver 等）更加方便地进行编辑。常用的 HTML 标签如表 1-5-1 所示。

表 1-5-1　常用 HTML 标签

<table>
<tr><td colspan="2"><HTML> </HTML></td><td>创建一个 HTML 文档</td></tr>
<tr><td colspan="2"><HEAD> </HEAD></td><td>设置 HTML 文档头部
包括文档标题和其他在网页中不显示的信息</td></tr>
<tr><td colspan="2"><TITLE> </TITLE></td><td>设置文档的标题，位于<HEAD> </ HEAD>内</td></tr>
<tr><td colspan="2"><BODY> </BODY></td><td>设置 HTML 文档主体，包括在页面中显示的各种信息</td></tr>
<tr><td><DIV> </DIV></td><td rowspan="15">位于
<BODY>
</BODY>
内</td><td>用来排版大块 HTML 段落，也用于格式化表</td></tr>
<tr><td><TABLE> </TABLE></td><td>创建一个表格</td></tr>
<tr><td><TR> </TR></td><td>表格中的每一行</td></tr>
<tr><td><TD> </TD></td><td>表格中一行中的每一个单元格</td></tr>
<tr><td><P> </P></td><td>创建一个段落</td></tr>
<tr><td><H1></H1></td><td>标题样式 1。
<H2></H2>为标题样式 2，依次类推，直至标题样式 H6</td></tr>
<tr><td>
</td><td>换行</td></tr>
<tr><td><HR></td><td>水平线</td></tr>
<tr><td><A HREF="URL"> </A></td><td>创建超文本链接</td></tr>
<tr><td><IMG SRC="URL"></td><td>图片</td></tr>
<tr><td><FORM> </FORM></td><td>表单</td></tr>
<tr><td><INPUT></td><td>表单元素：单行文本输入框、按钮等。位于表单中</td></tr>
<tr><td><TEXTAREA></td><td>表单元素：多行文本输入框。位于表单中</td></tr>
<tr><td><SELECT></td><td>表单元素：列表。位于表单中</td></tr>
<tr><td colspan="2"><! -- --></td><td>注释标记，在"<!--"与"-->"之间的内容将不在浏览器中显示</td></tr>
</table>

无论使用何种软件编辑 HTML 文件，最终都必须符合 HTML 语法。有经验的网页开发人员在借助便捷的网页开发软件后，往往会以文本方式直接查看 HTML 文件进行调整，最终完成高效、美观的网页。

以图 1-5-1 为例简要地介绍一下 HTML 文件的主要构成。该网页使用了特定颜色背景，页面中包含了一行特殊字体的文字"我的收藏夹"及一个两行两列的表格，表格中有

3个文本型的链接及一个图片型的链接，单击各链接可以转向相应网站。具体 HTML 代码如图 1-5-2 所示。

图 1-5-1　网页示例 1

```
<html>                                  <!--表示 HTML 文档开始-->
<head>                                  <!--表示 HTML 文档首部开始-->
<title>无标题文档</title>               <!--网页标题-->
<style type="text/css">                 <!--表示开始设置网页使用的各种样式-->
  .STYLE2 {font-family: "隶书"}         <!--设置"隶书"样式-->
  body {background-color: #669900;}
                                        <!--设置页面主体 body 使用的背景色-->
</style>                                <!--表示设置页面使用样式结束-->
</head>                                 <!--表示 HTML 文档首部结束-->

<body>                                  <!--表示 HTML 文档主体开始-->
<h1 class="STYLE2">我的收藏夹</h1>            <!-设置文字使用标题样式 1-->
<table width="388" border="1">          <!--表示表格 Table 开始-->
  <tr>                                  <!--表示表格第一行开始-->
    <td width="141">                    <!--表示表格第一行第一个单元格开始-->
      <a href="http://www.ecnu.edu.cn">华东师范大学 </a>
                                        <!--设置链接锚点-->
    </td>                               <!--表示表格第一行第一个单元格结束-->
    <td width="231">
      <a href="http://www.google.com">
        <img src="images/logo.gif" alt="google" width="172" height="58"
border="0"/>                            <!--嵌入图片-->
      </a>
    </td>
  </tr>                                 <!--表示表格第一行结束-->
  <tr>
    <td><a href="http://news.sina.com.cn">Sina 新闻 </a></td>
    <td><a href="http://mail.163.com">163 邮箱 </a></td>
  </tr>
</table>                                <!--表示表格 Table 结束-->
</body>                                 <!--表示 HTML 文档主体结束-->
</html>                                 <!--表示 HTML 文档结束-->
```

图 1-5-2　网页示例 1 所使用的 HTML 代码

5.1.2 网页布局规划

网页内容与网页布局的关系正是内容与形式的关系，内容固然重要，恰当的形式也可以更好的表现内容，因此网页布局越来越被重视。只有当网页内容与网页形式成功结合时，网站中的网页才会吸引住用户，令用户印象深刻。

常见的网页布局有 T 字型、国字型、匡字型、封面型等，如图 1-5-3 所示。

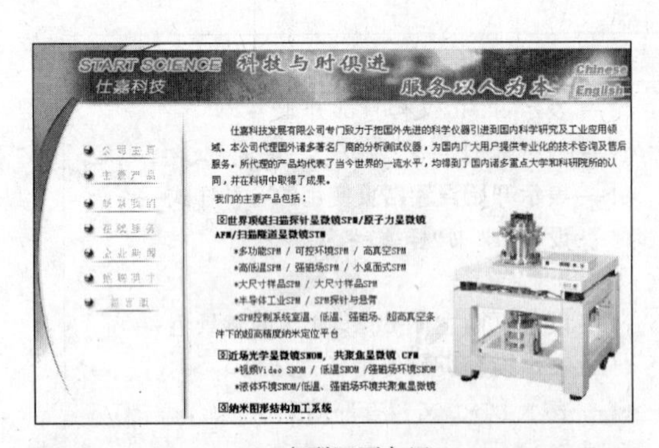

(a) T字型网页布局

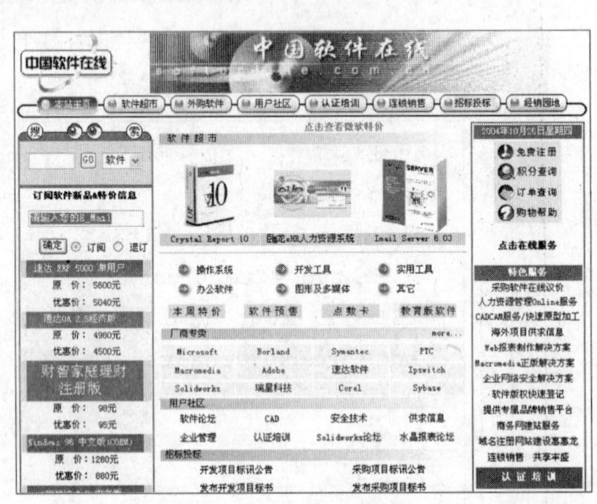

(b) 国字型网页布局

(c) 匡字型网页布局

(d) 封面型网页布局

图 1-5-3 各种常见网页布局

1. 网页布局涉及的基本内容

1）页面大小

根据显示器分辨率选择，一定要适应当前主流分辨率，尽量适应更多的分辨率。版面设计时尽量使用百分比设置大小，或者将页面内容居中对齐。

2）整体造型及配色方案

根据网站的用途使用相应的造型及配色方案，可以给用户协调一致的感觉。

3) 页眉

页眉中通常定义网站标题、网站标志(Logo)及广告等。

4) 页脚

页脚中通常包含网站设计信息、网站开发者信息及版权等。

5) 文本

文本是网页的主体,通常在网页中以数行或段落形式摆放。

6) 图片的使用

灵活地使用静态或动态图片,处理好与文字的位置关系,可以为网页增色许多。

7) Flash 动画

Flash 动画具有体积较小、画质清晰等优点,非常适合应用于网页设计中。

8) 其他多媒体的使用

音乐、视频等其他媒体随着网络速度的提高,也越来越多地被网页设计所使用。

2. 网页布局的设计过程

一般说来,创建 Web 站点并不是一开始就进行页面编辑的。首先需要与客户进行讨论,确定需求分析及可行性分析。然后,在纸张上或者使用图形编辑器(如 Macromedia Fireworks 等)设计草图。图形设计人员通常会画出 Web 站点综合图形的草图(也称为"草样"),向客户展示并确保站点的初始构思能让客户满意。然后根据客户的反馈意见、与客户的讨论,设计人员再次开始对站点布局进行规划,并制作满足客户要求的示例页面草图。之后才开始借助各种网页设计软件(如 Macromedia Dreamweaver、FrontPage 等)及一些辅助软件完成各网页的设计。

3. 网页布局的常用技术

1) 层叠样式表 CSS

CSS(Cascading Style Sheets)样式表能精确指定某些标签的外观等属性,也可以自定义某种样式以供页面元素使用。样式表为所提供的展示效果的项目给予了更多的灵活性。借助 CSS 技术,可以非常方便地统一网站所有页面的风格。不仅如此,当一个文件包含了所有的样式信息时,样式表还可以减少下载的时间。样式表在 Web 发展方面迈开了一个巨大的前进步伐。

2) 表格布局

使用表格可以非常方便地实现文字对齐、图文混排等布局问题。目前大多数网站都使用了表格布局,表格布局好像已经成为一个标准(标准也未必是完美的)。表格布局的优势在于它能对不同对象加以处理,而又不用担心不同对象之间的影响。而且表格在定位图片和文本上比起用 CSS 更加方便。但是过多使用表格布局也有缺点,因为当使用了过多表格嵌套时,页面浏览速度会受到一定影响。

3) 框架布局

与表格布局不同,框架布局将不同对象放置在不同页面中加以处理,然后再取消框架的边框即可。但是，由于各对象在不同页面中，需要在各页面中确定好对象位置，所以已较少使用。

4）层布局

层对应的 HTML 标签为<DIV></DIV>。层就像是一个容器，各对象放置在层中布局。层不仅具有表格的平面布局功能，而且还可以在垂直方向上相互重叠，具有空间排版的功能。由于层本身的局限及对浏览器版本有所要求等原因，层布局目前主要作为表格布局的有益补充，不过未来层的应用前景会非常不错。

5.1.3 导航设计

一个网站常常会分为几个不同的栏目，设计恰当的导航系统可以帮助用户方便地在栏目间跳转，快速地找到所需信息。相信不会有人愿意在一个栏目混乱，甚至根本无法导航的网站停留太久。

常见导航条的设计有横导航条与竖导航条两种形式。

- 横导航条：一般置于网页顶部，这类导航条较常见，多用于网站的首页导航。在其基础上，又发展出下拉菜单式导航系统，它具有分类清晰、节省空间等优点，如图 1-5-4 所示。

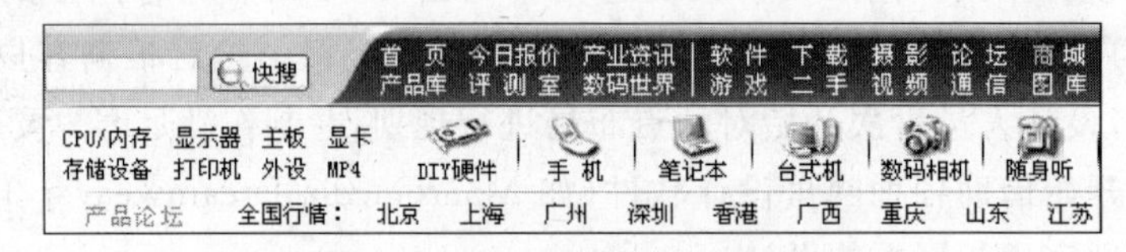

(a) 横导航条

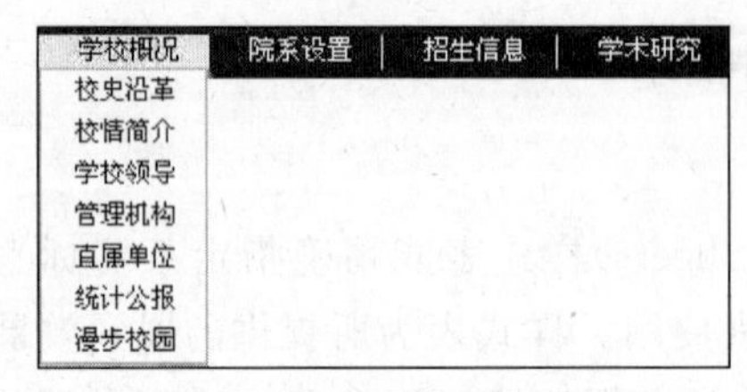

(b) 下拉菜单式导航条

图 1-5-4 横导航条和下拉菜单式导航条

- 竖导航条：一般置于网页左侧，多用于条目较多的网页。树型导航系统在此基础上发展而来，多用于分层列表式结构，具有条理清晰等优点，如图 1-5-5 所示。

5.1.4 色彩搭配

色彩是艺术表现的要素之一，在网页设计中，根据和谐、均衡和重点突出的原则，将不同的色彩进行组合、搭配来构成美丽的页面。

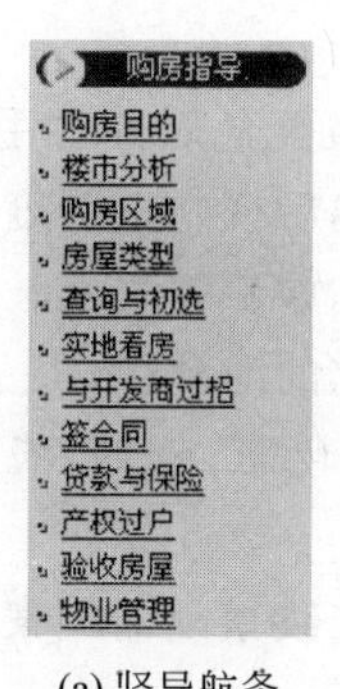

(a) 竖导航条

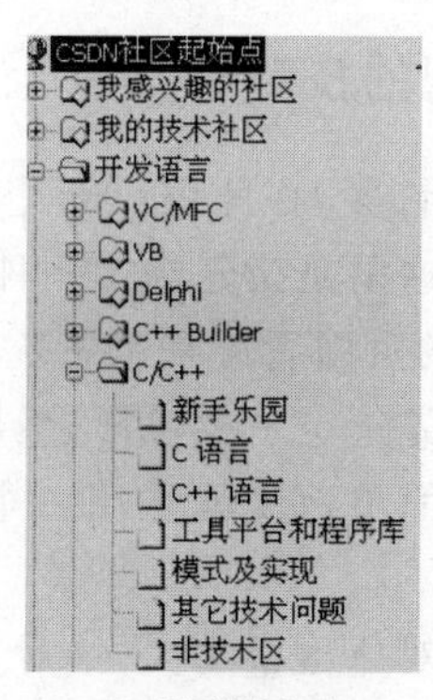

(b) 树型导航条

图 1-5-5　竖导航条和树型导航条

1. 计算机中的色彩表示

人眼所见的各种色彩是因为光线有不同波长所造成的，经过实验发现，人类肉眼对其中 3 种波长的感受特别强烈，只要适当调整这 3 种光线的强度，就可以让人类感受到“几乎”所有的颜色。

这 3 个颜色称为光的三原色(RGB)，RGB 其实就是 Red、Green、Blue 的缩写。计算机中是用 RGB 3 个数值的大小来标示颜色，每个颜色用 8 个 bit 来记录，可以有 0～255，共 256 种亮度的变化，因此拥有超过 1.6×10^8(256×256×256)种的颜色，这也是我们常听到的 24 位全彩。网页中也是以 RGB 方式来表示颜色的。例如，纯绿色的 R 值是 0，G 的值为 255，B 的值是 0，其十六进制的表示为 #00FF00。纯白色的三原色 RGB 都是 255，十六进制的表示为 #FFFFFF。纯黑色的三原色 RGB 都是 0，十六进制的表示为 #000000。

这些颜色中有 216 种颜色被称为网页安全色。网页安全色是指在不同硬件环境、不同操作系统、不同浏览器中都可以无损失无偏差输出的色彩集合。使用这些颜色进行网页配色可以避免原有的颜色失真问题。不过，当前大多数计算机都能显示数以千计或数以百万计的颜色(16 位色及以上)，为计算机系统用户开发站点时，完全没有必要仅局限于使用网页安全色，可以将安全色和非安全色搭配使用。

2. 设计网站的标准色彩

网站给人的第一印象是来自视觉冲击，所以确定网站的标准色彩是相当重要的一步。不同的色彩搭配会产生不同的效果，并可能影响到访问者的情绪。

“标准色彩”是指能体现网站形象和延伸内涵的色彩，例如，IBM 的深蓝色、肯德基的红色条形以及 Windows 视窗标志，都让人觉得很贴切，很和谐。

一般情况下，一个网站的标准色彩不宜超过 3 种，色彩太多则让人觉得眼花缭乱。标准色彩要运用在网站的标志、标题、主菜单和主色块上，给人以整体统一的感觉。其他色彩也可以使用，但只能作为点缀和衬托，绝不能喧宾夺主。

3. 网页色彩搭配的技巧

关于色彩的原理有许多，在此仅仅阐述一些网页配色时的常用技巧。

(1) 用一种色彩。这里是指先选定一种色彩，然后调整透明度或者饱和度，产生新的色彩，用于网页。这样的页面看起来色彩统一，有层次感。

(2) 用两种色彩。先选定一种色彩，然后选择它的对比色。

(3) 用一个色系。简单地说就是用一个感觉的色彩，例如，淡蓝、淡黄、淡绿；或者土黄、土灰、土蓝。

(4) 背景和前文的对比尽量要大，绝对不要用花纹繁复的图案作背景，以便突出主要文字内容。

(5) 要围绕网页的主题选择颜色，色彩要能烘托出主题。

(6) 背景的颜色不要太深，显得过于厚重，因为这样会影响整个页面的显示效果。但也有例外，黑色的背景可以衬托出亮丽的文本和图像，会给人一种另类的感觉。

5.1.5 网页浏览原理及发布

用户通过浏览器(Browser)访问万维网。只要在浏览器地址栏中输入网址，就可以进入丰富多彩的网络世界。目前，常用的浏览器有 Microsoft 公司的 Internet Explorer 和 Mozilla 公司的 Firefox 火狐浏览器等。Internet Explorer 浏览器是 Windows 操作系统自带浏览器，功能完备、简单实用，并支持部分未规范的微软公司 HTML 代码及 VBScript 脚本。Firefox 火狐浏览器对 Web 国际标准支持较好，且支持电子邮件、FTP 文件传输、Telnet 远程登录及新闻组等多种功能。

1. 网页浏览原理

Web 服务器(Web Server)，用于在万维网上提供信息浏览服务，接受用户的访问，并返回页面内容。在服务器上安装 Web 服务软件即可构建 Web 服务器。目前，常用的 Web 服务软件有 Microsoft 公司的 IIS(Internet Information Services)和 Apache 公司的 Apache 等。具体使用何种 Web 服务软件，往往取决于设计动态页面时所采取的技术。

网页浏览原理是，用户使用浏览器，通过超文本传输协议(Hypertext Transfer Protocol，HTTP)，向 Web 服务器发送页面请求，Web 服务器接受请求后，通过 HTTP 协议，将页面内容发送给浏览器，浏览器解释页面内容并显示给用户，如图 1-5-6 所示。

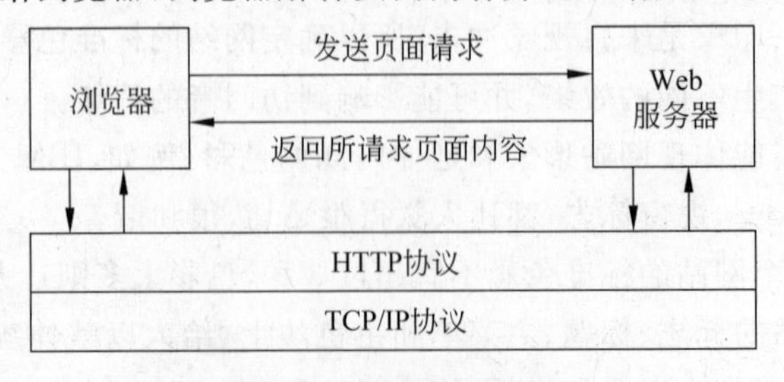

图 1-5-6　网页浏览原理

2. 网页发布

对于个人而言，可以租借服务器建立个人站点，无须单独购买服务器并开通网络服务。另外，目前很多大型网站(如网易等)也都提供了个人主页服务，不需要个人配置 Web 服务器。用户只需要将制作完成的网页传输到网站的个人目录下，即可供他人访问。

如果拥有独立的 Web 服务器，则需要配置 Web 服务器发布网站。这里，以 Microsoft 公司的 Web 服务软件 Internet 信息服务(Internet Information Services，IIS)为例，简要介绍一下如何配置 Web 服务。

1) 运行 IIS 管理程序

安装完 IIS 后，执行【开始】→【控制面板】→【管理工具】→【Internet 信息服务】命令，弹出 Internet 信息服务窗口，如图 1-5-7 所示。

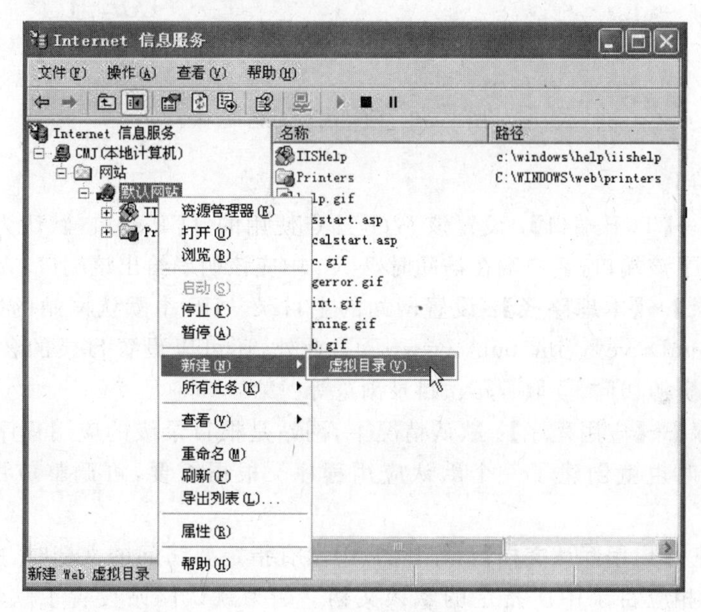

图 1-5-7 IIS 设置窗口

2) 设置网站属性

IIS 可以设置网站各种属性。右击【默认网站】，在弹出的快捷菜单中选择【属性】命令，弹出网站属性对话框，如图 1-5-8 所示。

网站最重要的设置是指定网站根目录，IIS 中默认网站所使用的默认根目录为“%SystemDrive%:\Inetpub\wwwroot”。可以将制作好的所有网站文件及文件夹复制到该默认目录下，也可以在 IIS 中重新指定网站根目录。例如，可将更目录更改为“D:\mywebsite”。

此外，还有一些重要的设置，这些设置主要在【网站】、【主目录】和【文档】选项卡下。部分设置说明如下：

- 【网站】→【IP 地址】：设置该网站使用的本机 IP 地址。当该服务器有多个 IP 地址时，可以指定使用哪个作网站的 IP 地址。【全部未分配】表示本机所有 IP 地址

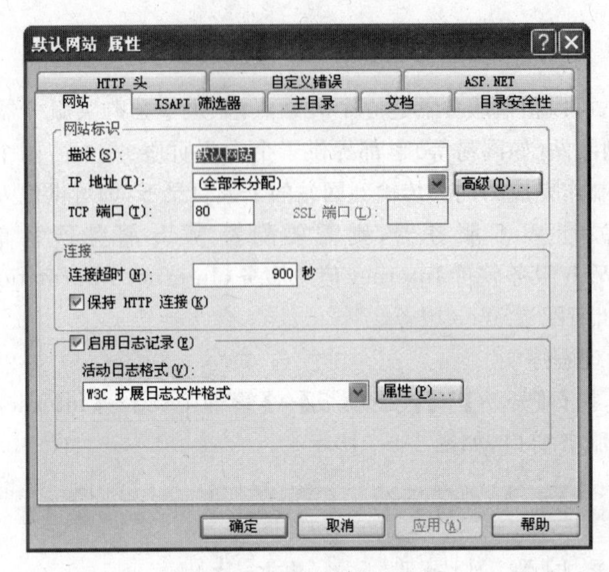

图 1-5-8　网站属性对话框

均可使用。

- 【网站】→【TCP 端口】：设置该 Web 站点使用的 TCP 端口，默认为 80 端口。如果修改了该端口，客户端在访问时，URL 中应该明确给出该端口。
- 【主目录】→【本地路径】：设置网站的主目录。IIS 中默认网站的默认主目录是%SystemDrive%\Inetpub\wwwroot。此外，还可以设置目录的各种访问权限，如脚本资源访问、读取、写入、目录浏览等。
- 【主目录】→【应用程序】：默认情况下，网站是根目录级的应用程序，创建一个网站的同时也就创建了一个默认应用程序。根据需要，可调整应用程序的执行权限。
- 【文档】→【启用默认文档】：当 URL 中没有指定要访问的文档时，则访问该 Web 服务器相应目录中所指定的默认文档。如为默认网站设置了默认文档 index.htm，用户使用无文件名的 URL(http://222.204.252.240)访问时，则会访问到 index.htm 网页。

3) 用户访问

用户在浏览器的地址栏中输入地址(http://222.204.252.240//index.htm)后即可访问网站，其中 222.204.252.240 是 Web 服务器的 IP 地址，index.htm 文件表示需要访问的网页文件。

5.1.6　习题与思考

1. 选择题

(1) 下列关于 HTML 语言描述正确的是________。

A. HTML 语言是一种面向过程的程序设计语言

B. HTML 语言是一种面向对象的程序设计语言

C. HTML 语言编写的程序,需要编译后才可以执行

D. HTML 语言是一种标记语言,说明网页中文字和图像的格式设置、层次结构、超文本链接等

(2) HTML 文件的文件类型是________。

A. 可执行文件　　B. 文本文件　　C. 二进制文件　　D. 音频文件

(3) 下列关于 CSS 描述错误的是________。

A. CSS 样式表能精确指定某些标签的外观等属性,也可以制定某种样式以供页面元素使用

B. 样式表为所提供的展示效果的项目给予更多的灵活性

C. 借助 CSS 技术,可以非常方便地统一网站所有页面的风格

D. 使用 CSS 技术造成了网页文件的冗余

(4) 网页在 Internet 上传输直接依赖于________协议。

A. HTTP　　B. FTP　　C. SMTP　　D. UDP

(5) 以下不是网页文件扩展名的是________。

A. htm　　B. html　　C. exe　　D. asp

2. 填空题

(1) 光的三原色指的是________、________、________ 3 种颜色。

(2) 常用网页浏览器有________、________等。

5.2 Dreamweaver 8 操作基础

Dreamweaver 是 Adobe 公司开发的专业级 Web 网站开发工具。具有功能强大、开发效率高、编辑可视化等优点。借助 Dreamweaver 的可视化编辑功能,可以快速创建 Web 页面而无需编写任何代码。

Dreamweaver 诞生于 1997 年 12 月,至今已历 13 年。从最初的 1.0 版本,发展到 MX2004、8.0 版本,在其后的发展历程中 Dreamweaver 9.0 的官方版本号改为 CS3、10.0 的版本号则变成了 CS4。

2010 年 4 月 12 日,Adobe Creative Suite 5 设计套装软件正式发布,Adobe CS5 总共有 15 个独立程序和相关技术,包括 Photoshop CS5、Flash CS5、Dreamweaver CS5 等。

Dreamweaver 8 具有较强的功能,也是一个较成熟的版本,对软硬件环境要求不高。本书中介绍的就是 Dreamweaver 8 版本的操作。

5.2.1 Dreamweaver 8 窗口简介

Dreamweaver 提供功能全面的编码环境,包括代码编辑工具(如代码颜色区分、标签

管理和代码折叠等)、层叠样式表(CSS)管理、JavaScript 语言参考资料等。Dreamweaver 还提供了方便的导入导出功能,有利于代码的重用。

Dreamweaver 还支持各种服务器技术(如 CFML、ASP. NET、ASP、JSP 和 PHP)生成动态的、数据库驱动的 Web 应用程序。此外,Dreamweaver 也支持 XML 技术。

Dreamweaver 提供了一个将全部元素置于一个窗口中的集成布局。在集成的工作区中,全部窗口和面板都被集成到一个更大的应用程序窗口中。图 1-5-9 是 Dreamweaver 8 的操作界面,它包括菜单栏、插入工具栏、显示选择栏、标签选择栏、属性检查器、浮动面板组、文档窗口等部分(在不同编辑状态,可能会略有增减)。在进行网页编辑时,当面板影响了整个画面时,可以按 F4 键隐藏或显示所有面板。

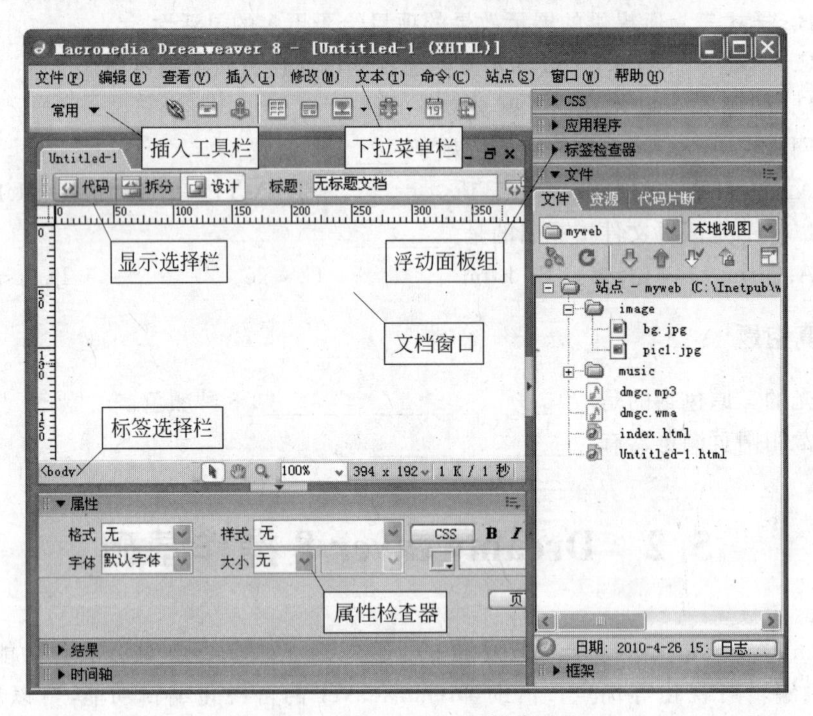

图 1-5-9　Dreamweaver 8 操作界面

1. 菜单栏

Dreamweaver 8 菜单栏分为 10 类,包含文件、编辑、查看、插入、修改、文本、命令、站点、窗口、帮助。菜单栏是最完整的命令集合,但使用时相比工具栏烦琐。

2. 插入工具栏

Dreamweaver 8 工具栏也称为插入工具栏,可以向网页中便捷地插入各种对象,包括了网页设计中最常用的各种工具,分为 8 类,主要有常用、布局、表单、文本、HTML、应用程序、Flash 元素和收藏夹。其中常用、布局和表单插入工具栏使用较频繁。

(1)【常用】插入工具栏,如图 1-5-10 所示。

(2)【布局】插入工具栏,如图 1-5-11 所示。

图 1-5-10 【常用】插入工具栏

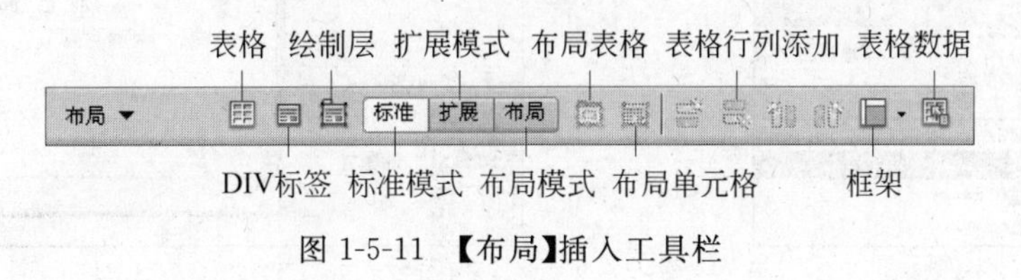

图 1-5-11 【布局】插入工具栏

(3)【表单】插入工具栏，如图 1-5-12 所示。

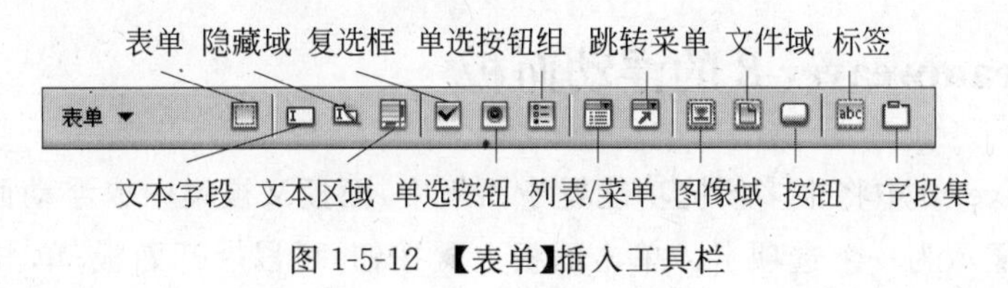

图 1-5-12 【表单】插入工具栏

3. 显示选择栏

显示选择栏用来快速选择以何种显示方式对网页文档进行编辑，包括以下 3 种模式。

- 代码：直接显示网页文件的 HTML 代码。在设计视图中完成主要网页设计，常在显示代码方式中直接修改或查看 HTML 代码配合设计。
- 拆分：以上下窗口方式同时显示代码和设计视图。
- 设计：所见即所得地设计网页内容，是网页设计时最常用的显示方式。

4. 标签选择栏

标签选择栏用来快速选择当前选中的对象或它所嵌入的一系列标签对。尤其适合网页对象多次嵌套时，直接用鼠标较难准确选择的情况。

5. 属性检查器

属性检查器也称属性面板，用来设置页面中各对象属性及样式。属性检查器功能较复杂，不同网页对象属性及设置方法也不同，之后章节中会详细介绍。

6. 浮动面板组

浮动面板组包括 4 类，有 CSS 面板、【应用程序】面板、【标签检查器】面板和【文件】面板，如图 1-5-13 所示。下节会详细介绍浮动面板组的使用。

图 1-5-13　浮动面板组

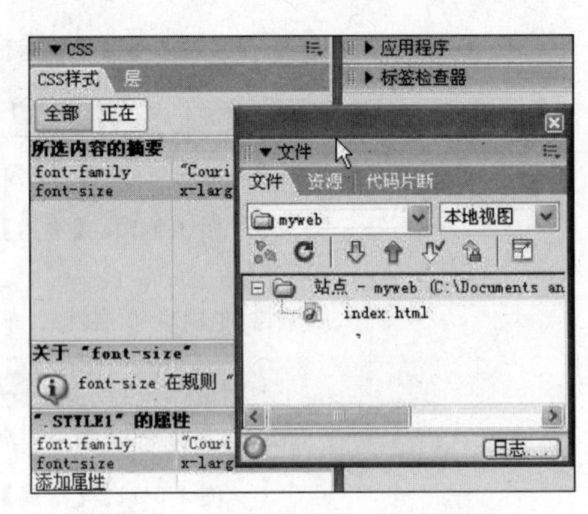

图 1-5-14　任意组合的浮动面板组

5.2.2　Dreamweaver 8 的浮动面板

Dreamweaver 8 中将很多便捷功能置于面板中，面板又被集中成浮动面板组，每一个选定的面板将显示为一个选项卡。单击面板上▶按钮，可以展开面板；单击▼按钮，可以折叠面板。根据需要拖曳按钮，面板还可以任意选择和其他面板停靠在一起或取消停靠，如图 1-5-14 所示。

1. CSS 面板

层叠样式表(CSS)是一系列格式设置规则，它们控制 Web 页面内容的外观。使用 CSS 设置页面格式时，可以将内容与表现形式分开：

- 页面内容(即 HTML 代码)驻留在 HTML 文件自身中。
- 用于定义代码表现形式的 CSS 规则驻留在另一个文件(外部样式表)或 HTML 文档的另一部分(通常为文件头部分)中。

使用 CSS 可以非常灵活并更好地控制具体的页面外观，从精确的布局定位到特定的字体和样式。CSS 是 Dreamweaver 推荐的页面外观设置方式，几乎所有的网页都需要使用 CSS 进行样式设置。关于 CSS 的更多知识将会在 5.3.5 节继续介绍。

CSS 面板可以管理影响当前所选页面元素的 CSS 规则(进入【正在】模式)，或影响整个文档的规则(进入【全部】模式)。使用 CSS 面板顶部的切换按钮 全部 | 正在 可以在两种模式之间切换，如图 1-5-15 所示的是定义一个名为 menu.css 的外部样式表文件。

单击【附加样式表】按钮，可以增加一个样式表文件；单击【新建 CSS 样式】按钮，可以新建一个 CSS 样式规则；单击【编辑样式表】按钮，可以对选中样式进行编辑；单击【删除 CSS 样式】按钮，可以删除一个 CSS 样式规则或删除一个 CSS 样式链接。

2. 【应用程序】面板

【应用程序】面板包括数据库、绑定、服务器行为和组件 4 个选项卡，主要用于编辑动态网页，如图 1-5-16 所示。

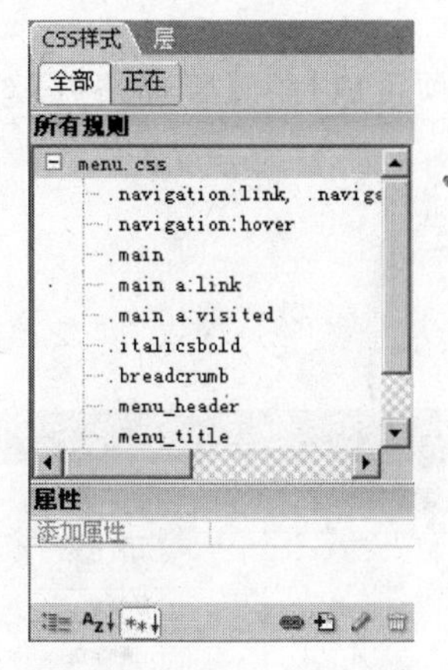

图 1-5-15　CSS 浮动面板

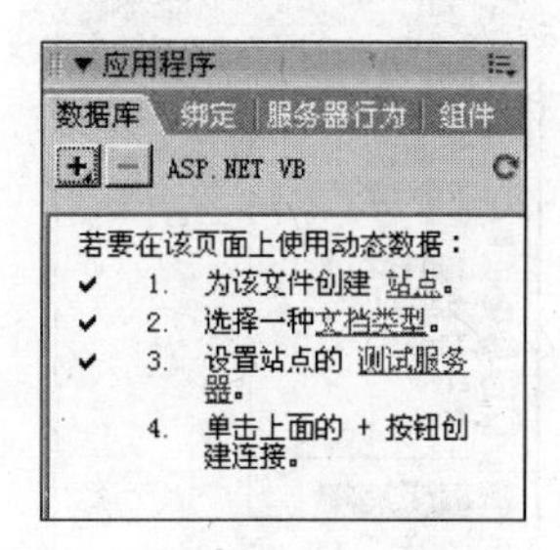

图 1-5-16　【应用程序】面板

3.【标签】面板

【标签】面板包括属性与行为两个选项卡，分别用来管理选中对象的属性和行为。【属性】选项卡用来设置对象的各种参数及样式，【行为】选项卡用来设置对象的各种响应事件及函数（可能需要使用脚本语言），如图 1-5-17 所示。

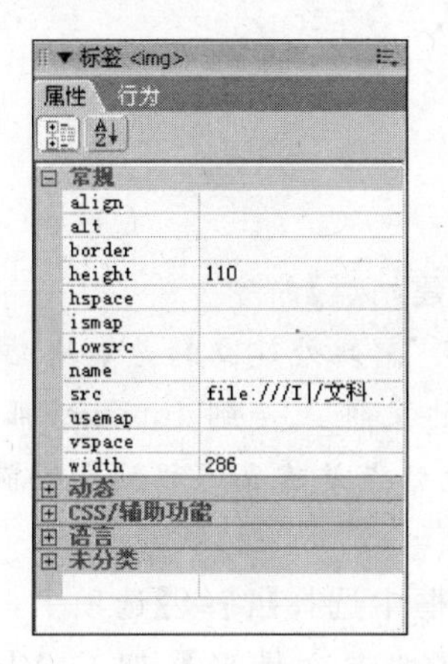

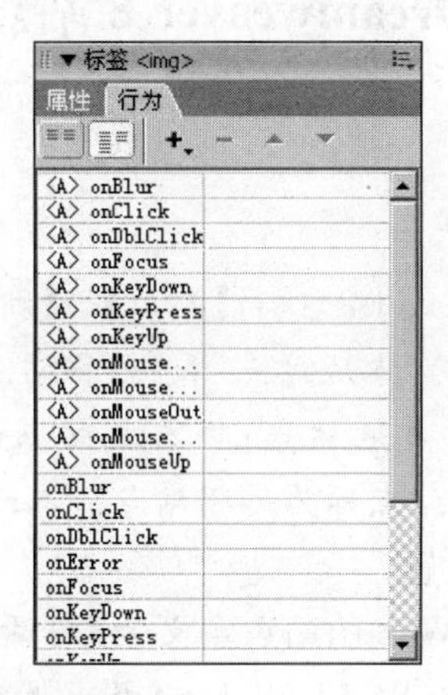

图 1-5-17　【标签】面板

注意：使用【标签】面板和之前介绍的【属性】面板都可以查看和编辑对象的属性。区别在于，使用【标签】面板可以查看和编辑与给定标签相关的所有属性，【属性】面板只显示最常用的属性，但可以提供更丰富的控件组用于更改那些属性的值，并允许编辑没有对应于特定标签的某些对象（如表格的列）。

4.【文件】面板

【文件】面板用于查看和管理 Dreamweaver 所有站点，并管理站点中各文件和资源，为网页设计提供种种便利。通过单击 文件 资源 代码片断 标签，可以实现在文件、资源和代码片断列表模式间转换，如图 1-5-18 所示。在各模式下单击☰按钮，可以弹出相应的快捷功能菜单。

在图 1-5-18 所示的下拉列表中选择【管理站点】选项可以打开【管理站点】对话框，对所有站点进行管理、新建、复制等操作，如图 1-5-19 所示。

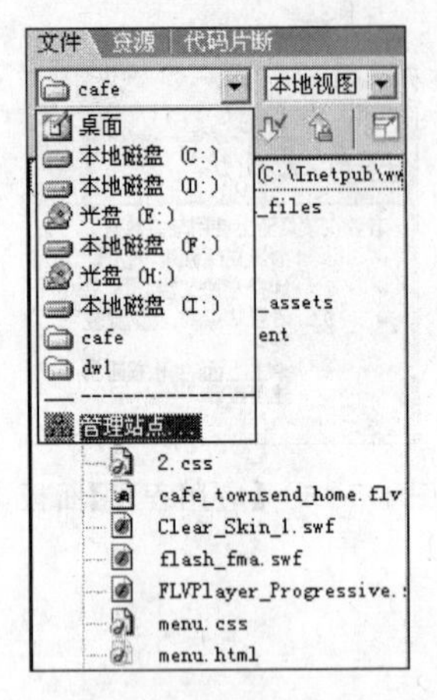

图 1-5-18 【文件】面板

图 1-5-19 【管理站点】对话框

5.2.3 创建 Dreamweaver 8 站点

1. 新建站点

1) 创建新站点

启动 Dreamweaver 8，执行【站点】→【新建站点】命令。

注意：站点分为“本地站点”和“远程站点”。此处建立的是本地站点。在本地计算机上创建的站点称为本地站点；将本地站点的文件上传到 Internet 服务器上，允许通过 HTTP 进行访问的站点称为远程站点。本地站点是建立远程站点的前提和基础。

2) 本地信息设置

在弹出的【MyWeb 的站点定义为】对话框中选择【高级】选项卡，在【本地信息】选项区中输入站点名称，如 MyWeb，并设置【本地根文件夹】，如 C:\Inetpub\wwwroot\myweb，如图 1-5-20 所示。站点名称仅用于在 Dreamweaver 中区分站点，与站点物理存储的文件夹名称无关，但一般建议两者设置相同。

注意：使用【基本】选项卡，将逐步提示如何新建站点；使用【高级】选项卡，没有逐步提示，可以一次性设置完成站点，适合经验丰富的网页开发人员。

3) 其他设置

一般情况下，其他设置内容保留默认即可。确定后即可完成站点新建。

2. 打开站点

完成新建站点后，即可自动打开该网站。

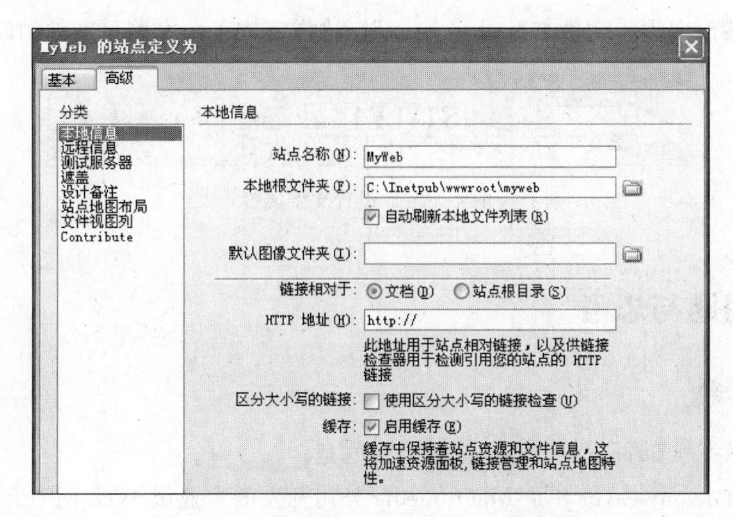

图 1-5-20 【MyWeb 的站点定义为】对话框

如果需要打开其他站点，可执行【站点】→【管理站点】命令。在【管理站点】对话框中选择站点，单击【完成】按钮即可打开该站点。

3. 创建文件夹

站点建好后，所有的文件夹和文件都将列于【文件】面板中。在文件列表中右击，在弹出的快捷菜单中选择【新建文件夹】命令，创建两个文件夹 image、music 用来放置相应素材文件。实际上，使用 Dreamweaver 管理文件夹和文件与使用 Windows 的【资源管理器】管理文件夹和文件本质上是一致的，都是对网站所在文件夹进行管理，如图 1-5-21 所示。

图 1-5-21 Dreamweaver 中文件管理与【资源管理器】中文件管理

在之后的操作中，应尽可能将网站需要的文件都复制到网站文件夹中，尽量使用网站文件夹中的文件与素材，以保证网站的独立性与完整性，如果确实需要使用网站文件夹以外的文件或素材，也建议把这些素材复制到本地站点，预防“旁征博引”的后遗症(当网站文件夹位置变化后，对之前引用的文件不再能正确引用)。

4. 准备素材文件

使用 Windows 资源管理器，将网站所需的素材文件复制到网站的相应文件夹内。

5. 添加网页文件

执行【文件】→【新建】命令，在【新建文档】对话框中选择【常用】选项卡，【类别】为基本页 HTML 文档，单击【创建】按钮完成新建。在文档窗口中输入文字“欢迎来到我的个人主页”，并按图 1-5-22 所示的参数设置属性。设置完成后，执行【文件】→【保存】命令，在

【另存为】对话框中输入文件名“index. html”。这样完成了一个网页文件的添加。

图 1-5-22 设置文字属性

5.2.4 习题与思考

1. 选择题

(1) 以下关于 Dreamweaver 8 描述错误的是________。

A. Dreamweaver 8 是 Macromedia 公司开发的专业级 Web 网站开发工具

B. Dreamweaver 8 提供功能全面的编码环境

C. Dreamweaver 8 中不能很好地支持各种服务器技术

D. Dreamweaver 8 提供了一个将全部元素置于一个窗口中的集成布局

(2) 下列关于 Dreamweaver 8 中面板、菜单、工具栏等工具描述正确的是________。

A. 插入工具栏用来向网页中插入各种标签

B. 显示选择栏用来快速选择当前选中的对象或它所嵌入的一系列标签对

C. 标签选择栏用来快速选择以何种显示方式对网页文档进行编辑

D. 属性检查器包括 CSS、应用程序、标签检查器、文件 4 类

2. 填空题

(1) Dreamweaver 8 中，站点分为________和________。

(2) 在 Dreamweaver 8 中，使用________和________可以查看和编辑对象的属性。

3. 思考题

创建一个本地站点，在该站点中创建文件夹 script，并新建网页文件 index. htm。然后在 Windows 的【资源管理器】中查看该站点及其中的内容是否与 Dreamweaver 8 的【文件】面板中显示一致。

5.3 网页中文本、图像和动画元素

5.3.1 网页中的文本元素

网页中的文字供用户阅读，在网页设计中占有非常重要的作用。文字应尽量符合人们的阅读习惯：标题文字可以设置大一些，醒目一些；常见正文文字不要太大；要尽量保

证网站文字风格的统一。除一般文字外，网页中可能还会包含一些特殊文字，如换行符、不换行空格符、水平线等。

1. 插入文本和特殊字符

1）插入文本

在 Dreamweaver 8 中文本处理与在其他文字处理程序中基本一样：通过键盘输入；按 Enter 键换行；选中不需要的文字，按 Delete 键删除，等等。

也可以通过"复制"、"粘贴"命令将文本内容复制到网页中。注意，如果直接从 Word 文档或者其他网页中复制文字内容时，会将文字原有格式一同复制进来。如果不需要保留原文字的格式，可以先将文字内容粘贴到记事本程序中，然后再从记事本程序中复制，然后粘贴至 Dreamweaver 8 的网页中即可。

2）插入特殊字符

常见的特殊字符有 HTML 包含版权符号（©）、注册商标符号（®）等特殊字符。若要将特殊字符插入到文档中，可执行以下操作：

首先在【文档】窗口中，将插入点放在要插入特殊字符的位置。然后执行下列操作之一：执行【插入】→【HTML】→【特殊字符】命令，在子菜单中选择需要添加的字符，如图 1-5-23(a)所示；或在【插入】工具栏选择【文字】工具栏，单击最右侧的插入特殊符号，如图 1-5-23(b)所示。

(a)【插入】菜单中的特殊文字选项　(b)【文字】工具栏中的特殊文字选项

图 1-5-23　插入特殊字符选项

对于经常使用的特殊符号，可以用快捷键以方便输入。如，不分段换行符的快捷键为 Shift＋Enter 键、空格符的快捷键为 Shift＋Ctrl＋Space 键等。

2. 添加可选的中文字体

在 Dreamweaver 8 中预置了大量字体供用户使用。添加文字字体方法如下：

选中文字后，在【属性】面板中即可设置文字字体。若所需字体不在字体列表中，可以在列表的最下方选择【编辑字体列表】命令，弹出【编辑字体列表】对话框，如图 1-5-24 所示。

图 1-5-24 【编辑字体列表】对话框

单击对话框左上角的【添加】按钮+,在字体列表中临时添加一条不包含任何字体的条目,然后在【可用字体】列表框中选择所需字体后,单击【移入】按钮<<添加字体,单击【移出】按钮>>移出字体。如果不希望某字体条目出现在字体选择列表中,也可以在【已有字体】列表框中选中该字体条目后,单击【删除】按钮 — 删除该条目。设置完成单击【确定】按钮,完成编辑。

3. 设置文本属性

文本格式分为字符格式和段落格式。字符格式包括字符的字体、大小、颜色和样式等;段落格式包括段落的对齐方式、项目符合和段落的缩进等。

选中文字,在属性工具栏中进行属性设置,如图 1-5-25 所示。

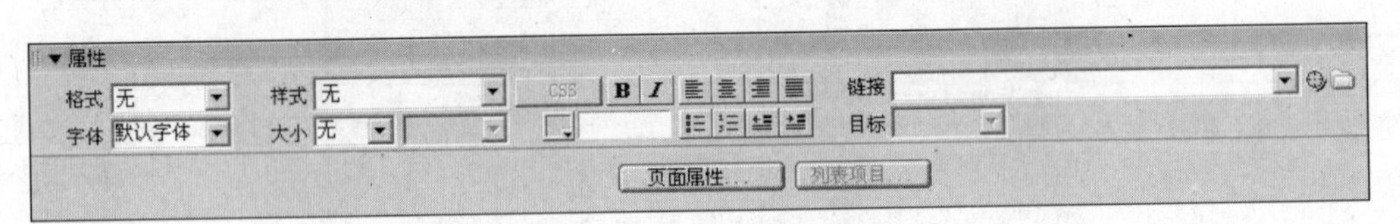

图 1-5-25 文本属性设置

1) 设置格式

Dreamweaver 8 中预置了几种常用文本格式用来快速设置文本。预置格式有:段落、标题 1、标题 2、……、标题 6 等。正文常用段落格式;标题 1 对应一级标题、标题 2 对应二级标题,依此类推。选中文字后,在【格式】下拉列表框中直接选择即可。

2) 设置字体

选中文字后,使用【字体】下拉列表框设置所需字体。也可以根据需要,在字体选项框中添加字体条目。

3) 设置大小

在【大小】下拉列表框中可以选择预设尺寸,快速设置选中文字的大小及单位。也可在其中直接输入大小尺寸,选择尺寸单位进行设置。

4）设置颜色

选中文字后，在颜色选择框中选择所需颜色，如图 1-5-26 所示。单击右上角▨按钮，可以清除颜色选择；单击◉按钮，将调出【系统颜色拾取器】，可以更详细的设置颜色；单击▶按钮，可以选择不同的颜色系。此外，还可以直接输入颜色的 RGB 值。

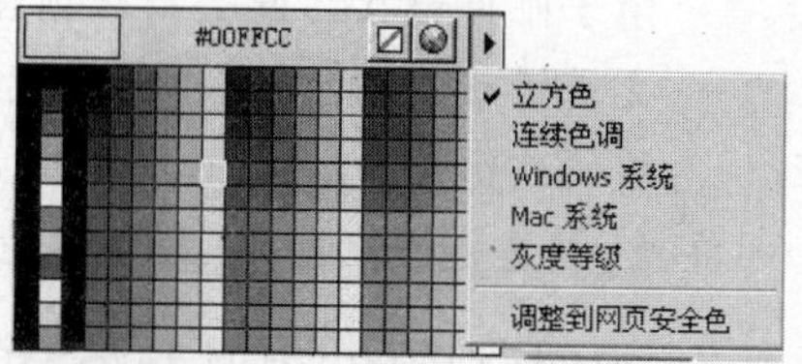

图 1-5-26　选择所需颜色

5）设置样式

完成之前的属性设置后，可以在【样式】下拉列表框中找到类似于“Style 1”的样式（由于操作过程不同，具体样式名称可能略有差异）。选中使用该样式的文字后，在浮动面板组的 CSS 面板中，可以看到该样式的各个属性，如图 1-5-27 所示。

可以发现，之前设置的字体属性都可以在这里找到。实际上，关于网页元素各种样式属性（如字体、颜色、大小等）的设置基本上都是使用 CSS 样式来实现的。

当然，需要对样式进行修改时，如果明确了解 CSS 样式中各属性的含义，也可以在 CSS 面板中直接设置。

此外，Dreamweaver 8 中还提供了另一种方法，可用来设置文本元素的样式：选中文字后，执行【文本】→【样式】命令，在弹出的子菜单中选择所需样式，如图 1-5-28 所示。注意，在这里设置的部分样式不是使用 CSS 样式的方法来实现的。

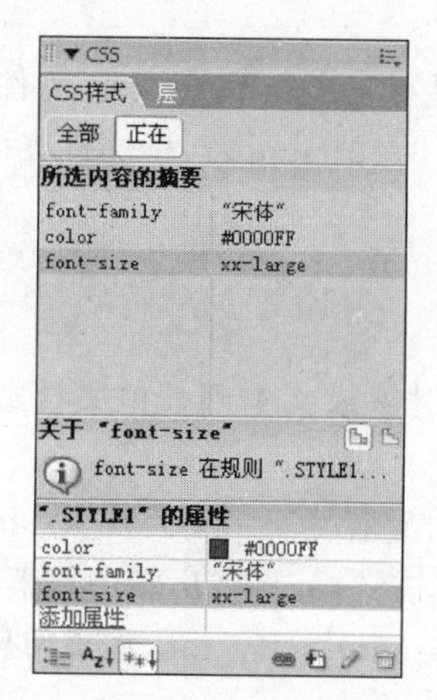

图 1-5-27　CSS 面板中的样式信息

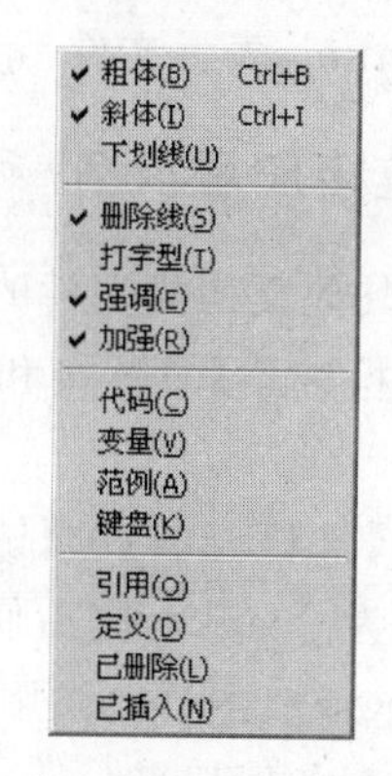

图 1-5-28　弹出的子菜单中选择所需样式

6）设置段落格式

选中文本后，可在属性检查器中设置文字所在段落的对齐方式、项目符合和段落的缩进。

5.3.2　文本超级链接

根据指向目标不同，在一个网页文档中可以创建几种类型的链接：

- 链接到其他文档或文件(如图形、影片、PDF或声音文件)的链接。
- 跳转至文档内的特定位置(命名锚记链接)。
- 电子邮件链接。此类链接新建一个收件人地址已经填好的空白电子邮件。
- 无址链接和脚本链接,此类链接能够在对象上附加行为,或者创建执行JavaScript代码的链接。

注意,创建链接之前,一定要清楚文档相对路径及绝对路径的工作方式。

1. 超级链接的"相对路径"和"绝对路径"概念

每个网页都有一个唯一的地址,称为统一资源定位器(URL)。有3种类型的链接路径:

1) 绝对路径

绝对路径提供所链接文档的完整URL,而且包括所使用的协议(如对于Web页,通常使用http://;对于FTP站点,通常使用ftp://)。如果需要链接到其他服务器上的文档,必须使用绝对路径。

2) 文档相对路径

省略掉对于当前文档和所链接的文档都相同的绝对URL部分,而只提供不同的路径部分。一般情况下,站内链接多使用文档相对路径,这样当网站移动时,链接不需要变化。如image/nddance2.gif,表示文件nddance2.gif位于当前目录的image子文件夹下。

3) 站点根目录相对路径

使用从站点的根文件夹到文档的路径。用正斜杠(/)表示站点根文件夹。如/support/tips.html,表示文件tips.html位于站点根文件夹的support子文件夹中。

2. 文本链接应用示例

1) 链接到其他文档或文件的链接

设置【属性检查器】中链接和目标,可创建从图像、对象或文本到其他文档或文件的链接。

例如,在【属性检查器】的【链接】文本框中输入绝对路径为http://www.sina.com.cn,【目标】设置为_blank。之后使用浏览器浏览时,单击该链接,将弹出新浏览器窗口,并在新窗口中显示新浪主页。常用目标选项有_blank、_parent、_self、_top,如果使用了框架集网页,也会出现各框架名。

在Dreamweaver 8中默认使用文档相对路径创建指向站内其他网页的链接。注意,应先保存新文件,然后再创建文档相对路径,因为如果没有一个确切的起点,文档相对路径无效。如果在保存文件之前创建文档相对路径,Dreamweaver 8将临时使用以file://开头的绝对路径;当保存文件时,Dreamweaver 8自动将file://路径转换为相对路径,如图1-5-29所示。

2) 书签链接

当网页内容较多时,可以在网页内部的适当位置增加书签锚记,然后在网页其他位置插入书签超链接(通常放在文档的特定主题处或顶部),并使书签指向该锚点。这样单击

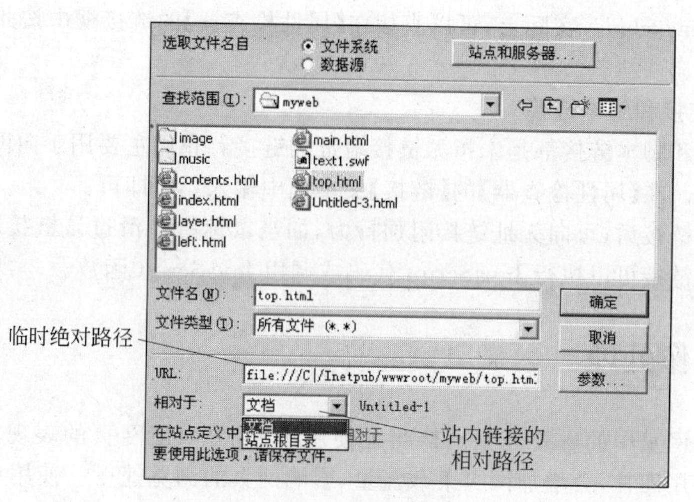

图 1-5-29 选择链接文件

书签超链接就可跳转到书签锚记处了。设置步骤如下：

- 首先创建命名锚记。将插入点放在需要命名锚记的地方，选择插入工具栏的【常用】类别，单击【命名锚记】按钮，在弹出的【命名锚记】对话框中输入锚记名称（如 bottom）后确定即可。【文档】窗口中将出现一个锚记图标。注意，锚记名称区分大小写。
- 然后创建到该命名锚记的链接。选中需要创建书签超链接的对象（如文字），在【属性检查器】的链接中输入"符号＃＋锚记名称"。例如，若要链接到当前文档中的名为 bottom 的锚记，输入 #bottom；若要链接到同一文件夹内其他文档中的名为 bottom 的锚记，可输入 filename.html＃bottom。

3）电子邮件链接

在网页中，常会使用电子邮件链接，帮助浏览者向指定邮件地址发送邮件。单击电子邮件链接后，将打开一个空白邮件信息窗口（使用的是与用户浏览器相关联的邮件程序，如 Outlook Express 等）。在电子邮件消息窗口中，【收件人】文本框中会自动为电子邮件链接指定邮件地址。操作过程如下：

- 在【文档】窗口的【设计】视图中，将插入点放在希望出现电子邮件链接的位置，或者选择要作为电子邮件链接出现的文本。
- 然后执行【插入】→【电子邮件链接】命令，在弹出的【电子邮件链接】对话框中输入文本和 E-mail 地址，如图 1-5-30 所示。确定后完成设置。

图 1-5-30 【电子邮件链接】对话框

选中该电子邮件链接，观察【属性检查器】的链接框，可以发现链接地址为 mailto：

renwoxing@sina.com。实际上,可以直接在【属性检查器】的链接框中按此规则输入制作电子邮件链接。

4）无址链接和脚本链接

无址链接和脚本链接都是未指派链接地址的链接。它们主要用于向网页中的对象或文本附加行为。在【属性检查器】的【链接】文本框中输入"#"即可。

创建无址链接后,可向无址链接附加行为,如当鼠标指针滑过该链接时,交换图像或显示层。脚本链接可以执行 JavaScript 代码或调用 JavaScript 函数。

5.3.3 图像处理

图像也是网页中的重要元素。恰当地使用图像,可以使网页的表现能力事半功倍。但是过多的使用图片,会增加网页下载流量,影响网页的浏览速度。使用 Dreamweaver 8 可以非常方便地插入图像,编辑图像。

目前网页中使用较多的图像格式包括 GIF 和 JPEG 等。GIF 图像格式对用于透明图像或动画,JPEG 图像格式多用于质量要求较高的图像。

1. 插入图像

使用 Dreamweaver 8 插入图像时,为了确保图像引用的正确性,图像文件应尽量置于当前站点中。如果图像文件不在当前站点中,Dreamweaver 8 会询问是否要将图像文件复制到当前站点中。

在网页中插入图像操作如下:

首先,在【文档】窗口中将插入点放置在要显示图像的地方。

然后执行以下操作之一:在插入工具栏选择【常用】类别,单击【图像】图标。或执行【插入】→【图像】命令。或将图像从【文件】面板中直接拖曳到【文档】窗口中的所需位置。

在弹出的【选择图像源文件】对话框中选择所需文件,如图 1-5-31 所示。和设置超级

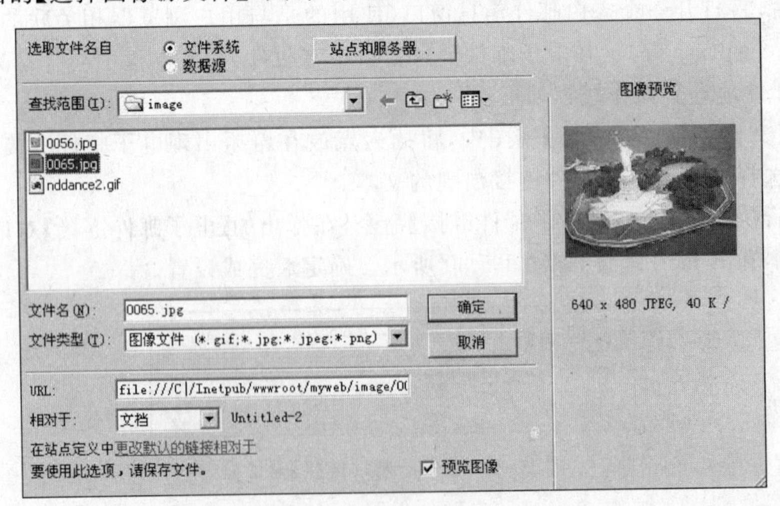

图 1-5-31 【选择图像源文件】对话框

链接时一样，如果当前文档未保存过，则 Dreamweaver 8 会生成一个对图像文件的 file://绝对引用。将文档保存后，Dreamweaver 8 会将该引用自动转换为文档相对路径。

单击【确定】按钮后，会弹出【图像标签辅助功能属性】对话框，用以设置【替代文本】（设置了替换文字后，浏览时一旦图像无法下载则显示该文字）和【详细描述】。可根据需要输入文字，完成图像插入。

2. 设置图像

1）设置图像大小

Dreamweaver 8 中，可以在【文档】窗口中直接拖曳鼠标改变图像大小。如果需要精确指定大小，可以使用【属性检查器】的【宽】、【高】设置，如图 1-5-32 所示。【宽】、【高】的单位为像素。注意，缩放图像的显示大小是不会缩短下载时间的。如果希望缩短下载时间，需要在将图像插入网页前，使用其他图像编辑程序缩放图像尺寸，修改图像文件大小。

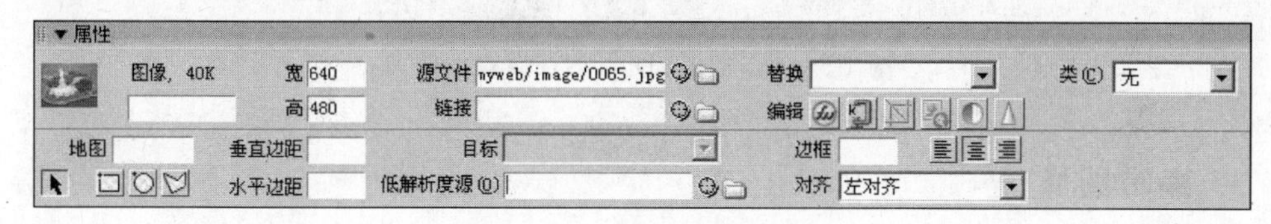

图 1-5-32　图像的属性设置

2）设置替换文字

设置了替换文字后，当在浏览器浏览时，图像如果没有被正常下载，将会在浏览器中显示替换文字。

3）为图像添加超链接

图像也可以添加超链接，在【属性检查器】中设置图像链接和目标后，浏览时单击图像即可跳转至目标位置。

4）设置图像边距

【垂直边距】指图像的顶部和底部与其他元素的距离。【水平边距】指图像左侧和右侧与其他元素的距离。边距单位为像素。

5）设置低解析度源

低解析度源指定在载入主图像之前应该载入的图像。有时，对于一些比较大的图像，可以设置低解析度源为原图像的黑白版本（黑白图较原图小）。这样，浏览时可以较快地载入黑白图，使访问者对内容有所了解。

6）设置对齐方式

使用可以设置整层（DIV）的对齐方式，使用对齐选择框可以单独设置图片的对齐方式。

7）为图像设置边框

如果需要对图像加入边框，可以在【边框】中设置边框大小，单位为像素。

8）图像地图与热点设置

图像地图指已被分为多个区域（或称“热点”）的图像；当用户单击某个热点时，会发生某种操作(例如，打开一个新文件等)。这样，就相当于在一幅图像上设置了多个链接，如图 1-5-33 所示，在某学校地图的图书馆和计算机楼位置处设置了两个热点，分别指向图书馆和计算中心的单位网站。

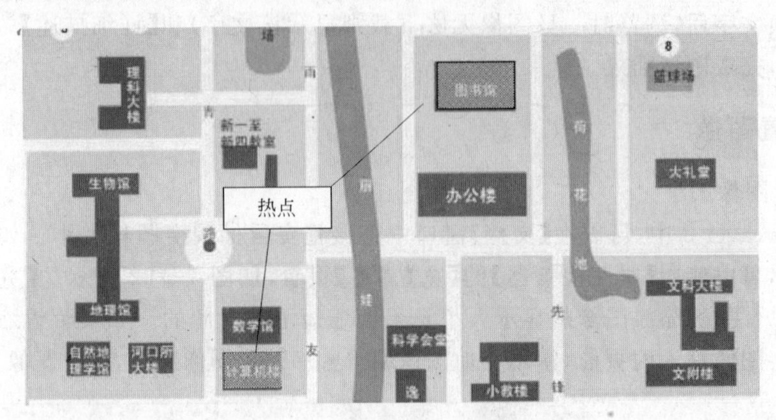

图 1-5-33　图像地图与热点设置示例

3. 编辑图像

Dreamweaver 8 还提供了简单编辑图像的功能。在图像的【属性检查器】中，有一组图标编辑工具，从左至右分别为使用外部编辑器编辑图像、使用 Fireworks 优化、裁剪、重新取样、亮度/对比度、锐化。不过，Dreamweaver 8 图像编辑功能仅适用于 JPEG(JPG)和 GIF 图像文件格式，其他图像文件格式不能使用这些图像编辑功能编辑。

1) 裁剪图像

减小图像区域编辑图像。通常，裁剪图像用以强调图像的主题，并删除图像中强调部分周围不需要的部分。单击按钮，拖动图像的 8 个切割点进行裁剪。

2) 修正图像亮度和对比度

修改图像中像素的亮度或对比度，可以调整图像的高亮显示、阴影和中间色调。修正过暗或过亮的图像时通常使用亮度/对比度参数，单击按钮，在弹出的【亮度/对比度】对话框中设置参数。

3) 锐化图像

锐化可通过增加图像中边缘的对比度来调整图像的焦点，使图像更清晰。单击按钮，在弹出的【锐化】对话框中输入锐化值。

注意，上述编辑操作将永久改变图像属性。

4. 插入网页背景图

对网页恰当使用背景图像可以使网页更美观，更有艺术效果。但是切忌使用过大的图像，这样会影响浏览速度，一般也不用颜色太深太复杂的图像，这样容易“喧宾夺主”，反而影响网页的表现效果。

插入网页背景图像的操作如下：在【属性检查器】中单击【页面属性】按钮，在弹出的【页面属性】对话框中，选择【外观】分类，然后选择需要添加的背景图，并可以设置背景图是否重复，如图 1-5-34 所示的设置，该网页使用了 100×100 像素大小的背景图，并允许重复。

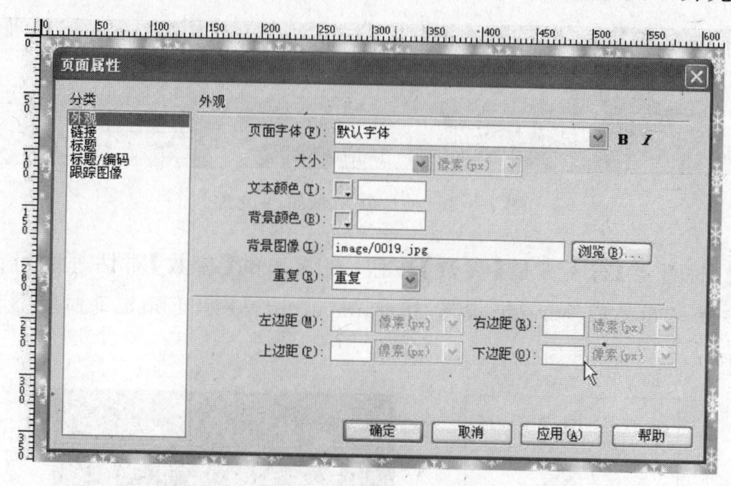

图 1-5-34　设置页面属性

5.3.4　在网页中插入 Flash 动画及其他多媒体

Flash 动画凭借其较好的画质、文件小巧、开发较易和提供简单的互动等诸多优点，已被越来越多地应用在网页设计中。近年流行起来的网页游戏无一不是借助了 Flash 技术。

1. 插入已有的 Flash 动画

在【文档】窗口中将插入点放置在需要的位置，然后使用执行以下操作之一：执行【插入】→【媒体】命令，在弹出的子菜单中选择 Flash 即可，如图 1-5-35(a)所示。或者在插入工具栏选择【常用】类别，单击“插入媒体”图标旁的下三角按钮，在弹出的下拉菜单中选择 Flash 选项，如图 1-5-35(b)所示。然后，在【选择】对话框中选择 Flash 动画文件即可。

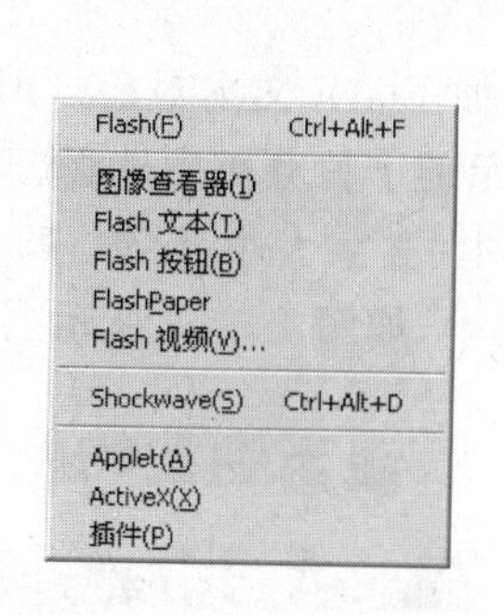

(a)【插入】菜单中的Flash选项　(b)【常用】工具栏中的Flash选项

图 1-5-35　插入 Flash 选项

插入 Flash 动画后，使用【属性检查器】可以设置常用的 Flash 动画属性，如大小、边距、是否循环、是否自动播放、品质、显示比例、背景颜色、对齐方式等，另外还可以设置 Flash 插件的各种特殊参数，如图 1-5-36 所示。

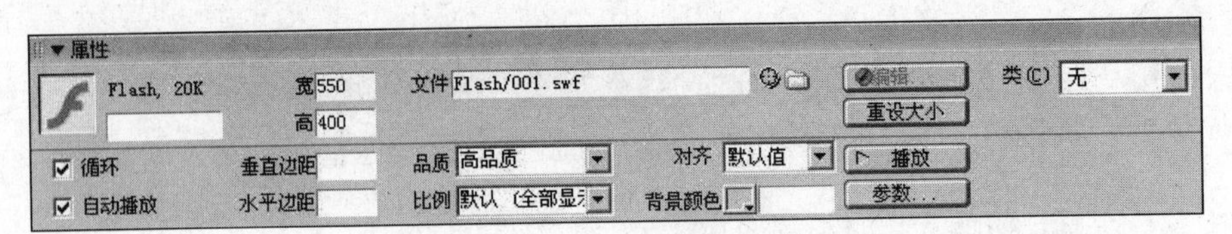

图 1-5-36　Flash 动画属性设置

单击【属性检查器】右下方的【参数】按钮，在弹出的【参数】对话框中可以设置 Flash 插件的特殊参数。如参数 wmode 设置为 transparent，表示 Flash 动画背景将为透明，如图 1-5-37 所示。

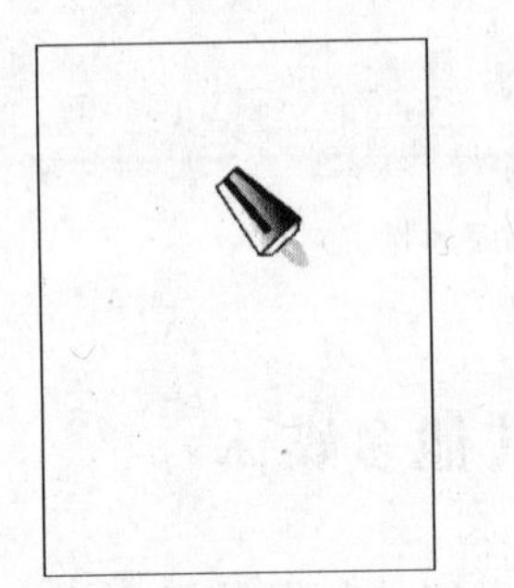

(a) 透明背景Flash动画

(b) 非透明背景Flash动画

图 1-5-37　透明背景 Flash 动画与非透明背景 Flash 动画

2. 插入 Flash 按钮

Flash 按钮可用于网页导航，样式较文字导航美观。在图 1-5-35(b)所示的下拉菜单中选择【Flash 按钮】选项，在弹出的【插入 Flash 按钮】对话框中选择按钮样式，输入按钮文本、链接地址、背景色等信息，单击【确定】按钮后即可插入 Flash 按钮，如图 1-5-38 所示。

3. 插入 Flash 文本对象

使用 Dreamweaver 8 可以直接在网页中添加 Flash 文本对象。Flash 文本较一般文字醒目，可用作网页标题等。在图 1-5-35(b)所示的下拉菜单中选择【Flash 文本】选项，在弹出的【插入 Flash 文本】对话框中输入显示文本、文字大小、字体、颜色、链接地址、背景色等信息，单击【确定】按钮后即可插入 Flash 文本，如图 1-5-39 所示。

图 1-5-38　Flash 按钮示例

欢迎来到我的网上家园！

图 1-5-39　Flash 文本示例

4. 插入其他多媒体

在 Dreamweaver 8 中也可以插入其他类型视频、声音等媒体文件。插入插件操作基本与插入 Flash 动画的操作相同。在图 1-5-35(b)所示的下拉菜单中选择【插件】选项，在弹出的【选择文件】对话框中指定插入的媒体文件即可。插入完成后，也可以通过【属性检查器】进行属性设置。

5.3.5 使用 CSS 样式控制站点风格

1. 什么是 CSS

层叠样式表(CSS) 是一系列格式设置规则，用来控制 Web 页面内容的外观。使用 CSS 设置页面格式，可以将页面内容与表现形式分开。页面内容(即 HTML 代码)驻留在页面文件自身中；而用于定义表现形式的 CSS 样式规则可以保存在另一个文件中(外部样式表文件，通常扩展名为.css)，或者在本页面文档的其他部分(通常放置在文件头部)。

借助 CSS 技术，可以非常方便地统一网站所有页面的风格(各网页使用统一的外部样式表文件)。不仅仅如此，当一个文件包含了所有的样式信息时，样式表还可以缩短下载的时间。CSS 对样式的控制能力也比 HTML 代码强很多，允许设置许多 HTML 代码无法独自控制的属性。

1) CSS 格式设置规则

CSS 格式设置规则由选择器和声明两部分组成。选择器是标识格式元素的术语，声明用于具体定义的元素样式。

选择器类型可分为 3 类：

- 类选择器，可应用于任何 HTML 标签。使用类选择器的规则也被称为自定义 CSS 规则。
- 标签选择器，重新定义指定标签的外观样式。使用标签选择器的规则也被称为 HTML 标签样式规则。
- 高级选择器，用于为某个标签组合或所有包含特定 id 属性的标签定义格式设置。

声明由属性和值两部分组成。

CSS 格式定义示例如图 1-5-40 所示。

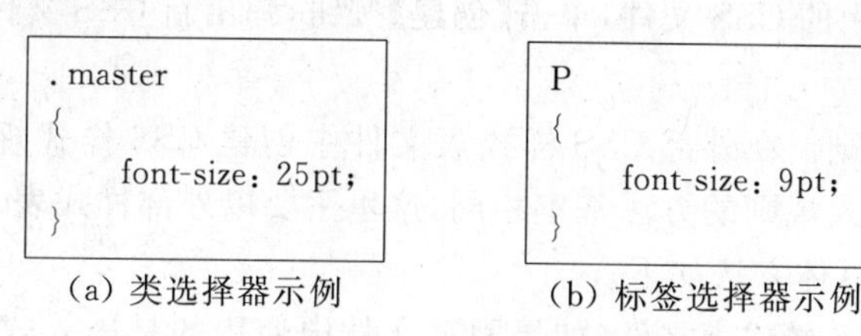

(a) 类选择器示例　　(b) 标签选择器示例

图 1-5-40　CSS 规则示例

图 1-5-40(a)中选择器 master 为类选择器，该规则定义文字大小为 25 像素。如果对

页面文件中任意 HTML 标签设置样式属性为 master 样式后，则该 HTML 标签所包含的文字字体将变为 25 像素。图 1-5-40(b)中选择器 P 为标签选择器，该规则定义了 HTML 标签 P 的文字大小为 9 像素。如果页面文件中使用了该 CSS 规则，则所有标签 P 的文字大小将自动显示为 9 像素(如果没有样式冲突的话)。

2) CSS 样式表存储位置

根据 CSS 样式表所在位置，样式表可分为：

- 外部 CSS 样式表，存储在一个单独的外部 CSS 文件(扩展名为. css)中。在网页文件的头部中指定需要的外部 CSS 样式表文件链接。一个 CSS 样式文件可以被链接到站点中的一个或多个页面，这样可以很方便地统一网站风格。
- 内部(或嵌入式)CSS 样式表，保存在网页文件头部的<STYLE></STYLE>标签内。
- 内联样式，直接定义在网页的每个具体的标签中。Dreamweaver 8 中不鼓励这种做法。

3) CSS 样式冲突

将两个或更多 CSS 规则应用于同一文本时，这些规则可能会发生冲突并产生意外的结果。例如，一种规则可能指定文本字体大小为 9 像素，而另一种规则可能指定文本字体大小为 25 像素。浏览器按“就近原则”应用 CSS 规则：如果应用于同一文本的两种规则的属性发生冲突，则浏览器显示最里面的规则(离文本本身最近的规则)的属性。因此，如果外部样式表和内联样式同时影响文本元素，则应用内联样式。如果有直接冲突，则自定义 CSS 规则中的属性将覆盖 HTML 标签样式中的属性。

另外，手动设置的 HTML 格式会覆盖通过 CSS 应用的格式。为使 CSS 规则能够准确地控制段落格式，必须删除所有手动设置的 HTML 格式。

2. 在 Dreamweaver 8 中使用 CSS

1) 创建外部 CSS 样式表文件及新的 CSS 样式规则

实际上，在之前介绍如何设置文本、图像等对象的样式属性时，已经使用了保存在网页文件头部的嵌入式 CSS 样式表，部分样式规则在设置元素样式属性时已经自动生成。这里，将介绍如何创建外部 CSS 样式文件。这种样式表文件可被多个网页文件使用，借助这种 CSS 样式表，可以非常方便地统一网站所有页面的风格。

创建 CSS 样式表文件方法：执行【文件】→【新建】命令，在弹出的【新建文档】对话框中选择【基本页】分类中的 CSS 文件，单击【创建】按钮，弹出新 CSS 文件的【文档】窗口，完成创建。

创建 CSS 样式规则。在外部 CSS 样式表文件中创建 CSS 样式规则，与嵌入式 CSS 样式表中创建 CSS 样式规则的方法基本相同，这里主要以外部样式表文件中创建 CSS 样式规则为例来介绍。具体方法如下。

首先打开外部 CSS 样式表文件(如果网页文件中使用的是嵌入式 CSS 样式表，则直接打开网页文件，然后将光标置于插入点)，在 CSS 面板中，单击面板右下侧的【新建 CSS 规则】按钮 ，如图 1-5-41 所示。

图 1-5-41　CSS 面板中的按钮命令

在弹出的【新建 CSS 规则】对话框中选择选择器类型、名称及该规则的创建位置，如图 1-5-42 所示，定义了一个名为 mytitle 的类选择器，并且该规则将保存在之前创建的外部 CSS 文件中。

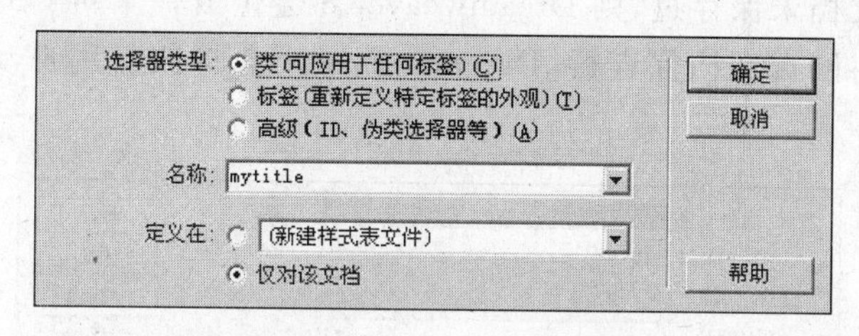

图 1-5-42　【新建 CSS 规则】对话框

确定后将弹出【CSS 规则定义】对话框，在其中定义希望的 CSS 样式属性。如图 1-5-43 所示，定义了字体大小为 24 像素。

确定后即完成一条 CSS 规则的创建。在图 1-5-44 中，外部 CSS 样式表文件定义了 3 个规则：名为 mytitle 的类选择器规则（图中显示为.mytitle），定义其字体大小为 24 像素；p 标签选择器，定义所有 p 标签字体为 10 像素；对未访问过的链接（a:link），定义其颜色为红色（#FF0000）。

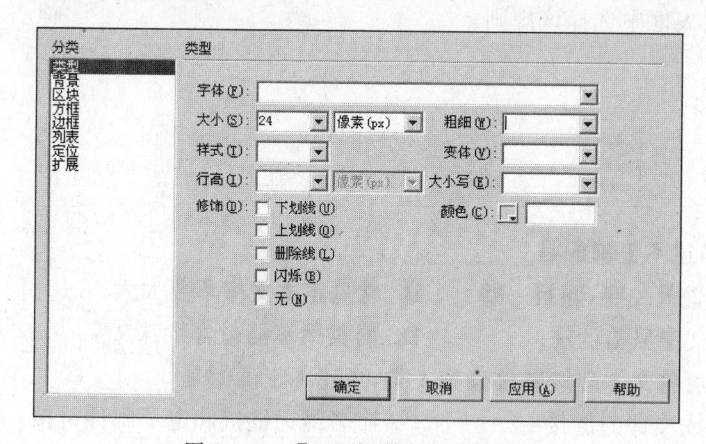

图 1-5-43　【CSS 规则定义】对话框

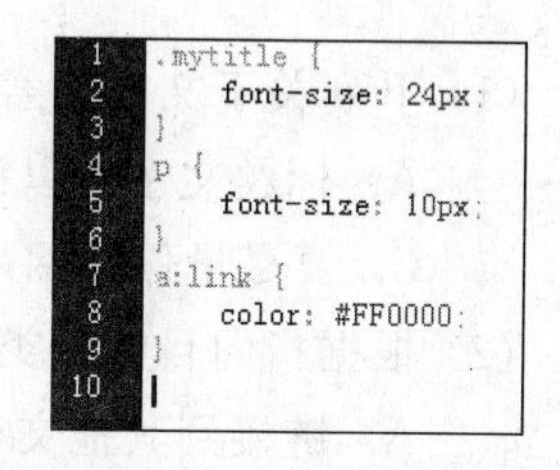
```
1  .mytitle {
2      font-size: 24px;
3  }
4  p {
5      font-size: 10px;
6  }
7  a:link {
8      color: #FF0000;
9  }
10
```

图 1-5-44　CSS 样式规则示例

2）编辑 CSS 样式规则

在 CSS 面板中选中需要修改的规则后，单击【编辑 CSS 规则】按钮，将弹出如图 1-5-43 所示的【CSS 规则定义】对话框，在其中修改样式规则即可。

3）在网页文件中使用CSS样式

在网页文件中使用嵌入式CSS样式表中的样式规则。如果网页文件中新建了标签选择器或高级选择器样式规则，则网页中的相应标签或对象会自动使用该样式规则；如果新建了类选择器样式规则，则需要选中对象后，在【属性检查器】的【样式】下拉列表框中选择该规则，之后，选中对象将按照该规则显示。

在网页文件中使用外部CSS样式表中的样式规则。需要先在网页文件中链接外部CSS文件，然后在网页文件中使用CSS规则。具体方法如下：

- 打开网页文件，在CSS面板中单击【添加样式表】按钮，在弹出的【链接外部样式表】对话框中选择CSS文件，选择添加方式为【链接】，如图1-5-45所示。如果当前网页文档未保存过，则Dreamweaver 8会生成一个对CSS文件的file://绝对引用。将网页文档保存后，Dreamweaver 8会将该引用自动转换为文档相对路径。

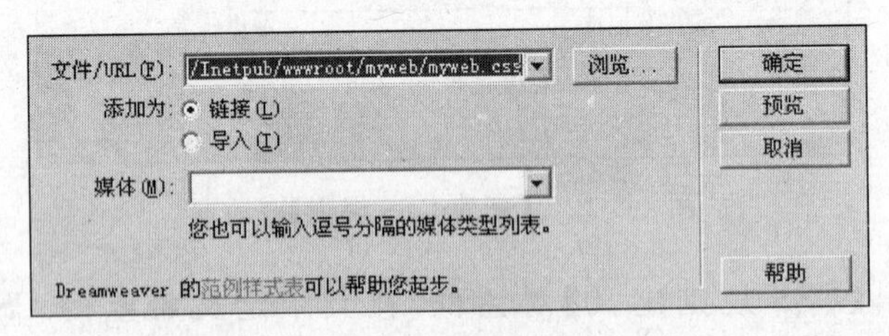

图1-5-45 【链接外部样式表】对话框

- 成功链接后，对外部CSS文件中样式规则的使用与嵌入式CSS样式规则的使用一样。如果是标签选择器或高级选择器样式规则，则网页中的相应标签或对象会自动使用该样式规则；如果是类选择器样式规则，则需要选中对象后，在【属性检查器】的【样式】下拉列表框中选择该规则。

5.3.6 习题与思考

1. 选择题

(1) 下列关于文本元素描述不正确的是________。

A. 标题文字可以设置大一些，醒目一些　　B. 常见正文文字不要太大

C. 要尽量保证网站文字风格的统一　　D. 网页中不能包含特殊文字

(2) 根据指向目标分类，可将文本超级链接分为4类，下述不正确的是________。

A. 链接到其他文档或文件的链接　　B. 命名锚记链接和电子邮件链接

C. 绝对地址链接　　D. 无址链接和脚本链接

(3) 下列关于"绝对路径"和"相对路径"描述不正确的是________。

A. 为了使链接更完整，站内链接应尽量使用相对路径

B. 绝对路径提供所链接文档的完整URL

C. 相对路径省略掉对于当前文档和所链接的文档都相同的绝对URL部分，而

只提供不同的路径部分

D. 站点根目录相对路径使用从站点的根文件夹到文档的路径

(4) 下列 CSS 的描述不正确的是________。

A. 层叠样式表是一系列格式设置规则

B. 使用 CSS 设置页面格式，可以将页面内容与表现形式分开

C. 借助 CSS 技术，可以非常方便地统一网站所有页面的风格

D. CSS 样式表规则只能定义标签的外观样式

2. 填空题

(1) 目前网页中使用较多的图像格式包括________和________等。

(2) CSS 格式设置规则由________和________两部分组成。

(3) 如果希望单击链接，将弹出新浏览器窗口并在新窗口中显示。超级链接【目标】应该设为________。

(4) 单击________后，将调出新建邮件窗口，并且【收件人】文本框中已指定邮件地址。

(5) 对图像设置________后，如果图像没有被正常下载，可以在浏览器中显示相应文字。

(6) 在 Dreamweaver 8 中，可以方便的插入外部 Flash 动画，此外也能制作并插入简单的 Flash 动画，如________和________等。

3. 思考题

(1) 尝试对图像设置热点区域，使同一幅图像可以有多个链接。

(2) 设计一个网站，借助 CSS 技术，统一所有页面风格。

5.4 页面布局

5.4.1 用表格实现页面布局

表格在页面布局上有着非常广泛的应用。表格的引入使网页更容易组织，布局更整齐美观。但是，过多的嵌套表格也存在网页打开过慢等问题，如图 1-5-46 是一个使用表格布局的网页。

表格对应的 HTML 标签为<TABLE></TABLE>；表格中的横向的一行称为"行"，对应的 HTML 标签为<TR></TR>；表格中最小单位的格子称为"单元格"，对应的 HTML 标签为<TD></TD>；有时表格中也会使用到页眉，它所对应的 HTML 标签为<TH></TH>。借助 Dreamweaver 8，可以任意的创建表格，并能够直观地修改表格，不再需要直接输入 HTML 代码。

图 1-5-46　使用表格布局的网页

1. 插入表格

在 Dreamweaver 8 中，可以使用以下 3 种方法插入一个表格：

(1) 执行【插入】→【表格】命令。

(2) 在插入工具栏选择【常用】类别，单击【插入表格】按钮。

(3) 在插入工具栏选择【布局】类别，单击【插入表格】按钮。

使用上述 3 种方法都将打开表格设置对话框，如图 1-5-47 所示。在该对话框中可以设置表格的行列数、表格的宽度、边框粗细、单元格边距、单元格间距、表格页面位置、表格标题及对齐方式和表格摘要。

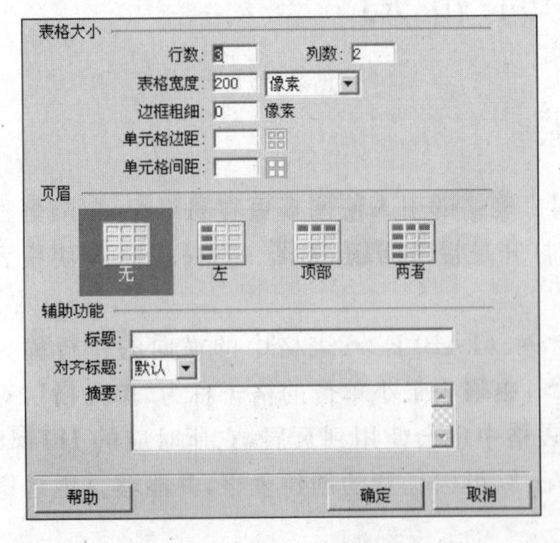

图 1-5-47　表格设置对话框

一般说来，布局表格不需要设置高度，因为一旦在表格的单元格中插入元素，表格的高度将自动调整。另外，表格的宽度最好也不要超过一般显示器的宽度，因为用户一般更习惯于上下拖曳浏览，而不习惯左右拖曳浏览。如果要插入的是一个布局表格，那么显然不希望用户看到边框线，所以一般设置边框粗细为 0。单元格边距指的是单元格边框和单元格内容之间的距离，而单元格间距指的是相邻单元格之间的距离，它们的区别如图 1-5-48 所示。页眉的显示方式一般设置为“无页眉”。标题文字显示在表格第一行上，如果使用表格做布局之用，可以不设置标题文字及标题对齐方式。表格摘要不会在浏览器中显示，而用于其他用途。

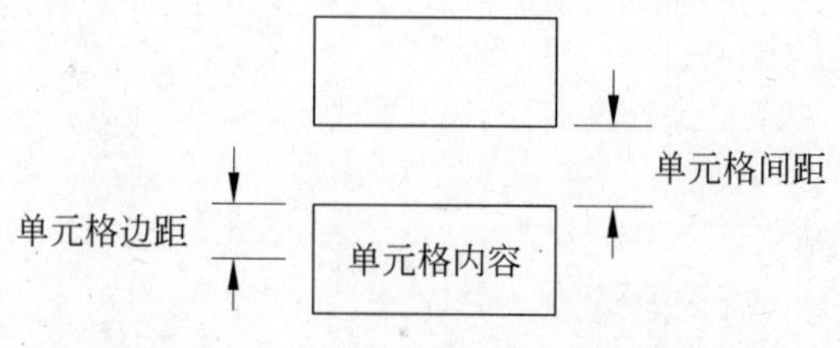

图 1-5-48　单元格边距与单元格间距

2. 编辑表格

插入完表格后，经常需要对表格行数、列数、单元格数进行调整。

1）添加行或列

添加行或列的方法如下：

将鼠标移至某一行(列)中任一单元格，右击鼠标，在弹出的快捷菜单中选择【表格】→【插入行】(【插入列】)命令，将在这一行上(左)添加一行(列)。

2）删除行或列

删除行或列的方法如下：将鼠标移至某一行(列)中任一单元格，右击鼠标，在弹出的快捷菜单中选择【表格】→【删除行】(【删除列】)命令即可将其删除。

3）合并单元格

在网页制作时，常需要将同一行或者同一列相邻的几个单元格合并为一个单元格。可以如下操作：拖曳鼠标选择相邻的需要合并的单元格，然后右击鼠标，在弹出的快捷菜单中选择【表格】→【合并单元格】命令即可。

4）拆分单元格

如果需要将一个单元格拆分为几个一行或者一列的单元格，可以如下操作：在某一单元格中右击鼠标，在弹出快捷菜单中选择【表格】→【拆分单元格】命令，将弹出如图 1-5-49 所示对话框，根据需要选择拆分方式并单击【确定】按钮即可。

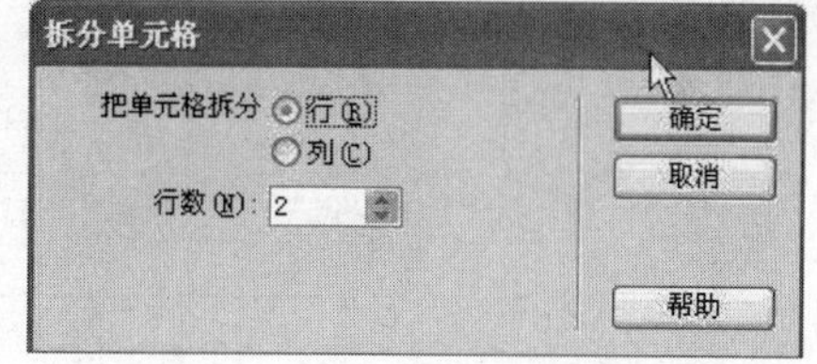

图 1-5-49　【拆分单元格】对话框

3. 绘制布局表格和单元格

对于常规表格，使用上述创建、修改表格的方法比较方便，但如果表格行列较多且关系较复杂时，使用上述方法将会很烦琐，而且容易出错，反复地插入、删除、合并和拆分将会使表格难以处理。对于这种情况，可以使用绘制布局表格和单元格的方法。

在插入工具栏选择【布局】类别，然后选择【布局】设计模式。首先单击【布局表格】按钮，拖曳鼠标绘制布局表格；然后单击【绘制布局单元格】按钮，拖曳鼠标绘制布局单元格，如图 1-5-50 所示，嵌套绘制了 3 个表格，并在外层表格的第一行与最后一行使用了图像占位符。

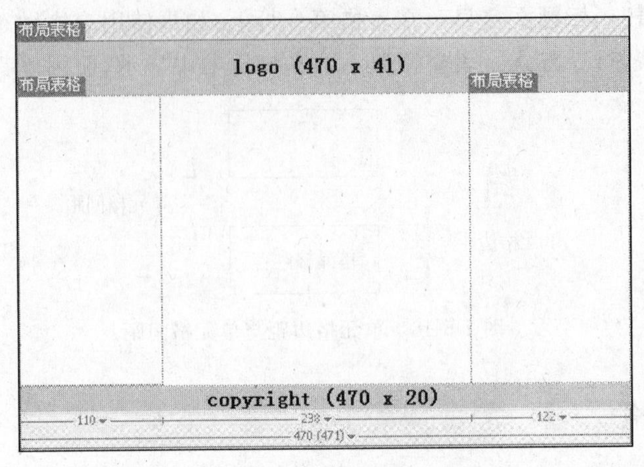

图 1-5-50 绘制布局表格示例

4. 导入数据表并排序

表格除用作布局外，也可以用于一般表格的使用。这里，介绍如何将特制的文本文件(其中的内容以 Tab、逗号、分号或引号等指定分界符分割)导入到 Dreamweaver 8 中，并将其排序的方法。

首先在插入工具栏中选择【布局】类别，单击最右侧的【表格数据】按钮，在弹出的【导入表格数据】对话框中设置数据文件、定界符、表格宽度、单元格边距、单元格间距、如何格式化首行、边框粗细等参数，如图 1-5-51 所示。

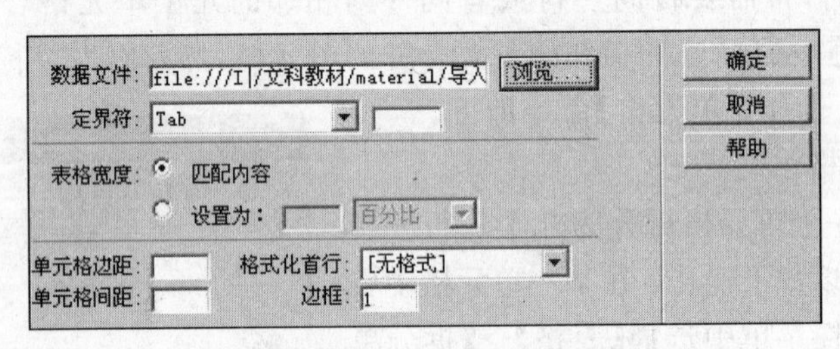

图 1-5-51 【导入表格数据】对话框

单击【确定】按钮后，完成数据表的导入。导入的表格如图 1-5-52 所示。

学号	姓名	系别	性别	年龄
2006001	张三	艺术系	男	18
2006002	李四	计算机	女	17
2006007	王二	计算机	男	17
2006005	令狐冲	电子系	男	19
2006004	杨过	电子系	男	19
2006003	任盈盈	电子系	女	17
2006008	陆小凤	电子系	男	20
2006006	花满楼	特教系	男	19
2006009	李红袖	特教系	女	17

学号	姓名	系别	性别	年龄
2006001	张三	艺术系	男	18
2006002	李四	计算机	女	17
2006007	王二	计算机	男	17
2006005	令狐冲	电子系	男	19
2006004	杨过	电子系	男	19
2006003	任盈盈	电子系	女	17
2006008	陆小凤	电子系	男	20
2006006	花满楼	特教系	男	19
2006009	李红袖	特教系	女	17

图 1-5-52 原始数据与导入后的表格

接下来排序数据表。将鼠标指针移至表格中的任一单元格后，执行【命令】→【排序表格】命令，在弹出的【排序表格】对话框中设置排序要求：按哪一列进行排序，按字母顺序还是按数字顺序，升序还是降序，第二排序条件等要求，等等，如图 1-5-53 所示。设置完成后，单击【确定】按钮，完成表格的排序。

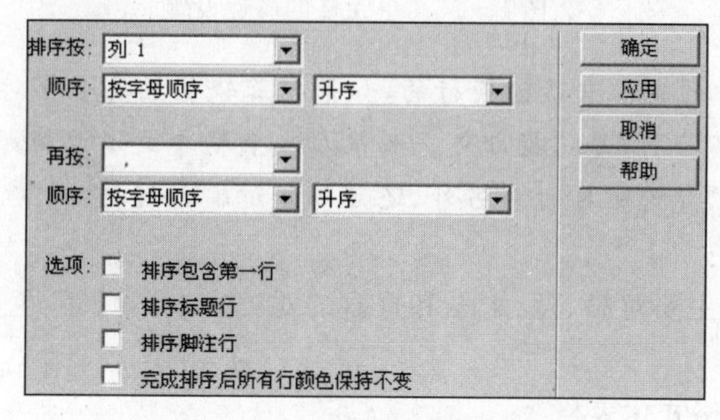

图 1-5-53 【排序表格】对话框

5. 格式化表格和单元格

1）格式化表格

表格的格式化主要包括表格的对齐方式、间距与边距的调整、边框的设置及背景的设置。如果需要对表格或其行列大小进行修改，可以直接使用鼠标进行拖曳：将鼠标指针移至表格框线上，当鼠标变成↔或↕状时拖曳鼠标即可调整大小。如果需要精确指定大小或者还需要对其他属性进行设置，可以使用【属性检查器】：选中表格然后在【属性检查器】中进行设置即可，如图 1-5-54 所示。如果认为不方便选择表格，可以使用标签选择栏<body><table><tr><td><a><img>帮助选择。

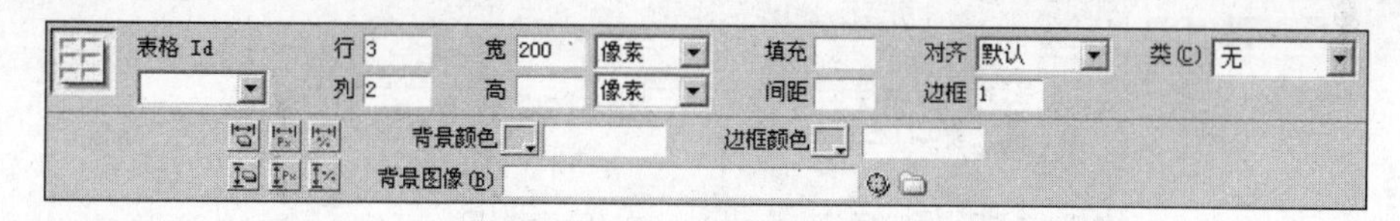

图 1-5-54 表格的属性设置

在【属性检查器】中，可以设置常用的表格属性，如行数、列数、宽、高、填充（所有单元格内部的空间）、间距（所有单元格之间的空间）、边框粗细和颜色、对齐方式（左对齐、右对齐、居中对齐）、类（用来设置使用的 CSS 样式）、背景颜色、边框颜色和背景图像（设置背景图像时，若表格大于图像，则图像是重复出现的）。

2）格式化单元格

单元格的格式化包括单元格及其中内容的格式化，通过单元格的【属性检查器】进行设置，如图 1-5-55 所示。

对于单元格中的文本，主要对字体、大小、颜色、样式（使用的 CSS 样式）、对齐方式（左对齐、右对齐、居中对齐、两端对齐）、项目符号、文字缩进、是否换行、是否为标题文字、超链接指向等设置。

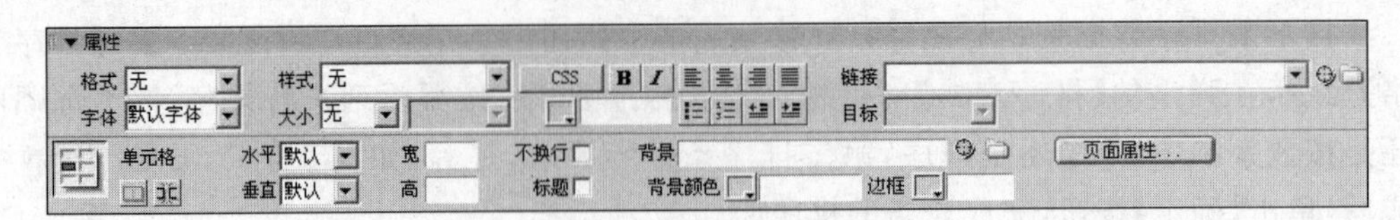

图 1-5-55　单元格的属性设置

注意：单元格中的文本默认为换行的，如果内容较长且要求相对完整，那么就要设置为“不换行”，勾选“不换行”复选框即可。如果希望表格中文本以标题样式显示(加粗并自动居中)，勾选“标题”复选框即可。另外，还可以通过输入链接，将文本设置为指向其他页面的超链接。

对单元格本身，主要对高、宽、水平和垂直的对齐方式、背景颜色、背景图片、边框粗细和颜色等进行设置。

3) 用设计方案格式化表格

使用【格式化表格】命令，可以向表格快速应用一个预定义的设计。首先选定表格，然后执行【命令】→【格式化表格】命令，将弹出【格式化表格】对话框，如图 1-5-56 所示。在对话框左边列表中选择一个预设计方案，右边将显示该方案的一个样本。如果对预设计方案不完全满意，可以进一步修改设计。如果要对表格单元格(TD 标签)而不是表格行(R 标签)应用设计，则勾选【将所有属性套用到 TD 标注而不是 TR 标签】复选框。

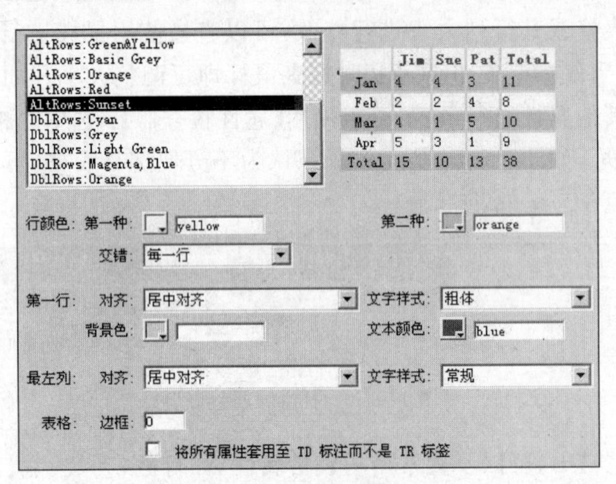

图 1-5-56　【格式化表格】对话框

当同样的属性在表格中被多次设置时，浏览器将采用“就近原则”的解释方式，即单元格格式优先于行格式，而行格式的优先权高于表格格式。所以，如果一个单元格被指定其背景色为蓝色，而整个表格背景色被设置为黄色，则该单元格颜色将为蓝色，而不会是黄色，因为单元格格式优先于表格格式。

5.4.2　用框架布局页面

框架是浏览器窗口中的一个区域，它可以显示与浏览器窗口的其余部分(其他框架)

不同的 HTML 文档。框架集是一个 HTML 文件，它定义一组框架的布局和属性，包括框架的数量、框架的大小、框架的位置以及框架中初始页面的统一资源定位符(Uniform Resource Locator，也称 URL 地址，或不精确的称为网页地址)。框架集网页文件本身不显示在浏览器中，框架集网页只是向浏览器说明如何显示一组框架，以及这些框架中应该显示哪些文档。显然，要在浏览器中查看一组框架，需要在地址栏中输入框架集文件的 URL 地址即可，浏览器随后打开要显示在这些框架中的若干相应文档。

为了使布局更多样，框架集可以嵌套。图 1-5-57 就是一个嵌套了的框架集网页。该框架集中共包含了 3 个框架，其中左上框架与左下框架同属于一个小的框架集，该框架集再与右框架一起同属于最大的框架集。3 个框架分别显示了 3 个不同的网页文件：左上框架中显示网页的 URL 地址是 http://community.csdn.net/logo/logo.aspx，左下框架中显示网页的 URL 地址是 http://community.csdn.net/Tree/tree.htm，右框架中显示网页的 URL 地址是 http://community.csdn.net/Expert/ForumList.asp?typenum=1&roomid=5001。

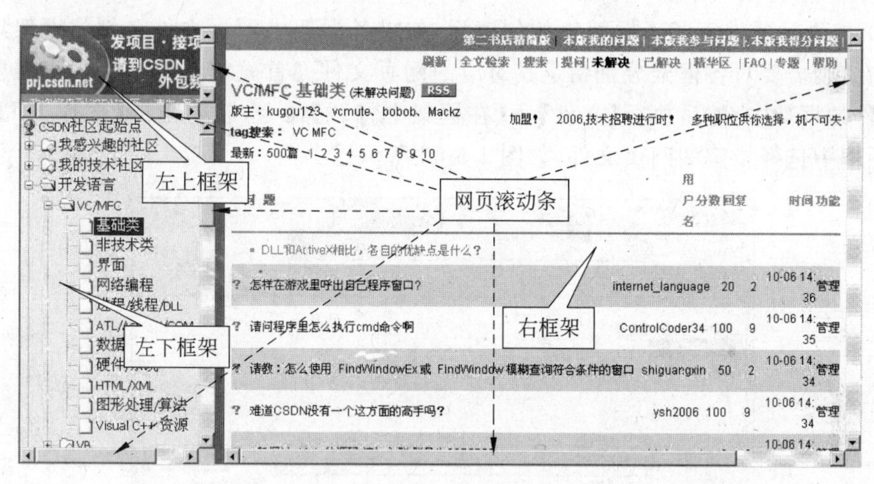

图 1-5-57　嵌套框架集的网页示例

观察图 1-5-57，可以发现当浏览器窗口被缩放时，在每个框架中都出现了用于上下、左右拖曳的滚动条，这样的界面显然不太美观。尽管可以强行设置滚动条不显示，但当浏览器窗口不能全部显示所有页面时，就无滚动条可拖曳来显示全部页面了，这显然不理想。框架集网页有诸多优点，但缺点也同样突出，目前框架集网页一般多用于内容较多、条目较多的论坛中。

1. 创建框架集网页

在创建框架集网页时，各框架中网页文件可能已经存在(需要在创建框架集网页完成后，对各框架分别指定其对应的网页文件)，也可能并不存在，需要一并创建(创建时自动指定了各框架分别对应的网页文件)。

创建框架集网页的过程如下：

(1) 首先执行【文件】→【新建】命令，在弹出的【新建文档】对话框中选择【常用】选项卡,【类别】为【框架集】,选择与设计最接近的一种框架集类型,单击【创建】按钮后,会弹出【框架标签辅助功能属性】对话框,在其中设置各框架标题,如图 1-5-58 所示。单击【确定】按钮后完成创建。

(2) 完成创建后,可根据设计对框架集进行修改。将鼠标指针停在需要修改的框架中,然后执行【修改】→【框架页】命令,在弹出的子菜单中选择需要进行的操作,如图 1-5-59 所示。

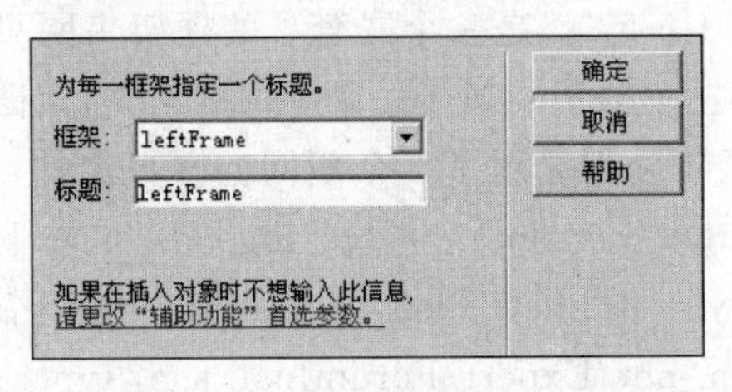

图 1-5-58 【框架标签辅助功能属性】对话框

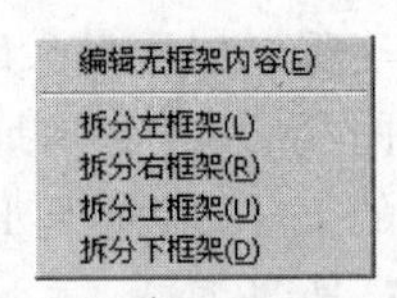

图 1-5-59 修改框架集的操作菜单

(3) 按设计要求完成了框架集的创建后,如果各框架中网页文件在创建框架集之前已经存在,则需要对各框架分别指定其对应的网页文件。首先将鼠标指针置于需要指定网页文件的框架中,然后执行【文件】→【在框架中打开】命令,在弹出的【选择 HTML 文件】对话框中选择指定的网页文件,如图 1-5-60 所示。

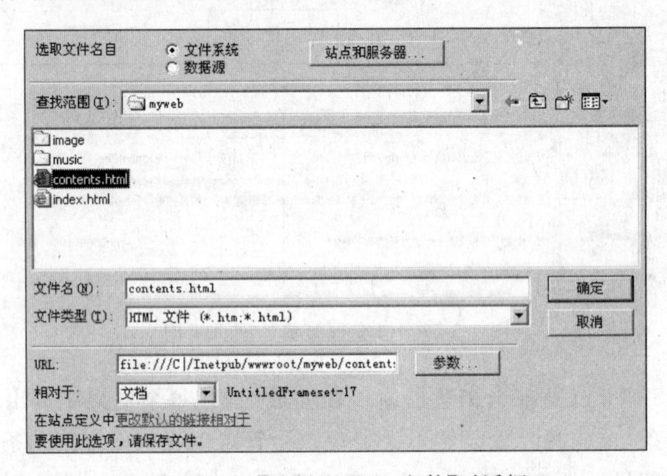

图 1-5-60 【选择 HTML 文件】对话框

单击【确定】按钮后可能会弹出如图 1-5-61 所示的提示对话框,该对话框用来提醒开发者"若要对指定的网页文件使用相对路径,需要首先保存框架集网页文件"。单击【确定】按钮后完成指定操作。

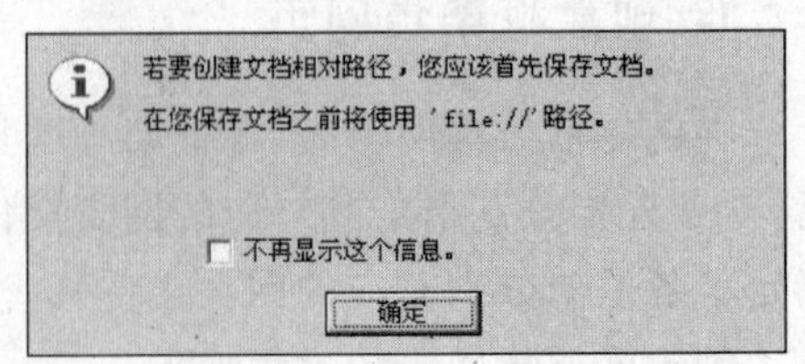

图 1-5-61 提示对话框

2. 编辑框架

1) 删除框架

将鼠标移至框架边框,当指针呈↔或↕形状时,将框架边框拖离页面或拖动到父框架的边框上，即可删除该框架。如果该框架中指定的网页文件也不再需要，可通过【文件】面板将该网页文件一同删除。

2）设置框架集属性

设置框架集属性包括设置框架集及其中框架的属性。

- 设置框架集属性。首先要解决如何选中框架集问题：执行【窗口】→【框架】命令，调出【框架】面板，如图 1-5-62 所示为一嵌套框架集。图中较细的边框包围的部分是框架，较粗边框包围的就是框架集，单击【框架】面板中较粗边框即可选中框架集。选中后，在【属性检查器】中可以详细设置框架集的各种属性，如是否显示边框、边框颜色与宽度、框架集中框架的大小（也可以在【文档】窗口中，直接使用鼠标进行拖曳，粗略设置框架大小）等信息，如图 1-5-63 所示。

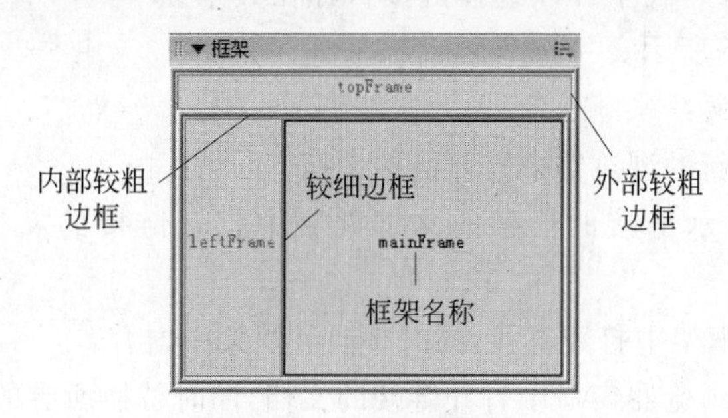

图 1-5-62 【框架】面板

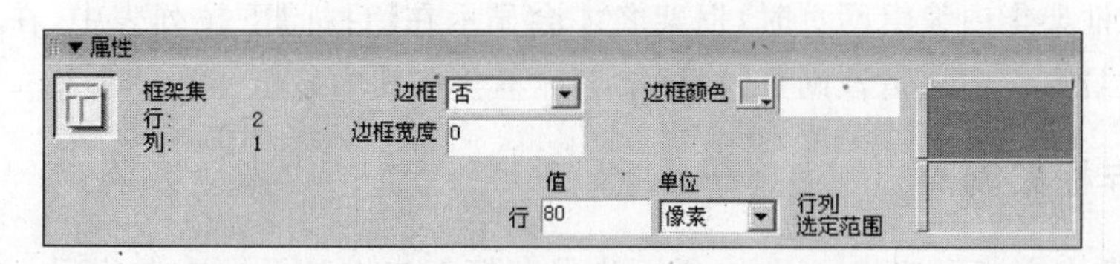

图 1-5-63 框架集属性设置

- 设置框架属性。可以使用类似选中框架集的方法选中框架，也可以在【文档】窗口中按住 Alt 键的同时单击框架中网页，选中框架。选中框架后，使用【属性检查器】详细设置框架的各属性，如框架名称、源文件（框架中指定的初始网页文件，请注意使用相对路径）、是否显示边框、滚动方式（是否显示滚动条，【是】表示一直显示，【否】表示从不显示，【自动】表示需要时自动显示）、是否可以调整框架大小（如果选择可以调整，则当用户通过浏览器查看框架集网页网页时可以通过拖曳鼠标来改变框架大小，以取得最合适的查看效果）、边框颜色、边界宽度和高度等信息，如图 1-5-64 所示。

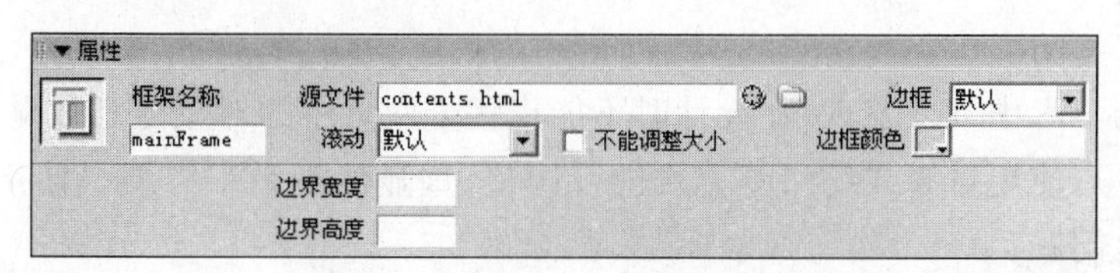

图 1-5-64 框架属性设置

3. 框架中的链接设置

在框架集网页中，当然也会用到超链接。如果希望框架集中某框架的超链接所指向的网页文件能在另一框架中显示，就需要设置超链接的链接目标了。例如，在图 1-5-57 中单击网页左侧的【基础类】选项，网页右侧将显示基础类的相关信息；如果单击【非技术类】选项，右侧将显示非技术类的相关信息。设置链接目标的方法：

(1) 选中需要创建链接的文本或对象。

(2) 在【属性检查器】中输入其所指向的链接，在【属性检查器】的【目标】下拉列表中可以选择链接目标在其中显示的方式，如图 1-5-65 所示。

图 1-5-65 【属性检查器】的【目标】下拉列表

各目标选项的含义：

- _blank：总在新的浏览器中打开链接文档。
- _parent：在显示链接的框架的父框架集中打开链接的文档，同时替换整个框架集。
- _self：在当前框架中打开链接，同时替换该框架中内容。
- _top：在当前浏览器窗口中打开链接的文档，同时替换所有的框架。
- 各框架名：在指定框架名的框架中打开链接的文档，同时替换原框架中内容。只有在框架集内编辑网页时，框架名才会显示在【目标】下拉列表中，在网页自身的【文档】窗口中编辑该网页时，框架名称不会在其中显示。

4. 保存框架网页

在浏览器中浏览框架集网页前，需要先保存框架集文件及要在其中显示的所有网页文档。在 Dreamweaver 8 中可以单独保存框架集网页和框架中网页，也可以同时保存所有网页。

选中框架集后，执行【文件】→【保存框架集】或【文件】→【框架集另存为】命令，可以保存框架集文件。

将光标置于某一框架页面，执行【文件】→【保存框架】或【文件】→【框架另存为】命令，可以保存该框架文件。

如果执行【文件】→【保存全部】菜单命令，将保存与该框架集关联的所有文件。

5.4.3 层

在之前的学习中可以发现，在设计时不能将置于网页中的对象随意拖曳，只能将对象置于某个位置后使用对齐或缩略等方式进行调整，这显然不是很方便。使用层便可以解决这类的拖曳问题。

1. 层的基本概念

层对应的 HTML 标签为＜DIV＞＜/DIV＞。可以把层看做是一个容器，各对象放置在层中布局，通过层可以将网页中的对象布局到任意位置。层不仅具有表格的平面布局功能，而且还可以在垂直方向上相互重叠，具有空间排版的功能。此外，层还具有隐藏显示功能。在很多设计网页动态效果时，也使用了层。

但是，由于层本身的局限以及对浏览器版本有所要求等原因，层布局目前主要作为表格布局的有益补充，不过层的应用前景非常不错。

2. 层的基本操作

1）层的创建

Dreamweaver 8 中提供了多种创建层的方法：

- 绘制层。在【插入】工具栏选择【布局】类别，单击【绘制层】按钮后，可以在【文档】窗口的【设计】视图中拖曳鼠标来绘制层。如果需要连续创建多个层，可以在按 Ctrl 键的同时拖曳鼠标来绘制层，只要不松开 Ctrl 键，就可以继续绘制新的层。
- 插入层。执行【插入】→【布局对象】→【层】命令，将在【文档】窗口中插入一个新层。

成功创建层后，将光标移至层中，可以在层中添加各种对象。

2）层的选择

Dreamweaver 8 中提供了多种选择层的方法：可以在【文档】窗口的【设计】视图中单击层的边框，即可选中层；也可以执行【窗口】→【层】命令，调出【层】面板，在其中可以方便地选择层，如图 1-5-66 所示。如果需要选择多个层，可以按住 Shift 键的同时单击层，进行加选。

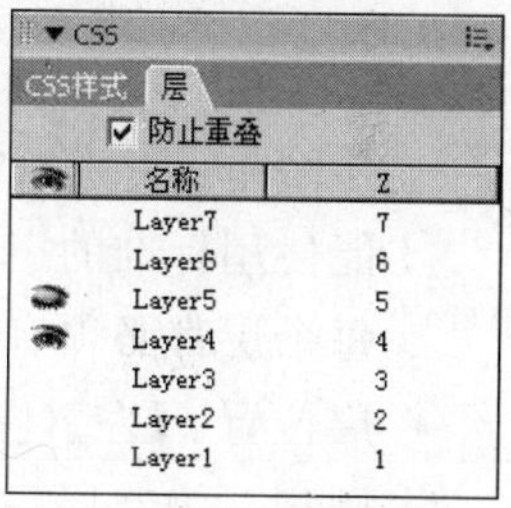

图 1-5-66 【层】面板

3）调整层大小

如果要防止在对层进行移动和大小调整时使层相互重叠，可以在图 1-5-66 的【层】面板选中【防止重叠】复选框。调整层大小的方法也不止一种：

在【文档】窗口的【设计】视图中，选中层并将鼠标指针移至层边框，当指针变为↔或↕时，直接拖曳鼠标即可改变层的大小。

如果需要精确指定层大小，可以选中层后，在【属性检查器】中直接输入大小。

如果需要同时指定多个层的大小，可以选中多个层后，在【属性检查器】中直接输入大小即可同时改变多个层的大小。

4）移动层

如果已经选中【防止重叠】复选框，那么移动层时将无法使层相互重叠。移动层的方法：

Dreamweaver 8 中，在【文档】窗口的【设计】视图中将鼠标指针移至层边框，当指针变为✥时，直接拖曳鼠标即可移动层。

或者如果需要精确指定层的位置,可以选择层以后,在【属性检查器】中直接输入位置坐标即可。

也可以像调整多个层的大小那样操作,一次改变多个层的位置。

5) 对齐层

使用层对齐命令可利用最后一个选定层的边框来对齐一个或多个层。当对层进行对齐时,未选定的子层可能会因为其父层的移动而移动。若要避免这种情况,则不要使用嵌套层。

移到最上层(G)
移到最下层(D)
左对齐(L) Ctrl+Shift+1
右对齐(R) Ctrl+Shift+3
对齐上缘(T) Ctrl+Shift+4
对齐下缘(B) Ctrl+Shift+6
设成宽度相同(W) Ctrl+Shift+7
设成高度相同(H) Ctrl+Shift+9
✔ 防止层重叠(P)

图 1-5-67 排列顺序菜单

若要对齐两个或更多个层,首先选择需要对齐的层(选择时要注意最后一个选择对齐的基准层),然后执行【修改】→【排列顺序】命令,在弹出的子菜单中选择一个对齐命令,如图 1-5-67 所示。

例如,如果选择【对齐上缘】命令,所有层都会将它们的上边框与最后一个选定层(黑色突出显示)的上边框处于同一垂直位置一起移动。

3. 层的常用属性设置

选中层后,在【属性检查器】中可以精确指定其常用属性,如图 1-5-68 所示。

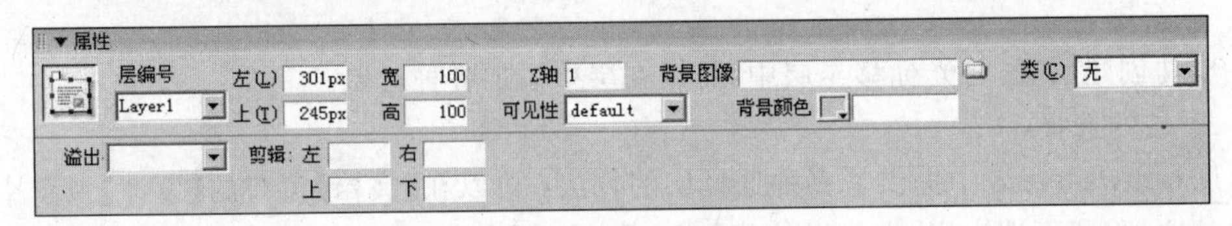

图 1-5-68 层的常用属性设置

- 层编号:用于指定一个名称,以便在【层】面板和 JavaScript 代码中标识该层。只能使用标准的字母数字字符,而不要使用空格、连字符、斜杠或句号等特殊字符。每个层都必须有它自己的唯一 ID。
- 层位置:【左】(左侧)和【上】(顶部)指定层的左上角相对于页面(如果是嵌套层,则相对为父层)左上角的位置。
- 宽和高:用来指定层的宽度和高度。如果层的内容超过指定大小,在 Dreamweaver 的【设计】视图中显示的层底边缘会延伸以容纳这些内容。(但是如果层的【溢出】属性设置为【不可见】,那么当层在浏览器中出现时,底边缘将不会延伸。)

注意:位置和大小的默认单位为像素(px)。也可以指定以下单位:pc(pica)、pt(点)、in(英寸)、mm(毫米)、cm(厘米)或 %(父层相应值的百分比)。缩写必须紧跟在值之后,中间不留空格。例如,5mm 表示 5 毫米。

- Z 轴:确定层的堆叠顺序。在浏览器中,编号较大的层出现在编号较小的层的前面。值可以为正,也可以为负。也可以使用【层】面板来更改层的堆叠顺序。
- 可见性:用来指定该层是否可见。使用脚本语言(如 JavaScript)可控制可见性属性并动态地显示层的内容。可见性的选项有：

■ “默认”不指定可见性属性。

■ “继承”使用该层父级的可见性属性。

■ “可见”显示这些层的内容，而不管父级是否显示。

■ “隐藏”隐藏这些层的内容，不管父级是否显示。

- 背景图像：指定层的背景图像。
- 背景颜色：指定层的背景颜色。
- 类：用来指定使用的CSS样式。
- 溢出：控制当层的内容超过层的指定大小时如何在浏览器中显示层。溢出的选项有：

■ “可见”指定在层中显示额外的内容。实际浏览时，该层会通过延伸来容纳额外的内容。

■ “隐藏”指定不在浏览器中显示额外的内容。

■ “滚动”指定浏览器总在层上添加滚动条，而不管是否需要滚动条。

■ “自动”指定浏览器仅在需要时(即，当层的内容超过其边界时)才显示层的滚动条。

- 剪辑：用以指定层的显示区域，在剪辑以外的部分将被隐藏。例如，剪辑区是一道习题的题目部分，当预设条件满足时，再将整个层显示出来(包括题目部分和答案部分)。

5.4.4 习题与思考

1. 选择题

(1) 以下一般不用于网页布局的是________。

A. 表格　　B. 层　　C. 框架　　D. 超级链接

(2) 下列关于表格布局描述正确的是________。

A. 表格在页面布局上有着非常广泛的应用

B. 表格的引入使网页更容易组织

C. 表格的引入使网页布局更整齐美观

D. 鉴于表格布局的众多优点，可以尽量多地在网页中使用嵌套表格

(3) 下列关于框架布局网页描述不正确的是________。

A. 框架集是一个 HTML 文件，它定义一组框架的布局和属性

B. 框架集网页文件本身不显示在浏览器中

C. 框架集不可以嵌套

D. 目前框架集网页一般多用于内容较多、条目较多的论坛中

(4) 下列关于层的描述不正确的是________。

A. 各对象放置在层中布局，在设计时不可以将层及其中对象随意拖曳

B. 通过层可以将网页中的对象布局到任意位置

C. 层不仅具有表格的平面布局功能，还具有空间排版的功能

D. 层还具有隐藏显示功能

2. 填空题

(1) 表格中，________指的是单元格边框和单元格内容之间的距离，而________指的是相邻单元格之间的距离。

(2) 在 Dreamweaver 8 中，如果需要快速设置表格及单元格样式，可以使用________。

(3) ________定义了一组框架的布局和属性，且其本身并不显示在浏览器中，只是向浏览器说明如何显示一组框架，以及这些框架中应该显示那些文档。

(4) 在框架集内编辑网页时，框架名会显示在链接的【目标】下拉列表中，除此之外，目标选项还有________、________、________、________。

(5) 如果希望移动层时不使层相互重叠，需要勾选【________】复选框。

3. 思考题

(1) 试比较表格在网页中多种应用的区别。

(2) 制作框架网页时，会用到多个页面。如果框架集页面丢失会，浏览时会出现什么情况？如果某框架的初始页面丢失，浏览时会出现什么情况？

5.5 制作表单

表单及表单元素主要用于开发动态网页。用户通过浏览器，在表单中输入数据，并提交给 Web 服务器；在服务器端模型中，具有输入数据的表单被提交给 Web 服务器，Web 服务器处理整批输入的数据，然后动态地生成一个新网页作为响应发送给浏览器显示。由于篇幅所限，这里将不介绍如何开发动态网页，仅在本节中简要地说明一下如何设计一个带表单的网页及表单各元素的作用，它们是开发动态网页的基础。

5.5.1 表单及表单元素

表单元素放置于表单中，供用户输入信息或选择选项。图 1-5-69 是一个使用了表单的网页示例。

根据需要，可以向表单中添加各种表单元素，但每个表单中一定要有【提交】按钮（按钮的标题可能未必是“提交”，但动作类型一定要是“提交表单”），因为只有单击【提交】按钮时，才会将输入信息向服务器端发送。常用的表单元素有文本域、隐藏域、单选按钮、复选框、列表/菜单、图像域、文件域、按钮、标签等。

为方便开发网页，Dreamweaver 8 对一些表单元素，根据参数不同，并部分结合了

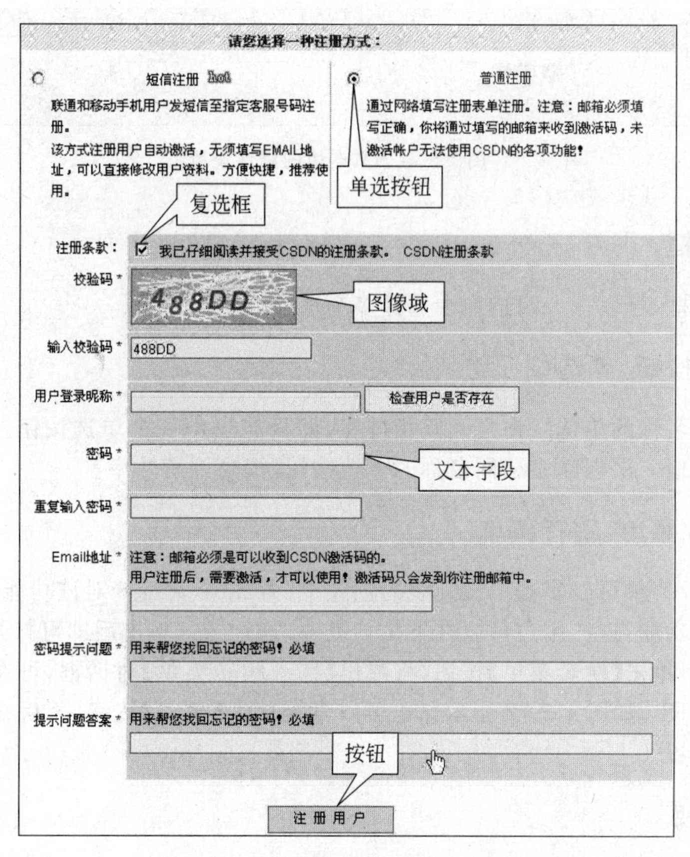

图 1-5-69 使用表单的网页示例

JavaScript 脚本语言，进一步进行了细分。在插入工具栏选择【表单】类别，如图 1-5-70 所示。其中列出了 Dreamweaver 8 中表单及常用的表单元素。

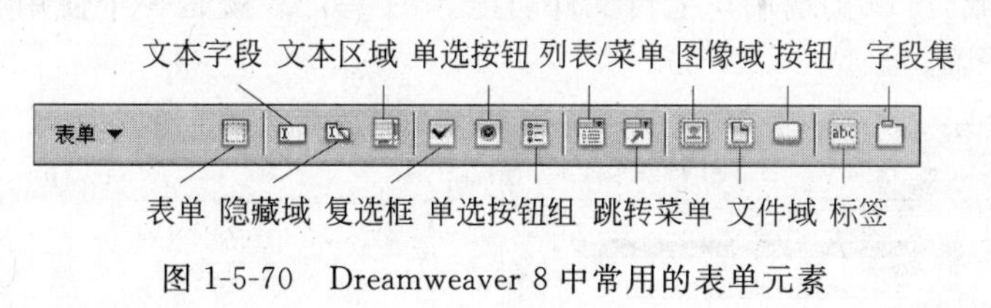

图 1-5-70 Dreamweaver 8 中常用的表单元素

1. 文本字段、文本区域

文本字段和文本区域用来输入字母、数字等文本内容。文本字段为单行文本；文本区域为多行文本；此外还有密码域，专门用来输入密码，输入的密码不被正常显示，而用特殊字符替代。可以通过【属性检查器】将它们进行转换并设置，如图 1-5-71 所示。

2. 隐藏域

隐藏域内容不在浏览器中显示。在进行网页设计时，经常有些信息不希望在浏览器中显示出来，比如用户 ID 等敏感信息，可以使用隐藏域存储。

图 1-5-71　文本域的属性设置

3. 复选框

使用复选框，可以在一组选项中选择多个选项。

4. 单选按钮、单选按钮组

具有相同名称的单选按钮之间互相排斥，即只能选中一个单选按钮。使用单选按钮组可以较方便地一次创建多个同名称的单选按钮，提高开发效率。

5. 列表/菜单、跳转菜单

使用列表/菜单可以实现下拉列表的创建。Dreamweaver 8 对该功能进一步加强，提供了跳转菜单功能，这样用户可以在下拉列表中选择网站，单击后即可打开相应网站。在【表单】类别中，单击【跳转菜单】按钮，将弹出【插入跳转菜单】对话框，可在其中设置网站名称与网站 URL，如图 1-5-72 所示。也可以直接单击【确定】按钮，之后在【属性检查器】中进行属性设置。

6. 图像域

使用图像域，可以在表单中插入一个图像。

7. 文件域

使用文件域，可以实现用户上传文件功能。图 1-5-73 就是一个使用了文件域实现上传文件的网页示例。

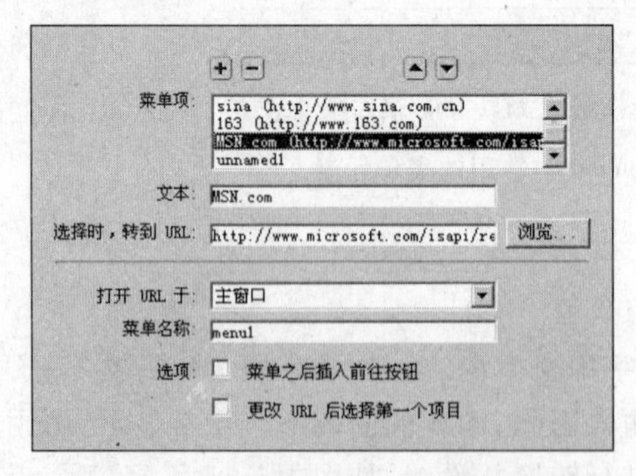

图 1-5-72　【插入跳转菜单】对话框

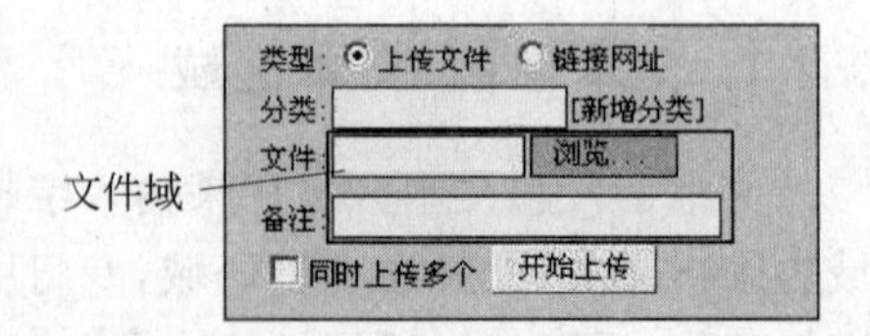

图 1-5-73　使用文件域的网页示例

8. 按钮

按钮按动作类型可分为提交按钮、重设按钮、无动作按钮。提交按钮用于提交整个表单；重设按钮用于重设这个表单中的所有元素；无动作按钮一般与 JavaScript 等脚本语言结合，执行脚本程序并完成指定功能，如检查输入是否正确等。按钮的属性设置如图 1-5-74 所示。

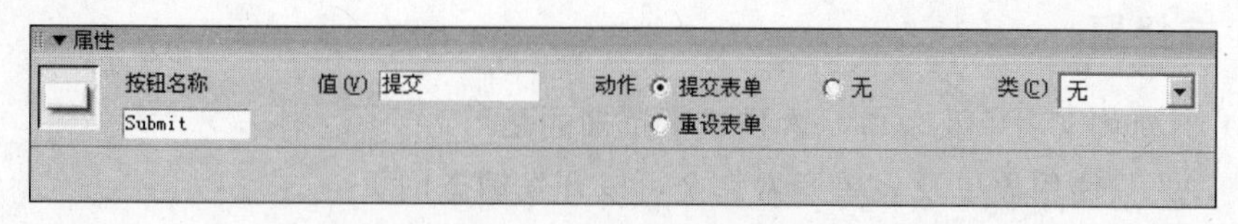

图 1-5-74　按钮的属性设置

9. 标签

标签用以在文档中给表单加上标签，以＜LABEL＞＜/LABEL＞形式开头和结尾。

5.5.2　创建表单

首先将鼠标指针置于需要插入表单的位置，然后在插入工具栏选择【表单】类别，单击【插入表单】按钮即可。单击表单边框选中表单，可在【属性检查器】中设置属性，如图 1-5-75 所示。

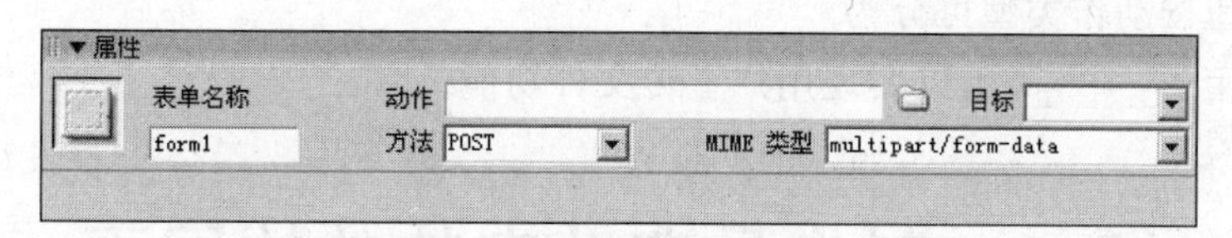

图 1-5-75　表单属性设置

在【动作】框中指定处理该表单的动态网页或脚本的路径。

在【方法】下拉列表中选择将表单数据传输到服务器的方法，有默认、POST（在 HTTP 请求中嵌入表单数据）和 GET（将值追加到请求该页的 URL 中）方法。

在【目标】下拉列表中指定一个窗口，在该窗口中显示调用程序所返回的数据，有 _blank、_parent、_self、_top 这 4 种方法，也可以直接输入指定目标窗口名。

在【MIME 类型】下拉列表中指定表单的 ENCTYPE 属性。类型的选项有 multipart/form-data、application/x-www-form-urlencoded。一般说来，如果在表单中使用了文件域用以上传文件，需要指定表单 ENCTYPE 属性为 multipart/form-data。

完成表单属性设置后，根据设计需要向表单中添加表单元素和页面内容。图 1-5-76 是一个表单设计示例。

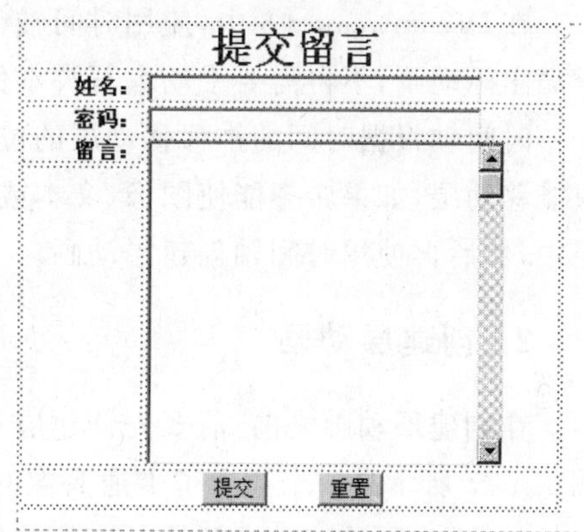

图 1-5-76　表单设计示例

5.5.3 习题与思考

1. 选择题

(1) 下列关于表单及表单元素描述不正确的是________。

A. 只使用表单及表单元素完全可以开发动态网页

B. 表单及表单元素主要用于开发动态网页

C. 在表单中输入数据，并提交给 Web 服务器

D. 表单及表单元素是开发动态网页的基础

(2) 常用的表单元素有________等。

A. 文本域、隐藏域、标签　　B. 单选按钮、复选框、按钮

C. 图像域、文件域　　D. 列表/菜单、表格

2. 填空题

(1) 如果有些信息不希望在浏览器中显示出来，可以使用________存储。

(2) ________的单选按钮之间互相排斥，即只能选中一个单选按钮。

(3) 按钮按动作类型可分为________、________、________。

(4) 使用________，可以实现用户上传文件功能。

5.6 制作具有动态特效的网页

5.6.1 层和时间轴动画

1. 时间轴简介

在 Dreamweaver 8 中，使用时间轴(也被称为时间线)，可以非常方便地制作网页中的浮动图标动画，不再需要手动编写脚本代码。

时间轴根据时间的推移移动层的位置，以此来实现动画效果。需要注意的是，时间轴只能移动层，如果希望能使图像、文本或其他任何类型的内容移动，需要将这些内容插入层中，然后再使用时间轴创建层动画。

2. 创建层动画

在创建层动画之前，需要先创建层，并在层中添加动画、文本等其他任何类型的内容。图 1-5-77 所示是一个插入了卡通头像的层。

然后，将层移至动画开始时应处的位置(比如页面的左侧)。执行【窗口】→【时间轴】命令，将在 Dreamweaver 8 的下方显示出【时间轴】面板，如图 1-5-78 所示。

图 1-5-77　插入图像的层示例

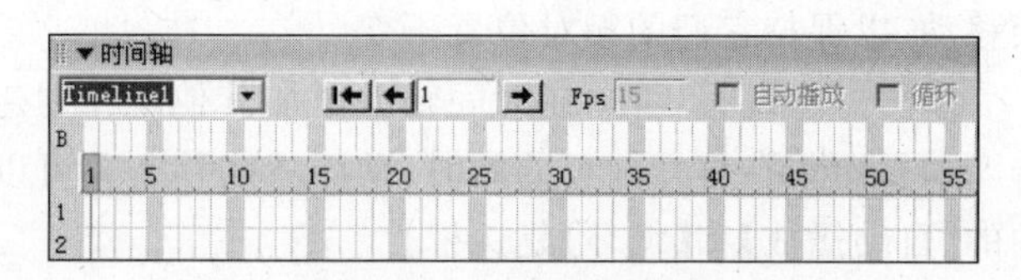

图 1-5-78　【时间轴】面板

单击层边框标记或层选择柄，选中之前创建的层（选中层后，在层的周围将出现调整柄，图 1-5-79 中就是处于选中状态的层）。注意，在层中单击会将插入点置放入层中，但不会选定该层。

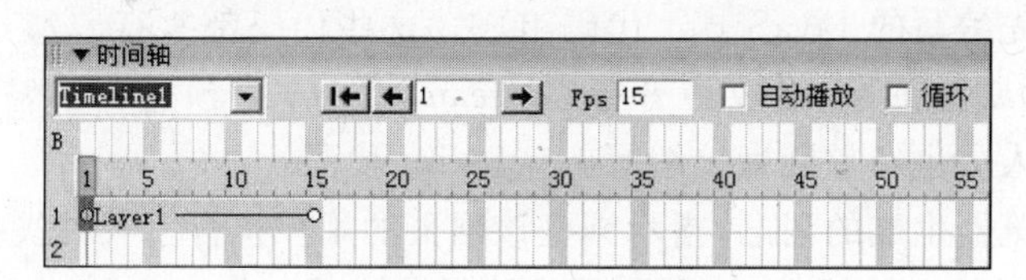

图 1-5-79　一个动画的雏形

然后执行【修改】→【时间轴】→【在时间轴上添加对象】命令，在时间轴的第一个通道中创建一个动画条，层的名称将出现在动画条中。至此创建一个动画的雏形，尽管现在还不能移动。默认动画为 15 帧，默认动画播放速度为每秒 15 帧，如图 1-5-79 所示。

接下来，继续完善该雏形，使它能动起来。单击位于条末端的关键帧标记○，使该关键帧处于选中状态，然后在页面中将层移至动画结束时应处于的位置（比如页面的右侧）。在【文档】窗口中将出现一条线，它表示动画的移动轨迹，如图 1-5-80 所示。这样动画就可以移动起来了。

如果要让层沿着线移动，那么先要选择其动画条，然后按住 Ctrl 键的同时单击动画条中的一个帧，这样就在单击的帧处添加了一个关键帧。然后，选中该添加的关键帧，在【文档】窗口中将层移至另一个位置，移动轨迹就会变为曲线。重复此步骤，定义其他关键帧并移动该关键帧所处层的位置，可以创建更复杂的移动轨迹，如图 1-5-81 所示。

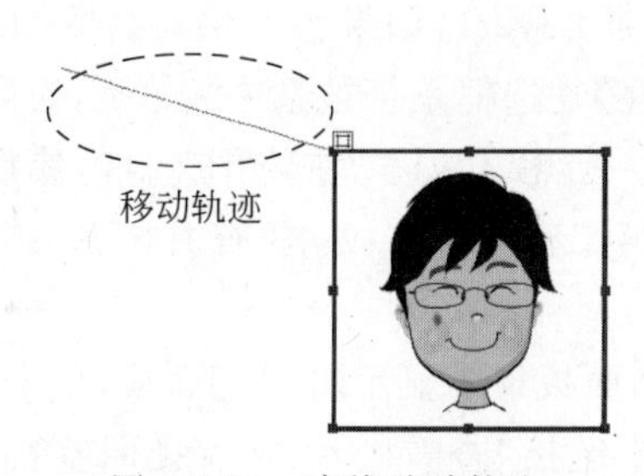

图 1-5-80　直线移动轨迹

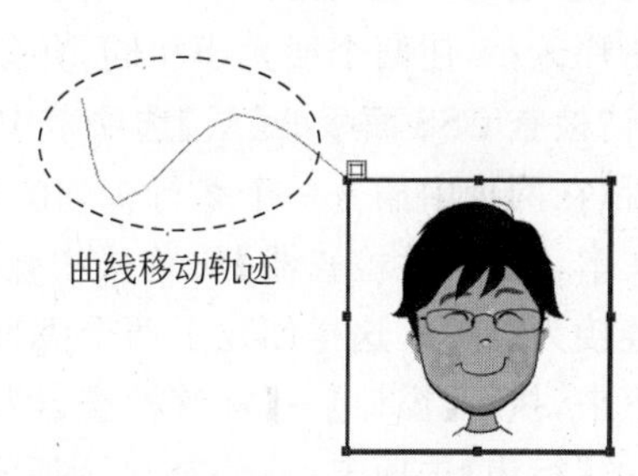

图 1-5-81　复杂的曲线移动轨迹

如果希望为动画创建更为复杂的移动轨迹，更为有效的方法是记录拖曳层时经过的轨迹，而不是创建各个关键帧。

将结束帧标记向右拖曳，可以延长动画的播放时间。拖曳后，动画中的所有关键帧都会移动，以保持它们的相对位置不变。

重复以上过程，可以在时间轴上添加其他层并创建更为复杂的动画。

如果希望在打开网页的同时，动画就能移动并可以循环播放，需要选中【时间轴】面板中的【自动播放】和【循环】复选框。

5.6.2 Dreamweaver 8 的 Behaviors（行为）概述

1. Behaviors（行为）介绍

动作是由预先编写的 JavaScript 代码组成。这些代码都执行着特定的任务，如打开浏览器窗口、显示或隐藏层、播放声音等。Dreamweaver 中预置了丰富的动作。当然对于有经验的开发人员也经常会直接编写 JavaScript 代码。

事件是由浏览器生成的消息，指示浏览该网页的用户执行了某种操作。例如，当用户将鼠标指针移动到某个链接上时，浏览器为该链接生成一个 onMouseOver 事件；当用户单击某个链接时，浏览器为该链接生成一个 onClick 事件。产生事件后，浏览器会执行与该事件所对应的动作。

行为是事件和该事件所触发的动作的组合。在将行为附加到页元素之后，只要该元素发生了指定的事件，浏览器就会调用与该事件关联的动作。例如，对某个链接设置 onClick 事件所对应的动作为弹出一个提醒对话框。这样，当用户单击该链接时将会自动弹出一个对话框。

2. 用层和行为制作动画

网页中使用行为可以实现很多特效及互动功能，尽管 Dreamweaver 8 中已预置了很多动作，但在实际工作中也不能满足全部要求，开发人员经常需要直接编写 JavaScript 代码。限于篇幅，本节中只介绍使用 Dreamweaver 8 中的预置动作实现层的显示和隐藏功能，希望能起到抛砖引玉的作用。

首先，创建两个层（名为 Layer1 和 Layer2），并在层中插入两幅不同的图片。然后调整层和图片大小，使两个层大小相同，并使 Layer2 覆盖 Layer1（如果移动层时，两个层不能覆盖，请检查 CSS 面板的【层】选项卡中的【防止重叠】复选框是否被选中）。

然后，在网页中插入一个 2 行 1 列的表格。在第一行输入文本“查看图片 1”，然后选中该行文本，在【属性检查器】的链接中输入“#”；在第二行中输入文本“查看图片 2”，也设置其链接为“#”。这样创建了两个无址链接。

接下来，执行【窗口】→【标签检查器】命令，在浮动面板组中显示【标签】面板，单击【标签】面板的【行为】选项卡，并使其显示所有事件。选中链接“查看图片 1”，在【标签】面板中可以看到该链接的所有事件，选中 onClick 事件，如图 1-5-82 所示。

之后，单击【添加行为】按钮，在弹出的预置行为菜单中选择【显示-隐藏层】命令，如图 1-5-83 所示。

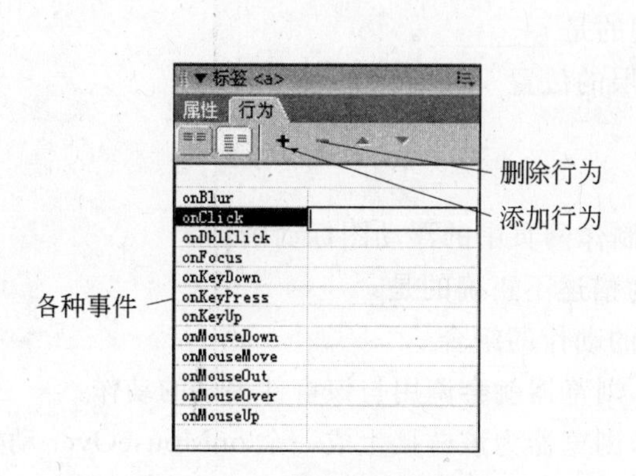

图 1-5-82 链接的所有事件

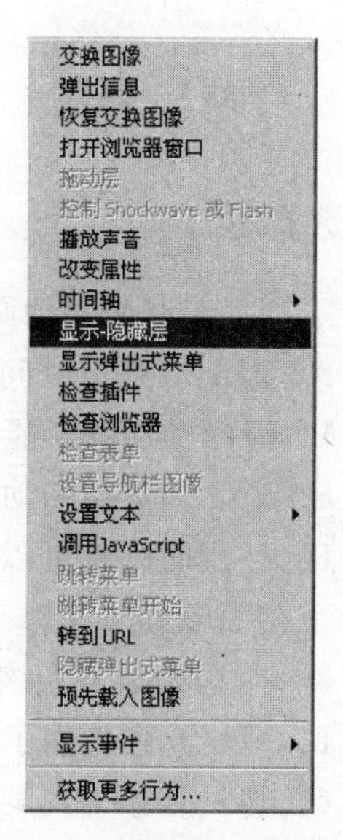

图 1-5-83 选择【显示-隐藏层】命令

在弹出的【显示-隐藏层】对话框中设置层 layer1 为显示、层 layer2 为隐藏，如图 1-5-84 所示。

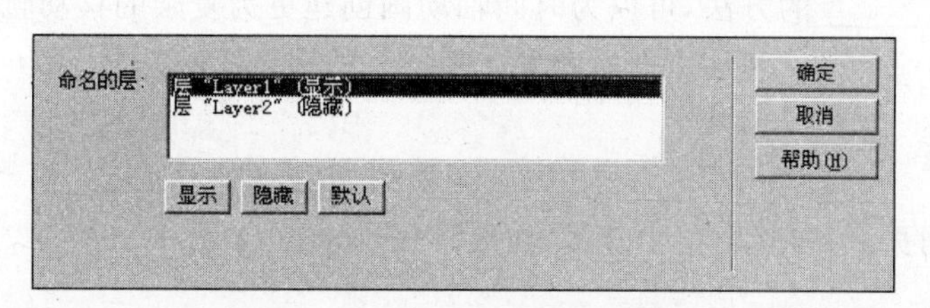

图 1-5-84 【显示-隐藏层】对话框

确定后，在【标签】面板的【行为】选项卡中可以看到已经为链接"查看图片 1"的 onClick 事件设置了动作。

之后，再为链接"查看图片 2"链接的 onClick 事件设置动作。过程与上述相同，只是在弹出的【显示-隐藏层】对话框中设置层 layer1 为隐藏、层 layer2 为显示。制作完成后的效果如图 1-5-85 所示。

(a) 查看图片1

(b) 查看图片2

图 1-5-85 层的显示和隐藏功能示例

5.6.3 习题与思考

1. 选择题

(1) 下列关于时间轴动画描述不正确的是________。

A. 时间轴根据时间的推移移动层的位置

B. 时间轴动画不能循环播放

C. 时间轴只能移动层

D. 使用时间轴可以非常方便地制作网页中的浮动图标动画

(2) 下列关于 Dreamweaver 8 中行为描述不正确的是________。

A. 行为是事件和该事件所触发的动作的组合

B. 只要元素发生了指定的事件,浏览器就会调用与该事件关联的动作

C. 将鼠标移动到某个链接上时,浏览器为该链接生成一个 onMouseOver 动作

D. Dreamweaver 8 中预置了丰富的动作,如显示或隐藏层、播放声音等

2. 填空题

(1) 使用________的方法,可以为时间轴动画创建更为复杂的移动轨迹。

(2) 行为是________和该事件所触发________的组合。

3. 思考题

设计一个网页,单击其中某个链接,播放一段音乐。

第 6 章　多媒体创作工具 Director

学习要求

掌握

- Director 的工作环境。
- Director 电影的创作步骤。
- 默认环境布局和基本属性设置。
- 舞台、剧本、精灵的设置与使用。
- 演员的导入和创建。
- 帧连帧动画、关键帧动画、实时录制动画和胶片环动画的制作方法。
- 行为库的应用。
- 行为的附着与设置。
- 使用脚本实现导航。
- 声音的导入和设置。
- 使用剧本窗口控制声音的播放。
- 数字视频的导入和设置。
- 使用剧本窗口控制数字视频的播放。

了解

- Director 的主要功能。
- Director 的工作原理。
- Director 电影的发布。
- 行为检查器中的事件和动作。
- 触发事件。
- 脚本中的控制语句。
- 使用脚本控制声音的播放。
- 使用脚本控制数字视频的播放。

6.1　Director 简介

Director 是由 Macromedia 公司推出的一个专业级的多媒体开发软件，是一个基于时间线的多媒体集成开发工具，它模仿电影的制作过程，使用演员表(Cast)存放和管理多媒体元素(演员,Cast member),使用舞台(Stage)窗口编排多媒体元素的空间位置,使用剧本(Score)窗口控制多媒体元素的出场顺序和时间。Director 内置的行为库为多媒体作品提供丰富的动画和交互功能。Director 还提供独特的 Lingo 脚本设计语言,以增加多媒体作品开发的灵活性。

Director 具有多媒体集成、2D 动画制作、多媒体交互以及多媒体作品发布形式多样性等特点,是目前主流的多媒体集成制作和开发工具。使用 Director 开发的多媒体作品不仅可以通过光盘发布,还可以采用交互式流媒体形式在 Internet 上发布。

本书主要介绍 Director MX 2004 的基本使用方法和技巧。

6.1.1 Director 的主要功能

Director MX 2004 的主要功能包括:

- 方便地集成文本、位图、矢量图、GIF 动画、Flash 动画、3D 动画、音频、视频、流媒体等多媒体元素。
- 使用 Xtras 插件增强 Director 的创作能力。
- 使用脚本语言 Lingo 或 JavaScript 实现多媒体的交互。
- 以多种格式跨平台发布多媒体作品,同时支持 Windows 和 Macintosh 操作系统。

6.1.2 Director 的工作原理

Director 以拍摄电影的方式制作多媒体作品,每一部 Director 电影由演员表、剧本和舞台(动作发生的地方)等构成,而 Director 用户就是 Director 电影的导演。

Director 电影中的每一个多媒体元素(文本、图像、动画、音频、视频、按钮等)都可以被看做是演员,所有演员都存储在演员表中。在 Director 中,可以使用演员表窗口查看出现在电影作品中的多媒体元素列表。

剧本用于编排演员的出场顺序,还可以指定演员的特效和交互功能。

舞台是演员演出的场所,Director 电影通过舞台展现剧情。

6.1.3 Director 的工作环境

Director MX 2004 的工作环境主要包括工具栏、演员表、舞台、剧本(包括特效通道(Effects Channels)和精灵通道(Sprite Channels))、属性检查器(Property Inspector)、库面板(Library Palette)、控制面板(Control Panel)、脚本(Script)窗口等,如图 1-6-1 所示。

可以通过执行【窗口】→【面板设置】→【default】命令恢复默认的工作环境。

1. 演员表

演员是电影中的媒体,它们可以是文本、位图、矢量图、GIF 动画、Flash 动画、3D 动画、音频、视频、流媒体等。演员表则是 Director 电影中所有演员的集合,使用演员表,既

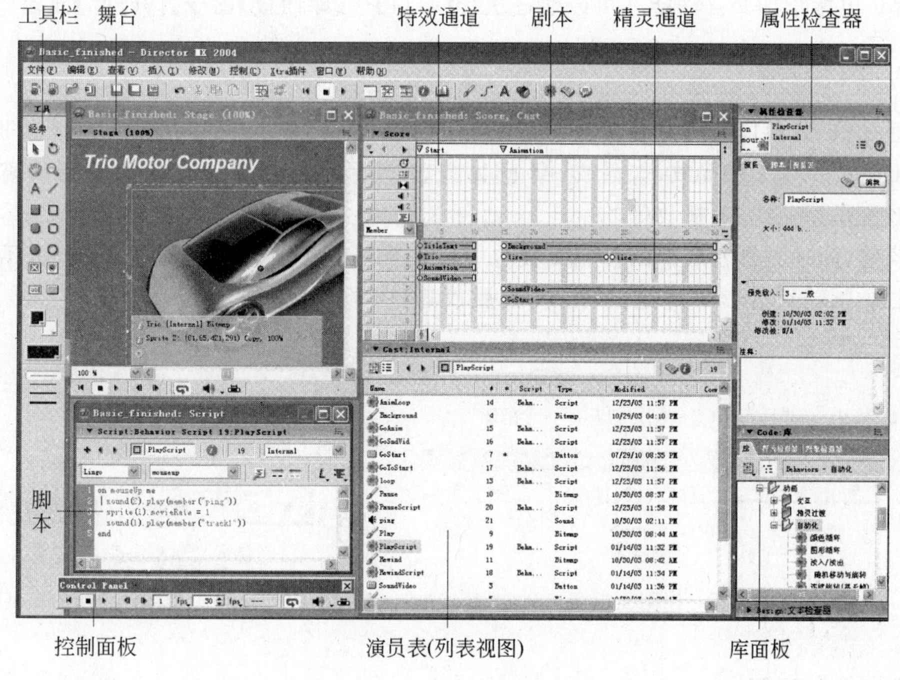

图 1-6-1 Director 的工作环境

可以创建或导入演员,也可以查看和编辑演员。可以通过执行【窗口】→【演员表】命令打开演员表窗口。将演员表中的一个演员拖入舞台或剧本,就创建了一个精灵(演员的副本)。

2. 舞台

舞台是演员表演的场所,也是电影放映的场所,演员则以精灵的身份在舞台上表演。可以通过执行【窗口】→【舞台】命令打开舞台窗口。

3. 剧本

有了演员和舞台,Director 还需要在剧本窗口定义演员的出场时间、退场时间以及行为方式。舞台提供电影的空间视图,剧本则提供电影的时间视图。可以通过执行【窗口】→【分镜表】命令打开剧本窗口。剧本窗口由两部分组成,上半部分是特效通道,下半部分是精灵通道。

4. 属性检查器

通过属性检查器,可以查看和设置演员、精灵、电影等的属性。可以通过执行【窗口】→【属性检查器】命令打开【属性检查器】面板。

5. 【库】面板

【库】面板集成了 Director 所有内置行为。通过将行为附着到精灵或帧上,为

Director 电影添加交互功能。可以通过执行【窗口】→【库面板】命令打开【库】面板。

6. 控制面板

通过执行【窗口】→【控制面板】命令打开控制面板，如图 1-6-2 所示。控制面板用来控制 Director 电影的播放，如播放、停止、回放、跳转到电影中特定的帧、调整播放速度、改变播放音量、是否循环播放等。

当然，附加到舞台底部的控制面板也可以用来控制 Director 电影的播放，如开始、停止、回放、跳转到电影中特定的帧、调整播放速度、改变播放音量、是否循环播放等，如图 1-6-3 所示。

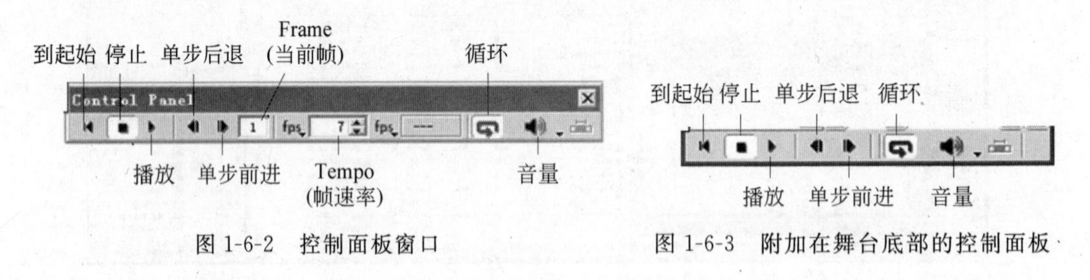

图 1-6-2　控制面板窗口　　图 1-6-3　附加在舞台底部的控制面板

7. 脚本窗口

通过执行【窗口】→【脚本】命令，或右击舞台中的精灵或者剧本中的帧，在弹出的快捷菜单中选择相应的【脚本】命令，均可打开脚本窗口。通过在脚本窗口中编写脚本，可以为 Director 电影添加交互特性。Director 提供 Lingo 和 JavaScript 两类脚本。Lingo 是 Director 传统的脚本创作语言。

6.1.4 Director 电影的创作步骤

Director 电影创建的主要步骤如下：

(1) 环境布局和属性设置。

布局电影空间以及设置电影属性，包括恢复默认工作环境布局、设置舞台大小和颜色、设置精灵在精灵通道中默认占据的帧数、设置帧速率(即 Director 电影每秒播放的帧数)等。

(2) 准备演员。

创建或导入所有演员。Director 电影中的每一个多媒体元素，包括文本、图像、动画、音频、视频、按钮、行为脚本等，均被看做是演员。可以通过工具面板、绘图窗口、文本窗口、矢量绘图窗口等创建新的多媒体元素，也可以导入现成的多媒体元素。无论是新建的还是导入的多媒体元素，均作为演员存储在演员表中。

(3) 设置剧本。

将演员表中的演员拖入剧本窗口的通道中或舞台中，创建精灵。精灵是出现在舞台中的演员的副本。利用舞台窗口，可以在空间上编排精灵的出场位置；利用剧本窗口，可以在时间上编排精灵的出场时刻、持续时间等。

(4) 添加交互。

通过在 Director 电影中添加行为或脚本(Lingo 或 JavaScript)控制 Director 电影的播放,从而实现与电影的交互。

(5) 发布电影。

Director 电影制作完成后,需要以一定的格式发布,才能供其他用户观看。可以将 Director 电影发布为放映机电影格式(.exe),也可以发布为利用 Shockwave 播放器或者在 Web 浏览器中播放的 Shockwave 电影格式。

6.1.5 习题与思考

思考题

(1) Director 的主要功能是什么?

(2) 请简述 Director 的工作原理。理解 Director 中关于舞台、剧本、演员、精灵的比喻。

(3) Director MX 2004 的工作环境主要包括哪些内容?

(4) 什么是 Director 的剧本?

(5) 如何恢复 Director 默认的工作环境?

(6) 请简述 Director 电影创建的主要步骤。

6.2 Director 的基本操作

6.2.1 Director 电影的创建、保存和打开

(1) 创建一部新的 Director 电影主要有以下 3 种方法:

- 在 Director MX 2004 启动界面,单击 Create New 下方的 Director File 选项。
- 通过执行 Director 的【文件】→【新建】→【影片】命令。
- 通过单击 Director 工具栏上的【新建影片】按钮。

(2) 保存 Director 电影源文件(.dir)主要有以下几种方法:

- 通过执行 Director 的【文件】→【保存】或【另存为】或【保存并压缩】或【保存所有】命令。
- 通过单击 Director 工具栏上的【保存】按钮或【保存所有】按钮。

(3) 打开 Director 电影源文件主要有以下几种方法:

- 在资源管理器窗口双击扩展名为.dir 的文件。
- 通过执行 Director 的【文件】→【打开】或【最近打开的电影】命令。
- 通过单击 Director 工具栏上的【打开】按钮。

6.2.2 默认环境布局和基本属性设置

在创建 Director 电影之前，首先要进行默认环境布局和基本属性设置，包括恢复默认工作环境布局、设置舞台大小和颜色、设置精灵默认占据的帧数、设置帧速率(即 Director 电影每秒播放的帧数)等。这些操作的具体描述在本书中将陆续展开讲解。

1. 恢复默认工作环境布局

执行【窗口】→【面板设置】→【Default】命令，恢复默认的工作环境布局。

2. 设置舞台大小和颜色

执行【修改】→【影片】→【属性】命令，在随后打开的影片属性检查器中设置【舞台大小】和【颜色】属性。具体参考本书 6.2.3 节的内容。

3. 设置精灵默认占据的帧数

执行【编辑】→【属性】→【精灵】命令，在随后打开的精灵参数对话框中设置【精灵长度】属性。具体参考本书 6.2.6 节的内容。

4. 设置帧速率

帧速率就是 Director 电影每秒播放的帧数。一般有以下两种设置帧速率的方法：

- 执行【窗口】→【控制面板】命令，在随后打开的如图 1-6-4 所示的 Control Panel 对话框中，在 Tempo 文本框中输入帧速率值，或者单击 Tempo 微调按钮，调整帧速率(Frames Per Second，FPS)。

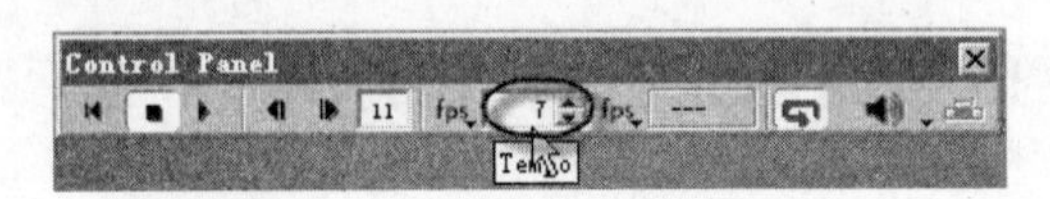

图 1-6-4　在控制面板设置帧速率

- 双击速度通道的第 1 帧，在随后打开的如图 1-6-5 所示的 Frame Properties: Tempo 对话框中，拖曳【速率】滑块，或单击速率微调按钮，调整帧速率。关于特效通道，可参考本书 6.2.5 节的内容。

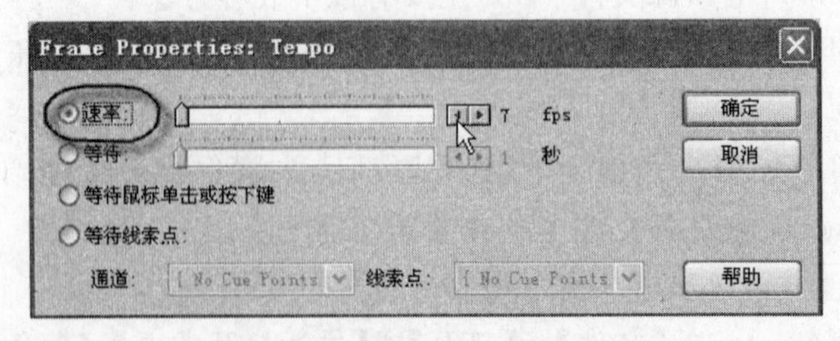

图 1-6-5　在速度通道设置帧速率

6.2.3 舞台的设置与使用

在创建 Director 电影之前，首先要设置舞台的大小、位置、颜色和精灵通道的数目等。

执行【修改】→【影片】→【属性】命令，打开影片【属性检查器】面板，如图 1-6-6 所示。

- 舞台大小：即整部电影的大小，可以单击按钮打开列表，选择预设的舞台尺寸，或在宽(Width)和高(Height)文本框中输入舞台宽和高的值。
- 通道：设置剧本中的精灵通道数。
- 颜色：设置舞台的背景颜色，即整部电影的背景颜色，可以直接输入一个 RGB 值，或者双击颜色图标或者单击颜色图标右下角的按钮，打开颜色调色板选择颜色。

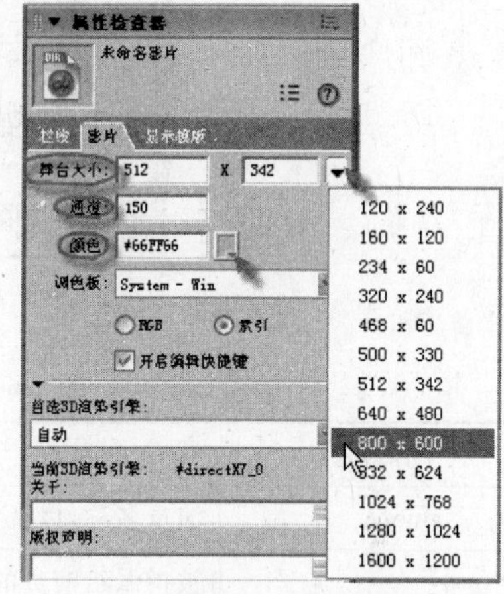

图 1-6-6 【属性检查器】面板

6.2.4 演员的导入和创建

演员是 Director 电影中最基本的工作要素，演员存储在演员表窗口中。

1. 演员表窗口

演员表窗口显示了当前电影中所有的演员。演员表的显示方式有两种，即列表方式和缩略图方式。单击演员表窗口工具栏中的【演员表显示方式】按钮，可以在演员表的两种显示方式之间切换。按列表方式显示的演员表窗口如图 1-6-7 所示，显示 Name、#、*、Script、Type、Modified、Comments 这 7 项信息，具体说明参见表 1-6-1 所示。按缩略图方式显示的演员表窗口如图 1-6-8 所示。列表方式和缩略图方式中演员的类型图标参见表 1-6-2 所示。

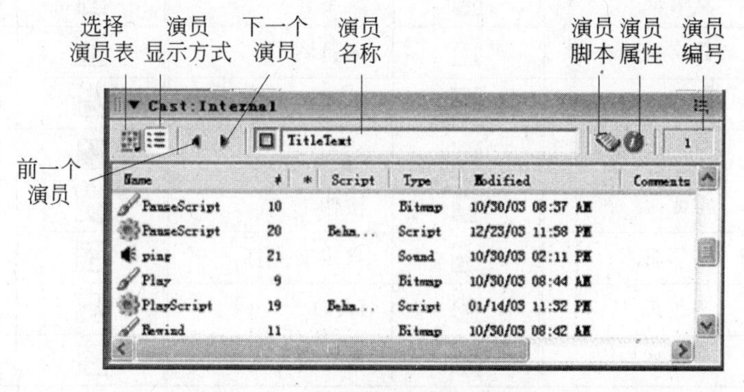

图 1-6-7 演员表窗口列表视图

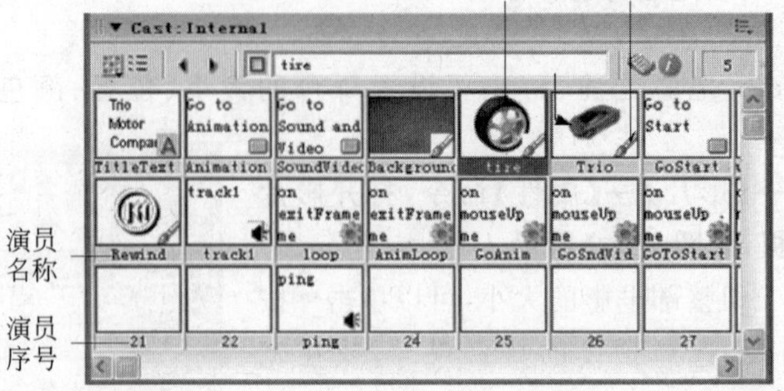

图 1-6-8　演员表窗口缩略图视图

表 1-6-1　列表方式演员的 7 项信息

信　息	说　明
Name	演员名称，以及一个描述演员类型的图标
#	被指派给演员的编号。这个编号表示这个演员出现在缩略图视图中的次序
*	这个竖行中的星号（*），指出角色成员已经改变，但还没有保存那些改变
Script	Member：演员包含一个脚本 Movie：演员是一个电影脚本 Behavior：演员是一个互动行为
Type	演员类型
Modified	演员被修改的日期和时间
Comments	显示在属性检查器【演员】选项卡中的【注释】文本框内所输入的文本

表 1-6-2　演员的类型图标

图 标	演员类型	图 标	演员类型	图 标	演员类型
	GIF 动画		形状		Flash 影片
	位图		Shockwave 音频		外部链接位图
	复选框		文本		OLE
	数字视频		向量图		脚本
	域文本		Xtra		QuickTime 视频
	Flash 组件		行为		RealMedia
	字体		按钮		Shockwave3D
	电影脚本		自定义光标		声音
	调色板		DVD		过渡效果
	单选按钮		胶片环		WindowsMedia

2. 导入演员

导入演员主要有以下两种方法：

1）导入方式

在演员表中选定一个空的演员位置，执行【文件】→【导入】命令，或右击，在弹出的快捷菜单中选择相应的【导入】命令，或单击 Director 工具栏中的【导入】按钮，均可打开 Import Files 对话框，如图 1-6-9 所示。可以选择文件类型、导入方式（Media 下拉列表中选择）以及所要导入的文件，单击 Import 按钮进行导入。Director 提供了 4 种导入方式，其中“标准导入方式（Standard Import）”和“链接到外部文件（Link to External File）”是最常用的导入方式。使用 Standard Import 方式导入的文件存储在 Director 电影文件的内部，但不会随源文件的改变而改变；而 Link to External File 导入方式创建链接到所导入文件的链接，并在电影每次运行时导入数据。

2）插入方式

在演员表中选定一个空的演员位置，执行【插入】→Media Element 命令，选择所要导入的文件类型，如图 1-6-10 所示。在随后弹出的编辑窗口或对话框中创建或选择相应的文件。

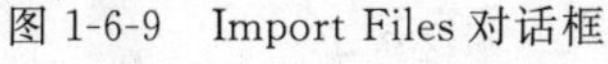

图 1-6-9　Import Files 对话框

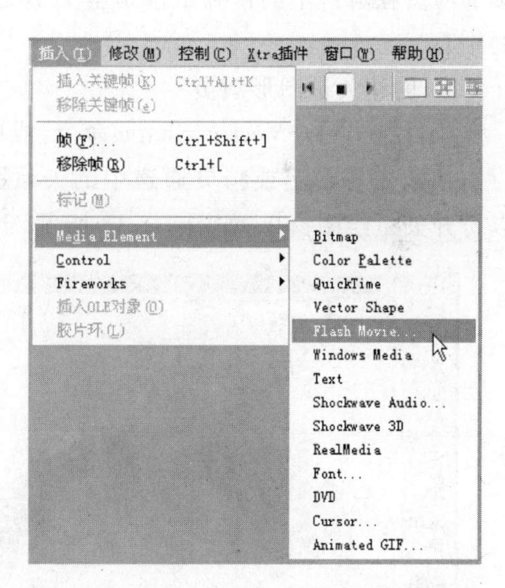

图 1-6-10　插入 Media Element 文件类型

在没有选择演员表位置的情况下，如果演员表是缩略图显示方式，Director 将新的演员放置在当前演员表里第一个可用的位置；如果演员表是列表显示方式，Director 将新的角色成员放置在列表的结尾处。

3. 创建演员

使用 Director 内置的多媒体组件和工具，可以方便快捷地创建多种媒体元素。

Director 内置的多媒体组件和工具主要有工具面板(Tool Palette)、绘图(Paint)窗口、矢量绘图(Vector Shape)窗口、文本(Text)窗口和域文本(Field)窗口等。

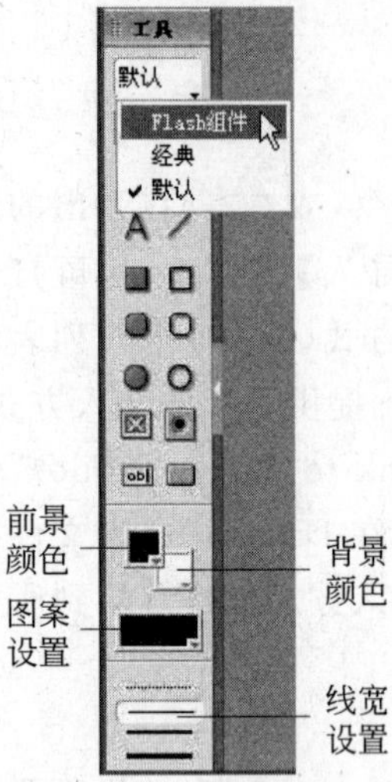

图 1-6-11　工具面板

1) 使用工具面板创建多媒体元素

在 Director 中使用工具面板,可以直接在舞台上创建各种多媒体元素,所创建的多媒体元素会自动作为演员保存在当前的演员表中。工具面板有 3 种视图,分别为 Flash 组件(Flash Component)、经典(Classic)和默认(Default),如图 1-6-11 所示。每一种视图均包含箭头、旋转和扭曲、手形、放大镜、前景颜色、背景颜色、图案设置、线宽设置等工具,Flash 组件视图包含主要的 Flash 组件,经典视图不包含任何组件,默认视图则组合了某些 Flash 组件和某些经典视图中的工具。

2) 创建位图演员

执行【窗口】→【绘图】命令,或单击 Director 工具栏上的【绘图窗口】按钮,或双击舞台上或精灵通道中的位图精灵,或双击演员表中的位图演员,均可以打开绘图窗口。绘图窗口提供了创建和编辑位图演员的绘画工具和墨水效果,如图 1-6-12 所示。特别需要注意的是,注册点对于矢量图、位图等演员在舞台上的精确定位是至关重要的。默认情况下,位图演员的注册点位于位图的中心。

3) 创建矢量图形演员

执行【窗口】→Vector Shape 命令,或单击 Director 工具栏上的【矢量绘图窗口】按钮,或双击舞台上或精灵通道中的矢量图形精灵,或双击演员表中的矢量图演员,均可以打开矢量绘图窗口,如图 1-6-13 所示,创建和编辑矢量图形演员。

图 1-6-12　绘图窗口

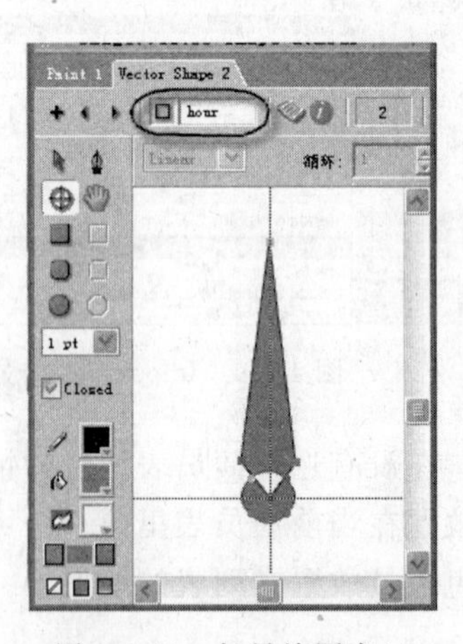

图 1-6-13　矢量绘图窗口

4）创建文本演员

执行【窗口】→Text 命令，或单击 Director 工具栏上的【文本窗口】按钮 A，或双击精灵通道中的文本精灵，或双击演员表中的文本演员，均可以打开文本窗口，如图 1-6-14 所示，创建和编辑文本演员。

5）创建域文本演员

执行【窗口】→【域文本】命令，或双击精灵通道中的域文本精灵，或者双击演员表中的域文本演员，均可以打开域文本窗口，如图 1-6-15 所示，创建和编辑域文本演员。使用域文本类似于使用文本，但是域文本不支持抗锯齿、字符间距、制表符，以及缩进、对齐等操作。

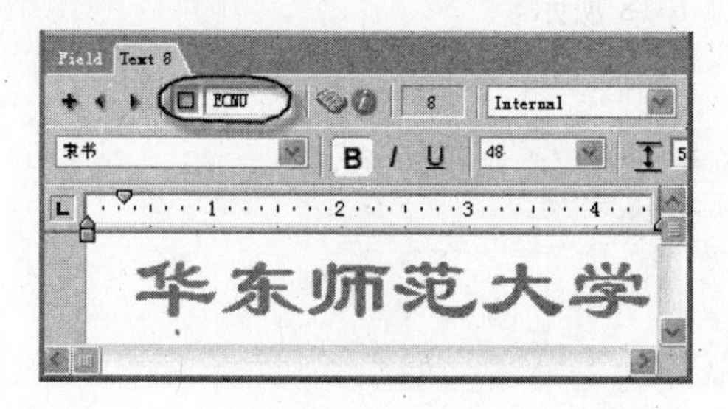

图 1-6-14　文本窗口

图 1-6-15　域文本窗口

4. 命名演员

为避免在使用过程中特别是在 Lingo 或者 JavaScript 语法中引用演员时出现问题，演员均应该命名，然后通过名称引用它们。即使这个演员的编号发生了改变，但其名称会保持不变。命名演员可以使用如下几种方法：

（1）在编辑窗口中的【演员名称】文本框中输入名称，参见图 1-6-12～图 1-6-15 所示。

（2）在列表方式显示的演员表窗口或者缩略图显示的演员表窗口中，选中要命名的演员，然后执行以下任意一项操作：

- 在演员表窗口的顶部的【演员名称】文本框中输入名称，如图 1-6-16 所示。
- 在【属性检查器】面板的【演员】选项卡中的【名称】文本框中输入一个名称，如图 1-6-17 所示。

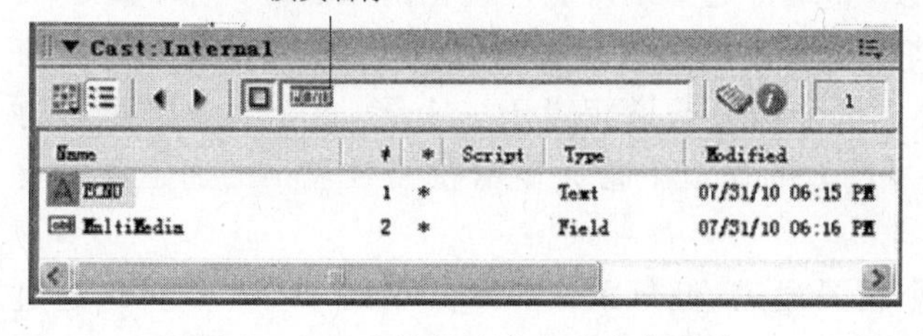

图 1-6-16　在演员表窗口中命名演员

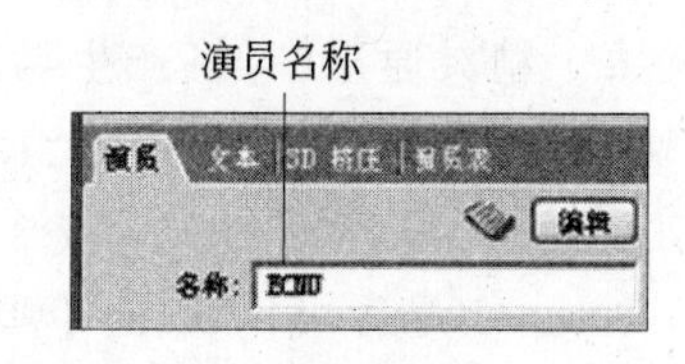

图 1-6-17　在属性检查器中命名演员

6.2.5 剧本的设置与使用

剧本组织和控制按时间顺序排列的电影内容。剧本窗口由两部分组成，上半部分是特效通道，下半部分是精灵通道。

1. 打开与关闭通道

特效通道区由 7 个特效通道构成，自上而下依次为标记通道、速度通道、调色板通道、过渡通道、声音通道 1、声音通道 2 和脚本通道，可以单击剧本窗口右上角的【隐藏/显示效果通道】按钮，显示全部的特效通道，如图 1-6-18 所示。

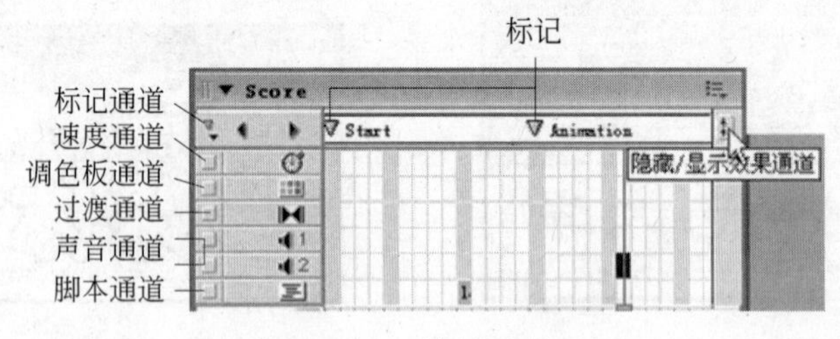

图 1-6-18 特效通道区

2. 帧通道(时间线)的使用

帧通道位于特效通道和精灵通道之间，是带有帧编号的通道。为方便起见，Director 在剧本窗口中每隔 5 帧进行编号。剧本中的每一列称作一帧。帧通道中的红色竖线称作播放头，播放头所在的位置就是播放显示的当前帧，如图 1-6-19 所示。

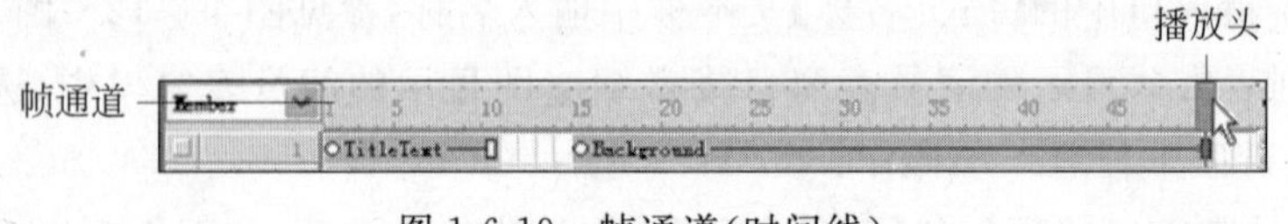

图 1-6-19 帧通道(时间线)

3. 精灵通道的使用

剧本窗口中的精灵通道用于组织和编排电影中所有可视化的多媒体元素，如文本、图像、动画、音频、视频、按钮等。将演员表中的演员拖曳到舞台上，或者拖曳到剧本窗口的某个精灵通道中，将产生精灵。每个精灵通道相当于一个层，每个层上都可以有对应的演员在表演。在舞台上，编号较大的通道中精灵显示在编号较小的通道中精灵的前面。

Director 最多可以使用 1000 个精灵通道，但只默认显示其中的 150 个。可以通过【属性检查器】面板的【影片】选项卡设置精灵通道的数量。

6.2.6 精灵的设置与使用

1. 精灵公共属性的设置

执行【编辑】→【属性】→【精灵】命令，打开【精灵参数】对话框，如图 1-6-20 所示，设置精灵的常规参数。Director 电影制作中，在创建或导入精灵之前，一般需要设置【精灵长度】属性，以确定精灵在剧本窗口中默认占据的帧数。

2. 显示和编辑精灵属性

选中精灵，在【属性检查器】面板的【精灵】选项卡中显示和编辑指定精灵的属性，如图 1-6-21 所示。通过单击右上角的【列表查看模式】按钮，可以将属性显示切换到列表视图中。

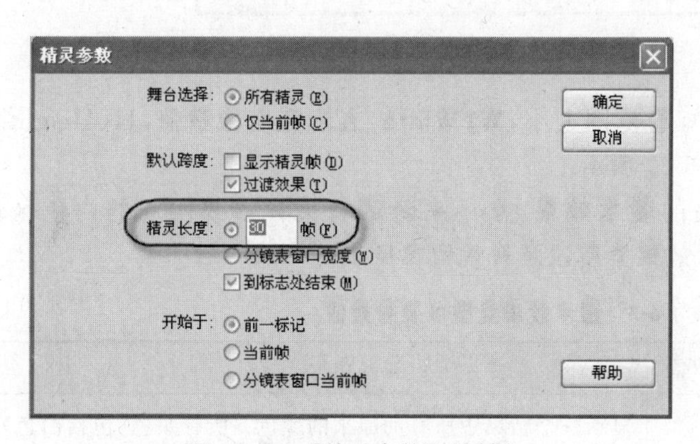

图 1-6-20 【精灵参数】对话框

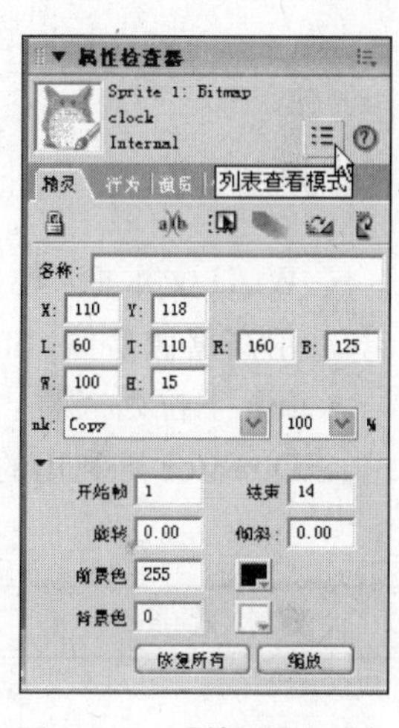

图 1-6-21 【精灵】选项卡

其中：

- 【锁定】按钮：锁定精灵，使其不可编辑。
- 【可编辑】按钮：精灵在电影播放期间可以被编辑，仅应用于文本精灵。
- 【可移动】按钮：在电影播放期间安排舞台上被选中的精灵的位置。
- 【拖尾】按钮：使精灵在电影播放留下移动轨迹。
- 【水平翻转】按钮：水平翻转精灵。
- 【垂直翻转】按钮：垂直翻转精灵。
- 【名称】文本框：为精灵输入一个名称。
- X 和 Y 文本框：精灵注册点的位置，X 表示水平位置，Y 表示垂直位置，均以像素为单位，从舞台的左上角算起。
- L、T、R、B 文本框：精灵的矩形范围的位置。L(Left)表示左侧的水平坐标像素值、T(Top)表示顶部垂直坐标像素值、R(Right)表示指出从舞台的左上角开始，到一个精灵的右边的距离(以像素为单位)、B(Bottom)表示底部的垂直坐标像素值,如图 1-6-22 所示。

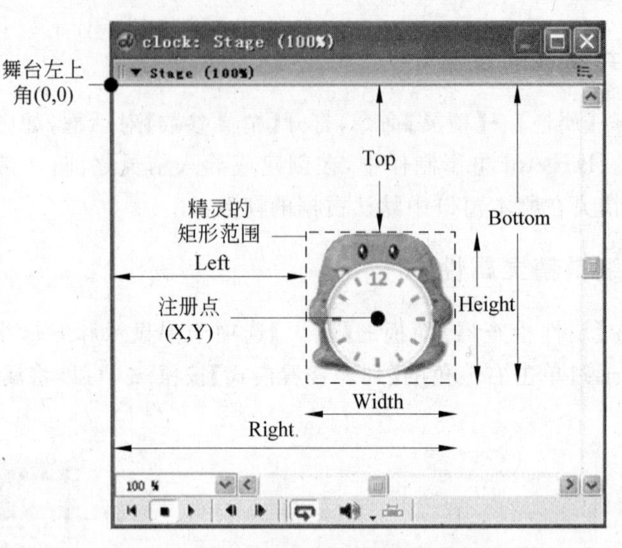

图 1-6-22 精灵坐标位置示意图

- W、H 文本框:精灵的矩形范围大小,W(Width)表示宽度像素值,H(Height)表示高度像素值,如图 1-6-22 所示。
- Ink 下拉列表框:精灵的墨水效果,常用来隐藏精灵背景或四周的白色区域。Director 可利用的墨水效果类型以及有效值参见表 1-6-3 所示。

表 1-6-3 墨水效果类型以及有效值

墨水效果	Ink 取值	含义
Copy(拷贝)	0	显示一个精灵中所有的原来的颜色。所有颜色(包括白色)是不透明的,除非该图像包含 Alpha 通道效果(透明)。Copy 是默认的墨水效果,对于背景或者不出现在其他的原图前面的精灵是很有用的。如果演员不是矩形的,它经过另外的精灵的前面或者出现在一个非白背景上时,该精灵周围将出现一个白色框。用 Copy 墨水效果的精灵动画比用任何其他的墨水效果的精灵更快
Transparent(透明)	1	使所有的明亮的颜色透明,从而能看见在这个精灵下面的最亮的对象
Reverse(反转)	2	反转重叠颜色
Ghost(幻象)	3	很像 Reverse,用于反转重叠颜色。除了不重叠颜色之外,都是透明的。这个精灵是不可见的,除非它与其他精灵重叠
Not Copy(非拷贝)	4	反转一个图像中的所有颜色来创建一个原始图像的彩色底片
Not Transparent(非透明)、Not Reverse(非反转)和 Not Ghost(非幻像)	5、6、7	是所有的其他的效果的变异。图像的前景色最先被反转,然后应用到 Copy、Transparent、Reverse,或者 Ghost 墨水效果

续表

墨水效果	Ink 取值	含义
Matte(哑光)	8	删除一个精灵周围的白色矩形范围。边界里的原图是不透明的。Matte 功能非常像绘图窗口中的套索工具在一个矩形中被附上的描绘轮廓的原图。Matte 与 Mask 类似,但比其他的墨水效果使用更多的内存,用这个墨水效果的精灵动画比其他的精灵更慢
Mask(蒙版,即马赛克)	9	精确检测一个精灵透明或者不透明的部分。对于要起作用的 Mask 墨水效果,必须将一个 Mask 演员放置在剧本窗口中要被遮照的演员的位置。Mask 的黑色区域使精灵成为不透明的,白色区域成为透明的
Blend(混色)	32	确定精灵所使用的混合色的百分比
Add Pin(添加 PIN)	33	类似于 Add。前景精灵的 RGB 颜色值被添加到背景精灵的 RGB 颜色值中,但其颜色值不允许超过 255。如果新的颜色的值超过了 255,其值将变为 255
Add(添加色值)	34	创建一个新的颜色,是将前景精灵的 RGB 颜色值添加到背景精灵的颜色值中所产生的结果。如果两种颜色的值超过最大 RGB 颜色值(255),则从余下的值中减去 256,所以其结果在 0～255 之间
Subtract Pin(减少 PIN)	35	背景精灵的颜色值减去前景精灵的像素的 RGB 颜色值。这个新的颜色值不允许小于 0。如果新的颜色的值是负数,其值被设置为 0
Background Transparent(背景透明)	36	使精灵背景色里的所有像素透明,从而能够看见精灵后面的背景
Lightest(高亮)	37	比较前景颜色和背景颜色中的 RGB 像素颜色,并使用最亮的像素颜色
Subtract(减少)	38	背景精灵的颜色的 RGB 颜色值减去前景精灵的颜色的 RGB 颜色值。如果新的颜色值小于 0,则加上 256 使其值在 0～255 之间
Darkest(暗淡)	39	比较前景颜色和背景颜色中的 RGB 像素颜色,并使用灰暗的像素颜色
Lighten(变亮)	40	改变一个精灵的前景颜色和背景颜色属性的效果,使一个图像发亮。Lighten 墨水效果使一个精灵中最亮的颜色成为背景色所提取的灰色。前景色将图像着色为所允许的最亮的度数
Darken(变暗)	41	改变一个精灵的前景颜色和背景颜色属性的效果,使一个精灵经常变暗和变成彩色。Darken 墨水效果使背景色相当于一个颜色过滤器,穿过舞台上被查看的精灵。白色不提供过滤,黑色使所有的颜色变为纯黑色。其前景色被添加到被过滤的图像,所创建的效果类似于明亮的灯光照射到图像上

- 【混合度】下拉列表(100)：精灵的透明度(百分比)。
- 【开始帧】和【结束】文本框：精灵的开始帧编号和结束帧编号。
- 【旋转】和【倾斜】文本框：精灵旋转和倾斜的度数。

• 【前景色】和【背景色】：精灵的前景色和背景色。
• 【恢复所有】按钮：恢复精灵的原始尺寸(高和宽)。
• 【缩放】按钮：打开【缩放精灵】对话框，调整精灵的大小。

3. 改变精灵占据的帧数

拖曳精灵的起始帧和结束帧(如果精灵只有一帧，可借助 Alt 键拖曳)，可以调整精灵所占据的帧数。

6.2.7 Director 电影的发布

在发布 Director 电影之前，首先要对电影的发布属性进行设置。执行【文件】→【发布设置】命令，打开 Publish Settings 对话框，如图 1-6-23 所示。通过相应的设置，可以将 Director 电影发布为标准放映机、Shockwave 放映机、Shockwave 电影以及 Protected 电影等各种格式。

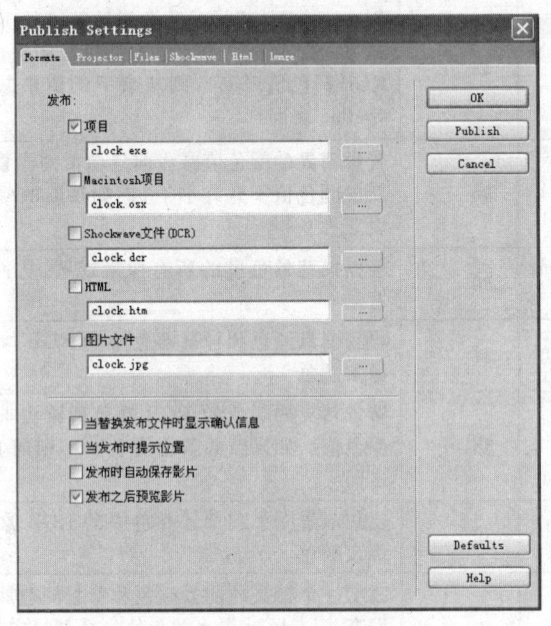

图 1-6-23　Publish Settings 对话框

1. 发布为标准放映机

标准放映机电影是一部电影的独立版本，内置了播放器的代码，文件扩展名为 EXE，它不包含有任何编辑电影的数据，只包含有播放电影时所需要的可执行数据。双击标准放映机电影文件，即可播放放映机中包含的所有电影。将 Director 电影发布为标准放映机的操作步骤如下：

(1) 执行【文件】→【打开】命令，打开 Director 电影源文件。Director 电影源文件中保存了可供编辑的电影原始数据，其扩展名为 DIR。

(2) 执行【文件】→【发布设置】命令，打开 Publish Settings 对话框。

(3) 选择 Formats 选项卡，选中【项目】复选框，并指定发布的文件名。如果选中【当发布时提示位置】复选框，则可以指定发布的路径；否则，电影将被发布到与 Director 电影源文件相同的文件夹中。

(4) 选择 Projector 选项卡，在【播放器类型】下拉列表中选择【标准】选项，如图 1-6-24 所示。

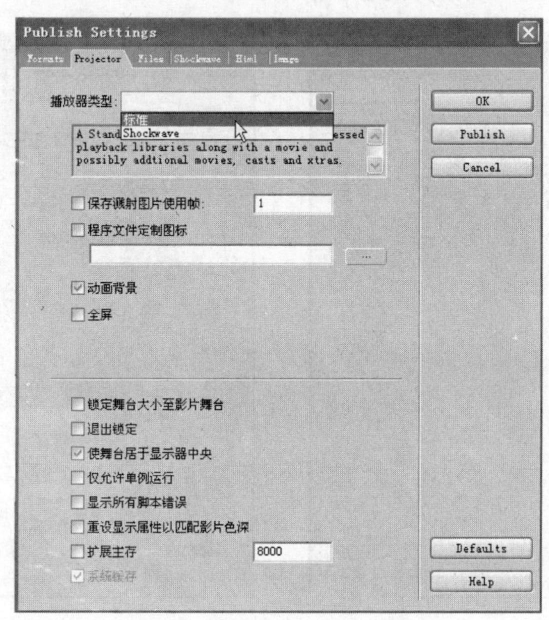

图 1-6-24　Projector 选项卡

(5) 设置完毕，单击 Publish 按钮进行标准放映机电影的发布。

2. 发布为 Shockwave 放映机

Shockwave 放映机电影文件内部不包含播放器代码，而使用当前计算机操作系统中的 Shockwave 播放器播放电影，所占用的磁盘空间比标准放映机要少，其文件扩展名也为 EXE。如果当前计算机操作系统中未安装 Shockwave 播放器，Shockwave 放映机会提示用户下载并安装 Shockwave 播放器。将 Director 电影发布为 Shockwave 放映机的操作步骤与发布标准放映机电影的操作步骤基本相同，只是在 Projector 选项卡中选择“播放器类型”为 Shockwave。

3. 发布为 Shockwave 电影

Shockwave 电影文件的扩展名为 DCR，它是经过压缩且只包含电影中可执行数据的电影，不含 Shockwave 播放器代码，而是利用操作系统中的 Shockwave 插件进行解压和播放。Shockwave 电影文件适用于在网上发布电影。将 Director 电影发布为标准放映机的操作步骤如下：

(1) 执行【文件】→【打开】命令，打开 Director 电影源文件。

(2) 执行【文件】→【发布设置】命令，打开 Publish Settings 对话框。

(3) 选择 Formats 选项卡，选中【Shockwave 文件(DCR)】复选框，并指定发布的文件名。如果同时要将 Shockwave 电影嵌入到网页中发布，还必须选中 HTML 复选框。

(4) 选择 Shockwave 选项卡，如图 1-6-25 所示，设置 Shockwave 电影的各项参数。

(5) 如果同时要将 Shockwave 电影嵌入到网页中发布，还可以选择 Html 选项卡，如图 1-6-26 所示，设置 HTML 文件的各项参数。

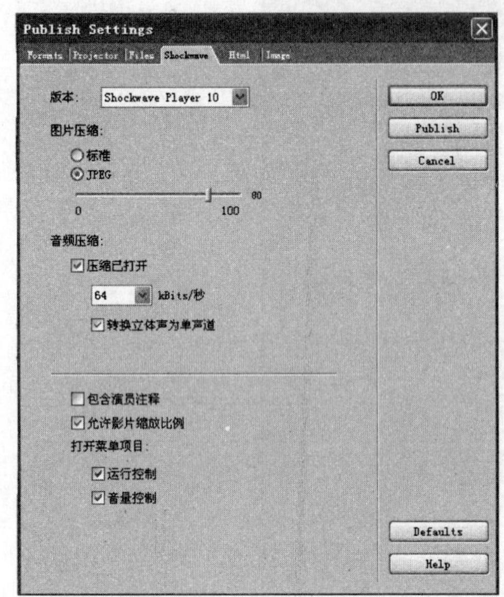

图 1-6-25　Shockwave 选项卡

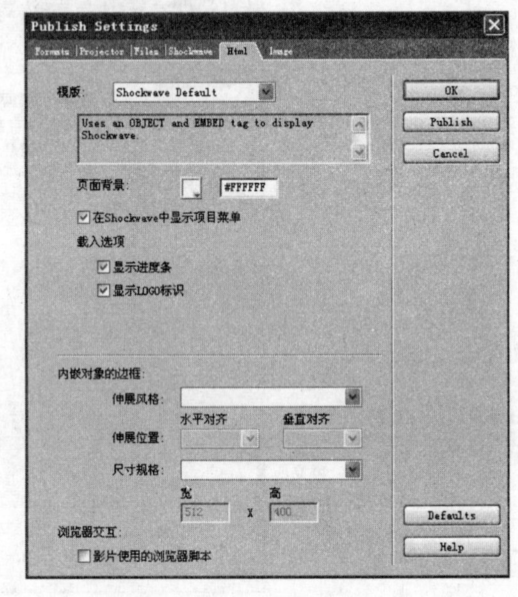

图 1-6-26　Html 选项卡

(6) 在未安装 Shockwave 播放器的操作系统中播放 Shockwave 电影时，将无法正常显示电影内容，此时如果希望以一个图形来取代，则在发布时需要选择 Image 选项卡，如图 1-6-27 所示，设置 Image 文件的各项参数。

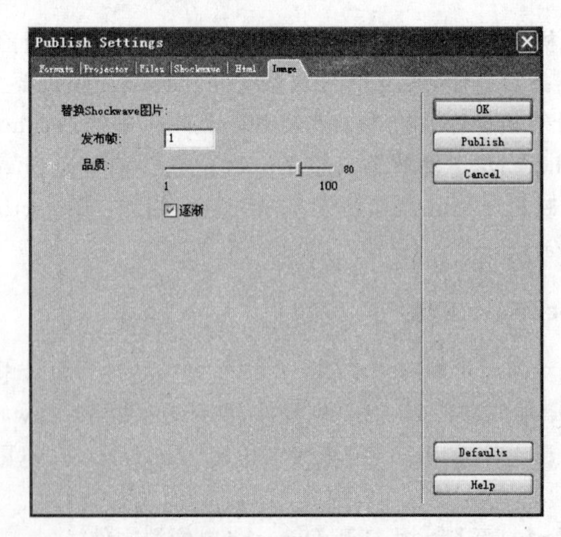

图 1-6-27　Image 选项卡

(7) 设置完毕,单击 Publish 按钮进行 Shockwave 电影的发布。

4. 发布为 Protected 电影

Protected 电影文件的扩展名为 DXR,它将电影中的编辑数据删除,只保留可执行数据。Protected 电影文件与 Shockwave 电影文件相似,但 Protected 电影文件所包含的数据是未经过压缩的,由于在播放时不需要解压,所以其播放效果更为流畅。Protected 电影除了可以在网上发布外,还常用于光盘的发布。将 Director 电影发布为 Protected 电影的操作步骤如下:

(1) 执行【Xtra 插件】→【更新影片】命令,打开【更新影片选项】对话框,如图 1-6-28 所示。

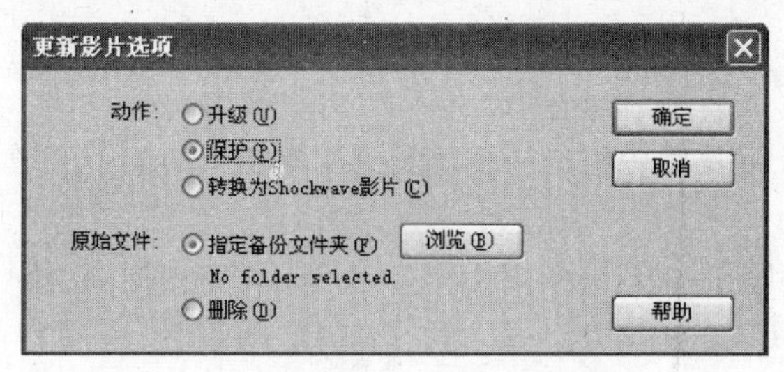

图 1-6-28 【更新影片选项】对话框

(2) 选中【保护】单选按钮,单击【确定】按钮。

(3) 在随后打开的 Choose Files 对话框中,选择需要转换的 Director 电影源文件,单击 Proceed 按钮。

(4) 如果从未指定备份文件夹,则会弹出 Select folder for original files 对话框,为 Director 电影源文件指定备份的文件夹和文件名;否则按照已指定的备份文件夹备份 Director 电影源文件。

6.2.8 习题与思考

1. 选择题

(1) 在 Director 中,所谓________,就是用来控制演员的出场时间、指定演员的特效和交互功能等的对象。

A. 精灵　　B. 演员　　C. 时间线　　D. 剧本

(2) 在 Director MX 2004 中,________演员必须采用外部链接方式。

A. 音频　　B. 视频　　C. 胶片环　　D. Flash 动画

(3) Director MX 2004 不可以使用的演员类型是________。

A. 文本　　B. 3D 模型

C. AVI 视频　　D. 可执行文件(EXE 文件)

(4) 不可以被 Director MX 2004 调用的多媒体素材类型是________。

A. SWA　　B. MIDI　　C. GIF　　D. DOC

(5) Director MX 2004 创建的作品不包括________格式。

A. BMP　　B. GIF　　C. AVI　　D. EXE

(6) 在 Director 中,不可以直接编辑的多媒体元素是________。

A. 文字　　B. 图像　　C. 声音　　D. 动画

(7) 在 Director 中,位图和矢量图的注册点一般位于图形的________。

A. 左上角　　B. 右下角　　C. 左下角　　D. 中心

(8) 当 Director 舞台背景是绿色时,要让舞台上的精灵本身包含的所有白色区域变成透明,而精灵内部其他颜色保持不变,应该选择________墨水效果。

A. Copy　　B. Matte

C. Transparent　　D. Background Transparent

(9) 要使 Director 舞台上的精灵产生颜色反转效果,应该选择________墨水效果。

A. Copy　　B. Matte　　C. Reverse　　D. Transparent

(10) 从 Director 演员表中拖曳一个演员到剧本窗口的某个通道中,则该演员对应的精灵________。

A. 不可以设置占据 60 帧以上　　B. 一定占据 20 帧

C. 一定不足 20 帧　　D. 可设为只占据 1 帧

(11) Director MX 2004 剧本窗口中,最多可包含________个精灵通道。

A. 150　　B. 500　　C. 1000　　D. 32 000

(12) 在 Director 中,一个演员表中最多可以显示________个演员。

A. 500　　B. 1000　　C. 32 000　　D. 无数

(13) 下列不属于 Director 特效通道的是________。

A. 标记通道　　B. 速度通道　　C. 脚本通道　　D. 精灵通道

(14) 在 Director 剧本窗口中,将编号较小的通道中的精灵拖入编号较大的通道,则该精灵在舞台上的位置将________。

A. 靠前　　B. 靠后　　C. 不变　　D. 最靠后

(15) 关于 Director 速度通道,正确的描述是________。

A. 帧速度的范围从 1～100 帧/秒

B. 每帧的持续时间最多 30 秒

C. 可设置停止电影播放,直至单击鼠标

D. 每部电影只能设置一次帧速度

(16) Director 列表框中的选项内容可以通过列表框精灵的________属性设置。

A. index　　B. data　　C. labels　　D. items

(17) 在 Director 的剧本中设置一个精灵的墨水效果________。

A. 不会影响对应的演员　　B. 会影响对应的演员

C. 会影响胶片环动画　　D. 不会影响生成的放映机电影

(18) 在 Lingo 语言中,如果要隐藏舞台上的精灵,________属性。

A. 只能使用 visible　　B. 只能使用 blend

C. 可以同时使用 visible 和 blend　　D. 必须同时使用 visible 和 blend

(19) 在 Director MX 2004 舞台上，有红、黄两个矩形精灵重叠在一起，红色矩形叠放在黄色矩形之上将黄色矩形覆盖，通过设置精灵的 Blend 属性使红色矩形透明、黄色矩形显示在舞台的正确操作是________。

A. 设置红色矩形的 Blend 属性值为 0

B. 设置黄色矩形的 Blend 属性值为 0

C. 设置红色矩形的 Blend 属性值为 100

D. 设置黄色矩形的 Blend 属性值为 100

(20) Director MX 2004 创建的各种文件格式中，________可以在 Web 浏览器中播放。

A. 只有 Shockwave 电影

B. Shockwave 电影和标准放映机

C. Shockwave 电影和 Protected 电影

D. Shockwave 放映机和 Protected 电影

(21) Shockwave 电影(DCR 文件)是 Director 作品的一种重要发布形式，下列________不符合 Shockwave 电影的特征。

A. 采用流媒体技术　　B. 电影中的数据经过压缩

C. 不包含可编辑数据　　D. 包含 Shockwave 播放器

(22) Director 电影源文件保存了可供编辑的电影原始数据，其扩展名为________。

A. DIR　　B. DCR　　C. DRT　　D. DXR

(23) 使用 Director 创建并发布 Shockwave 电影时的文件扩展名是________。

A. DIR　　B. DCR　　C. DXR　　D. EXE

(24) 为了能在 Web 浏览器中播放 Director 的 DCR 格式文件，必须在操作系统中正确安装________插件。

A. MMS　　B. OpenGL　　C. DirectX　　D. Shockwave

(25) Director 发布的各种电影格式中，按容量从小到大排列的是________。

A. DCR、EXE、DXR　　B. DXR、DCR、EXE

C. EXE、DCR、DXR　　D. DCR、DXR、EXE

2. 填空题

(1) 在创建 Director 电影时，最常使用的演员的导入方式是标准导入方式(Standard Import)和________导入方式。

(2) 在 Director 的绘图窗口中，如果要绘制一个正方形或者圆形，可以借助________键完成。

(3) 在 Director 中，特效通道区由________个特效通道构成。

(4) 在 Director MX 2004 中，剧本窗口拥有________个声音通道。

(5) 在 Director 电影的 4 种发布格式中，容量最小的电影格式是________。

(6) 在 Director 电影的 4 种发布格式中，容量最大的电影格式是________。

(7) 在 Director 中，所谓________，就是预先编制好的可重复使用的脚本。

(8) 在 Director 的精灵属性中，________属性可以设置精灵的透明度效果，取值范围为 0～100。

(9) 使用________插件，用户可以播放嵌入到 HTML 页面中的 Director 电影。

(10) 为了在浏览器中顺利播放 Director 电影(DCR 或 DXR 格式的文件)，需要安装基于 Web 的________插件。

(11) 在创建 Director 电影时，将演员从演员表中拖入到剧本窗口的通道中，可以创建演出用的________。

(12) 在创建 Director 电影时，将演员从演员表中拖入到舞台窗口中，可以创建演出用的________。

(13) 在 Director 的精灵通道中，如果某精灵只占一帧，则按住________键的同时拖曳精灵帧，可以延长精灵所占据的帧数。

(14) 在 Director 电影中，可以为精灵设置多种墨水效果，其中________是默认的墨水效果。

(15) 可以进行编辑的 Director 电影文件的扩展名是________。

3. 思考题

(1) 创建一部新的 Director 电影有哪些方法？

(2) Director 电影源文件的扩展名是什么？保存 Director 电影源文件有哪些方法？

(3) 打开 Director 电影源文件主要有哪些方法？

(4) 如何恢复 Director 默认环境布局并设置基本属性？

(5) Director 中有哪些设置帧速率的方法？

(6) Director 中如何设置舞台的大小、位置、颜色和精灵通道的数目等属性？

(7) Director 中有哪两种演员表窗口视图？各自显示了哪些具体的信息？

(8) Director 中有哪些演员类型图标？

(9) Director 中导入演员主要有哪几种方法？

(10) Director 中可以创建哪些类型的多媒体元素？

(11) Director 工具面板的每种视图提供了哪些工具？

(12) 如何创建 Director 位图演员？

(13) Director 中图形注册点的含义是什么？如何确定图形的注册点？

(14) 如何创建 Director 矢量图形演员？

(15) 如何创建 Director 文本演员？

(16) 如何创建 Director 域文本演员？

(17) Director 文本和域文本有哪些异同点？

(18) Director 中如何命名演员？

(19) Director 中剧本窗口由哪两部分组成？各部分的组成及功能是什么？

(20) Director 中如何打开与关闭通道？

(21) Director 中如何显示与隐藏特效通道？

(22) Director 中帧通道(时间线)的作用是什么？

(23) Director 中剧本窗口中的精灵通道的作用是什么?

(24) Director 中如何设置精灵的公共属性?如何显示和编辑指定精灵的属性?

(25) Director 可利用的墨水效果类型有哪些?

(26) Director 电影有哪几种发布格式?如何发布各种格式的 Director 电影?

6.3 制作简单的动画

简单动画是使用 Director 的核心,Director 中有多种制作简单动画的方法。本书主要介绍帧连帧动画、关键帧动画、实时录制动画和胶片环动画的制作方法。

6.3.1 帧连帧动画

帧连帧动画,就是将动画中的每一个画面都制作为一个演员,然后再将这些画面一帧一帧连接起来,并以一定的速度播放,从而形成了动画。

在使用帧连帧制作技术制作动画时,每个演员在剧本窗口中都要占据一帧的位置,而且每一帧中画面的生成都必须使用鼠标拖曳来完成。也就是说,动画包含有多少帧,就必须使用鼠标拖曳多少次演员到精灵通道中。

6.3.2 关键帧动画

关键帧动画是在帧连帧动画基础上发展起来的一种动画制作技术。在创建关键帧动画时,只要制作出关键帧中的画面,而关键帧之间的普通帧则由 Director 自动生成。通过选中精灵帧,执行【插入】→【插入关键帧】命令,或者右击该帧,在弹出的快捷菜单中选择相应的【插入关键帧】命令,创建关键帧。

Director 在创建关键帧之间的普通帧时,使用的是一种称为 Tweening(逐渐过渡)的技术。使用 Tweening 技术可以创建精灵的路径、大小、旋转角度、倾斜角度、前景色、背景色、混合度以及加速度等发生变化的动画。通过选择舞台或剧本中的精灵,执行【修改】→【精灵】→【逐渐过渡】命令,打开如图 1-6-29 所示的【角色过渡】对话框,对所选精灵的 Tweening 设置进行修改。

【角色过渡】对话框各选项的含义如下:

- 左上角的图形表示舞台上精灵运动轨迹的缩略图,该缩略图根据【角色过渡】对话框中【曲率】、【节奏】、【平滑进入】以及【平滑淡出】等选项的设置而显示。当然,该缩略图不是精灵的实际运动轨迹,而是与精灵运动轨迹类型相类似的曲线。如果舞台上精灵运动轨迹的开始点和结束点相同,则缩略图显示为圆形,表示精灵在舞台上将沿着一个圆周运动。
- 【过渡】选项区
  - 路径:在产生关键帧之间的普通帧画面时,对精灵的运动轨迹进行逐渐过渡。

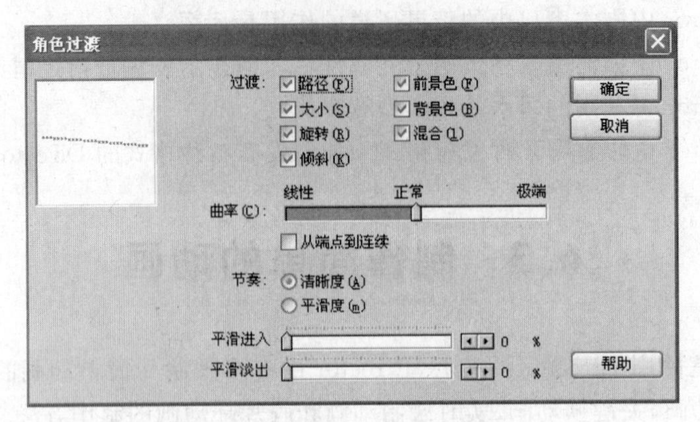

图 1-6-29 【角色过渡】对话框

- 大小:在产生关键帧之间的普通帧画面时,对精灵的大小进行逐渐过渡。
- 旋转:在产生关键帧之间的普通帧画面时,对精灵的旋转角度进行逐渐过渡。
- 倾斜:在产生关键帧之间的普通帧画面时,对精灵的倾斜角度进行逐渐过渡。
- 前景色:在产生关键帧之间的普通帧画面时,对精灵的前景色进行逐渐过渡。
- 背景色:在产生关键帧之间的普通帧画面时,对精灵的背景色进行逐渐过渡。
- 混合:在产生关键帧之间的普通帧画面时,对精灵的混合度进行逐渐过渡。

• 【曲率】滑块:改变精灵运动轨迹的弯曲曲率。
  - 线性:精灵在关键帧之间运动时,轨迹为关键帧之间的直线。
  - 正常:精灵在关键帧之间运动时,轨迹为关键帧之间的曲线。
  - 极端:精灵在关键帧之间运动时,轨迹为关键帧之外的曲线。
• 【从端点到连续】复选框:当精灵的运动轨迹为闭合的曲线时,使精灵从开始帧到结束帧的运动轨迹更加平滑。
• 【节奏】选项区:精灵在关键帧之间运动时,其位置的逐渐过渡方式。
  - 清晰度:在产生关键帧之间的普通帧时,位置急剧地变化。
  - 平滑度:在产生关键帧之间的普通帧时,位置逐渐地变化。
• 【平滑进入】滑块:设置精灵的加速的百分比。
• 【平滑淡出】滑块:设置精灵的减速的百分比。

6.3.3 实时录制动画

实时录制动画是一种方便快捷的动画制作技术。使用这种技术,当鼠标在舞台上移动时,Director 会自动记录下鼠标移动的轨迹,并根据需要形成动画效果。

创建实时录制动画的基本步骤如下:

(1) 选择舞台上或者剧本中的一个或者多个精灵。

(2) 执行【控制】→【实时录制】命令,启动实时录制功能。

(3) 在舞台上拖曳精灵产生运动轨迹,Director 将自动记录此运动轨迹。

(4) 释放鼠标按钮,停止录制。

6.3.4 胶片环动画

胶片环动画技术主要用来制作动画片段，所制作的动画序列通常作为独立的演员出现在电影中，这有助于减少周期性动作的重复制作，从而提高动画制作的效率。

胶片环动画比较适合于制作循环动画或者需要将占据多个通道的动画效果整合到单个通道中的情形。

创建胶片环动画的基本步骤如下：

(1) 在剧本窗口中选择一个或多个要变成胶片环的精灵。

(2) 执行【插入】→【胶片环】命令，在随后出现的 Create Film Loop 对话框中输入胶片环的名称。

(3) 从剧本中拖曳一个选区到演员表窗口，创建一个胶片环演员。

6.3.5 习题与思考

1. 选择题

(1) 在 Director 中，Tweening 动画技术用来制作________。

A. 帧连帧动画　　B. 关键帧动画

C. 实时录制动画　　D. 胶片环动画

(2) 在 Director 中，用来制作动画片段，并可以减少对周期性动作的重复制作的动画技术被称为________动画技术。

A. 帧连帧动画　　B. 关键帧动画

C. 实时录制动画　　D. 胶片环动画

(3) Director 电影的________动画，就是将动画中的每一个画面都制作为一个演员，然后再将这些画面一帧一帧连接起来，并以一定的速度播放，以产生的动画效果。

A. 帧连帧动画　　B. 关键帧动画

C. 实时录制动画　　D. 胶片环动画

(4) 在 Director 中，使用 Tweening 动画技术可以创建关键帧动画，不能设置精灵的________变化。

A. 路径　　B. 大小　　C. 位置　　D. 旋转角度

2. 思考题

(1) 什么是 Director 帧连帧动画？制作方法是什么？

(2) 什么是 Director 关键帧动画？制作方法是什么？

(3) Director 关键帧中 Tweening(逐渐过渡)技术的作用是什么？

(4) 什么是 Director 实时录制动画？创建实时录制动画的基本步骤是什么？

(5) 什么是 Director 胶片环动画？创建胶片环动画的基本步骤是什么？

6.4 行为与交互

尽管使用 Director 中的剧本窗口就可以轻松地制作出大量的动画效果，但 Director 的强大功能远不止于此。用户可以将行为添加到 Director 电影中，从而使电影具有强大的交互性。行为是指预先写好的 Lingo 或 JavaScript 脚本。Director MX 2004 含有内置的行为库，用户可以方便地将库中的行为附着到精灵或帧之上，从而为电影添加交互功能。Director 行为库提供了制作 Director 电影时经常需要使用的行为。按照应用的不同，行为被划分为不同的类别，如导航、动画、媒体、网络、3D、控件、文本、组件、绘图盒、辅助功能等。

6.4.1 行为库的应用

Director 内置的行为库是以库面板(Library Palette)的形式呈现的。通过执行【窗口】→【库面板】命令，或单击 Director 工具栏上的【库面板】按钮，打开【库】面板，如图 1-6-30 所示。

单击【库】面板左上角的【库列表】按钮，可以打开行为库菜单，从中选择一个类别或子类别，以显示相应的行为库。单击库面板左上角的【库的查看方式】按钮，可以在列表视图方式和缩略图视图方式切换。

如果要了解某一个行为的用途和使用方法，可以将鼠标指针放置到行为库中该行为图标上，此时，与该行为相关的提示信息会自动弹出。

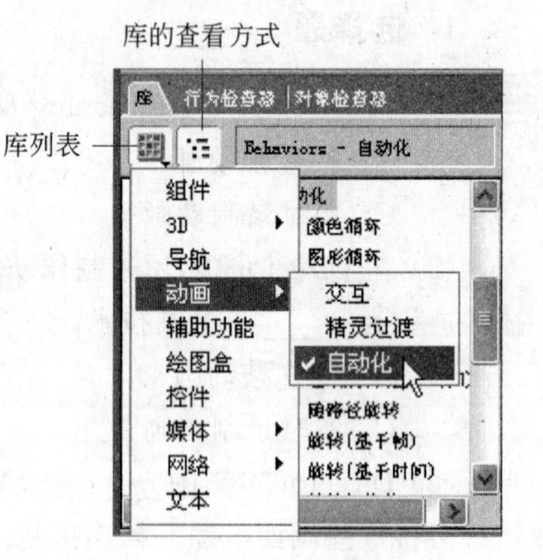

图 1-6-30 【库】面板

6.4.2 行为的附着

为精灵或者帧附着行为的基本操作步骤如下：

(1) 执行【窗口】→【库面板】命令，或单击 Director 工具栏上的【库面板】按钮，打开【库】面板。

(2) 单击【库】面板左上角的【库列表】按钮，从打开的行为库菜单中选择一个行为库。

(3) 如果要为精灵附着行为，可以从【库】面板中拖曳一个行为到舞台或剧本窗口的精灵上，即为精灵附着行为。

(4) 如果要为帧附着行为，可以从库面板中拖曳一个行为到剧本窗口脚本通道的某一帧中，即为帧附着行为。

(5) 在将行为拖曳到精灵或帧上之后，如果所附着的行为需要设置参数，还会弹出参数设置对话框，要求用户设置相关参数。

注意：Director 可以将同一个行为同时附着到多个精灵或者多个帧上，也可以为一个精灵附着多个行为，但一个帧只能附着一个行为。

6.4.3 行为的设置

1. 修改已附着行为的参数

修改精灵或帧已附着行为的参数的基本步骤如下：

(1) 选中已附着行为的精灵或帧。

(2) 执行【窗口】→【行为检查器】命令，打开行为检查器。

(3) 双击行为检查器中要修改参数的行为，或选中要修改参数的行为，单击行为检查器右上角的【参数】按钮，在打开的参数设置对话框中修改参数。

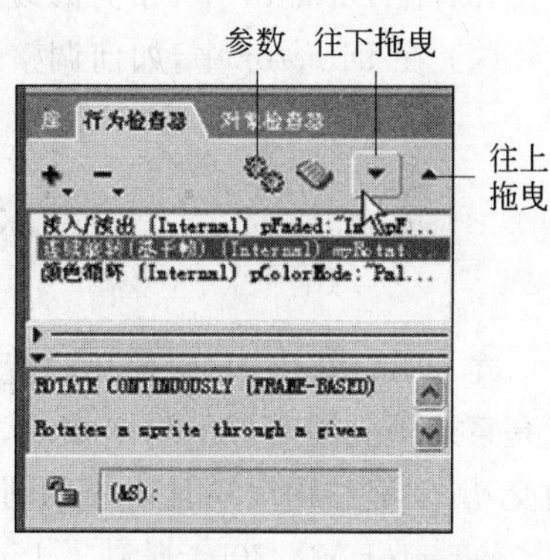

图 1-6-31 行为检查器

2. 调整已附着行为的顺序

一个精灵可以附着多个行为，如果需要调整精灵已附着的各行为的顺序，可以先选中精灵，再通过行为检查器右上角的【往下拖曳】按钮或者【往上拖曳】按钮，如图 1-6-31 所示，调整行为的执行顺序。

6.4.4 习题与思考

1. 选择题

(1) 以下关于在 Director 中运用行为的描述中，不正确的是________。

A. 可以为一帧附着多个行为　　B. 只能为一帧附着一个行为

C. 可以为多个帧附着同样的行为　　D. 可以为一个精灵附着多个行为

(2) 以下关于 Director 行为的描述，________是不正确的。

A. 用户无法对内置行为库进行扩展

B. 可以为某一帧附着一个行为

C. 可以改变精灵上各行为的执行顺序

D. 精灵附着行为后，可以调整其行为参数

(3) 以下关于 Director 行为的描述，________是正确的。

A. 可以为一帧添加多个行为

B. 可以为一个精灵添加多个行为

C. 精灵附着行为后，不可以调整行为参数

D. 同一个行为不可以同时附着到多个精灵或者多个帧上

(4) 将 Director 淡入淡出行为的 Fade Cycles 参数设置为－1，表示________。

A. 不执行淡入淡出效果　　B. 停止淡入淡出效果

C. 不断重复淡入淡出效果　　D. 执行淡入不执行淡出效果

(5) 以下选项中属于 Director 内部事件的是________。

A. exitMovie　　B. exitFrame

C. keyPress　　D. rightClick

2. 思考题

(1) 什么是 Director 的行为？Director 提供哪些类型的行为交互？

(2) 在 Director 中，为精灵或者帧附着行为的基本操作步骤是什么？

(3) 在 Director 中，如何修改已附着行为的参数？

(4) 在 Director 中，如何调整已附着行为的顺序？

6.5 脚本与交互

在 Director 中，尽管使用内置的行为库就可以为所制作的电影添加交互，但是行为毕竟是系统预先编写好的脚本模块，修改和使用都缺乏一定的灵活性。为了实现更加灵活的交互，创建结构简单且清晰的动画，可以将自己编写的脚本加入到所制作的电影中。

Director MX 2004 提供了 Lingo 和 JavaScript 两种脚本语言。Lingo 是 Director 传统的脚本创作语言，JavaScript 是 Director 新增的脚本语言。本书所涉及的脚本语言为 Lingo。虽然 Lingo 和 JavaScript 的语法有所不同，但是，制作脚本的基本步骤相同，包括确定所创建的脚本类型、使用脚本窗口或行为检查器编写脚本、运行并测试脚本等。

6.5.1 脚本的功能

Lingo 和 JavaScript 语言是 Director MX 2004 自带的模块化、面向对象的程序设计语言，使用它们所编写的脚本可以实现强大的交互功能，主要体现在以下几个方面：

- 可以对数字音频和数字视频进行控制。
- 可以对文本进行交互控制。
- 可以对按钮的行为进行控制。
- 可以对演员进行控制。
- 可以对电影中画面的切换和导航进行控制。
- 可以对 3D 动画进行控制。
- 可以实现交互式的 Internet 应用。
- 可以扩展 Director 的功能。

6.5.2 脚本的创建

在 Director 中，按照应用对象和使用范围的不同，脚本主要分为演员脚本、精灵脚本、帧脚本、电影脚本、父系脚本类型。其中，精灵脚本、帧脚本、电影脚本和父系脚本均作为独立的演员出现在演员表窗口中，而演员脚本则与演员表窗口中的演员相关联，不能独立地出现。

无论创建哪一种类型的脚本，在打开脚本编辑窗口时，Director 都会给出一些预置信息，它们是编写脚本的框架结构。精灵脚本的预置框架结构如图 1-6-32 所示。帧脚本的预置框架结构如图 1-6-33 所示。

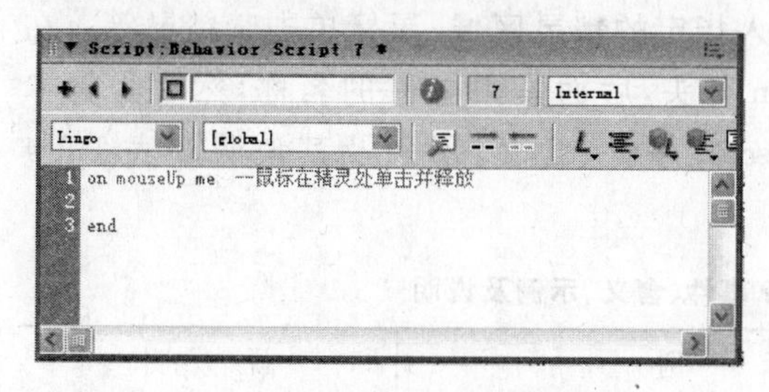

图 1-6-32 精灵脚本的预置框架结构

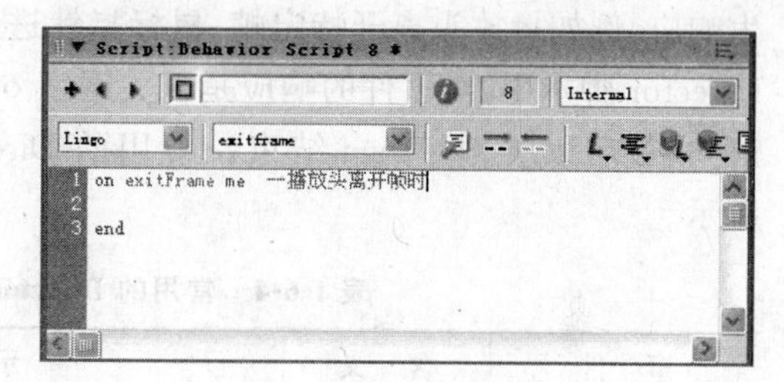

图 1-6-33 帧脚本的预置框架结构

1. 创建演员脚本

演员脚本是与特定演员相关的脚本。演员脚本可以对任何与该演员对应的精灵产生作用。一个演员只能带有一个演员脚本。创建演员脚本的基本步骤如下：

(1) 右击演员表窗口中需要编写脚本的演员，在弹出的快捷菜单中选择“演员脚本”命令。

(2) 在打开的脚本编辑窗口编写脚本。

2. 创建精灵脚本

精灵脚本的作用对象是舞台或剧本中的精灵。一个精灵可以带有多个精灵脚本。创建精灵脚本的基本步骤如下：

(1) 右击舞台或剧本中需要编写脚本的精灵，在弹出的快捷菜单中选择“脚本”命令。

(2) 在打开的脚本编辑窗口编写脚本。

3. 创建帧脚本

帧脚本的作用对象是剧本中特定的帧。一个帧只能带有一个帧脚本。创建帧脚本的基本步骤如下：

(1) 右击脚本通道中需要编写脚本的帧，在弹出的快捷菜单中选择“脚本”命令，或者鼠标双击脚本通道中需要编写脚本的帧。

(2) 在打开的脚本编辑窗口编写脚本。

4. 创建电影脚本

电影脚本用于控制整部电影,其中的设置将对整部电影生效。创建电影脚本的基本步骤如下:

(1) 执行【窗口】→【脚本】命令。

(2) 在打开的脚本编辑窗口编写脚本。

6.5.3 触发事件

脚本是对特定触发事件的响应程序。Director 几乎可以对电影中发生的每个事件产生响应,例如播放头离开特定帧、鼠标指针进入指定的精灵区域、鼠标单击某精灵等。在 Director 脚本中,对事件的响应是以关键字 on 开头,后面紧跟事件的名称,然后是脚本语句,最后以关键字 end 结束。常用的 Director 事件、含义、示例及其说明如表 1-6-4 所示。

表 1-6-4 常用的 Director 事件、含义、示例及说明

事 件	含 义	示 例	说 明
beginSprite	播放头移动到指定精灵的帧中	on beginSprite me sound(1). play(member("Love Story")) end	在精灵首次出现时播放声音 Love Story
endSprite	播放头离开指定的精灵	on endSprite me sound(1). stop() end	在播放头离开一个精灵时停止播放当前的声音
enterFrame	播放头进入指定帧	on enterFrame repeat with i=1 to 5 _movie. puppetSprite(i, FALSE) end repeat end	每当播放头进入该帧时,关闭 sprite 1 至 5 的 puppet 状态
exitFrame	播放头离开指定帧	on exitFrame me repeat with i=5 down to 1 sprite(i). scripted=FALSE end repeat end	当播放头离开该帧时,关闭所有精灵的 puppet 状态
keyDown	键盘上的某键被按下	on keyDown if(_key. key=RETURN) then _movie. go ("AddSum") end keyDown	检查 Enter 键是否被按下,如果是的话,就将播放头发送至另外一帧
keyUp	键盘上的某键被释放	on keyUp if (_key. key=RETURN) then _movie. go ("AddSum") end keyUp	检查 Enter 键是否被释放,如果是的话,就将播放头发送至另外一帧

续表

事　件	含　义	示　　例	说　明
mouseDown	鼠标左键被按下并没有释放	on mouseDown if (_mouse. clickOn=0) then _movie. go("AddSum") end	如果单击鼠标，就将播放头发送另外一帧
mouseEnter	鼠标指针进入指定精灵的外围方框	property spriteNum on mouseEnter me --切换到演员表里的下一个演员 currentMember=sprite(spriteNum). member. number sprite(spriteNum). member=currentMember+1 end	一个简易的按钮互动行为，在鼠标滑入和滑出这个按钮时切换按钮的位图
mouseLeave	鼠标指针离开指定精灵的外围方框	on mouseLeave me --切换到演员表里的前一个演员 currentMember = sprite (spriteNum). member. number sprite(spriteNum). member=currentMember−1 end	
mouseUp	鼠标左键被按下并释放	on mouseUp sprite(10). member=member("Dimmed") end	当用户在单击这个精灵之后释放鼠标按钮时，将演员指派给精灵 10
mouseWithin	鼠标指针位于精灵外围方框内部	on mouseWithin member (" Display "). text = string (_mouse. mouseH) end	当鼠标指针滑过一个精灵时，显示鼠标位置
moveWindow	电影窗口被移动	on moveWindow put("正在移动的窗口名为：" && _movie. name) end	一个电影正在播放时，当电影窗口被移动，消息窗口将显示一条消息
prepareFrame	当前帧绘制完毕之前	on prepareFrame me sprite(me. spriteNum). locH = _mouse. mouseH end	设置精灵的 locH（精灵注册点的水平位置）属性
prepareMovie	在电影预载入演员之后、准备播放电影第 1 帧之前	on prepareMovie global currentScore currentScore=0 end	当影片开始时，创建一个全局变量
resizeWindow	调整电影窗口的大小	on resizeWindow centerPlace sprite(3). loc=centerPlace end	当改变正在运行的电影窗口的大小时，移动精灵 3 到变量 centerPlace 所指定的位置

续表

事件	含义	示例	说明
rightMouseDown	鼠标右键被按下	on rightMousedown window("Help"). open() end	按下鼠标右键时，打开名为 Help 的窗口
rightMouseUp	鼠标右键被按下并释放	on rightMouseUp window("Help"). open() end	释放鼠标右键时，打开名为 Help 的窗口
startMovie	播放头进入电影的第1帧	on startMovie repeat with counter=1 to 5 sprite(counter). visible=0 end repeat end startMovie	让精灵 1 到精灵 5 在影片开始时不可见
stepFrame	播放头进入指定帧或者舞台被刷新时	property mySpriteon new me, theSprite mySprite=theSprite return me end on stepFrame me sprite (mySprite). loc = point (random (640),random(480)) end	如果子对象被赋给 actorList，每当播放头进入一帧时，父脚本中的 on stepFrame 处理程序将更新存储在 mySprite 属性中的精灵的位置
stopMovie	电影停止播放	global gCurrentScoreon stopMovie gCurrentScore=0 end	当电影停止播放时，全局变量 gCurrentScore 清零

6.5.4 使用脚本实现导航

导航是指播放电影时播放头在剧本窗口中的不同帧之间来回移动，从而实现电影画面的切换。Lingo 或 JavaScript 的导航命令可以分为两类，即 go 命令和 play 命令。

go 类导航命令包括 go、goLoop、goNext、goPrevious、goToFrame、goToNextMovie、goToNextPage 等，示例及说明参见表 1-6-5 所示。

表 1-6-5 go 类导航命令

go 类导航命令	含义
go frame 1 go loop go 1	播放头移动到电影的第 1 帧
go the frame _movie. go(_movie. frame)	播放头停留在当前帧
go marker(1) _movie. goNext()	播放头移动到电影中的下一个标记处

续表

go类导航命令	含　义
go marker(－1) _movie. goPrevious()	播放头移动到电影中的上一个标记处
go frame "start" _movie. go("start")	播放头移动到标记名为start的帧
_movie. go(8，"clock. dir")	播放头移动到电影clock. dir中的第8帧
_movie. go("flag1"，"clock. dir")	播放头移动到电影clock. dir中标记名为flag1的帧上
_movie. goLoop()	播放头在当前帧和上一个标记之间循环
sprite(5). goToFrame(10)	播放头移动到第10帧，并播放精灵通道5中的Flash电影精灵
gotoNetMovie "clock. dcr" gotoNetMovie " http://www. 163. com/movies/clock. dcr"	播放当前文件夹或指定URL中的Shockwave电影
gotoNetPage "http://www. ecnu. edu. cn"，"_new"	在新打开的浏览器窗口中访问华师大网址

play类导航命令主要有play和play done两个。play的语法结构类似于go类导航命令。play命令可以使电影切换到另一帧、另一部电影、另一部电影中指定的帧。play done命令可以记住播放头的初始帧，并使播放头返回到初始帧。在使用play done命令时，不需要指定初始帧。

6.5.5 脚本中的控制语句

Director中常用的脚本控制语句有if语句(分支)、case语句(多重分支)和repeat语句(循环)。

1. if语句(分支)

(1) 单分支结构语法结构：

```
if 逻辑表达式 then
  脚本语句(s)
end if
```

(2) 双分支结构语法结构：

```
if 逻辑表达式 then
  脚本语句(s)
else
  脚本语句(s)
end if
```

(3) 多分支结构语法结构：

```
if 逻辑表达式 1 then
    脚本语句(s)
else if 逻辑表达式 2 then
    脚本语句(s)
else if 逻辑表达式 3 then
    脚本语句(s)
...
end if
```

例 6.1 检查 Enter 键是否被按下，如果是则继续：

```
if the key=RETURN then go the frame+1
```

例 6.2 检查键盘上的 Command 和 Q 键是否被同时按下，如果是则执行后续语句：

```
on keyDown
    if (_key.commandDown) and (_key.key="q") then
        cleanup        --清理
        quit           --退出
    end if
end keyDown
```

2. case 语句(多重分支)

case 语句的语法结构为：

```
case 表达式 of
    表达式 1: 脚本语句(s)
    表达式 2: 脚本语句(s)
    表达式 3, 表达式 4: 脚本语句(s)
    {otherwise: 脚本语句(s)}
end case
```

例 6.3 根据所按下的键，执行相应的交互响应行为。

- 如果按下 a 键，跳转到电影中标记为 Apple 的帧。
- 如果按下 b 键或者 c 键，则电影执行指定的过渡效果后跳转到标记为 Oranges 的帧。
- 如果按下其他任何键，计算机发出 beep 声。

```
on keyDown
    case (_key.key) of
        "a": _movie.go("Apple")
        "b", "c":
            _movie.puppetTransition(99)
            _movie.go("Oranges")
```

```
        otherwise: _sound.beep()
    end case
end keyDown
```

3. repeat 语句(循环)

(1) repeat with 语法结构：

```
repeat with 循环控制变量=初值 to 终值
    脚本语句(s)
end repeat
```

(2) repeat with…down to 语法结构：

```
repeat with 循环控制变量 =终值 down to 初值
    脚本语句(s)
end repeat
```

(3) repeat while 语法结构：

```
repeat while 循环条件
    脚本语句(s)
end repeat
```

例 6.4 将编号为 1～30 的所有精灵的墨水效果设置为 Transparent(透明)：

```
on inkize
    repeat with i =1 to 30
        sprite(i).ink=1
    end repeat
end inkize
```

例 6.5 从 20 倒数到 15 的循环：

```
on countDown
    repeat with i =20 down to 15
        sprite(6).member =10+i
        _movie.updateStage()
    end repeat
end countDown
```

例 6.6 计时器计时，计时器初始化为 0，然后累计到 60 毫秒：

```
on countTime
    _system.milliseconds
    repeat while _system.milliseconds< 60
    --等待时间
    end repeat
end countTime
```

6.5.6 习题与思考

1. 选择题

(1) 在 Director 中,按照应用对象和使用范围的不同,脚本主要分为多种类型,但是不包括________。

A. 演员脚本　B. 精灵脚本　C. 剧本脚本　D. 帧脚本

(2) ________是 Director 中传统的脚本语言。

A. Lingo　B. Java　C. JavaScript　D. VBScript

(3) 在 Director 中,无法实现从当前帧(非第一帧)返回到第一帧的脚本是________。

A. go loop　B. go the frame

C. go frame 1　D. go 1

(4) 在 Director 中,不能使播放头停留在当前帧的脚本语句是________。

A. go the currentFrame　B. go the frame

C. go to the frame　D. _movie. go(_movie. frame)

(5) 在以下 Director 的导航命令中,________可播放当前文件夹中的 Shockwave 电影 story. dcr。

A. playMovie "story. dcr"　B. goToMovie "story. dcr"

C. goToNetMovie "story. dcr"　D. goToNetPage "story. dcr","_"new"

(6) 有关为 Director 脚本通道设置脚本的正确描述是________。

A. 只能编写帧脚本　B. 只能编写精灵脚本

C. 可以编写精灵脚本　D. 可以同时编写帧脚本和精灵脚本

(7) 在 Director 中,精灵脚本默认的触发事件是________。

A. mouseUp　B. mouseDown　C. mouseEnter　D. exitFrame

(8) 在 Director 中,帧脚本默认的触发事件是________。

A. mouseUp　B. mouseDown　C. mouseEnter　D. exitFrame

2. 填空题

(1) Director MX 2004 支持的脚本语言包括 JavaScript 和________。

(2) 表示鼠标左键被按下并释放的 Director 事件是________。

(3) 在 Director 中,停止播放声音通道 1 中的声音的 Lingo 脚本是________。

(4) 在 Director 中,常用的脚本类型有演员脚本、________脚本、帧脚本、电影脚本、父系脚本。

(5) Director 中将播放头移动到电影中的下一个标记处的 Lingo 脚本是________。

(6) Director 中将播放头移动到电影中的上一个标记处的 Lingo 脚本是________。

(7) 在新打开的浏览器窗口中访问百度网址的 Lingo 脚本是: gotoNetPage "http://www. baidu. com",________。

3. 思考题

(1) 在 Director 中，行为和脚本实现交互的主要区别是什么？脚本的主要功能是什么？

(2) Director MX 2004 提供哪两种脚本语言？

(3) Director 脚本主要分为哪几种类型？

(4) 如何创建 Director 演员脚本？

(5) 如何创建 Director 精灵脚本？

(6) 如何创建 Director 帧脚本？

(7) 如何创建 Director 电影脚本？

(8) Director 提供了哪些常用的触发事件？

(9) 如何使用 Director 脚本实现导航功能？

(10) Director 中常用的脚本控制语句结构是什么？

6.6 声音和视频的使用

6.6.1 声音的使用

Director 支持 WAV、MP3、Real Audio、MIDI、QuickTime、SWA、CD Audio、Digital Video Sound、AIFF、AIFC 等多种声音格式。

1. 声音的导入和设置

通过执行【文件】→【导入】命令，导入声音。如果要对导入到演员表中的声音进行设置，可以先选中演员表中的声音，然后在【属性检查器】面板中的【声音】选项卡中设置声音属性。其中的【循环放映】复选框用于设置声音的循环播放属性。

2. 声音的播放控制

Director 中对声音的播放控制主要有以下两种方法：

(1) 使用剧本窗口控制声音的播放。

将声音演员从演员表中拖曳到剧本窗口特效通道的两个声音通道中的任何一个通道，形成声音精灵，再延长其长度到所需要播放的帧数。

(2) 使用脚本控制声音的播放。

① 播放所导入的声音演员。

要播放导入的声音演员可以使用 queue()方法和 play()方法。queue()方法将声音载入到 Director 内存缓冲器，所以可以在被调用时立即播放。play()方法播放声音。如果使用 play()方法之前未使用 queue()方法，则声音在被调用时可能不会立即播放。

例如，把声音 Love Me Tender 载入到 Director 内存缓冲器并且在声音通道 1 中播放：

```
sound(1).queue(member("Love Me Tender"))
```

```
sound(1).play()
```

再如,在声音通道 2 中播放声音演员 bg,播放的起始位置在第 3 秒处:

```
sound(2).play([#member:member("bg"),#startTime:3000])
```

② 连续地播放声音演员队列。

使用 queue()方法可以按次序列出将播放的声音队列,然后利用 play()方法播放声音。

例如,将声音成员 I Love You 和 Imagine 进行排队,并且在声音通道 2 中连续播放:

```
sound(2).queue(member("I Love You"))
sound(2).queue(member("Imagine"))
sound(2).play()
```

③ 播放不是演员的外部声音文件

如果所要使用的声音文件特别大,可以不必将其导入到 Director 电影中,而是使用 Lingo 或 JavaScript 脚本的 playFile()方法控制声音的播放。例如,在声音通道 1 中播放 Thunder.wav 声音文件:

```
sound(1).playFile("Thunder.wav")
```

④ 利用 isBusy()检测声音通道中是否有声音正在播放。例如:

```
if sound(1).isBusy() then
    sound(1).stop()
else
    sound(1).playFile("Thunder.wav")
end if
```

如果声音通道 1 中有声音正在播放,则停止播放,否则播放外部声音文件 Thunder.wav。

⑤ 暂停播放声音通道中的声音:

```
sound(1).pause()
```

⑥ 停止播放声音通道中的声音:

```
sound(1).stop()
```

6.6.2 数字视频的使用

Director 支持 QuickTime、Real Media、Windows Media、AVI Video、DVD、MPEG 等多种数字视频格式。

1. 数字视频的导入和设置

通过执行【文件】→【导入】命令,在随后出现的 Import Files 对话框中的 Media 下拉列表中选择 Link to External File(链接到外部文件)导入方式,并选择所要导入的视频文件,单击 Import 按钮,导入数字视频。

注意:因为数字视频演员只能以 Link to External File 的方式导入,所以在以放映机形式发布包含有数字视频的电影时,必须将数字视频文件与 Director 电影文件一同发布。

在演员表中,双击所导入的视频演员,该演员就会在相应的视频窗口中打开,使用视频窗口中的控制按钮可以查看和控制视频的播放。

要设置或修改视频演员的属性,可先选中演员表中的视频演员,然后选择属性检查器面板中与视频格式对应的选项卡进行设置。视频格式不同,相应的属性选项也有所不同,如图 1-6-34 所示,分别是属性检查器中的 Real Media 选项卡、Windows Media 选项卡和 AVI Video 选项卡。

(a) Real Media

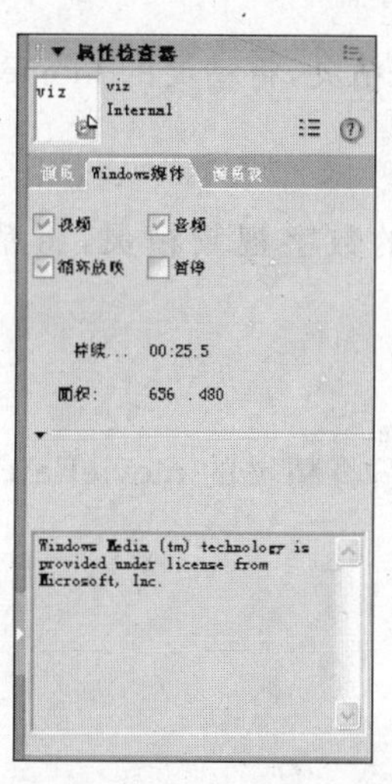

(b) Windows Media

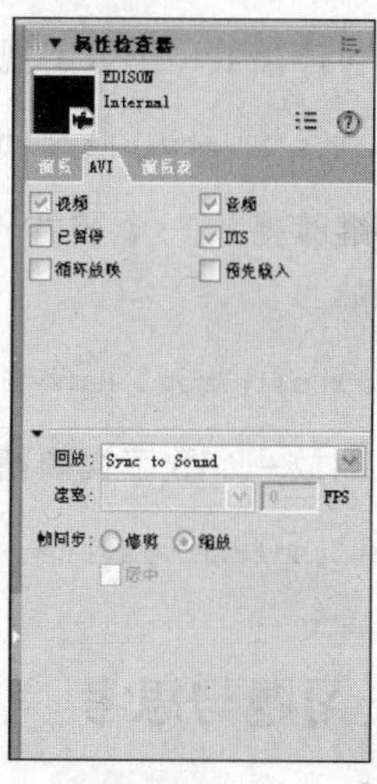

(c) AVI Video

图 1-6-34　属性检查器中的视频属性

2. 数字视频的播放控制

与声音类似,只有当播放头位于视频精灵所占据的帧范围中时,数字视频才会播放。Director 中对数字视频的播放控制主要有以下两种方法:

(1) 使用剧本窗口控制声音的播放。

将视频演员从演员表中拖曳到精灵通道中,形成视频精灵,再延长视频精灵占据的帧数。

(2) 使用脚本控制声音的播放。

使用脚本能够使播放头在包含有数字视频精灵的帧中不断地循环。此时,视频精灵所占据的实际帧数没有限制。

使用 Lingo 或者 JavaScript 脚本,除了可以播放数字视频之外,还可以暂停、停止、倒带视频。使用 Lingo 或者 JavaScript 语法控制数字视频的常用属性和方法有:

- 要开启一个数字视频演员中的循环播放功能,将数字视频的 loop 属性设置为

TRUE。例如：

```
member("video1").loop=TRUE
```

- 要检测一个数字视频精灵的当前时间，检查精灵的 currentTime 属性。例如：

```
if sprite(1).currentTime>0 then
alert("已经在播放啦!")
end if
```

- 要从起始处开始播放一个数字视频精灵，将精灵的 movieTime 属性设置为 0。例如：

```
sprite(1).movieTime=0
```

- 要暂停播放一个数字视频精灵，将精灵的 movieRate 属性设置为 0。例如：

```
sprite(1).movieRate=0
```

- 要继续播放一个被暂停的数字视频精灵，将精灵的 movieRate 属性设置为 1。例如：

```
sprite(1).movieRate=1
```

- 要倒放一个数字视频精灵，将精灵的 movieRate 属性设置为−1。例如：

```
sprite(1).movieRate=-1
```

6.6.3 习题与思考

1. 选择题

(1) 检测声音通道中是否有声音正在播放的 Lingo 方法是________。

A. isBusy()　　B. sound()　　C. play()　　D. playFile()

(2) 可以使用________脚本命令直接播放外部音频文件 tomorrow. wav。

A. sound(1). playsound("tomorrow. wav")

B. sound(1). playfile("tomorrow. wav")

C. sound(1). play("tomorrow. wav")

D. sound(1)="tomorrow. wav"

(3) 在 Director 电影中，如果视频精灵的 movieTime 属性的值等于 0，表示________。

A. 视频从头播放　　B. 暂停视频播放

C. 继续视频播放　　D. 结束视频播放

(4) 在 Director 电影中，如果视频精灵的 movieRate 属性的值等于 0，表示________。

A. 视频从头播放　　B. 暂停视频播放

C. 继续视频播放　　D. 结束视频播放

(5) 在 Director 电影中，如果视频精灵的 movieRate 属性的值等于 1，表示________。

A. 视频从头播放　　B. 暂停视频播放

C. 继续视频播放　　D. 结束视频播放

(6) 在 Director 电影中，如果视频精灵的 movieRate 属性的值等于 －1，表示________。

A. 颠倒视频播放　　B. 暂停视频播放

C. 继续视频播放　　D. 结束视频播放

(7) 在 Director 中，关于控制视频播放的正确描述是________。

A. 不能使用剧本窗口控制视频播放

B. 只能使用剧本窗口控制视频播放

C. 可使用脚本和剧本窗口控制视频播放

D. 使用脚本控制视频播放时，视频精灵占据的帧数必须与视频长度匹配

2. 填空题

(1) 在 Lingo 脚本中，要开启一个数字视频演员中的循环播放功能，将数字视频的________属性设置为 TRUE。

(2) 在 Lingo 脚本中，可以通过精灵的________属性检测一个数字视频精灵的当前时间。

(3) 在 Lingo 脚本中，要从起始处开始播放一个数字视频精灵，将精灵的________属性设置为 0。

(4) 在 Lingo 脚本中，要暂停播放一个数字视频精灵，将精灵的________属性设置为 0。

(5) 在 Lingo 脚本中，要继续播放一个被暂停的数字视频精灵，将精灵的________属性设置为 1。

(6) 在 Lingo 脚本中，要倒放一个数字视频精灵，将精灵的 movieRate 属性设置为________。

3. 思考题

(1) Director 支持哪些声音格式？

(2) Director 中如何导入声音？如何使声音循环播放？

(3) Director 中如何使用剧本窗口控制声音的播放？

(4) Director 中如何使用脚本控制声音的播放，包括播放、暂停、停止？如何播放外部声音文件？

(5) Director 支持哪些数字视频格式？

(6) Director 中如何导入数字视频？导入声音和导入数字视频有何区别？

(7) Director 中如何设置和修改数字视频演员的属性？

(8) Director 中如何使用脚本控制数字视频的播放，包括播放、暂停、继续、颠倒、停止？如何开启一个数字视频的循环播放功能？

第2篇 实 验

第1章 计算机技术的文科应用概述

实验 1-1 简单数据分析处理

【实验目的】

这是一份某公司培训课程安排表，要求根据此表格中的数据，进行简单的统计分析函数应用，掌握数据处理的基本方法。

【实验内容】

(1) 使用 Excel 对本书配套的"实验素材\第 1 章"中的素材文件 SY1. XLS，求出培训日期对应的培训星期值，结果放在第 E 列。

参考步骤如下：

① 选中 E3 单元格，单击常用工具栏上的【插入函数】按钮，选择"日期与时间"中的 WEEKDAY 函数，单击【确定】按钮。

② 在随后弹出的【函数参数】对话框(如图 2-1-1 所示)中的相应的文本框内，按图输入正确的参数，其中 Return_type 编辑框的参数为 2 时，表明按我国的习惯来显示日期，即 1 为星期一，7 为星期日。单击【确定】按钮即可计算出培训日期对应的星期值。

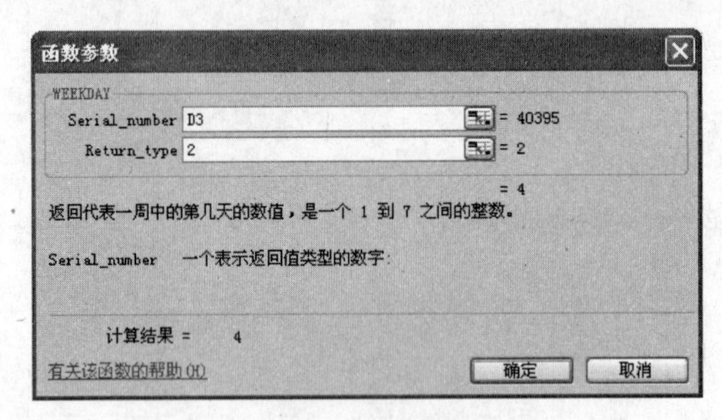

图 2-1-1 【函数参数】对话框

③ 将光标移至 E3 单元格的右下角，光标变成十字形状后，向下拖曳鼠标进行公式填充，即可计算出其他培训日期对应的星期值。

(2) 统计各个部门的授课次数，即各个部门在培训课表中的出现次数，分别填入 H3 到 H6 单元格中。并由此计算总授课次数填入 H8 单元格中。

参考步骤如下：

① 选中 H3 单元格，单击常用工具栏上的【插入函数】按钮，选择“统计”中的 COUNTIF 函数，单击【确定】按钮。

② 在随后弹出的【函数参数】对话框(如图 2-1-2 所示)中的相应的文本框内，按图输入正确的参数，其中 Range 编辑框内输入的是范围，Criteria 编辑框内输入的是需要判断的参数。单击【确定】按钮。

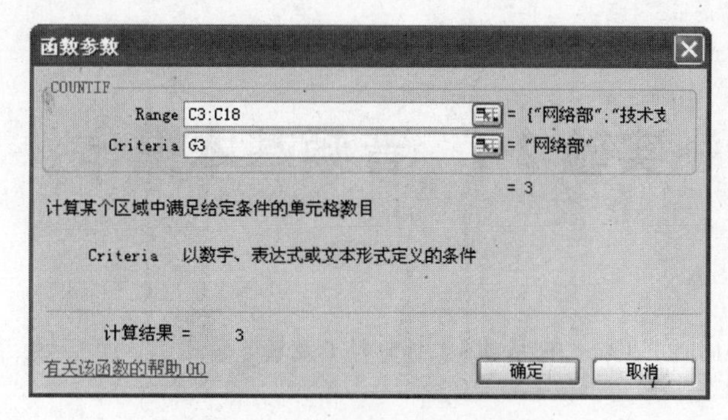

图 2-1-2 【函数参数】对话框

③ 将光标移至 H3 单元格的右下角，光标变成十字形状后，向下拖曳鼠标进行公式填充，即可计算出其他部门的授课次数。

④ 选中 H8 单元格，在公式编辑栏中输入公式“=SUM(H3:H6)”，按 Enter 键，即可计算出总授课次数。

(3) 根据以上各个部门授课次数的统计结果，制作如图 2-1-3 所示表。

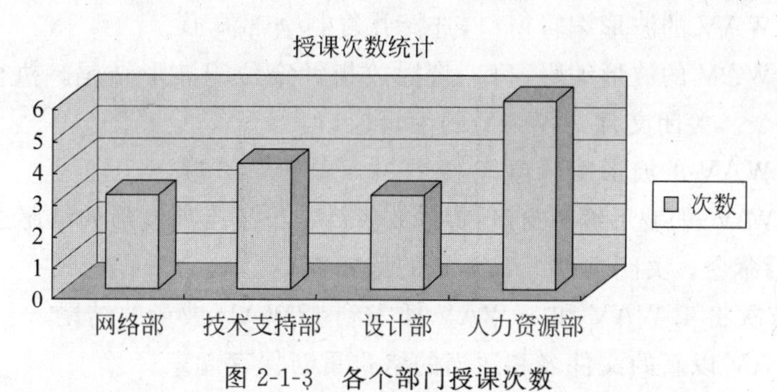

图 2-1-3 各个部门授课次数

提示：选取工作表中的 G3:H6 区域，单击常用工具栏中的【图表向导】按钮，在弹出的【图表向导】对话框中选择【柱形图】和子类型【三维簇状柱形图】。

第2章 音频和视频信号的处理

实验 2-1 音频基本操作

【实验目的】

掌握 Ulead Audio Editor 的基本使用方法(录音、编辑、添加特效、音频输出等)。

【实验内容】

(1) 使用 Audio Editor 8.0 将“实验素材\第 2 章\鸟鸣”下的声音素材文件 1. WAV、2. WAV、3. WAV、4. WAV 和 5. WAV 依次首尾衔接起来,合并为一个声音文件,并以适当的格式保存。最终效果可参考“实验素材\第 2 章\鸟鸣\鸟鸣. WAV”。

参考步骤如下:

① 在 Audio Editor 8.0 中将 5 个声音素材文件全部打开。

② 激活 2. WAV 的波形编辑窗口,选择并复制全部波形。

③ 激活 1. WAV 的波形编辑窗口,将播放指针定位于波形结尾。执行【编辑】→【粘贴】→【插入】命令。关闭文件 2. WAV 的编辑窗口。

④ 激活 3. WAV 的波形编辑窗口,选择并复制全部波形。

⑤ 激活 1. WAV 的波形编辑窗口,将播放指针定位于当前波形的结尾。执行【编辑】→【粘贴】→【插入】命令。关闭文件 3. WAV 的编辑窗口。

⑥ 同理,依次将 4. WAV 和 5. WAV 插入到 1. WAV 波形的结尾。

⑦ 将 1. WAV 以新的文件名和适当的格式重新保存起来。

(2) 自己动手录制一段诗歌或散文朗诵的音频。使用 Audio Editor 8.0 对录制的声音进行处理。搜集一首与录音内容相关的乐曲,为录音添加背景音乐。

参考步骤如下:

① 将录音话筒与计算机正确连接。

② 对【音量控制】窗口进行设置:属性改为【录音】,并选择【麦克风】,适当调整音量。

③ 使用 Audio Editor 录音。

④ 对录制的声音进行处理(音量调整、除噪、首尾淡入淡出处理、添加特殊效果等)。

⑤ 打开相关的乐曲,截取其中的一部分,为朗诵音频添加背景音乐(背景音乐的长度、完整性及音量要做适当处理)。

⑥ 将编辑好的声音以适当的格式保存起来。

实验 2-2　视频基本操作

【实验目的】

掌握 Ulead Video Editor 的基本使用方法(视频项目的创建,素材的导入、编辑、添加特效、视频输出等)。

【实验内容】

(1) 利用“实验素材\第 2 章\散文”下的素材文件 NATURE. AVI、To Alice. WAV 和 Prose. TXT 制作影视片首或片尾字幕效果(如图 2-2-1 所示为视频中的部分画面)。最终效果可参考“实验素材\第 2 章\散文\Prose. AVI”,答案源文件可参考“实验素材\第 2 章\ 散文\Prose. dvp”。

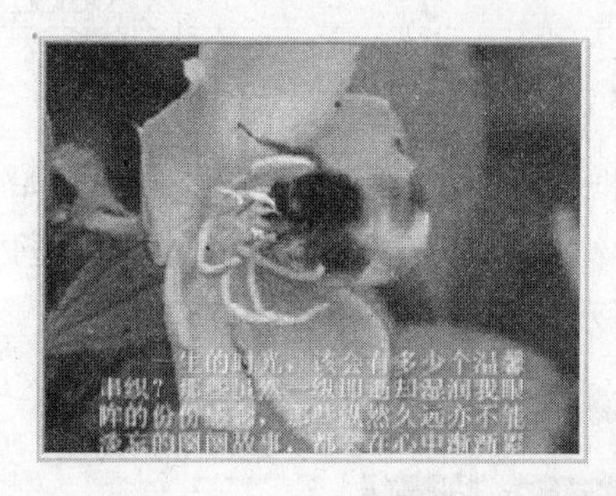

图 2-2-1　视频中的字幕效果

参考步骤如下:

① 以【微软公司 AVI 文件】格式中的 CD-ROM Video(30 fps Cinepak)为模板新建视频项目文件。

② 将视频素材 NATURE. AVI 输入到 V1 轨道(其中的音频自动输入到 A1 轨道)。

③ 分离音频与视频,并删除音频。

④ 将音频素材 To Alice. WAV 输入到 A1 轨道。

⑤ 使用快捷菜单中的【速度】命令将视频剪辑 NATURE. AVI 的长度改为与 To Alice. WAV 一致(22 秒 24 帧)。

⑥ 以 Prose. TXT 中的文字为内容,创建标题剪辑(适当按 Enter 键换行),参数设置如图 2-2-2 所示,并插入到 V2 轨道。

⑦ 使用剪辑选择工具向右拖曳标题剪辑的右边界,使其长度增加到与 To Alice. WAV 相同(22 秒 24 帧)。

⑧ 在标题剪辑上添加最基本的 2D Basic 运动路径(本来效果是水平右移,以下通过改变首尾关键帧的位置,并在中间插入关键帧以得到所需的运动字幕效果)。

⑨ 显示【效果管理器】面板,选择窗口左上角的【二维基本移动路径】选项;单击【定制

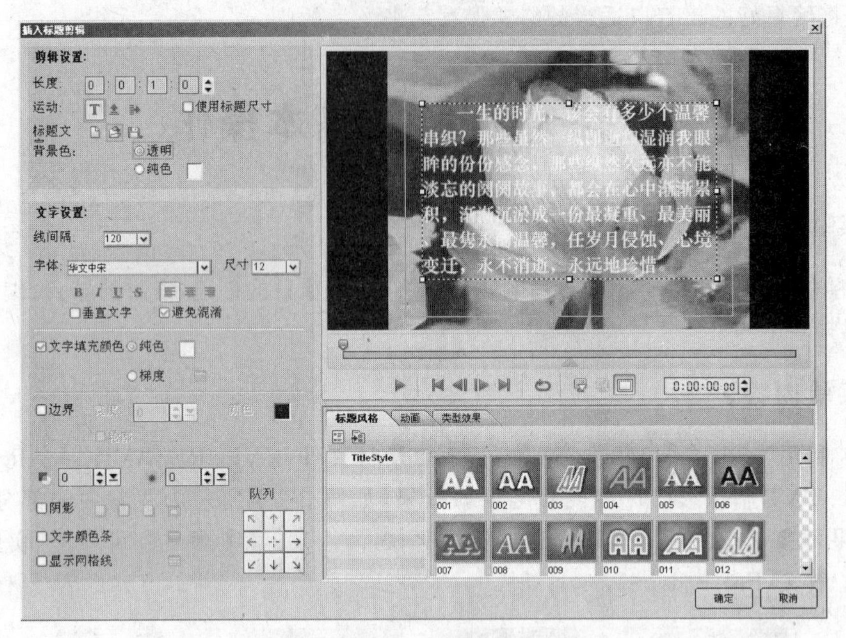

图 2-2-2　创建标题剪辑

会话】按钮，打开【移动 2D 基本路径】对话框。在【运动控制】选项区，将起始控制点(S)拖曳到终止控制点(E)的正下方(S 点的坐标约为(160,320))，使得【预览】框内的显示刚好看不到标题剪辑的文字内容，如图 2-2-3 所示。

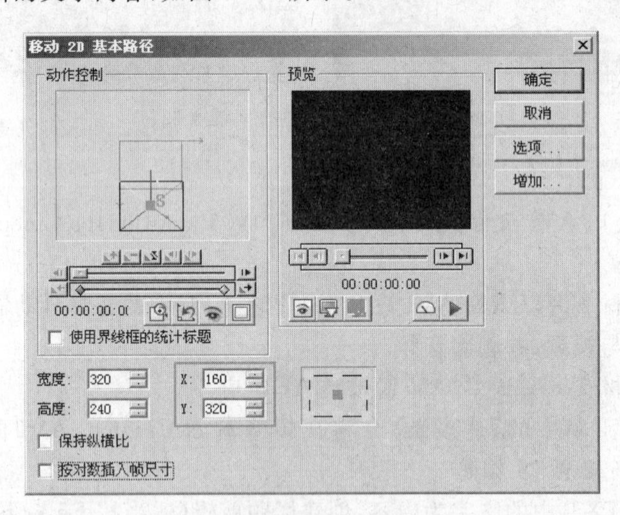

图 2-2-3　改变运动路径的起始点位置

⑩ 在【运动控制】选项区单击选择终止控制点(E 点由绿色变成红色)，记下其坐标值(160,120)。

⑪ 通过关键帧控制器在起始控制点(S)与终止控制点(E)之间添加关键帧(即控制点)，如图 2-2-4 所示。

⑫ 将新增关键点的坐标设置为(160,120)，与终止控制点(E)位置相同。单击【确定】

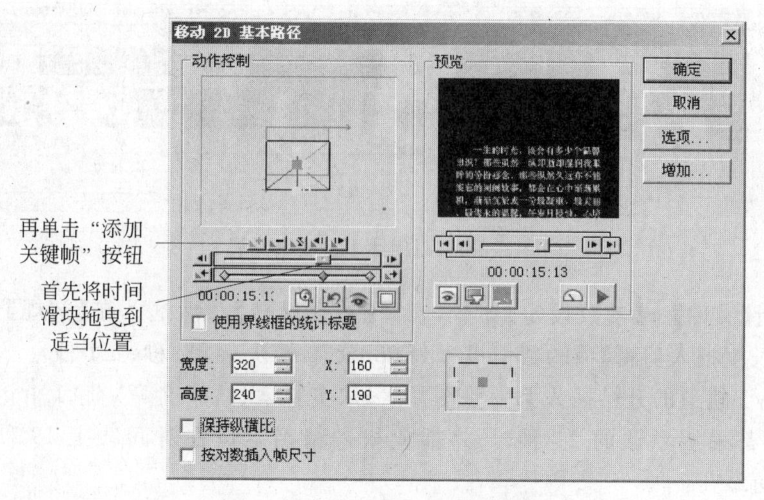

图 2-2-4 在运动路径上添加关键帧

按钮,关闭【移动 2D 基本路径】对话框。

⑬ 预览视频合成效果,保存项目文件,并输出视频文件。

(2) 利用“实验素材\第 2 章”下的声音素材“散文朗诵片段. wav”和“出水莲片段. wav”及“荷”文件夹中的图片素材制作一段视频。最终效果可参考“实验素材\第 2 章\荷塘月色\荷塘月色(配乐散文). mpg”。

如图 2-2-5 所示为视频中的部分画面;如图 2-2-6 所示为视频项目文件的时间线结构。

图 2-2-5 视频项目中的部分画面

参考步骤如下:

① 以【MPEG 文件】格式中的 DVD-NTSC 为模板新建视频项目文件。

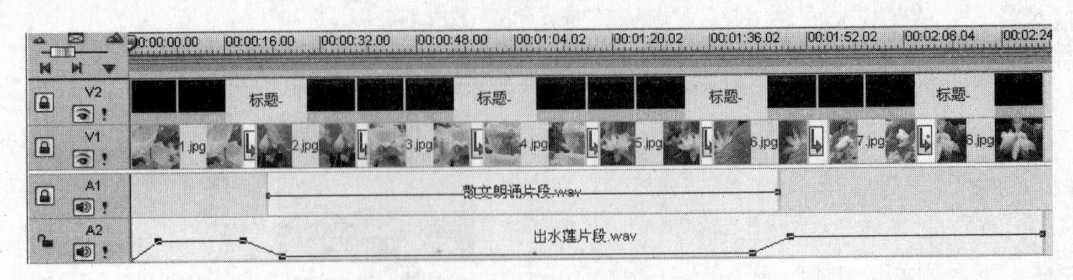

图 2-2-6　时间线上的剪辑结构

② 执行【文件】→【参数设定】命令，打开【参数选择】对话框。在【常规】选项卡中将【以默认的长度插入剪辑】项的数值设置为 630(630 帧÷30 帧/秒=21 秒)。

③ 在 V1 轨道的开始插入第一张图片素材"实验素材\第 2 章\荷\1.jpg"(所有图片素材的长度都采用默认的 21 秒)。将播放指针精确定位在时间线上 19 秒的位置，如图 2-2-7 所示。

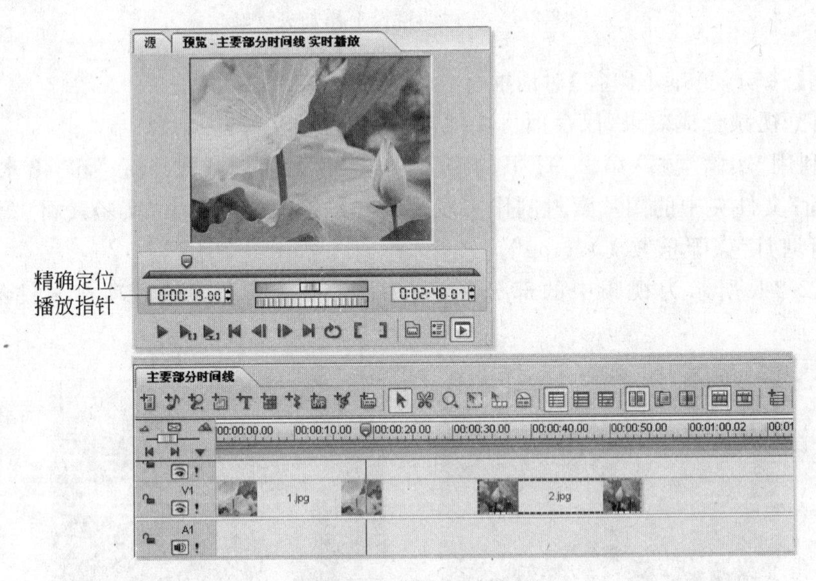

图 2-2-7　定位播放指针

④ 在 V1 轨道上第一张图片素材的后面插入第二张图片素材。使用剪辑选择工具沿 V1 轨道向左拖曳第二张图片素材，直到捕捉到播放指针。这样两素材的重叠区域为 2 秒。

⑤ 将播放指针精确定位在时间线上 38 秒的位置。插入第三张图片素材，沿 V1 轨道向左拖曳，捕捉到当前播放指针，使得第三张图片素材与第二张图片素材的重叠区域为 2 秒。这样一直操作下去，在 V1 轨道上依次导入其余图片素材，并使每个素材与前面相邻素材的重叠区域为 2 秒。

⑥ 通过【产品库】面板为图片素材的每一个重叠区域添加相应的过渡效果(取代默认的交叉过渡效果)。

⑦ 创建两种标题剪辑，内容都是"配乐散文：荷塘月色"。一种不添加动画效果，一种添加动画效果(Scatter 分类中的 012，在【插入标题剪辑】对话框中双击动画 012 可修改

动画参数)；在 V2 轨道上将两种标题剪辑交叉排列。

⑧ 在 A1 轨道上 22 秒 25 的位置插入音频剪辑“散文朗诵片段.wav”。

⑨ 在 A2 轨道上插入音频剪辑“出水莲片段.wav”。并根据如图 2-2-6 所示在对应的位置进行淡入淡出处理。

(3) 自己动手搜集素材，制作如图 2-2-8 所示的视频叠盖效果，并配以内容匹配的背景音乐。

图 2-2-8 用图片叠盖制作视频镜框效果

参考步骤如下：

① 执行 Photoshop 的【扭曲】→【玻璃】命令，在【纹理】下拉列表中选择【微晶体】项，制作叠盖图片，参数设置如图 2-2-9 所示。

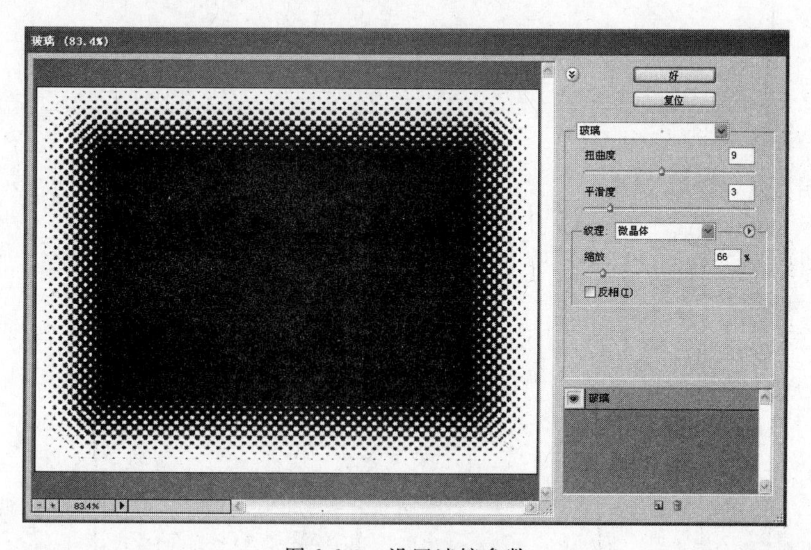

图 2-2-9 设置滤镜参数

② 在 Video Editor 的 V1 轨道上插入一段视频。

③ 在 V2 轨道上插入用做叠盖的图片。调整图片的长度与视频剪辑的长度相等。

④ 使用【重叠选项】对话框设置图 2-2-8 所示的叠盖效果。

⑤ 在 A1 轨道上插入一段与视频内容匹配的音频，作为背景音乐。并对音频剪辑做适当处理：长度等于视频剪辑的长度，首尾进行淡入淡出处理等。

第3章 数字图像处理

实验3-1 使用文件浏览器浏览图像

【实验目的】

掌握 Photoshop CS 文件浏览器的使用。

【实验内容】

(1) 启动 Photoshop CS,打开文件浏览器,浏览"实验配套/实验 03"文件夹下的所有图像文件。

(2) 分别按文件名和文件大小将"实验 03"文件夹下的所有图像文件进行排序。

(3) 依次选择打开图像文件"太阳. psd"和"春天. jpg",观察两类图像文件图层面板的异同。

(4) 浏览"实验配套/实验 03 效果"文件夹下的所有图像文件。关闭文件浏览器。

实验3-2 图像文件的创建与保存

【实验目的】

掌握在 Photoshop CS 中创建图像文件、保存图像文件的方法。

【实验内容】

(1) 按下述要求创建、编辑并保存图像。

参考步骤如下:

① 在工具箱中单击背景色图标,打开【拾色器】对话框,将背景色设置为绿色(RGB 颜色值为 #0EAF1A),单击【好】按钮确认背景色设置。

② 执行【文件】→【新建】命令,打开【新建】对话框,创建一幅宽高为 300×200 像素、分辨率为 72 像素/英寸、RGB 颜色模式、背景内容为"背景色"的图像文件。

③ 选择工具箱中横排文字工具,在选项栏中设置文字属性:字体为 Lucida Console、

字型为 Regular；大小为 48 像素、颜色为白色（#FFFFFF）；在图像编辑窗口适当位置单击鼠标确定文字插入点，输入如图 2-3-1 所示的横排文字，单击选项栏中✓按钮确认文本输入。

④ 执行【文件】→【存储为】命令，打开【存储为】对话框；将图像以“标题 1. psd”为文件名保存在 C 盘根目录下，关闭“标题 1. psd”的图像编辑窗口。

(2) 按下述要求创建、编辑并保存图像。

参考步骤如下：

① 执行【文件】→【新建】命令，打开【新建】对话框，创建一幅宽高为 300×200 像素、分辨率为 72 像素/英寸、RGB 颜色模式、背景内容为透明的图像文件。

② 选择工具箱中横排文字工具，在选项栏中设置文字属性：字体为隶书、大小为 42 像素、颜色值为 #FF0033；在图像编辑窗口适当位置单击确定文字插入点，输入如图 2-3-2 所示的横排文字，单击选项栏中✓按钮确认文本输入。

photoshop

图 2-3-1　输入的文字效果

图像处理软件

图 2-3-2　输入的文字效果

③ 执行【文件】→【存储为】命令，打开【存储为】对话框，将图像以“标题 2. psd”为文件名保存在 C 盘根目录下，关闭“标题 2. psd”的图像编辑窗口。

(3) 按下述要求创建、编辑并保存图像。

参考步骤如下：

① 执行【文件】→【新建】命令，打开【新建】对话框，创建一幅宽高为 400×300 像素、分辨率为 72 像素/英寸、RGB 颜色模式、背景内容为白色的图像文件。

② 在工具箱中单击前景色图标，打开【拾色器】对话框，将前景色设置为黄色（RGB 颜色值为 #FFFF33），单击【好】按钮确认前景色设置。

③ 在工具箱中单击背景色图标，打开【拾色器】对话框，将背景色设置为黑色（RGB 颜色值为 #000000），单击【好】按钮确认背景色设置。

④ 执行【渲染】→【云彩】命令，按 Ctrl＋F 键若干次，重复使用【云彩】滤镜，在图像上创建出如图 2-3-3 所示的效果。

⑤ 执行【文件】→【存储为】命令，打开【存储为】对话框，在【格式】下拉列表中选择【JPEG(*.JPG； *.JPEG； *.JPE)】格式，将图像以“硝烟. JPG”为文件名保存在 C 盘根目录下。（由于选择了 JPEG 格式，单击【保存】按钮后将弹出【JPEG 选项】对话框，设置保存品质为【最佳】，其他参数默认，单击【好】按钮确认保存。）

⑥ 关闭图像编辑窗口，弹出如图 2-3-4 所示的系统提示对话框。系统提示用户“将关闭的图像文件还没有保存为 PSD 格式，是否需保存”，本例单击【否】按钮不需保存成 PSD 格式。

图 2-3-3　多次【云彩】滤镜的效果

图 2-3-4　系统提示对话框

实验 3-3　基本工具和菜单命令的使用 1

【实验目的】

掌握 Photoshop CS 的基本工具和菜单命令的使用。

【实验内容】

(1) 利用素材图像"风景 2.jpg",使用矩形选框工具及有关选择命令制作模糊边界的网页图片文件"羽化效果 1.jpg",如图 2-3-5 所示。

(a) 原图

(b) 加效果后

图 2-3-5　羽化的矩形选区与清除选区后效果

参考步骤如下:

① 打开"实验配套\实验 03"文件夹下的图片文件"风景 2.jpg"。

② 选择工具箱中的矩形选框工具,在其选项栏中设置【羽化】值为 20 像素,其他选项保持默认值。

③ 在图像编辑窗口中,从左上角到右下角拖曳鼠标创建一个图 2-3-5(a)中的矩形

选区。

④ 执行【选择】→【反选】命令，此时选区为原矩形选区外围。

⑤ 在工具箱中设置背景色为网页的背景色(假设是白色)；按 Delete 键(或执行【编辑】→【清除】命令)删除选区内容，选区内被填充为白色。

⑥ 执行【选择】→【取消选择】命令(或按 Ctrl+D 键)取消选区。

⑦ 执行【文件】→【存储为】命令，将图像文件以“羽化效果 1.jpg”为文件名保存在 C 盘根目录下。

注意：在图像编辑窗口中创建选区，按 Delete 键将删除工作图层选区内的图像。此时，如果工作图层是背景层，则选区内的图像被删除后填充背景色；如果工作图层是一般图层，则选区内的图像被删除后不填充任何像素，选区成为透明区域。

(2) 打开素材图像“风景 3.jpg”，使用椭圆选择工具及有关选择命令制作模糊边界的网页图片文件“羽化效果 2.jpg”，效果如图 2-3-6 所示。

操作提示：操作步骤同上题，在使用椭圆选择工具时设置【羽化】值为 30 像素。

(3) 利用素材图片文件“场景 2.jpg”和“怪物 2.jpg”，使用魔棒工具、自由变换工具制作合成图片“合成图.jpg”，效果如图 2-3-7 所示。

图 2-3-6　羽化后的圆形选区清除后效果

图 2-3-7　合成图片效果

参考步骤如下：

① 在 Photoshop CS 文件浏览器中打开“实验配套/实验 03”文件夹下的素材图片文件“场景 2.jpg”和“怪物 2.jpg”。关闭文件浏览器，确定“怪物 2.jpg”图像窗口为当前编辑窗口。

② 在工具箱中选择魔棒工具，在其选项栏中设置【容差】为 30，其他选项保持默认值；在“怪物 2.jpg”图像编辑窗口的背景红色区域单击创建选区。

③ 执行【选择】→【反选】命令(或按 Shift+Ctrl+I 键)将选区进行反选，选中小白兔；再执行【编辑】→【拷贝】命令(或按 Ctrl+C 键)复制选区。

④ 单击“场景 2.jpg”图像窗口使其成为当前工作窗口，执行【编辑】→【粘贴】命令(或按 Ctrl+V 键)粘贴选区到“场景 2.jpg”图像窗口中，在“场景 2.jpg”图层面板中新增加了一个【图层 1】层。

⑤ 执行【编辑】→【自由变换】命令(或按 Ctrl+T 键),对【图层 1】层进行自由变换;按图 2-3-7 所示大小缩小【图层 1】层并拖放到图示位置;按 Enter 键或单击选项栏中✓按钮确认变换。

⑥ 执行【文件】→【存储为】命令,将合成好的图像以"合成图.jpg"为文件名保存在 C 盘根目录下(注意保存格式)。

(4) 利用素材图片文件"人物.jpg"和"镜框.jpg",使用移动工具和自由变换工具制作合成图片"照片.jpg",效果如图 2-3-8 所示。

参考步骤如下:

① 在 Photoshop CS 文件浏览器中打开"实验配套/实验 03"文件夹下的素材图片文件"人物.jpg"和"镜框.jpg"。关闭文件浏览器,确定"人物.jpg"图像窗口为当前编辑窗口。

② 在工具箱中选择移动工具,在"人物.jpg"的图层面板中拖曳背景图层缩略图到"镜框.jpg"图像窗口中,松开鼠标后"镜框.jpg"图层面板中出现复制过来的【图层 1】层。

③ 执行【编辑】→【自由变换】命令(或按 Ctrl+T 键),按图 2-3-8 所示对【图层 1】层进行自由变换。首先拖曳控制点改变【图层 1】层的大小;接着将指针放在控制框外围,当指针变为弧形双向箭头时拖曳鼠标改变【图层 1】层的角度;最后将指针放在控制框内拖动【图层 1】层到图示位置;按 Enter 键或单击选项栏中的✓按钮确认变换。

④ 执行【文件】→【存储为】命令,将合成好的图像以"照片.jpg"为文件名保存在 C 盘根目录下(注意保存格式)。

(5) 利用套索工具、填充工具和铅笔工具绘制如图 2-3-9 所示的山水画"山水.jpg"。

图 2-3-8　合成图片效果

图 2-3-9　绘制的山水画效果

参考步骤如下:

① 执行【文件】→【新建】命令,打开【新建】对话框。新建一个宽高为 400×260 像素、分辨率为 72 像素/英寸、RGB 颜色模式、白色背景的图像文件。

② 在工具箱中单击前景色图标,打开【拾色器】对话框,将前景色设置为黑色(RGB 颜色值为 #000000),单击【好】按钮确认前景色设置。

③ 在工具箱中选择铅笔工具,在其选项栏中设置画笔宽度为 1 个像素、模式为"正

常”、不透明度设为100%；按住 Shift 键的同时用铅笔工具在图像编辑窗口当中位置绘制一条黑色水平线。

④ 在图像编辑窗口继续在直线上方绘制一段弯曲的线条，并使得曲线段和直线段围成封闭的区域，形成山的轮廓。

⑤ 在工具箱中选择油漆桶工具，不改变选项栏上系统默认的设置；在图像编辑窗口由直线和曲线封闭的区域内单击填充黑色，形成山的形状。（如果整个图层都被填充为黑色，说明区域没有完全封闭；在【历史记录】面板中往上撤销一步；用铅笔工具将两端连好，再用油漆桶填充黑色。）

⑥ 在工具箱中选择魔棒工具并单击刚生成的黑色区域选中它；依次执行【编辑】→【拷贝】与【编辑】→【粘贴】命令（或者依次按 Ctrl+C 和 Ctrl+V 键）；在【图层】面板中可以看到，由复制和粘贴生成一个新的【图层 1】层；但在图像编辑窗口中时，【图层 1】层上的黑色区域与原来的黑色区域完全重合。

⑦ 执行【编辑】→【变换】→【垂直翻转】命令，则【图层 1】层上的黑色区域被上下翻转过来。

⑧ 在工具箱中选择移动工具，按下 Shift 键的同时按键盘的向下方向键，这样每按一下方向键，对象向下移动10个像素。松开 Shift 键，仅按向下方向键或向上方向键微调，每按一下键对象移动1个像素，调整结果如图 2-3-10(a)所示。

⑨ 在工具箱中选择魔棒工具，在图像编辑窗口下方黑色区域中单击选中【图层 1】层中翻转的山形区域。

⑩ 在工具箱中设置前景色为浅灰色(RGB 颜色值为#CCCCCC)并选择油漆桶工具，为选区填充浅灰色，形成山的倒影；然后执行【选择】→【取消选择】命令或按 Ctrl+D 键取消选区，如图 2-3-10(b)所示。

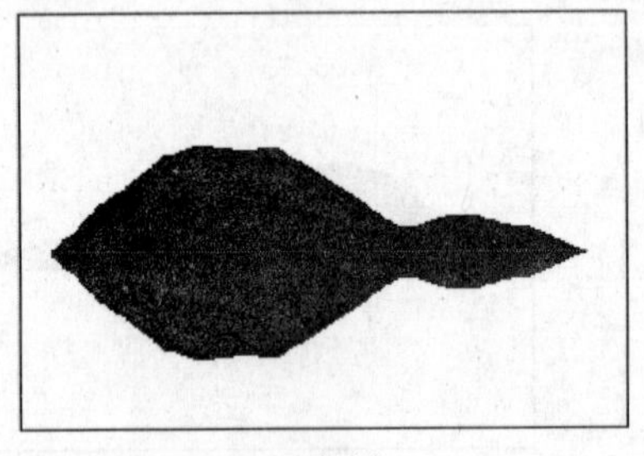

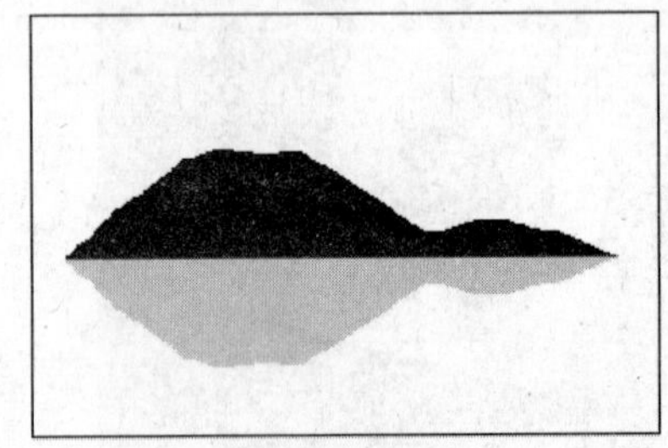

(a) 复制　　(b) 填充

图 2-3-10　把复制的对象变换调整到适当位置，用浅灰色填充选区

⑪ 在工具箱中选择铅笔工具，在图像编辑窗口如图 2-3-9 所示位置上用铅笔画一些海鸥。注意，浅色的区域用深色画，而深色的区域用浅色画。

⑫ 执行【文件】→【存储为】命令，将绘制好的图像以“山水.jpg”为文件名保存在C盘根目录下(注意保存格式)。

实验 3-4　基本工具和菜单命令的使用 2

【实验目的】

掌握 Photoshop CS 的基本工具和菜单命令的使用。

【实验内容】

(1) 制作变形文字，效果如图 2-3-11 所示。

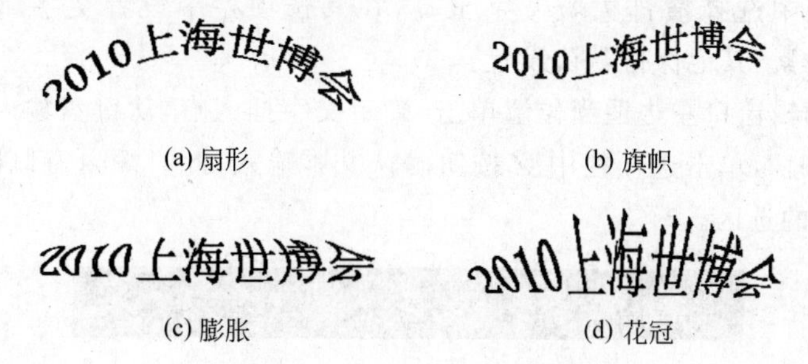

(a) 扇形　(b) 旗帜

(c) 膨胀　(d) 花冠

图 2-3-11　几种文本变形效果

参考步骤如下：

① 执行【文件】→【新建】命令，打开【新建】对话框。新建一个宽高为 400×300 像素、分辨率为 72 像素/英寸、RGB 模式、白色背景的图像文件。

② 在工具箱中选择横排文字工具，在其选项栏中设置文字属性：字体为宋体、大小为 36 像素、颜色为蓝色(#0006FF)。

③ 在图像编辑窗口适当位置单击确定文字插入点，输入文本“2010 上海世博会”，单击选项栏中的提交按钮✓确认文本输入。

④ 如果对输入的文字不太满意，可以在图层面板上双击文字层缩览图，选中文本内容；通过重新调整选项栏中的各参数，直到文字大小、字体、颜色等各方面满意为止。

⑤ 在图层面板上双击文字层缩览图选中文本，单击文字工具选项栏右侧的【创建变形文字】按钮，弹出【变形文字】对话框，在【样式】下拉列表中选择【扇形】变形方式。适当调整对话框中的变形参数，然后单击【好】按钮确认文字变形并关闭对话框。

⑥ 单击选项栏中✓按钮确认文本输入，结束文字编辑。

⑦ 同理，分别采用不同的变形方式制作如图 2-3-11 所示的旗帜、膨胀、花冠等变形文本。

⑧ 执行【文件】→【存储为】命令，将编辑好的图像以“变形文字.jpg”为文件名保存在 C 盘根目录下。

(2) 使用蒙版文字工具和渐变工具制作彩虹文字，效果如图 2-3-12 所示。

Welcome to my Homepage !

图 2-3-12　彩虹文字效果

参考步骤如下：

① 执行【文件】→【新建】命令，打开【新建】对话框。新建一个宽高为 500×100 像素、分辨率为 72 像素/英寸、RGB 颜色模式、白色背景的图像文件。

② 在工具箱面板中单击“默认前景色和背景色”图标，将前/背景色设为系统默认的黑色/白色；在工具箱中选择油漆桶工具，在图像编辑窗口中单击，将图像填充为黑色。

③ 在工具箱中选择横排蒙版文字工具，在其选项栏中设置文字属性：字体 Arial Black、大小 32 像素，其他保持默认设置。

④ 在图像编辑窗口左边适当位置单击，确定文字插入点，从键盘输入文本“Welcome to my Homepage!”，单击选项栏中 ✓ 按钮确认文本输入；此时编辑窗口出现如图 2-3-13 所示的文字形状的选区。

Welcome to my Homepage

图 2-3-13　提交蒙版文字后出现的文字形状的选区

⑤ 在工具箱中选择渐变工具，在其选项栏中设置渐变为“透明彩虹”、“线性渐变”，并取消【透明区域】复选框的勾选，其他保持默认设置。

⑥ 在图像编辑窗口，从文字选区左边水平拖曳到右边（为确保水平可在拖曳鼠标的同时按住 Shift 键），文字选区内被填充了彩虹渐变。

⑦ 执行【文件】→【存储为】命令，将编辑好的图像以“彩虹文字.jpg”为文件名保存在 C 盘根目录下。

(3) 利用素材图像“实验 03\风景 3.jpg”制作特效文字效果，如图 2-3-14 所示。

图 2-3-14　特效文字效果

参考步骤如下：

① 打开“实验配套\实验 03”文件夹下的图片文件“风景 3.jpg”。

② 在工具箱中选择横排文字工具，在其选项栏中设置文字属性：字体为宋体、大小为120像素、浅蓝色(颜色值#B0D7F8)，其他保持默认设置。

③ 在图像编辑窗口中适当位置单击，确定文字插入点，从键盘输入文本“桂林山水”，单击选项栏中✔按钮确认文本输入，图层面板中出现新图层“桂林山水”。

④ 执行【编辑】→【变换】→【斜切】命令，“桂林山水”文字四周出现控制框，向右拖曳控制框的上边框，对文字进行斜切，效果如图2-3-14所示，单击选项栏中✔按钮(或直接按Enter键)确认斜切。

⑤ 在图层面板中拖曳“桂林山水”文字图层的缩略图到图层面板下方新建按钮上，复制出“桂林山水”的副本图层。

⑥ 执行【编辑】→【变换】→【翻转】→【垂直翻转】命令，将“桂林山水”副本图层进行垂直翻转；选择工具箱中移动工具，在图像编辑窗口中将翻转的文字向下移动到如图2-3-14所示位置。

⑦ 在图层面板中改变副本文字层的透明度为80%。

⑧ 执行【滤镜】→【扭曲】→【波纹】命令，由于是对文本层直接使用滤镜，弹出如图2-3-15所示的系统警告对话框，单击【好】按钮确认栅格化文字后，将弹出波纹滤镜对话框，在对话框中设置数量为100%、大小为中，单击【好】按钮确认滤镜的应用。图像最终效果如图2-3-14所示。

⑨ 执行【文件】→【存储为】命令，将编辑好的图像以“特效文字1.jpg”为文件名保存在C盘根目录下。

(4) 制作如图2-3-16所示的三维文字效果。

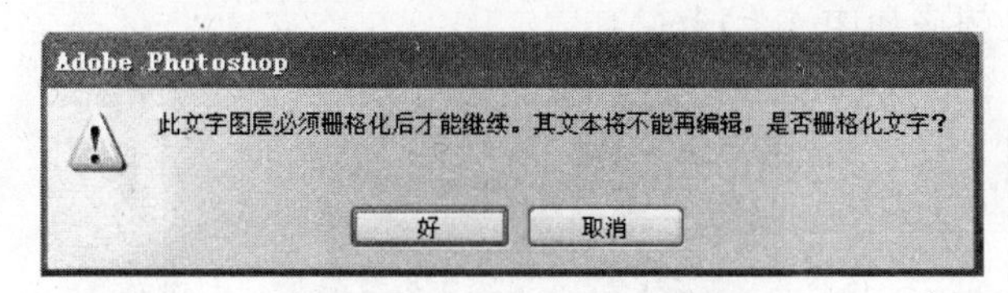

图2-3-15　系统警告对话框

图2-3-16　三维文字效果

参考步骤如下：

① 执行【文件】→【新建】命令，打开【新建】对话框。新建一个宽高为400×200像素、分辨率为72像素/英寸、RGB颜色模式、白色背景的图片。

② 在工具箱中选择横排文字工具，在其选项栏中设置文字属性：字体为Arial Black，大小为60像素，其他保持默认设置。

③ 在图像编辑窗口中适当位置单击，确定文字插入点，并输入文本photo，单击选项栏中✔按钮确认文本输入，图层面板中出现新的文字图层photo图层。

④ 在图层面板中单击面板底部的“新建图层”按钮，新建【图层1】层；按住Ctrl的同时，在图层面板上单击photo文字图层缩略图，载入文字形状选区。

⑤ 在图层面板中单击photo文字图层前面的“眼睛”标志，隐藏文字图层。

⑥ 在工具箱中选择渐变工具，在其选项栏中选择“铜色”、线性渐变模式；按住Shift键，从左到右拖曳鼠标水平填充【图层1】图层中的文字选区。

⑦ 按住 Ctrl＋Alt 键的同时按 10 次向上的方向键↑，向上移动并复制已填充颜色的字形区域。

图 2-3-17　制作的图像效果

⑧ 在工具箱中选择渐变工具，仍使用刚才的设置；按住 Shift 键的同时从右到左水平填充【图层1】图层中的文字选区。

⑨ 按 Ctrl＋D 键取消选区，执行【文件】→【存储为】命令，将编辑好的图像以"三维文字.jpg"为文件名保存在 C 盘根目录下。

(5) 利用素材图像文件"实验 03\风景 2.jpg"，使用扩展画布命令和文字工具制作图像文件"特效文字 2.jpg"，图像效果如图 2-3-17 所示。

参考步骤如下：

① 打开"实验配套\实验 03"文件夹下的图片文件"风景 2.jpg"

② 执行【图像】→【画布大小】命令，在打开的【画布大小】对话框中将宽度改为 400 像素(高度不变)、靠左居中定位、画布扩展颜色为白色，单击【好】按钮确认。

③ 在工具箱中选择魔棒工具，在扩展出来的区域单击选中白色矩形区域。

④ 在工具箱面板中设置前景色为 #BDECFB，背景色为白色 #FFFFFF。

⑤ 在工具箱中选择渐变工具，在其选项栏中选择"前景到背景"、对称渐变模式；按住 Shift 键的同时从矩形区域中间位置拖曳到右边缘，如图 2-3-18(a)所示。水平填充矩形选区，按 Ctrl＋D 键取消选区，此时图像如图 2-3-18(b)所示。

(a) 拖动选区

(b) 填充选区

图 2-3-18　填充对称渐变效果

⑥ 在工具箱中选择直排文字工具，在其选项栏中设置文字属性：字体为隶书、大小为 60 像素，其他保持默认设置。

⑦ 在图像编辑窗口中适当位置单击，确定文字插入点，输入文本"童年往事…"，单击

选项栏中✓按钮确认文本输入，图层面板中出现新的【童年往事】图层。

⑧ 在图层面板中双击【童年往事】文字图层的缩略图，再次进入文本编辑，在选项栏中单击“创建变形文本”按钮，打开【变形文字】对话框，在其中选择“旗帜”变形样式；单击【好】按钮确认变形，再单击选项栏中✓按钮结束文字编辑。

⑨ 在图层面板中单击面板底部“新建图层”按钮，新建【图层 1】图层。按住 Ctrl 键的同时在图层面板上单击【童年往事】文字图层的缩略图，载入文字形状选区。

⑩ 执行【编辑】→【描边】命令，在打开的【描边】对话框中设置描边宽度为 2 像素、颜色为 #FF8AE5、位置为居中，单击【好】按钮确认描边。

⑪ 按 Ctrl+D 键取消选区，此时图像效果如图 2-3-17 所示。执行【文件】→【存储为】命令，将编辑好的图像以“童年往事.jpg”为文件名保存在 C 盘根目录下。

实验 3-5 图层操作 1

【实验目的】

掌握 Photoshop CS 图层的基本操作。

【实验内容】

(1) 利用素材图像“花瓶.psd”、“玫瑰.psd”制作如图 2-3-19 所示的合成图像文件“插花.jpg”，保存在 C 盘根目录下。

(a) 素材“玫瑰.jpg”

(b) 素材“花瓶.jpg”

(c) 效果图“插花.jpg”

图 2-3-19 制作插花效果图像

参考步骤如下：

① 打开素材图像文件“花瓶.psd”和“玫瑰.psd”，在“玫瑰.psd”图像的图层面板中拖曳“图层 2”的缩略图到“花瓶.psd”图像编辑窗口中复制出新的【图层 3】图层。

② 执行【编辑】→【自由变换】命令，将【图层 3】图层的花朵缩小和移动到适当位置。

③ 在“花瓶.psd”图像的图层面板中拖曳【图层 3】图层的缩略图到面板底部“新建图

层”按钮上，创建出【图层 3】图层副本图层。

④ 执行【编辑】→【自由变换】命令，将【图层 3 副本】图层中的花朵缩小、旋转并移动到适当位置。

⑤ 同理，复制并变换其他花朵图层，将一朵花制作成一束花。

⑥ 多次执行【图层】→【向下合并】命令，将若干花朵图层合并为一个【图层 3】图层。

⑦ 在工具箱面板中选择橡皮擦工具，将花束下端应该在花瓶里的花枝部分擦除。

⑧ 执行【文件】→【存储为】命令，将编辑好的图像以 “插花.jpg”为文件名，保存在 C 盘根目录下。

(2) 打开素材图像文件“实验配套/实验 03/铅笔组件.psd”，练习链接图层的操作，制作出如图 2-3-20 所示的效果。

参考步骤如下：

① 打开素材图像文件“铅笔组件.psd”，在图层面板中单击【锥形铅】图层的缩略图，使其成为当前的工作图层。

② 在图层面板中，依次单击【背景】图层之外其他图层缩略图左边的方框，使它们都成为【锥形铅】图层的链接图层。此时【图层】面板如图 2-3-21 所示。

图 2-3-20　利用链接图层编辑图像效果

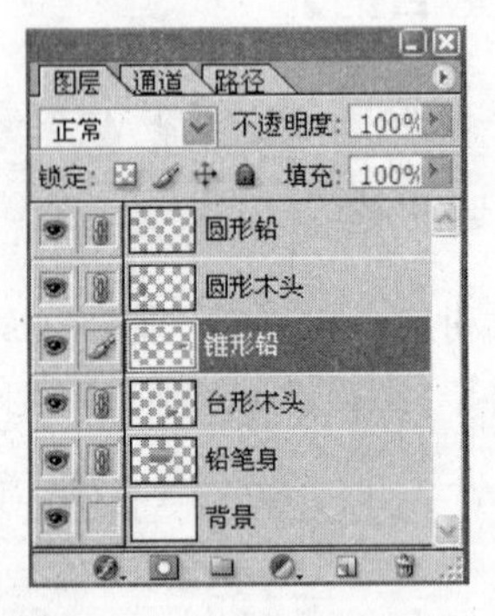

图 2-3-21　【图层】面板状态

③ 执行【图层】→【对齐链接图层】→【垂直居中】命令，将链接图层以【锥形铅】图层为基准全部竖直中间对齐，如图 2-3-22(a)所示。

④ 在【图层】面板中，依次单击图层缩略图前的链接标记，取消所有链接关系。

⑤ 在工具箱面板中选择移动工具，在图层面板中单击【台形木头】图层的缩略图，使其成为当前的工作图层；使用键盘上的水平方向键(← 和 →)向左移动台形木头靠近铅笔身。

⑥ 同理，调整铅笔其他各组件的位置如图 2-3-22(b)所示。

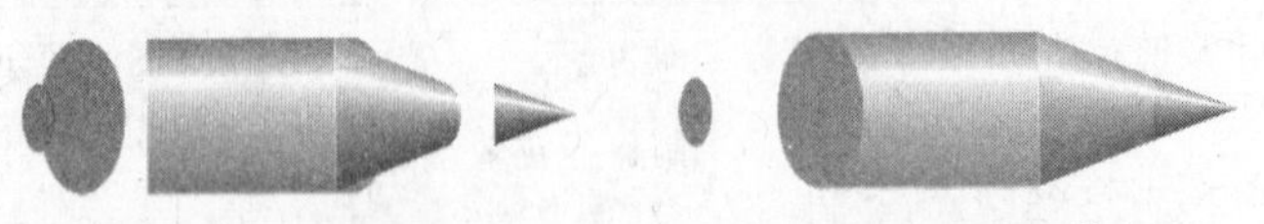

(a) 对齐链接图层　　(b) 水平调整各组件的位置

图 2-3-22　对齐链接图层与水平调整各组件位置

⑦ 选择【圆形木头】图层为当前工作图层，将【圆形铅】图层和它建立链接关系。

⑧ 执行【图层】→【对齐链接图层】→【水平居中】 命令，将链接层以【圆形木头】图层

为基准水平中间对齐，结果如图 2-3-23(a)所示。

⑨ 在图层面板中，拖曳【台形木头】图层缩略图到【铅笔身】图层的下面，再将【锥形铅】图层拖曳到【台形木头】图层的下面，结果如图 2-3-23(b)所示。

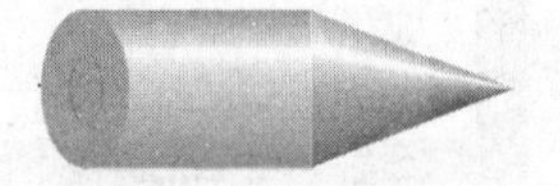

(a) 水平居中对齐

(b) 调整图层顺序

图 2-3-23 将链接层水平居中对齐和调整图层顺序

⑩ 再将背景层之外的其他图层建立链接关系。执行【编辑】→【自由变换】命令，旋转链接图层中的对象，结果如图 2-3-24(a)所示。按 Enter 键或单击选项栏右侧的✓按钮执行变换。

⑪ 在工具箱面板中分别将前背景色设置为黄色(#FCFF00)和白色；选择渐变工具，设置为“前景到背景”、“径向渐变”方式，其他保持默认；确定【背景】图层为工作图层，从铅笔尖端处拖曳鼠标到右下方，如图 2-3-24(b)所示。松开鼠标，渐变填充效果如图 2-3-20 所示。

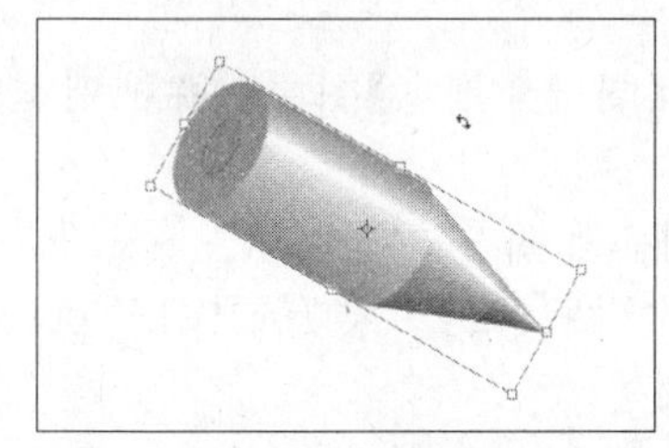

(a) 旋转链接层对象

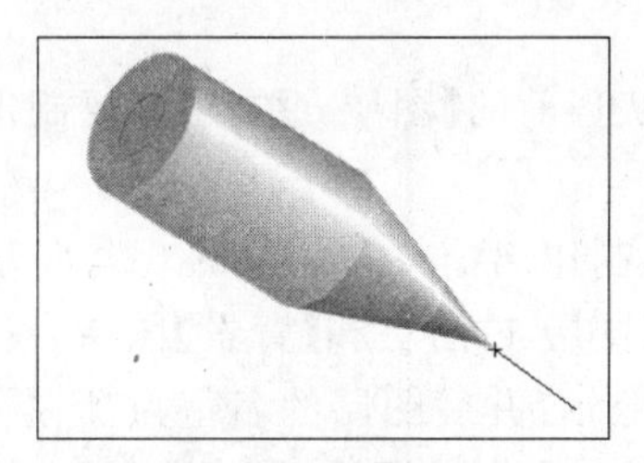

(b) 设置并拖曳

图 2-3-24 旋转链接层对象，设置并拖曳对象

⑫ 将文件以“铅笔.psd” 为文件名保存在 C 盘根目录下(注意保存格式)。

(3) 制作如图 2-3-25 所示的信封

参考步骤如下：

① 新建一个 500×300 像素，72 像素/英寸，RGB 颜色模式，黑色背景的图像文件。

② 单击图层面板下方的“新建图层”按钮，创建【图层 1】图层。

③ 在【图层 1】图层中创建一个矩形选区，使用油漆桶工具在选区内填充白色。

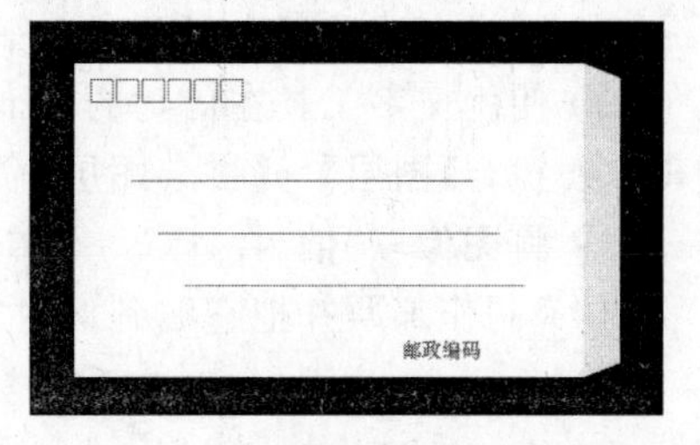

图 2-3-25 制作的信封效果

④ 执行【选择】→【变换选区】命令，将原矩形选区长度缩小，如图 2-3-26(a)所示。按 Enter 键或单击选项栏右侧的✓按钮执行变换。

⑤ 执行【编辑】→【变换】→【透视】命令，对选区内图像进行如图 2-3-26(b)所示的透视变换，按 Enter 键执行变换。

⑥ 按 Ctrl+X 键剪切选区，再按 Ctrl+V 键粘贴选区，生成【图层 2】图层；用移动工具将【图层 2】图层移动到原来位置；在图层面板中减小【图层 2】图层的不透明度为 80%；按 Ctrl+D 键取消选区。

(a) 缩小

(b) 透视变换

图 2-3-26　减去部分选区，对选区内图像进行透视变换

⑦ 新建【图层 3】图层，在左上角创建一个小的正方形选区，执行【编辑】→【描边】命令，设置描边宽度为 1 像素、颜色为绿色、位置为居中，为正方形选区描边；按 Ctrl＋D 键取消选区。

⑧ 在【图层】面板中拖曳【图层 3】图层的缩略图到面板下方的“新建图层”按钮上，在【图层 3】图层的上面生成【图层 3】图层的副本。

⑨ 选择工具箱中的移动工具，使用键盘上的水平方向键(← 和 →)向右移动小方框。

⑩ 将【图层 3 副本】图层与【图层 3】图层建立链接，合并链接图层，合并后图层名为“图层 3”。

⑪ 再次从当前的【图层 3】图层中复制出【图层 3 副本】图层。并把副本中的两个小方框向右移动。

⑫ 同理，制作出信封左上角的 6 个小方框，如图 2-3-25 所示。

⑬ 隐藏【图层 1】图层和【背景】图层，确定【图层 2】图层为工作层，执行【图层】→【合并可见层】命令，合并后图层的名字为“图层 2”。

⑭ 再次显示【图层 1】图层和【背景】图层；将【图层 1】图层更名为“信封”；将【图层 2】图层更名为“小方框”。

⑮ 选择工具箱中画笔工具，在其选项栏中设置画笔大小为 1 像素、颜色为绿色；在直线左端起点位置单击，按住 Shift 键的同时向右拖曳鼠标，绘制出一条水平线。

⑯ 同样方法绘制出另两条水平直线。

⑰ 使用文字工具在信封的右下角创建文本对象“邮政编码”，如图 2-3-25 所示。

⑱ 执行【图层】→【拼合图层】命令，将所有图层拼合为一个【背景】图层。

⑲ 将图像以“信封.JPG” 为文件名保存在 C 盘根目录下(注意保存格式)。

(4) 制作邮票并把它贴到信封上，效果如图 2-3-27 和图 2-3-28 所示。

图 2-3-27　邮票效果

图 2-3-28　将邮票“贴”到信封上

参考步骤如下：

① 打开素材图像文件“小熊猫.jpg”，在【图层】面板中双击【背景】图层的缩略图，将【背景】图层转化为一般层，并命名为“邮票 1”。

② 执行【编辑】→【变换】→【缩放】命令，缩小【邮票 1】图层中的图像。再用工具箱中的移动工具把它拖曳到图像编辑窗口的中央位置。

③ 按住 Ctrl 键的同时单击图层面板上【邮票 1】图层的缩览图，将该层图像全部选中。

④ 执行【选择】→【变换选区】命令，将选区对称变大，如图 2-3-29(a)所示。

⑤ 单击图层面板下方的“新建图层”按钮，创建新图层，并命名为“白色边界”；并拖曳该层缩略图到【邮票 1】图层的下面；然后用油漆桶工具将该层选区内填充白色，如图 2-3-29(b)所示。

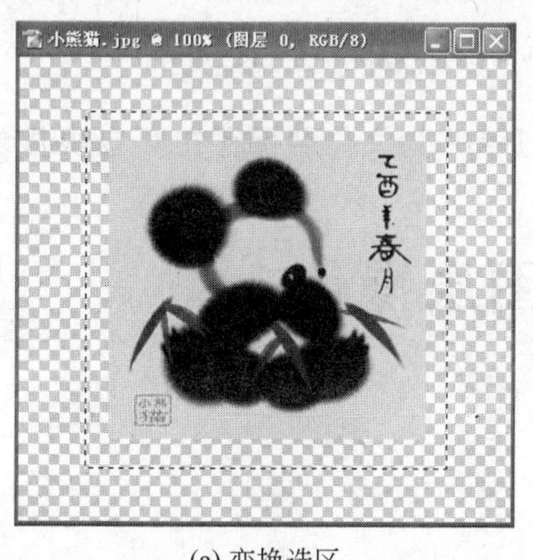

(a) 变换选区

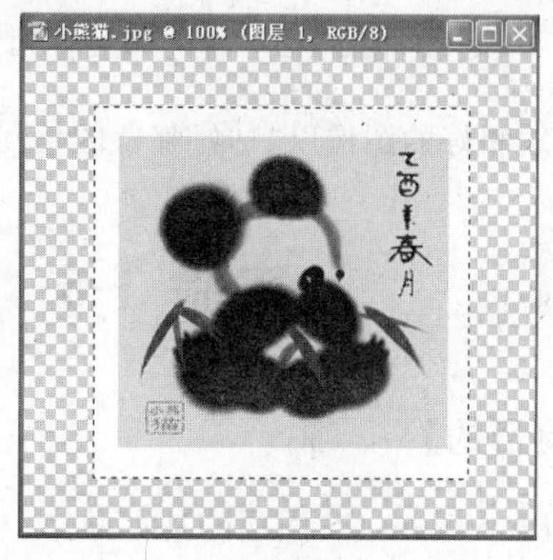

(b) 填充

图 2-3-29　变换选区，对选区填充白色

⑥ 按 Ctrl＋D 键取消选择，再新建一个图层，命名为“背景”，并把该层拖曳到所有图层的最下面，然后用油漆桶工具将该层填充为黄色(#FFFF00)。

⑦ 选择工具箱中橡皮擦工具，单击其选项栏右侧 按钮，打开【画笔】面板，在其中选择“画笔笔尖形状”，并定义画笔大小为 18 像素、硬度为 100%、间距为 122%。

⑧ 单击选项栏空白处关闭【画笔】面板，确定【白色边界】图层为当前工作图层，将光标放置在如图 2-3-30(a)所示位置(圆形橡皮擦一半放在白色边界内，一半在外面)。按住 Shift 键的同时水平向右拖曳，结果邮票一边边界上的锯齿形就形成了，如图 2-3-30(b)所示。

⑨ 同理，擦除其他 3 个边界。

⑩ 确定“邮票 1”图层为当前工作图层，使用文字工具在邮票上书写文字“2 元”，效果如图 2-3-27 所示。

⑪ 将图像中除【背景】图层之外的其他图层全部合并为一个图层，命名为“邮票”。

⑫ 打开上一题制作的“信封.jpg”文件(或素材图像“信封.jpg”)，拖曳“邮票”图层缩略图到“信封.jpg”图像编辑窗口中生成新的“图层 1”图层。

⑬ 执行【编辑】→【自由变换】命令，适当调整其大小和位置，最终效果如图 2-3-28 所示。

(a) 确定白边位置

(b) 擦除

图 2-3-30　确定“橡皮擦”工具的位置，擦除一个白色边界

⑭ 将编辑好的图像以“贴好邮票的信封.JPG” 为文件名保存在C盘根目录下。

实验 3-6　图层操作 2

【实验目的】

掌握 Photoshop CS 图层的基本操作。

【实验内容】

(1) 利用图层样式制作如图 2-3-31 所示的文字特效。以“图层文字特效 1.JPG” 为文件名保存在C盘根目录下。

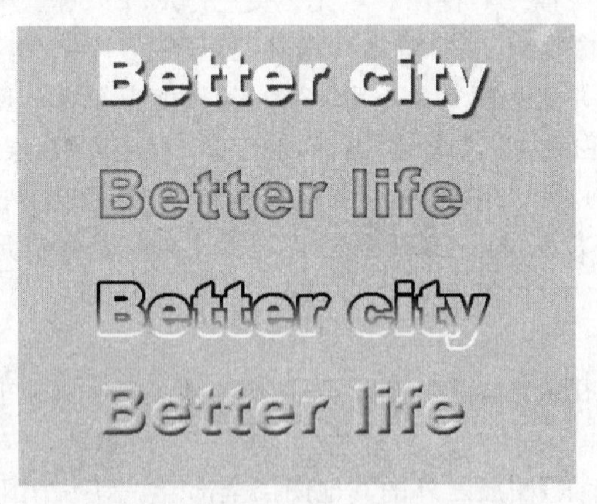

图 2-3-31　制作文字特效

参考步骤如下：

① 新建一个 500×400 像素，72 像素/英寸，RGB 颜色模式，蓝色背景(颜色值 #9CEBFF)的图像文件。

② 选择工具箱中横排文字工具，在其选项栏中设置文字字体为 Arial Black，颜色为白色；在图像编辑窗口上方输入第一行文字“Better city”，单击选项栏中的 ✓ 按钮确认文本输入。

③ 执行【图层】→【图层样式】→【投影】命令（或单击图层面板下方“添加图层样式”按钮，再选择【投影】样式），在弹出的【图层样式】对话框中调整投影大小为 2 像素，单击【好】按钮完成投影样式的添加，效果如图 2-3-31 所示。

④ 第 2、3、4 行文字字体都是 Arial Black，颜色均为蓝色（#9CEBFF）；所添加的图层样式依次是内发光（混合模式为正常、大小为 5 像素）、描边（参数设置如图 2-3-32 所示）、斜面和浮雕（默认参数）。

⑤ 将编辑好的图像以“图层文字特效 1.JPG”为文件名保存在 C 盘根目录下。如查看彩色样张效果及各图层样式具体参数，请打开“实验配套/实验 03 效果图/文字图层特效.psd”。

（2）利用图像文件“实验配套\实验 03\风景 4.jpg”，使用图层样式和图层混合模式制作如图 2-3-33 所示的文字特效。以“图层文字特效 2.JPG”为文件名保存在 C 盘根目录下。

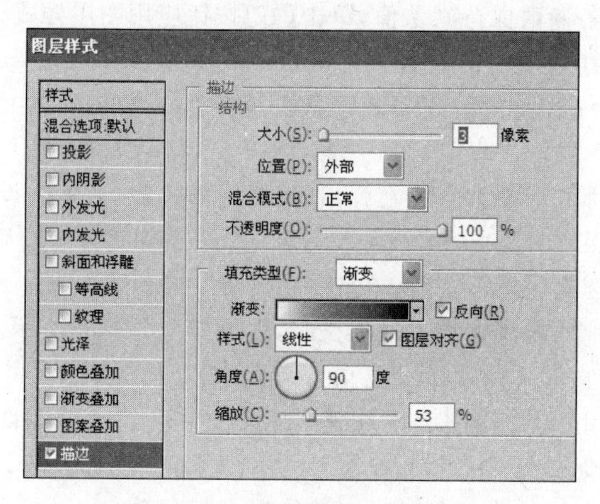

图 2-3-32 描边图层样式的参数

图 2-3-33 图层样式和图层混合模式效果

参考步骤如下：

① 打开素材图像文件“风景 4.jpg”，在【图层】面板中双击【背景】图层的缩略图将其转化为一般层，并命名为“山水”。

② 选择工具箱中横排文字工具，并在其选项栏中设置文字属性：字体为隶书、大小为 150 像素、白色，在样张图示位置输入文字“湖光山色”，单击选项栏中 ✓ 按钮确认文本输入。

③ 在图层面板中将【湖光山色】文字图层拖曳到【山水】图层下方，右击【湖光山色】图层，在弹出的快捷菜单中选择【栅格化图层】命令，将【湖光山色】文字图层栅格化。

④ 在【图层】面板中双击【湖光山色】图层的缩略图打开图层样式对话框，选中【斜面和浮雕】图层样式，各参数保持默认值，单击【好】按钮应用图层样式。

⑤ 在【图层】面板中单击【山水】图层的缩略图将其指定为工作图层，单击【图层】面板

中的“设置图层混合模式”按钮，在弹出的下拉菜单中选择【正片叠底】混合模式。此时图像效果如图 2-3-33 所示。

⑥ 将编辑好的图像以“图层文字特效 2.JPG” 为文件名保存在 C 盘根目录下。

(3) 使用斜面和浮雕图层样式制作如图 2-3-34 所示按钮效果，以“按钮.JPG”为文件名保存在 C 盘根目录下。

参考步骤如下：

① 新建一个宽高为 400×250 像素，72 像素/英寸，RGB 颜色模式，背景为白色的图像文件。

② 在工具箱中设置前景色为蓝色(#9CEBFF)，用油漆桶工具(不改变系统默认参数值)在图像编辑窗口中单击，将【背景】图层填充为蓝色。

③ 在工具箱中选择椭圆选择工具，在其选项栏中设置羽化为 0 像素，其他参数保持为系统默认参数值；在图像编辑窗口中绘制出椭圆选区。

④ 单击【图层】面板下方的“新建图层”按钮，创建新图层，命名为“按钮”；然后用油漆桶工具将该层选区内填充蓝色(#9CEBFF)。

⑤ 在图层面板双击【按钮】图层的缩略图，打开【图层样式】对话框，选中【斜面和浮雕】图层样式，设置大小为 13 像素，其他各参数保持默认值，单击【好】按钮应用图层样式。

⑥ 选择工具箱中横排文字工具，在其选项栏中设置文字属性：字体为 Arial Black、大小为 52 像素、颜色为蓝色(#9CEBFF)；输入文字 START，单击选项栏 ✓ 按钮确认文本输入。

⑦ 执行【图层】→【图层样式】→【斜面和浮雕】命令，在弹出的【图层样式】对话框中设置参数如下：样式为内斜面，软化为 0，深度为 100，角度为 120，方向为下，高度为 30，大小为 2，勾选【使用全局光】复选框；其他选项保持默认值，单击【好】按钮应用图层样式。

⑧ 执行【编辑】→【变换】→【斜切】命令，拖曳角点来倾斜文字，效果如图 2-3-34 所示。

⑨ 将编辑好的图像以“按钮.jpg”为文件名保存在 C 盘根目录下。

(4) 打开“实验配套\实验 03\场景.jpg”，使用图层样式制作如图 2-3-35 所示的图像效果，以“图层文字特效 3.jpg”为文件名保存在 C 盘根目录下。

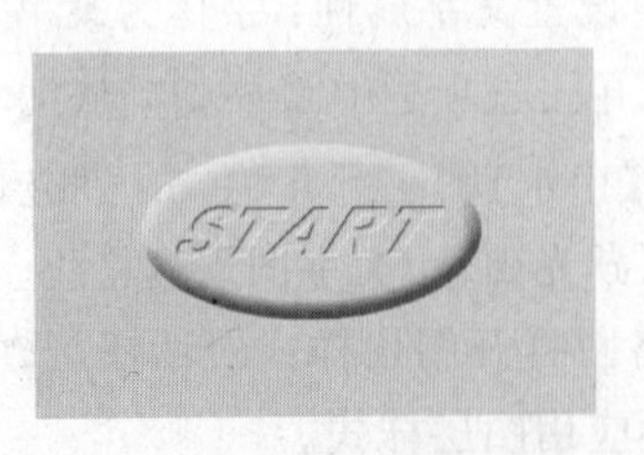

图 2-3-34　用图层样式制作的按钮效果

图 2-3-35　使用图层样式制作的图像效果

参考步骤如下：

① 打开素材图像文件“场景.jpg”，在【图层】面板中双击【背景】图层缩略图将其转化为一般层，并命名为“山水”。

② 按 Ctrl+T 键或执行【编辑】→【自由变换】命令，将【山水】图层缩小到样张大小。

③ 按住 Ctrl 键的同时在图层面板中单击【山水】图层的缩略图，将其作为选区载入。

④ 执行【编辑】→【描边】命令，在弹出的【描边】对话框中设置描边大小为 5 像素、颜色为 #FB2188、位置居中；单击【好】按钮确认描边。按 Ctrl+D 键取消选区。

⑤ 在【图层】面板中双击【山水】图层的缩略图，打开【图层样式】对话框，在对话框中选择【投影】样式，如图 2-3-36 所示设置投影各参数，单击【好】按钮应用图层样式。

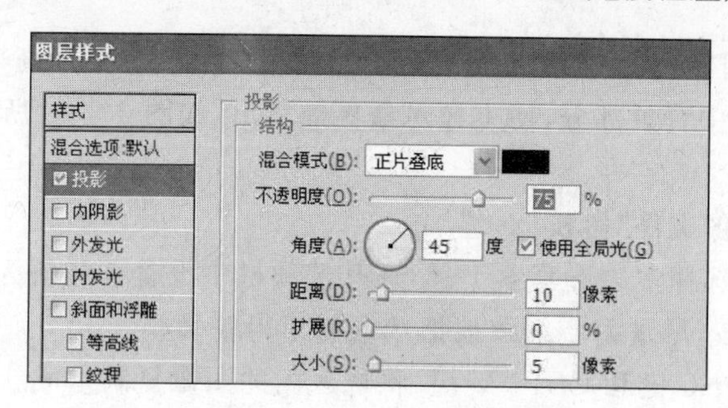

图 2-3-36 投影图层样式参数

⑥ 单击【图层】面板下方的“新建图层”按钮，创建新图层，命名为“背景”，并拖曳其缩略图到【山水】图层下面。

⑦ 单击工具箱中设置前景色按钮，将前景色设置为白色；再使用油漆桶工具将【背景】图层填充为白色。

⑧ 在工具箱中选择直排文字工具，并在其选项栏中设置文字属性：字体为隶书、大小为 80 像素、颜色为红色，在样张图示位置输入文字“山水国际”，单击选项栏中 ✓ 按钮确认文本输入。

⑨ 执行【图层】→【图层样式】→【渐变叠加】命令，在打开的【图层样式】对话框中，如图 2-3-37 所示设置渐变叠加的各参数，单击【好】按钮应用图层样式。

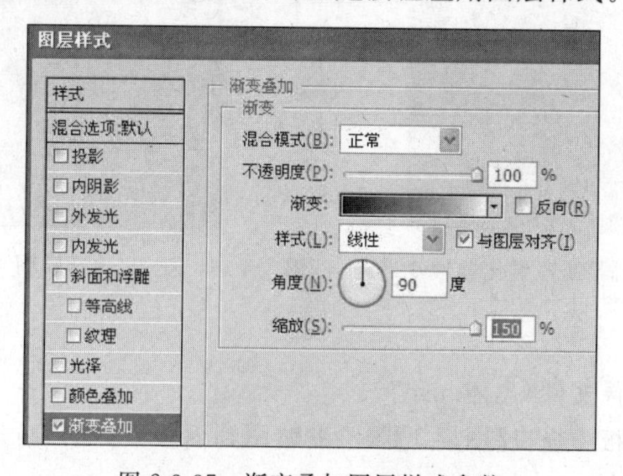

图 2-3-37 渐变叠加图层样式参数

⑩ 将编辑好的图像以"山水效果.JPG"为文件名保存在C盘根目录下。

实验3-7　滤镜操作1

【实验目的】

掌握Photoshop CS滤镜的基本操作。

【实验内容】

(1) 利用素材图像文件"实验配套\实验03\树枝.jpg",使用"高斯模糊"滤镜消除图像中杂点;虚化图像中背景部分,使主题对象更加突出,如图2-3-38所示。

参考步骤如下:

① 打开素材图像文件"树枝.psd"。

② 在工具箱中选择多边形套索工具,在其选项栏中设置羽化值为0;使用多边形套索工具选择图中的树枝,尽量耐心细致地把选区创建得精确些。

③ 依次按Ctrl+C键和Ctrl+V键,将选区内的图像复制生成新的【图层1】图层。

④ 在图层面板中选择【背景】图层为工作图层,执行【滤镜】→【模糊】→【高斯模糊】命令,在打开的【高斯模糊】对话框中设置半径为19像素,单击【好】按钮确认,此时图像效果如图2-3-38所示。

⑤ 将编辑好的图像以"虚化背景.JPG"为文件名保存在C盘根目录下。

(2) 利用素材图像文件"实验配套\实验03\飞鸟.psd",使用"动感模糊"滤镜制作快速运动物体形成的速度感效果,如图2-3-39所示。

图2-3-38　"高斯模糊"滤镜虚化背景效果

图2-3-39　使用"动感模糊"滤镜产生速度感效果

参考步骤如下:

① 打开素材图像文件"飞翔.psd"。

② 在【图层】面板中拖曳【图层1】图层缩略图到面板下方的"新建图层"按钮上,生成【图层1副本】图层。

③ 在【图层】面板中选择【图层 1 副本】图层为工作图层；执行【滤镜】→【模糊】→【动感模糊】命令，在打开的【动感模糊】对话框中设置角度为 55 度、距离为 500 像素，单击【好】按钮确认。

④ 在工具箱中选择移动工具，将已模糊的【图层 1 副本】图层向左下方移动，效果如图 2-3-39 所示。

⑤ 将编辑好的图像以“飞驰.JPG”为文件名保存在 C 盘根目录下。

(3) 利用素材图像文件“实验配套\实验 03\垂柳.jpg”，使用“扭曲/水波”滤镜制作波纹效果。

参考步骤如下：

① 打开素材图像文件“垂柳.jpg”。

② 选择工具箱中矩形选框工具，羽化值为 0，其他参数保持默认设置；在图像编辑窗口中如图 2-3-40(a)所示的位置创建矩形选区。

③ 执行【滤镜】→【扭曲】→【水波】命令，在弹出的【水波】对话框中设置数量为 85，起伏为 13，样式为从中心向外；单击【好】按钮确认滤镜应用。

④ 按 Ctrl+D 键取消选区。此时图像效果如图 2-3-40(b)所示。

(a) 创建矩形选区

(b) 应用水波滤镜效果

图 2-3-40 创建矩形选区和应用水波滤镜效果

⑤ 将编辑好的图像以“水波.JPG” 为文件名保存在 C 盘根目录下。

(4) 利用素材图像文件“实验配套\实验 03\笔记本.PSD”，使用“添加杂色”和“径向模糊”滤镜，制作如图 2-3-41 所示的放射效果。

参考步骤如下：

① 打开素材图像文件“笔记本.PSD”。

② 在【图层】面板中选择【背景】图层，执行【滤镜】→【杂色】→【添加杂色】命令，在弹出的【添加杂色】对话框中设置数量为 70、平均分布，并勾选单色选项；单击【好】按钮确认。

③ 执行【滤镜】→【模糊】→【径向模糊】命令，在弹出的【径向模糊】对话框中设置数量为 100、方式为缩放、质量为最好，单击【好】按钮确认，此时图像效果如图 2-3-41 所示。

④ 将编辑好的图像以“放射.JPG”为文件名保存在C盘根目录下。

(5) 利用素材图像文件“实验配套\实验03\天鹅.jpg、风景3.jpg”，使用“水波”滤镜，制作如图2-3-42所示的倒影波纹效果。

图2-3-41 添加杂色并径向模糊后图像效果

图2-3-42 倒影波纹图像效果

参考步骤如下：

① 打开素材图像文件“天鹅.jpg”和“风景3.jpg”。

② 在工具箱中选择套索工具，在其选项栏中设置羽化值为0；使用多边形套索工具选择“天鹅.jpg”图中的小鸟身体，尽量耐心细致地把选区创建得精确些。

③ 按Ctrl+C键复制选区，到“风景3.jpg”图像编辑窗口中按Ctrl+V键粘贴选区，生成新的“图层1”图层。

④ 执行【编辑】→【自由变换】命令，将【图层1】图层缩小和移动到如图2-3-42所示位置。

⑤ 在【图层】面板中拖曳【图层1】图层的缩略图到面板下方的“新建图层”按钮上，创建出【图层1副本】图层；并拖曳其缩略图到【图层1】图层下方。

⑥ 执行【编辑】→【变换】→【垂直翻转】命令，将【图层1副本】图层中的天鹅上下翻转。

⑦ 使用移动工具将翻转的天鹅移到正立天鹅的下方。

⑧ 在【图层】面板中调整【图层1副本】图层的不透明度为50%。

⑨ 执行【图层】→【向下合并】命令，【图层1副本】图层和【背景】图层合并为一个图层。

⑩ 使用椭圆选择工具，羽化值为0，其他保持默认值；在正立天鹅和倒立天鹅区域创建椭圆选区。

⑪ 执行【滤镜】→【扭曲】→【水波】命令，在打开的【水波】对话框中设置数量为10、起伏为5、样式为水池波纹，单击【好】按钮确认。按Ctrl+D键取消选区。

⑫ 在工具箱中设置前景色为白色；选择渐变工具，在其选项栏中设置为：前景到透明、径向渐变，其他参数如图2-3-43所示。

⑬ 确定【背景】图层为工作层，从图像中心开始拖曳鼠标到右上角，实施白色到透明的径向渐变，此时图像效果如图2-3-42所示。

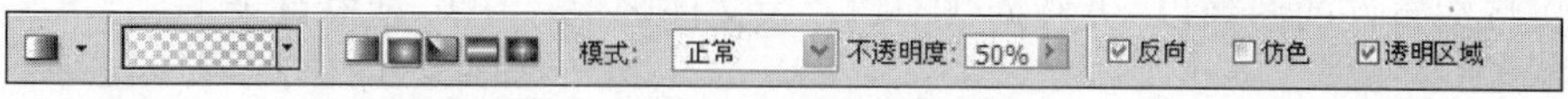

模式: 正常 不透明度: 50% ☑反向 ☐仿色 ☑透明区域

图 2-3-43　渐变工具选项栏

⑭ 将编辑好的图像以“倒影波纹.JPG”为文件名保存在C盘根目录下。

(6) 利用素材图像文件“实验配套\实验03\大雁.jpg、山水3jpg”，使用“风”滤镜，制作如图2-3-44所示的大雁南飞效果

图 2-3-44　大雁南飞效果

参考步骤如下：

① 打开素材图像文件“大雁.jpg”和“风景3.jpg”。

② 在工具箱中选择魔棒工具，在“大雁.jpg”图像编辑窗口中单击背景蓝色区域，按Shift+Ctrl+I键反选出大雁图形。

③ 按Ctrl+C键复制选区，到“风景3.jpg”图像编辑窗口中按Ctrl+V键粘贴选区，在“山水3.jpg”中生成新图层，将其命名为“大鸟”。

④ 执行【编辑】→【自由变换】命令，将【大鸟】图层缩小和移动到如图2-3-44所示位置。

⑤ 在【图层】面板中拖曳【大鸟】图层缩略图到面板下方的“新建图层”按钮上，创建出【大鸟副本】图层，并将其命名为“小鸟”。

⑥ 执行【编辑】→【自由变换】命令，将【小鸟】图层缩小并移动到如图2-3-44所示位置。

⑦ 确定【大鸟】图层为工作图层，执行【图层】→【图层样式】→【投影】命令，设置投影角度为135度，其他参数值保持默认，单击【好】按钮确认。

⑧ 执行【图层】→【图层样式】→【创建图层】命令，在弹出的系统警告对话框中单击【好】按钮确认，此时【大鸟】图层的投影独自形成一个新图层，名为“大鸟的投影”。

⑨ 确定【大鸟的投影】图层为工作图层，执行【滤镜】→【风格化】→【风】命令，在【风】滤镜对话框中设置为方向从右的风，单击【好】按钮确认。

⑩ 使用移动工具，将【大鸟的投影】图层稍微向下向右移动一些，使风效果更明显。

⑪ 对“小鸟”图层重复第⑦～⑩步操作，此时图像效果如图2-3-44所示。

⑫ 将编辑好的图像以“大雁南飞.JPG”为文件名保存在C盘根目录下。

实验3-8 滤镜操作2(选做)

【实验目的】

掌握Photoshop CS滤镜的基本操作。

【实验内容】

(1) 使用“模糊”滤镜制作如图2-3-45所示的文字晕影效果,并以“晕影文字.JPG”为文件名保存在C盘根目录下。

图2-3-45 文字晕影效果

操作提示:新建文件,使用文字工具创建文字,并将文字层复制,上层文字为白色,下层文字为蓝色。将下层文字栅格化后使用“高斯模糊”滤镜。

(2) 使用【滤镜】→【扭曲】→【极坐标】滤镜,制作如图2-3-46所示的放射效果,并以“彩条.JPG”为文件名保存在C盘根目录下。

操作提示:首先新建等宽高的正方形图像文件,使用选择工具和填充工具在一般图层上创建等间距的彩条图案,然后对该层使用“极坐标”滤镜。

(3) 使用“分层云彩”、“添加杂色”和“浮雕效果”滤镜,制作如图2-3-47所示的网页背景图片,并以“壁纸.JPG”为文件名保存在C盘根目录下。

图2-3-46 彩条效果

图2-3-47 壁纸效果

操作提示:新建文件,依次使用“分层云彩”(多次)、“添加杂色”、“浮雕”、“高斯模糊”滤镜,再执行【图像】→【调整】→【色相饱和度】命令对图像着色。

第4章 动画制作技术

实验 4-1 绘制松针

【实验目的】

巩固基本工具和菜单命令的使用方法(线条工具、椭圆工具、变形命令、组合命令等)。

【实验内容】

利用素材文件“实验素材\第 4 章\树干. gif”和线条工具、椭圆工具、【变形】面板、【组合】命令等制作类似如图 2-4-1 所示的松针效果。

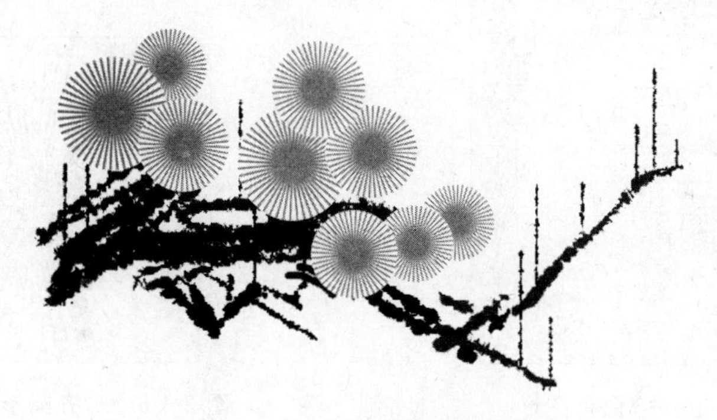

图 2-4-1 绘制的松树效果

参考步骤如下:

① 新建文档,设置舞台大小 625×374 像素。

② 绘制一条宽度为 1.5 像素的绿色直线段并将其组合。

③ 使用任意变形工具选择组合,如图 2-4-2 左图所示。将变形中心移至线段的一端,

图 2-4-2 修改对象的变形中心

如图 2-4-2 右图所示。

④ 打开【变形】面板，参数设置如图 2-4-3 所示。持续单击“复制并应用变形”按钮，对直线段进行旋转复制，最终形成如图 2-4-4 所示的图形。

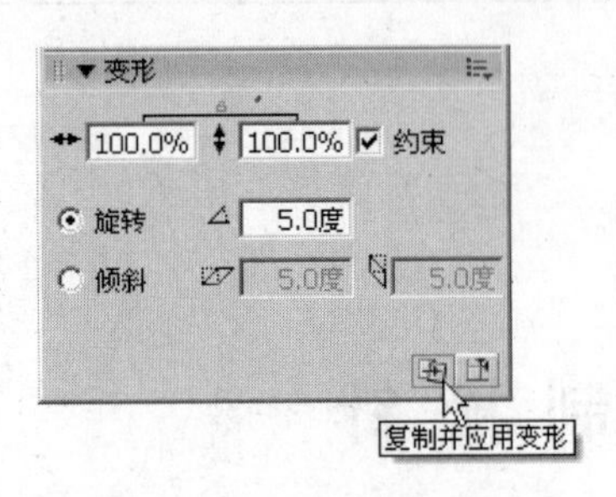

图 2-4-3 设置旋转角度

图 2-4-4 进行旋转复制

⑤ 将所有组合后的直线段再次组合。在【属性】面板上查看该组合的宽度与高度。

⑥ 在灰色的工作区绘制一个同样大小的白色圆形，并将其组合，如图 2-4-5 所示。

⑦ 将直线段组合移到灰色工作区与白色圆对齐，且直线段组合位于前面(可使用【修改】→【排列】命令下的相应子命令调整对象的叠盖次序)，如图 2-4-6 所示。

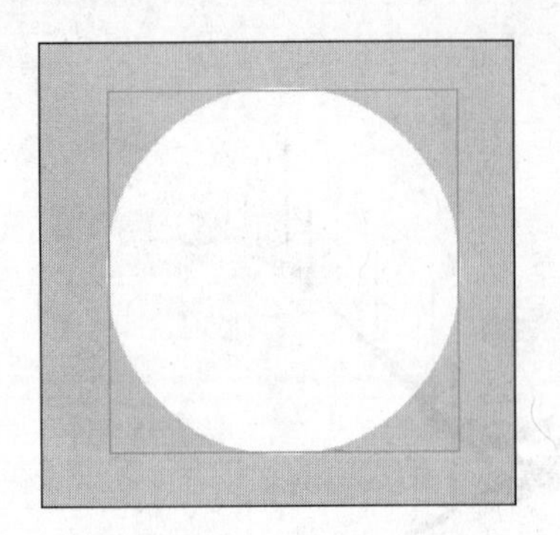

图 2-4-5 组合白色圆形

图 2-4-6 对齐圆形与直线段组合

⑧ 将圆形与直线段组合再次组合，形成松树的一片叶子。

⑨ 将素材文件“实验素材\第 4 章\树干.gif”导入到舞台，对齐到舞台中央，将其排列次序调整到底层，并锁定该位图图片。

⑩ 复制“松树叶子”组合，适当缩放，在“树干”上排列。

实验 4-2 制作文字逐帧动画“欢迎光临”

【实验目的】

巩固逐帧动画的制作方法。

【实验内容】

制作文字逐帧动画，效果参照“实验素材\第 4 章\欢迎光临.swf”。

参考步骤如下：

① 新建文档，设置舞台大小 200×80 像素。

② 创建静态文本对象“欢迎光临”（华文彩云、40 点、红色 #FF0000)，对齐到舞台中央。

提示：如果在字体列表中找不到“华文彩云”字体，可关闭 Flash 8.0，将字体文件“实验素材\第 4 章\字体\STCAIYUN.TTF”复制到系统盘的“WINDOWS\Fonts”文件夹下，然后重新启动 Flash 8.0 即可。

③ 将文本对象分离一次。

④ 同时选中第 2、3、4、5、6 帧，在选中的帧上右击，从弹出的快捷菜单中选择【转换为关键帧】命令，如图 2-4-7 所示。

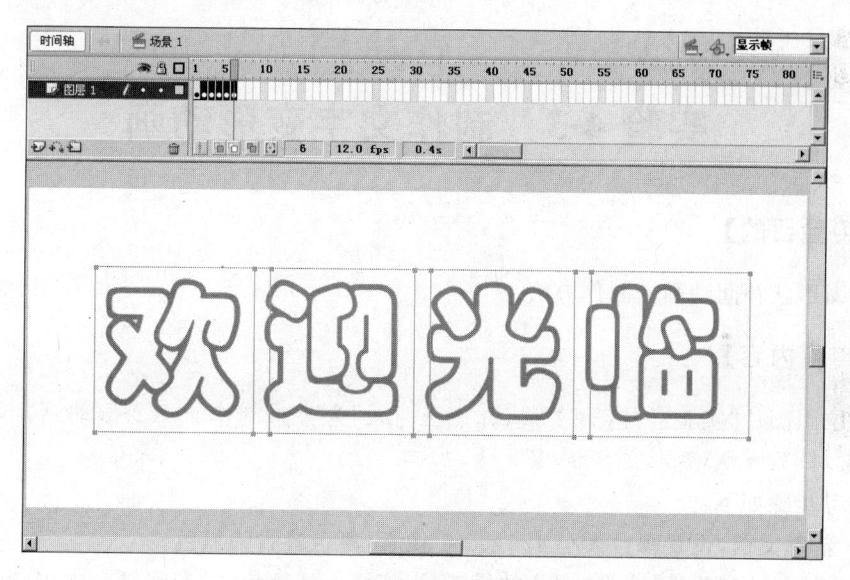

图 2-4-7 将普通帧转换为关键帧

⑤ 选择第一个关键帧，保留舞台上的“欢”字，将其他 3 个字删除。

⑥ 选择第二个关键帧，保留舞台上的“迎”字，将其他 3 个字删除。

⑦ 选择第三个关键帧，保留舞台上的“光”字，将其他 3 个字删除。

⑧ 选择第四个关键帧，保留舞台上的“临”字，将其他 3 个字删除。

⑨ 选择第五个关键帧，将 4 个字全部删除。

⑩ 在第 7 帧上插入空白关键帧。

⑪ 测试动画效果。

⑫ 调整每一个关键帧画面的停留时间，如图 2-4-8 所示。

图 2-4-8　调整动画节奏

实验 4-3　制作文字变形动画

【实验目的】

巩固形状补间动画的制作方法。

【实验内容】

以位图图片“实验素材\第 4 章\林黛玉.jpg”为背景制作文字变形动画。效果参照“实验素材\第 4 章\变形文字.swf”。

参考步骤如下：

① 新建文档，设置舞台大小 426×551 像素，舞台背景为黑色。

② 将图片“实验素材\第 4 章\林黛玉.jpg”导入到舞台，对齐到舞台中央，并锁定【图层 1】图层。

③ 在【图层 1】图层的第 48 帧插入帧。

④ 新建【图层 2】图层，在该层的第 1 帧创建垂直静态文本“怎经得秋流到冬尽”(隶书、40 点、绿色 #009900、字间距 5)，如图 2-4-9 所示。

⑤ 分别在【图层 2】图层的第 30 帧和第 40 帧插入关键帧。

⑥ 将【图层 2】图层的第 30 帧的文字删除，重新创建水平静态文本“春流到夏”(隶书、72 点、红色 #FF0000、字间距 30)，如图 2-4-10 所示。

⑦ 将【图层 2】图层的第 1 帧和第 30 帧的文本彻底分离。

⑧ 在【图层 2】图层的第 1 帧插入形状补间动画。

图 2-4-9　创建竖向静态文本

图 2-4-10　创建横向静态文本

实验 4-4　制作篮球滚动动画

【实验目的】

巩固运动补间动画的制作方法。

【实验内容】

利用"实验素材\第 4 章"目录下的素材图片"建筑.gif"和"篮球.png"制作篮球滚动的动画。动画效果参照"实验素材\第 4 章\篮球滚动.swf"。

参考步骤如下：

① 新建文档(属性默认)。将素材图片"实验素材\第 4 章\建筑.gif"导入到舞台，调整好位置后，锁定【图层 1】图层。

② 在【图层 1】图层的第 40 帧插入帧。

③ 新建【图层 2】图层，将素材图片"实验素材\第 4 章\篮球.png"导入到舞台，使用任意变形工具适当缩小，放置在如图 2-4-11 所示的位置。

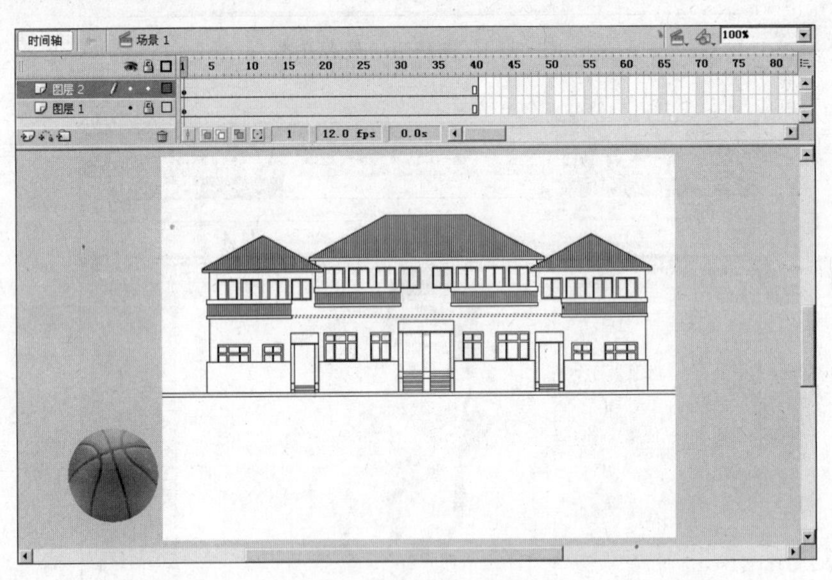

图 2-4-11　第 1 帧的"篮球"位置

④ 在【图层 2】图层的第 40 帧插入关键帧。并将篮球水平向右移动到如图 2-4-12 所示的位置。

⑤ 在【图层 2】图层的第 1 帧插入运动补间动画。

⑥ 选择【图层 2】图层的第 1 帧，在【属性】面板上将【缓动】值设为 100，并设置顺时针旋转 4 次，如图 2-4-13 所示。

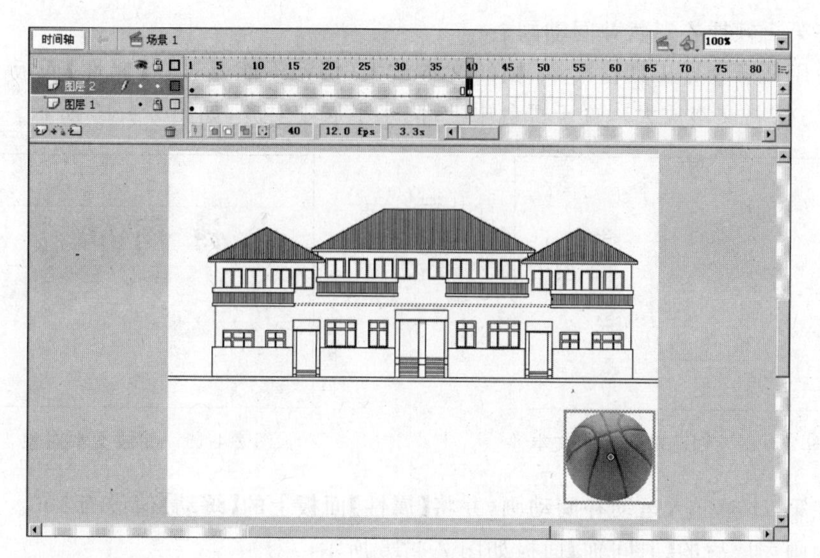

图 2-4-12　第 40 帧“篮球”的位置

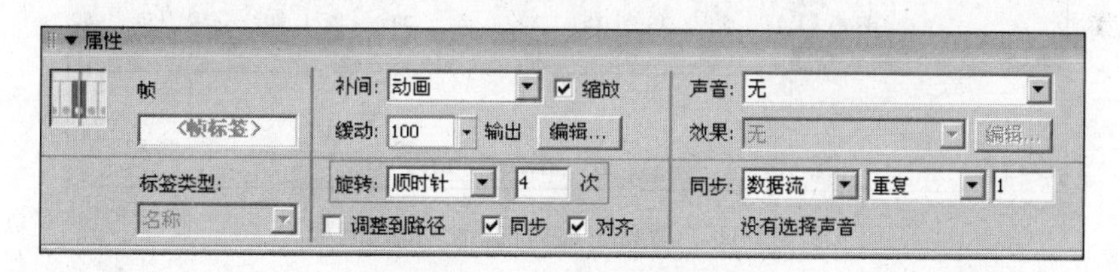

图 2-4-13　设置关键帧属性

实验 4-5　制作影视标题动画

【实验目的】

练习形状补间动画与运动补间动画的综合使用。

【实验内容】

制作综合文字动画，效果参照“实验素材\第 4 章\文字字幕.swf”。

参考步骤如下：

① 新建文档，设置舞台大小 400×300 像素。

② 在第一帧创建横向静态文本“古诗词欣赏”(华文行楷，红色，大小 32)。置于舞台中下部，水平居中对齐，如图 2-4-14 所示。

③ 分别在第 20 帧、第 21 帧和第 35 帧插入关键帧，在第 55 帧插入帧。

④ 第 1 帧和第 20 帧的文本彻底分离。

⑤ 在第 1 帧将文字填充色的 Alpha 值修改为 0%。

⑥ 在第 1 帧插入形状补间动画。

⑦ 使用任意变形工具将第 35 帧的文本放大(切记不能通过在【属性】面板上改变字体大小的方式将文本放大),置于舞台中上部,水平居中对齐,如图 2-4-15 所示。

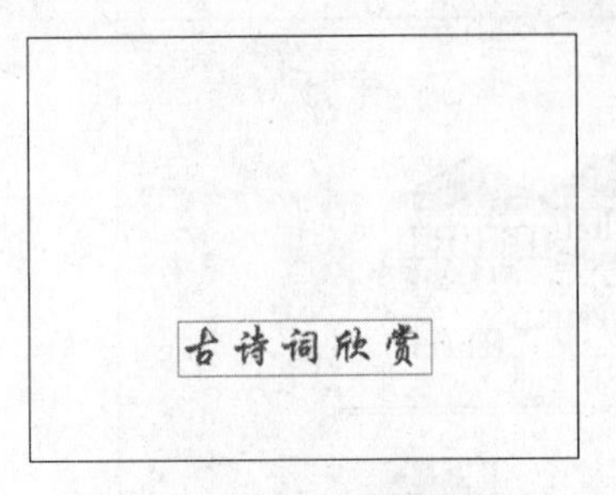

图 2-4-14 创建横向静态文本

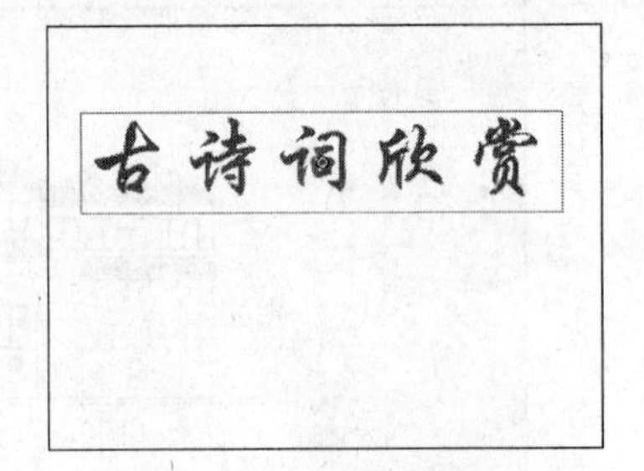

图 2-4-15 缩放文本对象

⑧ 在第 21 帧插入运动补间动画,并将【属性】面板上的【缓动】值设为 100。

⑨ 动画完成后的【时间轴】面板如图 2-4-16 所示。

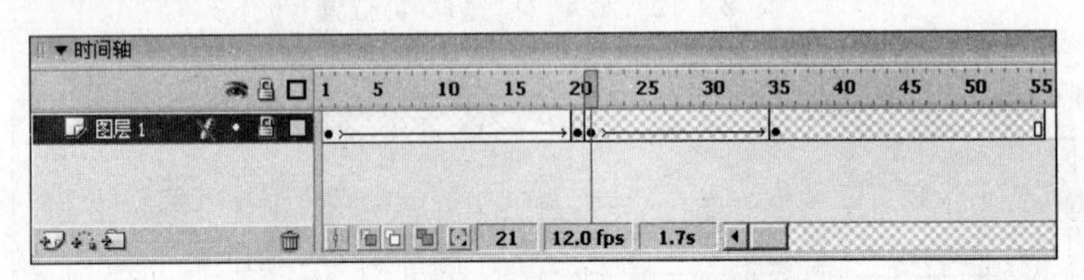

图 2-4-16 动画完成后的【时间轴】面板

实验 4-6 制作月亮绕地球旋转动画

【实验目的】

进一步巩固引导层在运动补间动画中的使用。

【实验内容】

利用"实验素材\第 4 章"目录下的图片素材 "地球.png"、"月亮.png"和"背景.jpg"制作月亮绕地球旋转动画。动画效果参照"实验素材\第 4 章\旋转.swf"。

参考步骤如下:

① 新建文档,设置舞台大小 600×450 像素、黑色背景、帧频率 24 帧/秒。

② 将本例所需的图片素材全部导入到库。

③ 将"背景.jpg"从库面板拖曳到舞台中,通过【属性】面板将其坐标修改为(0,0),以便使图片与舞台对齐。

④ 将【图层 1】图层更名为"背景",并在该层的第 80 帧插入帧。锁定【背景】图层。

⑤ 在【背景】图层的上面新建【图层 2】图层,将"地球.png"从库面板拖曳到舞台,利用对齐面板将其对齐到舞台中心。将【图层 2】图层更名为"地球"。锁定【地球】图层。

⑥ 在【图层 2】图层的上面新建【图层 3】图层，并重命名为“轨道”。将笔触色设置为白色，填充色设置为无色。使用椭圆工具在【轨道】图层的首帧绘制椭圆，利用任意变形工具旋转到如图 2-4-17 所示的位置。锁定【轨道】图层。

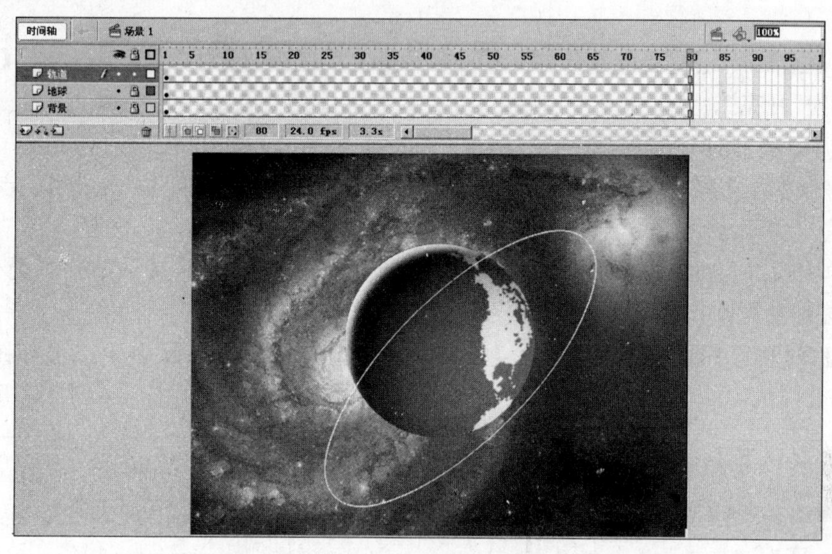

图 2-4-17　绘制与旋转轨道

⑦ 在【轨道】图层的上面新建【图层 4】图层，并重命名为“地球遮盖”。将“地球. png”从库面板拖曳到该层首帧的舞台，利用对齐面板将其对齐到舞台中心(与【地球】图层的图片“地球. png”重合)。按 Ctrl+B 键分离地球图片。

⑧ 利用套索工具 的多边形模式 (与 Photoshop 的多边形套索工具 用法类似)，选择如图 2-4-18 所示的部分地球，按 Delete 键删除。锁定【地球遮盖】图层。

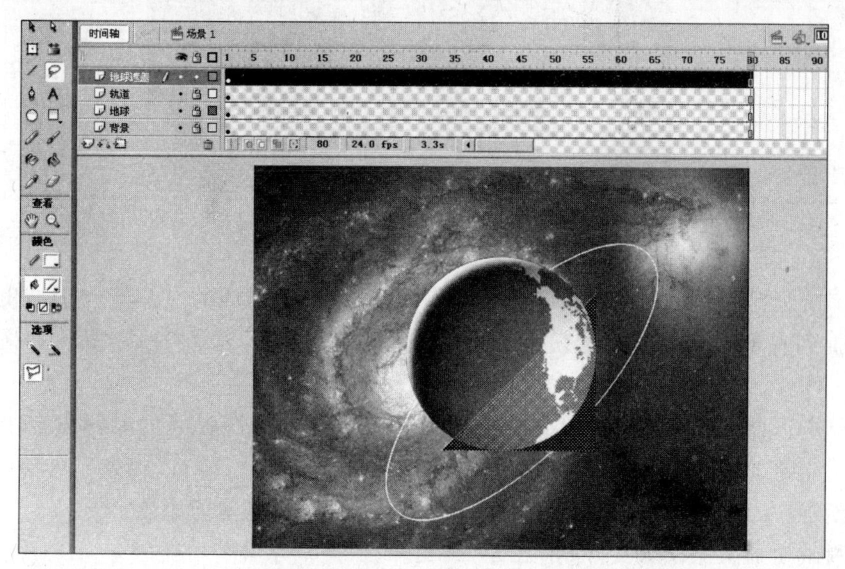

图 2-4-18　选择分离后的部分地球

⑨ 在【轨道】图层的上面(【地球遮盖】图层的下面)新建【图层 5】图层,将“月亮.png”从库面板拖曳到该层首帧的舞台(位置随意,不过最好避开“轨道”的椭圆弧线)。

⑩ 在【图层 5】图层的第 80 帧插入关键帧。在【图层 5】图层的第 1 帧插入运动补间动画。

⑪ 单击【图层 5】图层的第 1 帧,在属性面板上取消勾选【对齐】复选框。将【图层 5】图层更名为“月亮”。

⑫ 为【月亮】图层添加运动引导层。

⑬ 解锁【轨道】图层,单击该层首帧,按 Ctrl+C 键复制椭圆。重新锁定【轨道】图层。

⑭ 单击引导层的首帧,按 Shift+Ctrl+V 键(或选择【编辑】→【粘贴到当前位置】命令)原位置粘贴椭圆。

⑮ 隐藏【轨道】图层和【地球遮盖】图层。使用橡皮擦工具擦除引导层上如图 2-4-19 所示的部分弧线。

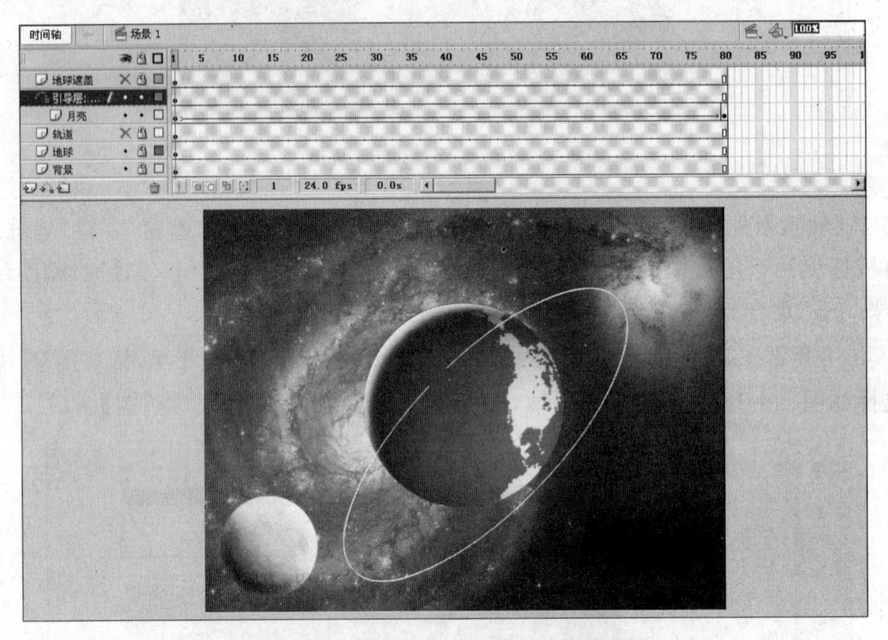

图 2-4-19　擦除引导层的部分椭圆弧线

⑯ 单击选择【月亮】图层的首帧,使用选择工具向椭圆弧线的左侧端点上拖曳月亮的中心,捕捉到左侧端点(应事先在工具箱底部选中“贴紧至对象”按钮),如图 2-4-20 所示。

⑰ 单击选择【月亮】图层的第 80 帧,使用选择工具向椭圆弧线的右侧端点上拖曳月亮的中心,捕捉到右侧端点。

⑱ 锁定【月亮】图层和引导层。重新显示【轨道】图层和【地球遮盖】图层。

⑲ 测试动画。保存源文件,导出 SWF 文件。

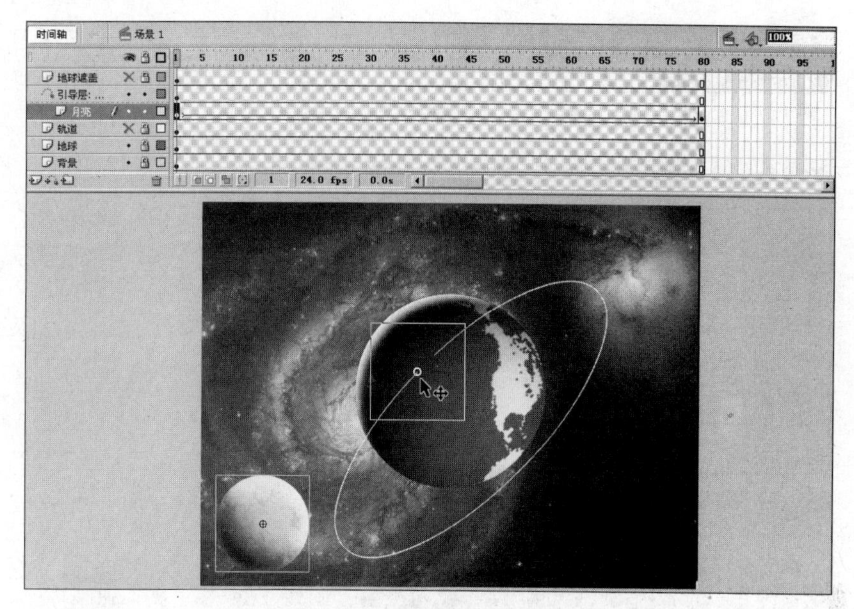

图 2-4-20　捕捉引导路径的端点

实验 4-7　制作情景动画“发生故障的小汽车”

【实验目的】

进一步巩固影片剪辑元件在运动补间动画中的使用和动画配音方法。

【实验内容】

利用“实验素材\第 4 章”目录下的图片素材 “怪树林. gif”、“车轮. png”、“车身. png”和声音素材“发动. WAV”、“喇叭. WAV”、“驶过. WAV”制作一段动画。动画效果参照“实验素材\第 4 章\小汽车. swf”。

参考步骤如下：

① 新建文档，设置舞台大小 700×300 像素。将【图层 1】图层更名为“背景”。

② 将本例所需的图片素材和声音素材(6 个文件)全部导入到库。

③ 将“怪树林. gif”从库中拖曳到舞台，适当缩小。再绘制一条水平线，如图 2-4-21 所示。锁定【背景】图层。

④ 在【背景】图层的第 141 帧插入帧。

⑤ 新建“转动的车轮”影片剪辑元件，进入元件编辑环境，将“车轮. png”从【库】面板中拖曳到舞台中，其时间轴的动画结构及第 1 帧属性设置如图 2-4-22 所示。

⑥ 回到场景编辑窗口。新建【图层 2】图层，并更名为“动画”。

⑦ 将“车身. png”和“转动的车轮”影片剪辑元件从库中拖曳到舞台中，组成“小汽车”，并把二者组合起来，放置在如图 2-4-23 所示的位置。

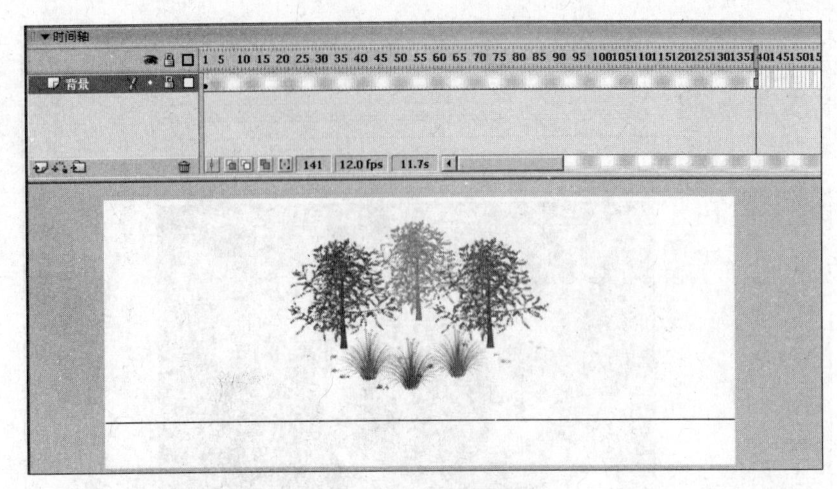

图 2-4-21 布置【背景】层

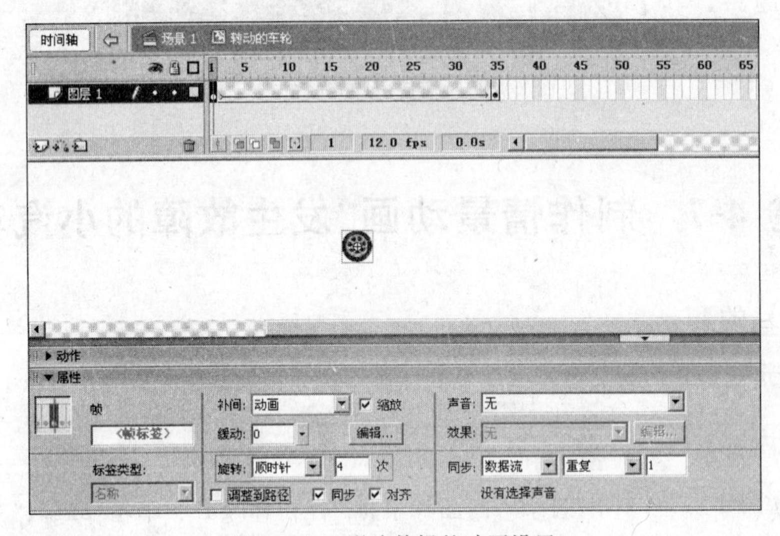

图 2-4-22 影片剪辑的动画设置

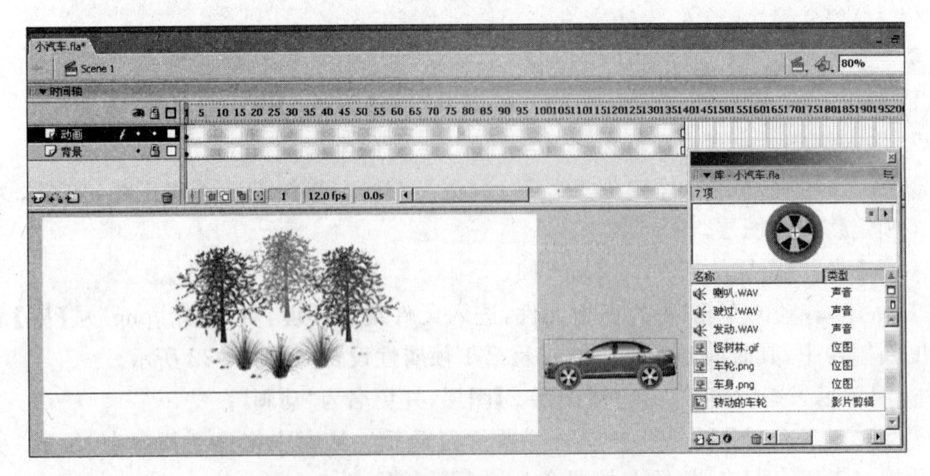

图 2-4-23 在【动画】层首帧组合“小汽车”

⑧ 在【动画】图层的第 75 帧插入关键帧。

⑨ 将【动画】图层的第 75 帧中的“小汽车”水平移动到如图 2-4-24 所示的位置。

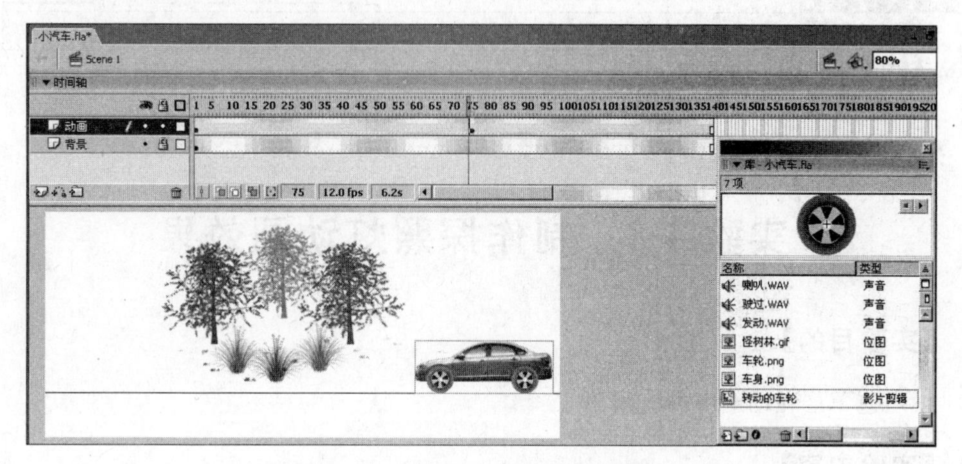

图 2-4-24　调整第 75 帧“小汽车”的位置

⑩ 在【动画】图层的第 76、125、141 帧分别插入关键帧。

⑪ 将【动画】图层的第 141 帧中的“小汽车”水平移动到如图 2-4-25 所示的位置。

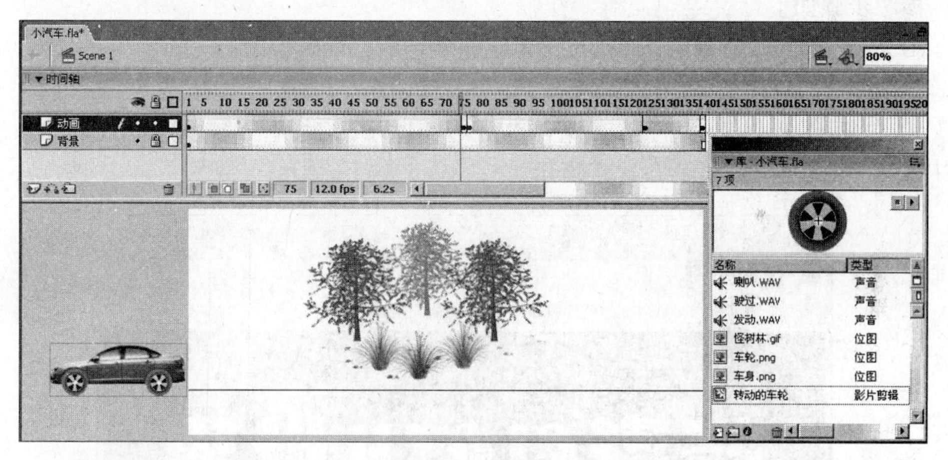

图 2-4-25　调整第 141 帧“小汽车”的位置

⑫ 在【动画】图层的第 1 帧和第 125 帧分别插入运动补间动画。

⑬ 将【动画】图层的第 76 帧中的“小汽车”分离两次再组合起来。

⑭ 新建【图层 3】图层，并更名为“配音”。并在该层的第 81、100、118、125 帧分别插入关键帧。

⑮ 在【配音】图层的第 81 帧和第 100 帧上分别插入声音“发动. WAV”；在第 118 帧上插入声音“喇叭. WAV”，在第 125 帧上插入声音“驶过. WAV”。

⑯ 整个动画制作完成后的【时间轴】面板如图 2-4-26 所示。

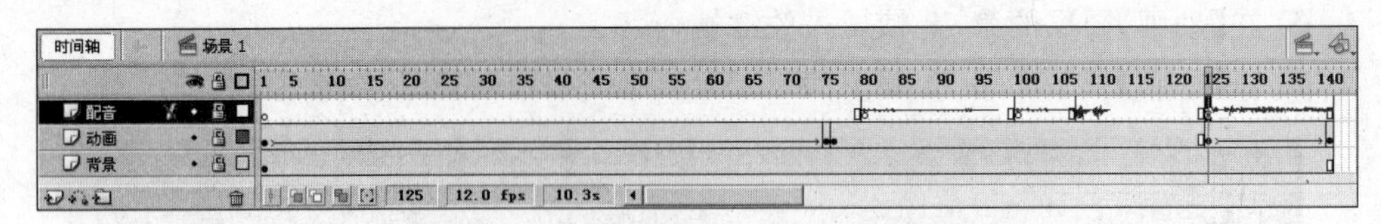

图 2-4-26　动画完成后的时间线结构

实验 4-8　制作探照灯动画效果

【实验目的】

学习遮罩层在动画中的使用。

【实验内容】

利用遮罩层制作“探照灯”动画，声音素材为“实验素材\第 4 章\鼓点. WAV”。最终效果可参照“实验素材\第 4 章\探照灯. swf”。

参考步骤如下：

① 新建文档，设置舞台大小 600×200 像素，舞台背景为黑色。

② 将声音素材“鼓点. WAV”导入到库。将【图层 1】图层更名为“文字”。

③ 在舞台上创建横向静态文本“精彩 FLASH 世界”(华文琥珀、72 点、黄色 #FFFF00、字间距 5)，如图 2-4-27 所示。

图 2-4-27　创建文本

提示：如果在字体列表中找不到“华文琥珀”字体，可关闭 Flash 8.0，将字体文件“实验素材\第 4 章\字体\ STHUPO. TTF”复制到系统盘的 WINDOWS\Fonts 文件夹下。重新启动 Flash 8.0 即可。

④ 在【文字】图层的第 40 帧插入帧，锁定【文字】图层。

⑤ 新建【图层 2】图层，并更名为“遮罩”。

⑥ 在舞台上绘制如图 2-4-28 所示的圆形(填充白色到深蓝色的放射状渐变),并进行组合。

图 2-4-28　绘制发光小球

⑦ 在【遮罩】图层的第 20 帧和第 40 帧分别插入关键帧。并在该图层的第 1 帧和第 20 帧插入运动补间动画。

⑧ 将【遮罩】图层第 20 帧的小球水平移动到如图 2-4-29 所示位置。锁定【遮罩】图层。

图 2-4-29　定位运动小球的另一个端点

⑨ 新建【图层 3】图层,并更名为“运动小球”。将【运动小球】图层移到所有层的下面。

⑩ 选择【遮罩】图层的第 1 帧,按住 Shift 键的同时单击该层的第 40 帧,选中第 1 帧至第 40 帧间的所有帧。

⑪ 在选中的帧上右击,从弹出的快捷菜单中选择【复制帧】命令。

⑫ 同理,选择【运动小球】图层的第 1 帧至第 40 帧间的所有帧,并右击,从弹出的快捷菜单中选择【粘贴帧】命令。锁定【运动小球】图层。

⑬ 在【遮罩】图层的图层名称上右击,从弹出的快捷菜单中选择【遮罩层】命令,此时【文字】图层自动转化为被遮罩层。此时的【时间轴】面板如图 2-4-30 所示。

⑭ 在所有层的上面新建【图层 4】图层,并更名为“音乐”。选择该层的第 1 帧,设置【属性】面板参数,如图 2-4-31 所示,并在该层的第 70 帧插入帧。

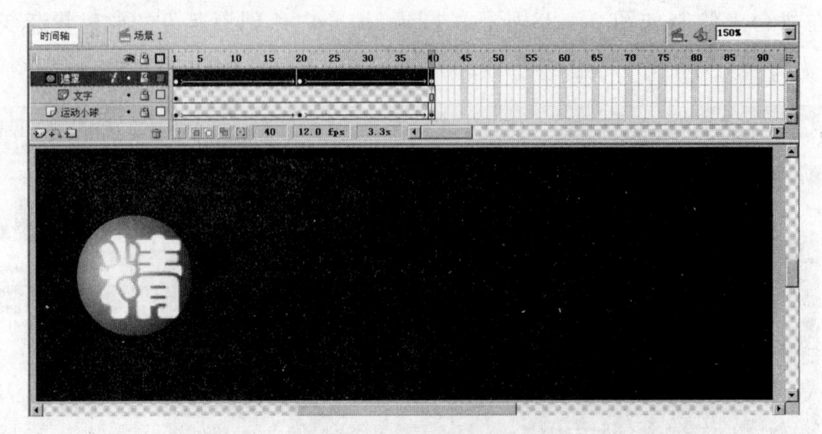

图 2-4-30　创建遮罩层

图 2-4-31　设置关键帧属性

⑮ 在【文字】图层的第 41、44、50、51 帧分别插入关键帧，在第 70 帧插入帧。

⑯ 分别删除第 41 帧和第 50 帧的文本。

⑰ 将第 51 帧的文本改成红色，如图 2-4-32 所示。

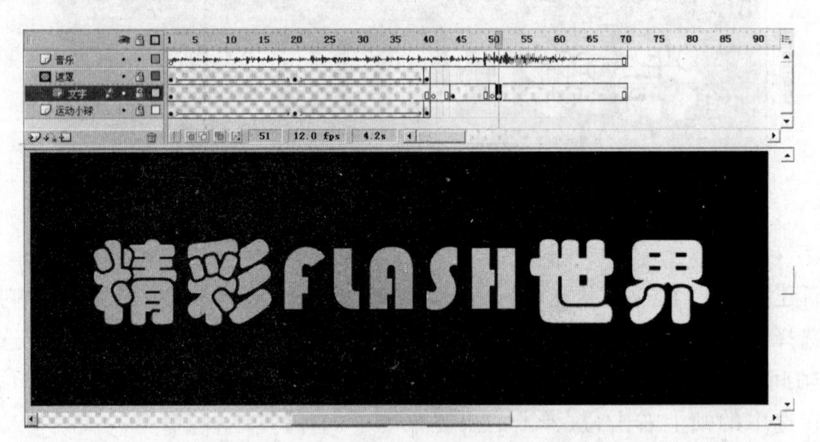

图 2-4-32　动画完成后的【时间轴】面板及舞台效果

⑱ 测试动画，保存源文件，输出 SWF 文件。

第5章 网页制作

实验 5-1 管理 Dreamweaver 8 站点

【实验目的】

掌握 Dreamweaver 中站点的管理。

【实验内容】

(1) 创建站点 MyWeb。

(2) 为站点添加文件夹 image 和 music。

(3) 如图 2-5-1 的样张所示制作网页 index. html。

图 2-5-1　网页范例

参考步骤如下：

① 新建站点。启动 Dreamweaver 8，执行【站点】→【新建站点】命令。在弹出的【未命名站点 1 的站点定义为】对话框的【高级】选项卡中的【本地信息】类别中输入【站点名称】为 MyWeb，并指定【本地根文件夹】，如 C:\Inetpub\wwwroot\myweb，如图 2-5-2 所示。站点名称仅用于在 Dreamweaver 中区分站点，与站点物理存储的文件夹名称无关，但一般建议两者相同。

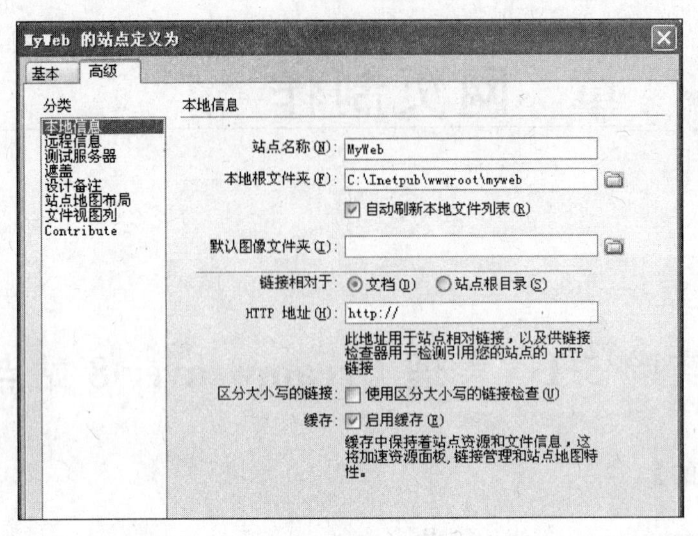

图 2-5-2 【MyWeb 的站点定义为】对话框

② 创建文件夹。站点建好后，即自动打开了该网站。在文件列表中右击，在弹出的快捷菜单中选择【新建文件夹】命令，创建两个文件夹 image、music 用来放置相应素材文件。然后，使用 Windows 资源管理器将素材文件 bg.jpg 和 pic1.jpg 复制到 image 文件夹内。

③ 添加网页文件。执行【文件】→【新建】命令，在【新建文档】对话框中选择【常用】选项卡，【类别】为基本页 Html 文档，单击【创建】按钮完成新建。

④ 在文档窗口中输入文字“欢迎来到我的个人主页”，选中文字，设置文字居中对齐，设置字体为新宋体、30 像素大小、加粗、蓝色，如图 2-5-3 所示。

图 2-5-3 设置文字属性

⑤ 在文字后方按 Enter 键，增加新的段落。然后通过【常用】工具栏插入一个 1 行 2 列的表格，并设置表格属性：宽 90%、不设行高（会根据单元格内容自动调整高度）、居中对齐，如图 2-5-4 所示。

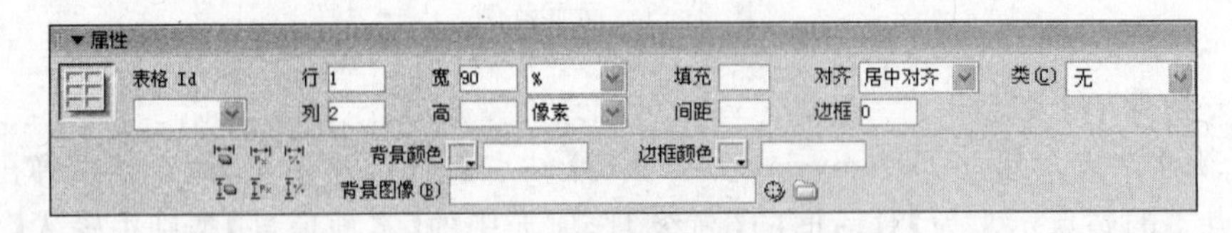

图 2-5-4 设置表格属性

⑥ 复制 sucai.txt 文件内容，粘贴到表格第 1 列中，并设置字体：16 像素、加粗。

⑦ 使用【常用】工具栏在表格第 2 列中插入图像“image/pic1.jpg”。并设置图片属

性：宽 500 像素、高 400 像素，如图 2-5-5 所示。

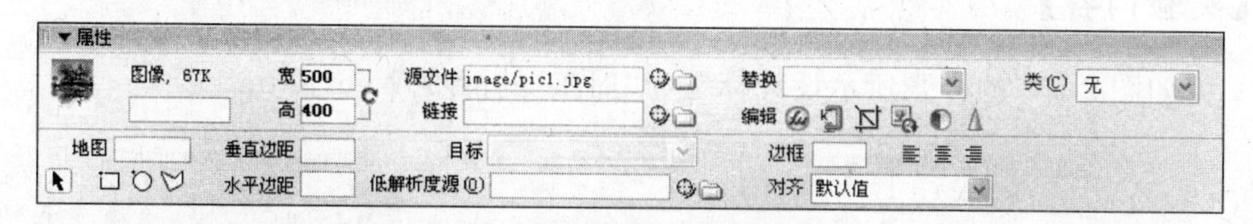

图 2-5-5　设置图像属性

⑧ 在表格之后按 Enter 键，增加新的段落。输入文本“与我联系”。选中该文本，使用【常用】工具栏插入“电子邮件超链接”，设置电子邮件地址为 someone@163. com。并设置属性：大小为 10 像素，如图 2-5-6 所示。

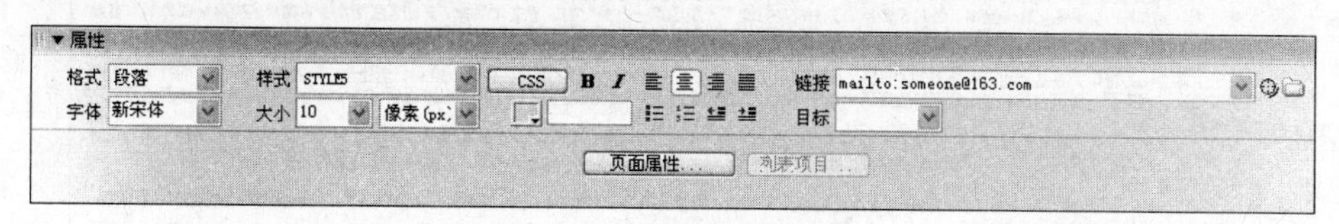

图 2-5-6　设置超链接属性

⑨ 在网页空白处单击，在【属性检查器】中单击【页面属性】按钮，弹出页面属性对话框，在【外观】分类中设置背景图像 image/bg. jpg，如图 2-5-7 所示。

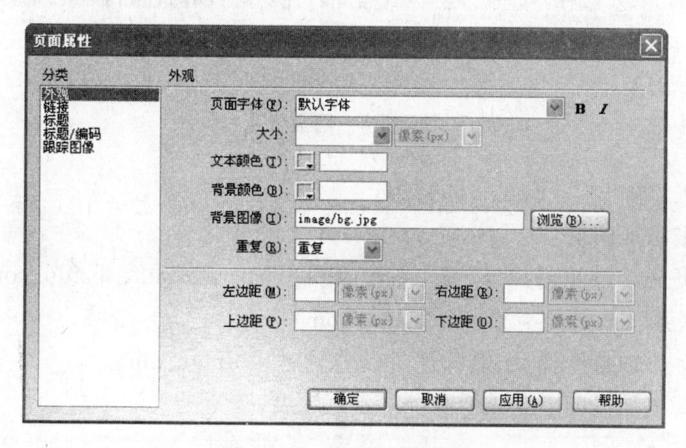

图 2-5-7　设置页面属性

⑩ 设置完成后，执行【文件】→【保存】命令，在【另存为】对话框中输入文件名为 index. html。在制作过程中，可以按 F12 键在浏览器中进行浏览。

实验 5-2　网页中应用文本、图像和动画等元素

【实验目的】

掌握用标准表格布局网页的方法，掌握网页中文本格式设置和图文混排的方法，掌握添加图像、背景音乐、动画的方法，掌握超链接的设置方法。

【实验内容】

(1) 如图 2-5-8 的样张所示设计标题为“周庄”的网页 Web1. html。

周庄-神州第一水乡

周庄镇位于苏州市东南38公里，昆山市境内西南33公里，上海距周庄约70公里，目前车程约1.5小时，沪青平公路建成通车后，往来车程仅需40分钟。

史载于1086年的周庄，位于上海、苏州、杭州之间。镇为泽国，四面环水，咫尺往来，皆须舟楫。全镇依河成街，桥街相连，深宅大院，重脊高檐，河埠廊坊，过街骑楼，穿竹石栏，临河水阁，一派古朴幽静，是江南典型的小桥流水人家。

唐风孑遗，宋水依依，烟雨江南，碧玉周庄。千年历史沧桑和浓郁吴地文化孕育的周庄，以其灵秀的水乡风貌，独特的人文景观，质朴的民俗风情，成为东方文化的瑰宝。作为中国优秀传统文化杰出代表的周庄，成为吴地文化的摇篮，江南水乡的典范。被联合国教科文组织列入世界文化遗产预备清单，荣获迪拜国际改善居住环境最佳范例奖，联合国亚太地区世界文化遗产保护杰出成就奖、美国政府奖、世界最具魅力水乡和中国首批十大历史文化名镇、中华环境奖、国家卫生镇、全国环境优美乡镇等殊荣。

凭借得天独厚的水乡古镇旅游资源，坚持“保护与发展并举”的指导思想，大力发展旅游业。以水乡古镇为依托，不断挖掘文化内涵，完善景区建设，丰富旅游内容，强化宣传促销，经过十多年的努力成功打造了“中国第一水乡”的旅游文化品牌，开创了江南水乡古镇游的先河，成为国家首批AAAAA级旅游景区，获得“最受外国人喜欢的50个地方”和全国旅游系统先进集体、中国知名旅游品牌的荣誉。

近年来，不断致力于优秀传统文化的挖掘、弘扬和传承，积极探索文化旅游，全力塑造“民俗周庄、生活周庄、文化周庄”，正日益成为向世界展示中国文化的窗口，更是受到了中外游客的青睐，每年吸引了超过250万人次的游人前来观光、休闲、度假，全社会旅游收入达8亿元。同时加大招商引资力度，富贵园、江南人家、钱龙盛市等适宜现代休闲体验型旅游配套项目的相继推出和完善，扩大旅游规模，做大旅游盘子，使周庄旅游逐步向休闲度假型旅游发展。

经过十年保护、十年发展，周庄跨入十年提升时期，提出了打造“国际周庄”的构想。借助经典的江南水乡文化来展示优秀的中华文明，以文化的交融为切入点，把周庄推向国际。通过资源的整合，推出适宜现代体验式旅游的精品线路和项目，加大投入完善旅游配套设施和提高国际接待能力，努力把周庄建设成为国际。

周庄镇旧名贞丰里。据史书记载，北宋元佑年间(公元1086年)，周迪功郎信奉佛教，将庄田 200亩(13公顷多)捐赠给全福寺作为庙产，百姓感其恩德，将这片田地命名为“周庄”。

但那时的贞丰里只是集镇的雏形，与村落相差无几。1127年，金二十相公跟随宋高宗南渡。迁居于此，人烟才逐渐稠密。元朝中叶。颇有传奇色彩的江南富豪沈万三之父沈佑，由湖州南浔迁徙至周庄东面的东宅村(元末又迁至银子浜附近)，因经商而逐步发迹，使贞丰里出现了繁荣景象，形成了南北市河两岸以富安桥为中心的旧集镇。

到了明代，镇廓扩大，向西发展至后港街福洪桥和中市街普庆桥一带，并迁肆于后港街。

清代，居民更加稠密，西栅一带渐成列肆，商业中心又从后港街迁至中市街。这时已衍为江南大镇，但仍叫贞丰里。直到康熙初年才正式更名为周庄镇。

另有资料，周庄地域春秋时期至汉代有“摇城”之说，相传吴王少子摇和汉越摇君封于此，周庄的历史就显得更加悠久。在镇郊太师淀中发掘到的良渚文化遗物，也证明了这一点。

周庄元代时属苏州府长洲县。明代中期属松江府华亭县，清初复归长洲县。清雍正三年(公元1725年)，周庄镇因元和县一分为二，约五分之四属元和县(今吴县市)。五分之一属吴江县(今吴江市)。乾隆二十六年(公元1761年)，江苏巡抚陈文恭将原驻吴县角直镇的巡检司署移驻周庄，管辖澄湖、黄天荡、独墅湖、尹山湖和白蚬湖地区，几乎有半个县的范围。

周庄百度百科

与我联系

图 2-5-8 网页样张

(2) 按样张添加文字，设置字体格式。

(3) 按样张添加图像。

(4) 在网页最后添加超链接“周庄百度百科”(http://baike.baidu.com/view/18218.htm)和“与我联系”(mailto:someone@163.com)。

(5) 为网页添加自动播放、循环播放的背景音乐 dmgc.mp3。

(6) 为网页添加透明 Flash 动画(jy.swf)效果。

参考步骤如下：

① 启动 Dreamweaver 软件，执行【站点】→【新建站点】命令，创建站点 Web1。并创建文件夹 image，将所有素材文件复制到 image 文件夹下。

② 新建网页 Web1.html。

③ 光标置于网页空白处，执行【属性检查器】→【页面属性】→【标题/编码】命令，设置网页标题为“周庄”，如图 2-5-9 所示。

④ 在 Web1.html 中插入表格：6 行 3 列、800 像素宽、不设高度、边框粗细为 0、无页眉，并设置居中对齐。

⑤ 设置表格第 1 行居中对齐，并插入图片(image/line.gif)和文字(来自 image/sucai.txt，属性：隶书、18 像素)。

⑥ 合并表格第 2 行第 1 个和第 2 个单元格，适当调整列宽，并插入相应文字(属性：

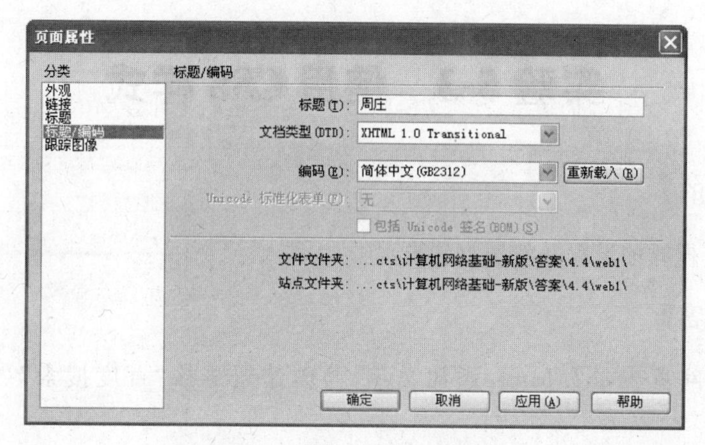

图 2-5-9 【页面属性】对话框

默认字体、12 像素)和图片(image/pic1.jpg,根据需要,适当调整图片大小)。

提示 1:网页制作中,如果需要输入空格文字,可按 Shift+Ctrl+空格键。

提示 2:网页制作中,直接按 Enter 键,将增加新的段落(行间距较大),文字另起一段;按 Shift+Enter 键,将增加换行符(行间距较小,不增加新的段落),文字另起一段。

⑦ 合并表格第 3 行第 1 个、第 2 个、第 3 个 3 个单元格,对该行设置背景图片(image/bg_mid_01.gif),插入相应文字。

⑧ 在表格第 4 行第 1 单元格中插入超链接:周庄百度百科,链接地址:http://baike.baidu.com/view/18218.htm。

⑨ 合并表格第 5 行第 1 个、第 2 个、第 3 个 3 个单元格,并设置居中对齐,插入电子邮件超链接:与我联系,链接地址:someone@163.com。

⑩ 在表格第 6 行第 3 单元格中插入插件,地址:image/dmgc.mp3,设置插件高宽均为 0,并设置参数:autostart="true" loop="true",如图 2-5-10 所示。这样,就给网页添加了背景音乐。

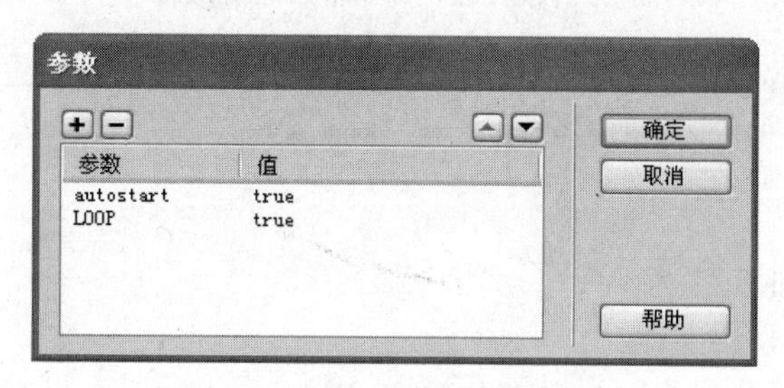

图 2-5-10 设置插件参数

⑪ 使用【布局】工具栏的【绘制层】工具,在表格中间部位绘制一个高宽均为 300 像素的层。

⑫ 在层中插入 Flash 动画 image/jy.swf,设置动画高宽均为 300 像素,并设置参数:wmode="transparent"。这样,就给网页添加了一个透明的 Flash 动画。

⑬ 制作完成,保存网页文件。按 F12 键,使用浏览器打开观看。

实验 5-3　使用 CSS 样式

【实验目的】

掌握 CSS 样式的设置及使用方法。

【实验内容】

(1) 创建网页 Web2. html,添加文字,并创建超链接“百度搜索”(http://www.baidu. com)。

(2) 创建外部样式表文件 mycss. css。

(3) 在 mycss. css 中设计类样式为“. txt”:文字 16 像素、加粗;标签样式为 body,指定网页背景色为 #99CCFF;通过设计高级样式 a:link 和 a:visited,指定网页中超级链接不显示下划线。

(4) 使用 mycss. css 中设计的样式,按图 2-5-11 设计网页 Web2. html。

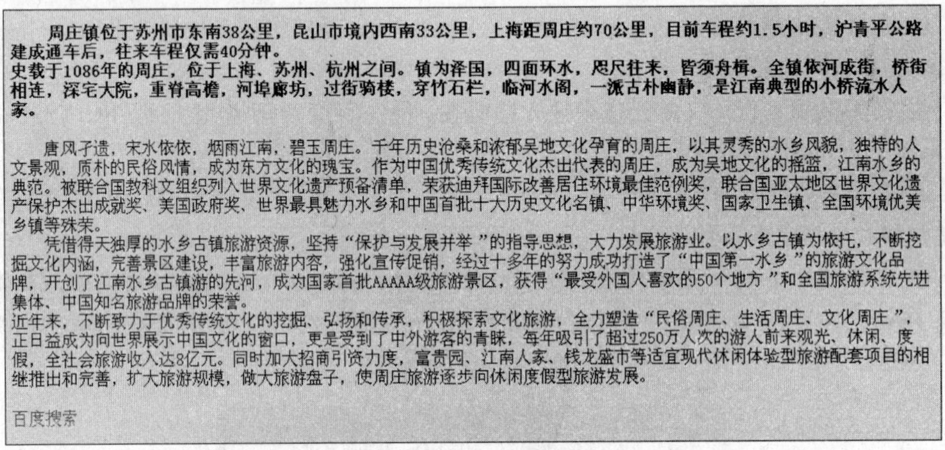

周庄镇位于苏州市东南38公里,昆山市境内西南33公里,上海距周庄约70公里,目前车程约1.5小时,沪青平公路建成通车后,往来车程仅需40分钟。
史载于1086年的周庄,位于上海、苏州、杭州之间。镇为泽国,四面环水,咫尺往来,皆须舟楫。全镇依河成街,桥街相连,深宅大院,重脊高檐,河埠廊坊,过街骑楼,穿竹石栏,临河水阁,一派古朴幽静,是江南典型的小桥流水人家。

唐风孑遗,宋水依依,烟雨江南,碧玉周庄。千年历史沧桑和浓郁吴地文化孕育的周庄,以其灵秀的水乡风貌,独特的人文景观,质朴的民俗风情,成为东方文化的瑰宝。作为中国优秀传统文化杰出代表的周庄,成为吴地文化的摇篮,江南水乡的典范。被联合国教科文组织列入世界文化遗产预备清单,荣获迪拜国际改善居住环境最佳范例奖,联合国亚太地区世界文化遗产保护杰出成就奖、美国政府奖、世界最具魅力水乡和中国首批十大历史文化名镇、中华环境奖、国家卫生镇、全国环境优美乡镇等殊荣。
凭借得天独厚的水乡古镇旅游资源,坚持“保护与发展并举”的指导思想,大力发展旅游业。以水乡古镇为依托,不断挖掘文化内涵,完善景区建设,丰富旅游内容,强化宣传促销,经过十多年的努力成功打造了“中国第一水乡”的旅游文化品牌,开创了江南水乡古镇游的先河,成为国家首批AAAAA级旅游景区,获得“最受外国人喜欢的50个地方”和全国旅游系统先进集体、中国知名旅游品牌的荣誉。
近年来,不断致力于优秀传统文化的挖掘、弘扬和传承,积极探索文化旅游,全力塑造“民俗周庄、生活周庄、文化周庄”,正日益成为向世界展示中国文化的窗口,更是受到了中外游客的青睐,每年吸引了超过250万人次的游人前来观光、休闲、度假,全社会旅游收入达8亿元。同时加大招商引资力度,富贵园、江南人家、钱龙盛市等适宜现代休闲体验型旅游配套项目的相继推出和完善,扩大旅游规模,做大旅游盘子,使周庄旅游逐步向休闲度假型旅游发展。

百度搜索

图 2-5-11　网页样张

参考步骤如下:

① 创建站点 Web2。

② 新建网页 Web2. hmtl。

③ 将素材文字复制到网页 Web2. html 文件中。

④ 在网页文字最后,添加超级链接:百度搜索,链接地址:http://www. baidu. com。

⑤ 打开 CSS 面板,新建 CSS 规则为“. txt”。选择器类型为“类”,名称为“. txt”(输入名称时无“. ”也可以,Dreamweaver 会自动加上“. ”),由于需要创建外部样式表文件,CSS 规则定义位置选择【(新建样式表文件)】选项,如图 2-5-12 所示。

单击【确定】按钮后,选择将新建样式表文件存储在网站根目录下,名称为 mycss. css。单击【确定】按钮后,完成“. txt”规则设置:文字 16 像素、加粗。

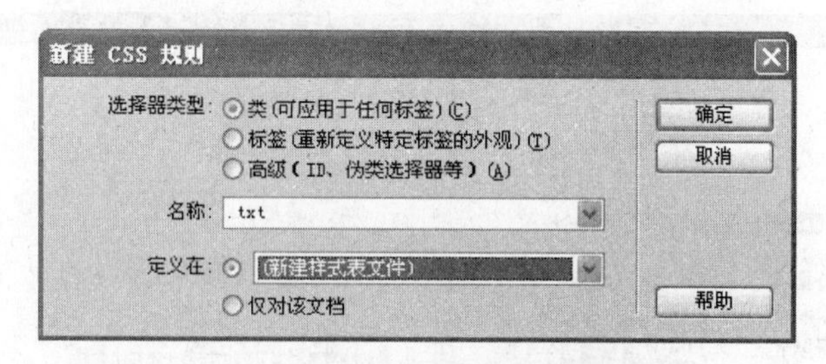

图 2-5-12 【新建 CSS 规则】对话框

⑥ 打开 CSS 面板,新建 CSS 规则为 body。选择器类型为"标签",名称选择 body 标签(建议直接选择所需 HTML 标签),CSS 规则定义位置选择 mycss. css。单击【确定】按钮后,完成"body"规则设置:背景色为 #99CCFF。

完成 CSS 规则 body 后,会发现网页 Web2. html 背景色已自动更改。

⑦ 打开 CSS 面板,新建 CSS 规则为 a:link。选择器类型为"高级",名称选择 a:link(建议直接选择),CSS 规则定义位置选择 mycss. css。单击【确定】按钮后,完成 a:link 规则设置为"无修饰"。

⑧ 打开 CSS 面板,新建 CSS 规则为 a:visited。选择器类型为"高级",名称选择 a:visited(建议直接选择),CSS 规则定义位置选择 mycss. css。单击【确定】后,完成 a:visited 规则设置为"无修饰"。

完成⑦、⑧ 两步后,会发现超级链接"百度搜索"已不再显示下划线。

⑨ 选中网页 Web2. html 的第一段文字,在【属性检查器】中选择使用样式 txt。

⑩ 制作完成,保存网页文件。按 F12 键,使用浏览器打开观看。

实验 5-4　用布局表格布局网页

【实验目的】

掌握布局表格的使用方法,并学会简单设置 CSS 样式。

【实验内容】

参照图 2-5-13 制作网页。

参考步骤如下:

① 新建页面。新建页面 sy5-4. html,将页面标题设置为"布局表格"。

② 插入布局表格。在【插入】面板中选择【布局】,然后单击【布局】选项工具栏中的【布局表格】按钮,在编辑页面插入 5 个布局表格,其中 4、5 表格是嵌套在第 3 个表格中的,如图 2-5-14 所示。

③ 插入布局单元格。在 1、2、4、5 表格中绘制布局单元格,以存放网页元素,效果如图 2-5-15 所示。

④ 在各个单元格中输入内容。

图 2-5-13 网页样张

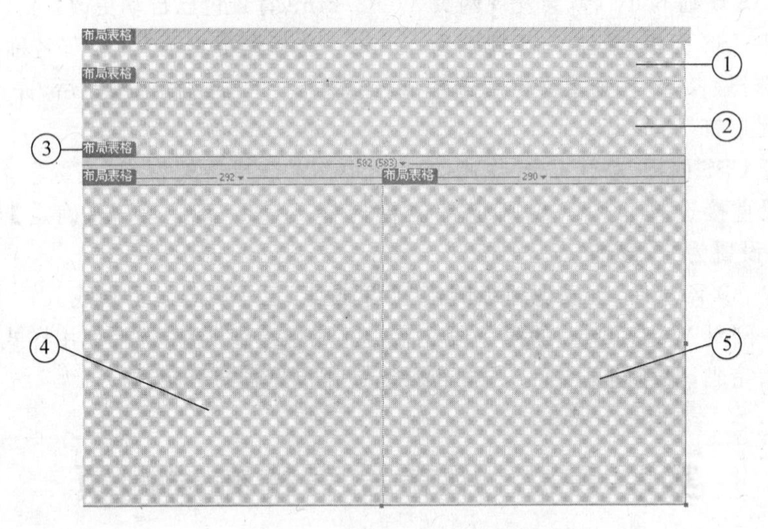

图 2-5-14 插入 5 个布局表格

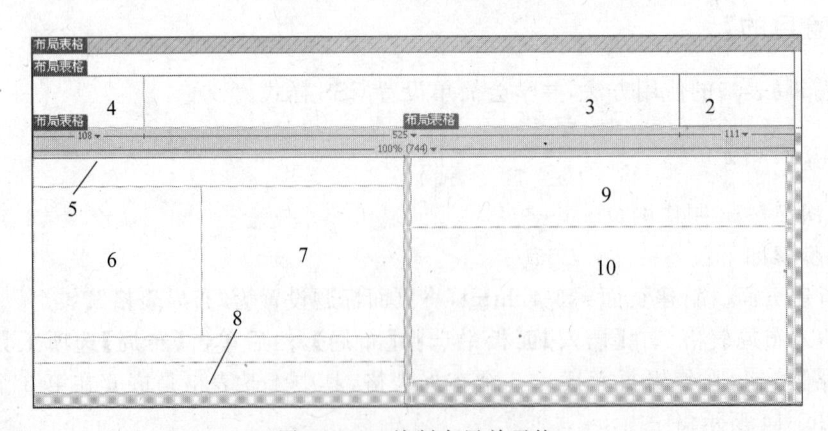

图 2-5-15 绘制布局单元格

在"标准"视图下，利用【属性】面板，将单元格 1 的背景设置为 #804000。

在"布局"视图下，给单元格 2 添加间隔图像。单击单元格 2 的列值，在弹出菜单中选择

【添加间隔图像】命令，如图 2-5-16 所示。打开【选择占位图像】对话框，选中其中的【创建占位图像文件】单选按钮，如图 2-5-17 所示。单击【确定】按钮后，在【保存间隔图像文件为】对话框中，选择间隔图像 spacer.gif 的保存位置，如图 2-5-18 所示，即可创建间隔图像。

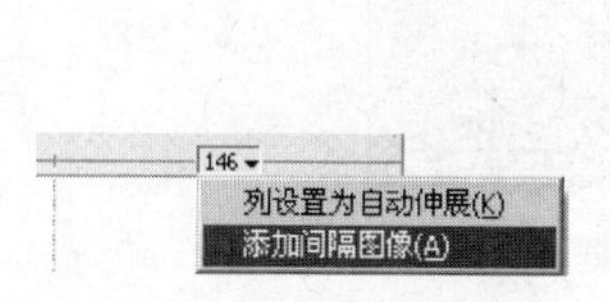

图 2-5-16　添加间隔图像

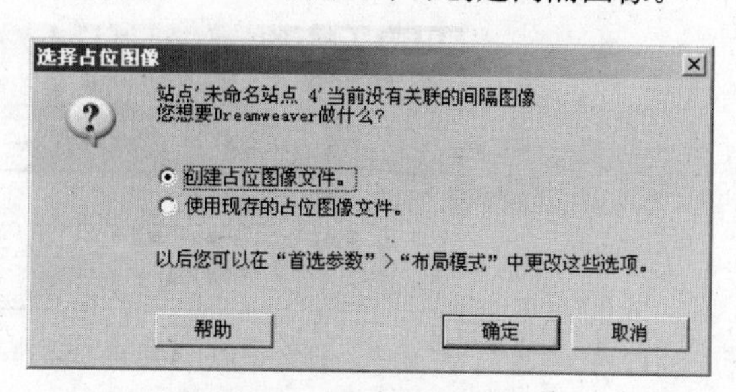

图 2-5-17　创建占位图像

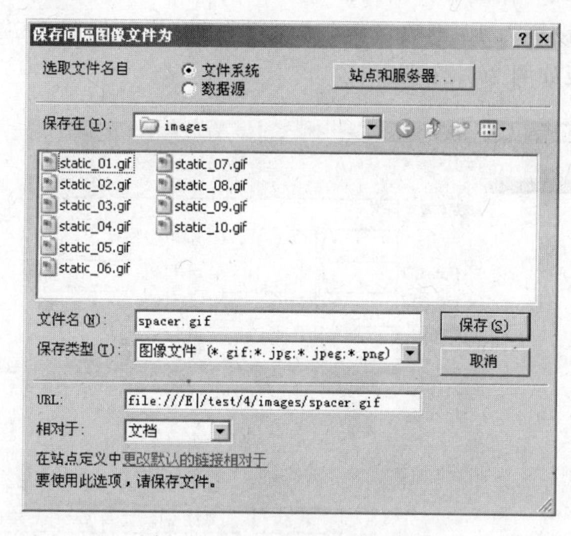

图 2-5-18　保存间隔图像文件

提示：间隔图像为透明图像，单元格内添加间隔图像后，不会使单元格的宽度随浏览器分辨率的不同而发生变化。

在"标准"视图下，在单元格 3 中插入图片 ecnu.gif，并输入字体为"华文行楷"，大小为 54 像素的文字"华东师范大学"。

在"布局"视图下，参照单元格 2 的设置方法，为单元格 4 添加间隔图像。

在"标准"视图下，为单元格 5 插入图片 index_r8_c2.gif。

在"标准"视图下，在单元格 6 中输入文字"学校概况、教学科研、师资队伍、管理机构、院系导航"，并利用【属性】面板，给这些文字添加项目符号。

在"标准"视图下，为单元格 7 插入图片 DSCN1695.jpg。

在"标准"视图下，利用【属性】面板，将单元格 8 的背景色设置为 #FF9966。

在"标准"视图下，为单元格 9 插入图片 index_r4_c7.gif。

在"标准"视图下，为单元格 10 粘贴 sy5-2.txt 中的文字。

⑤ 新建 CSS 样式。执行【窗口】→【CSS 样式】命令，在打开的【CSS 样式】面板中，单

击“新建 CSS 规则”按钮，弹出【新建 CSS 规则】对话框，选中【类(可应用于任何标签)】单选按钮，在【名称】文本框中输入“. styletd”，在【定义在】中选择【仅对该文档】单选按钮，如图 2-5-19 所示。

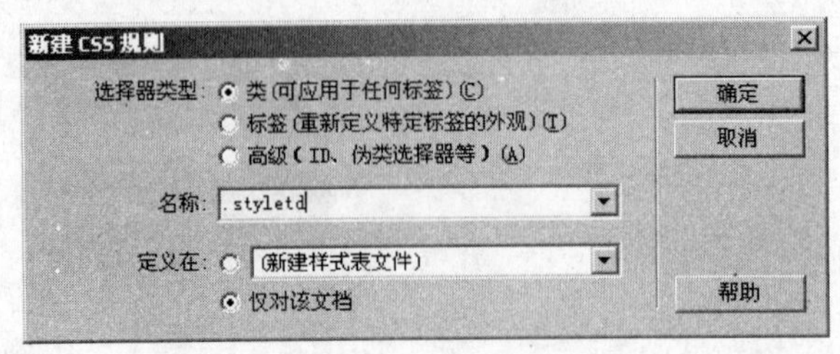

图 2-5-19　【新建 CSS 样式】对话框

⑥ 设置 CSS 样式。在随后弹出的【. styletd 的 CSS 规则定义】对话框中将【字体】设置为“宋体”，【大小】设置为 10 点数，【粗细】设置为“细体”，如图 2-5-20 所示。设置完成后的【CSS 样式】面板如图 2-5-21 所示。

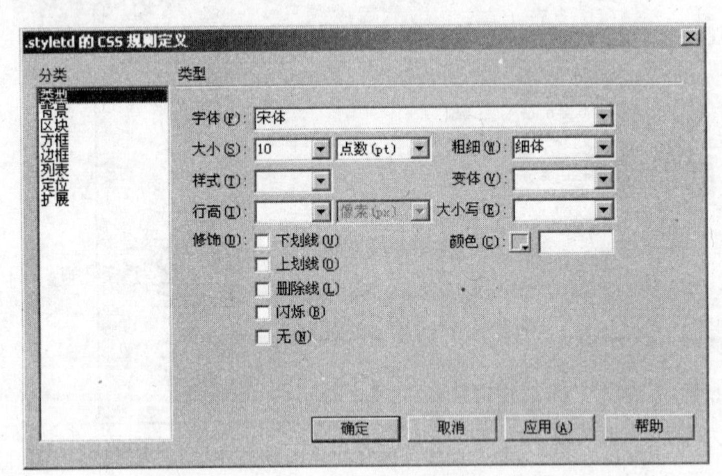

图 2-5-20　【. styletd 的 CSS 规则定义】对话框

⑦ 应用 CSS 样式。选中需要应用 CSS 样式的内容，如单元格 10 中的文字，选择【属性】面板中【样式】列表框中的 styletd 选项，如图 2-5-22 所示，即可对此文本应用样式。

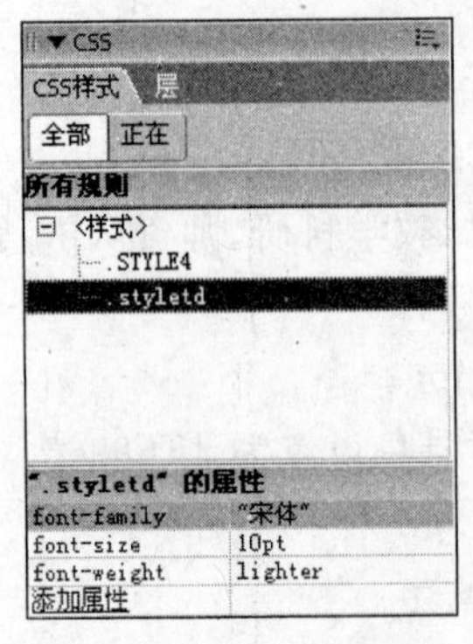

图 2-5-21　设置完成后的 CSS 面板

图 2-5-22　应用 styletd 样式

⑧ 测试和保存。按 F12 键,在浏览器中测试网页效果,并将该文档保存为 sy5-2. html。

实验 5-5　使用布局表格,并实现层动画

【实验目的】

掌握用布局表格布局网页的方法,以及制作层动画的方法。

【实验内容】

(1) 使用布局表格和层,如图 2-5-23 的样张所示,设计网页 index. html。

图 2-5-23　网页样张

(2) 当光标移至导航条目“首页”时,显示 Flash 动画 title_2. swf。

(3) 设置网页标题为“梦里江南”。

参考步骤如下:

① 启动 Dreamweaver 软件,执行【站点】→【新建站点】命令,创建站点 Web1。并创建文件夹 image,将所有素材文件复制到 image 文件夹下。

② 新建网页 index. html。

③ 光标置于网页空白处,执行【属性检查器】→【页面属性】→【外观】命令,设置网页背景图像 image/bg. jpg。并设置左边距、右边距、上边距和下边距均为 0(这样,之后添加的布局表格可以对齐至网页最左上角)。

④ 在【页面属性】对话框中的【标题/编码】类别中设置网页标题为“梦里江南”。

⑤ 使用【布局】工具栏,并切换至【布局】模式,使用【布局表格】绘制 1 个宽 1024 像素、高 200 像素的表格;并使用【布局单元格】在其中逐一绘制 8 个单元格:3 行 6 列,第 1 行高度为 60 像素,第 2 行高度为 20 像素,第 3 行高度为 120,宽度参考样张设置。

提示:绘制布局表格和布局单元格的过程中,在 Dreamweaver 编辑区域的右下侧,会实时显示表格或单元格大小。也在绘制结束后,使用【属性检查器】设置表格或单元格大小。

⑥ 在前一个表格下方，绘制 1 个宽 1024 像素、高 500 像素的表格；并在其中逐一绘制 2 个单元格，如图 2-5-24 所示，宽度适当调整。

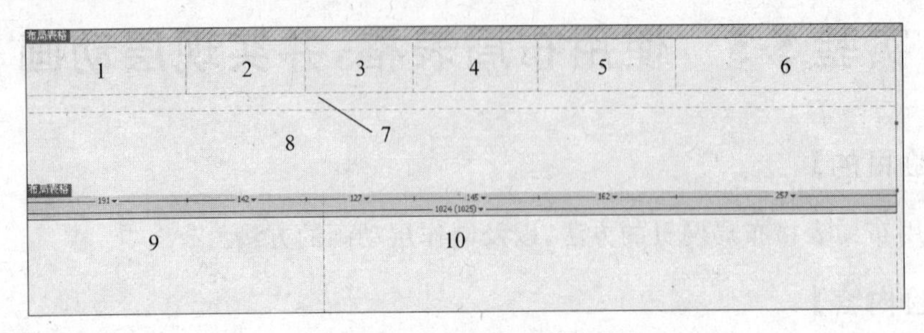

图 2-5-24　绘制布局单元格

⑦ 在【布局】工具栏中选择【标准】模式，恢复标准编辑模式。

⑧ 设置上部表格第 1 行背景为黑色，并在其中插入图像：image/title2.gif、image/t_1.gif、image/t_2.gif、image/t_3.gif、image/t_4.gif。

⑨ 设置“梦里江南”单元格：垂直居中对齐；第 1 行中其余单元格：垂直底部对齐。

提示：可以借助【标签检查器】帮助选择表格（＜table＞）、行（＜tr＞）或单元格（＜td＞）。

⑩ 向上部表格第 2 行添加图像 image/top.jpg。

⑪ 向上部表格第 3 行添加图像 image/yjn.gif。

⑫ 对下部表格添加背景图像 image/bc_main_bottom_01.gif。

⑬ 使用【布局】工具栏中的【绘制层】绘制一个层 Layer1，并设置属性：左为 230 像素、上为 80 像素、宽为 520 像素、高为 120 像素、可见性为 hidden。

⑭ 在层中添加 Flash 动画 image/title_2.swf。

提示：可以借助浮动面板组中的【层】面板帮助选择层。

⑮ 选择上部表格的第 1 行第 2 列单元格中“首页”图像，在【标签】面板的【行为】类别下为该图像添加行为：onMouseOut 隐藏层 Layer1、onMouseOver 显示层 Layer1。

⑯ 制作完成，设计结果如图 2-5-25 所示。保存网页文件，按 F12 键，使用浏览器打开观看。

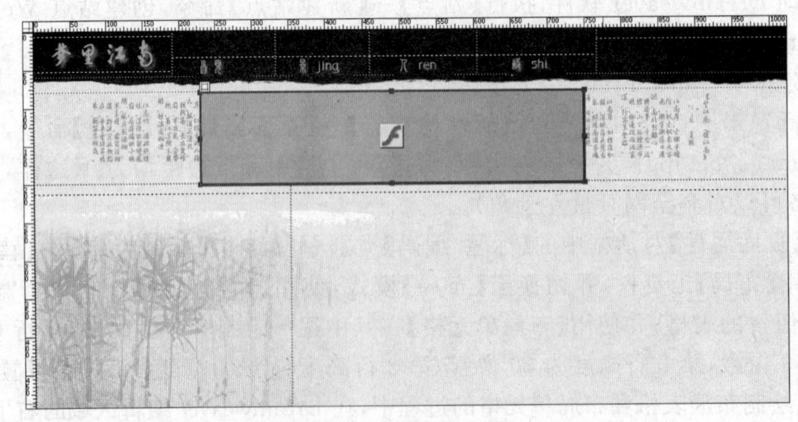

图 2-5-25　网页设计结果

实验 5-6　设计框架集网页

【实验目的】

掌握设计框架集网页的方法。

【实验内容】

(1) 使用框架集网页，如图 2-5-26 所示的样张所示，设计框架集网页 index.html、上部框架网页 top.html 及左侧框架网页 left.html，右侧框架中使用素材文件夹 jing 下相应文件。

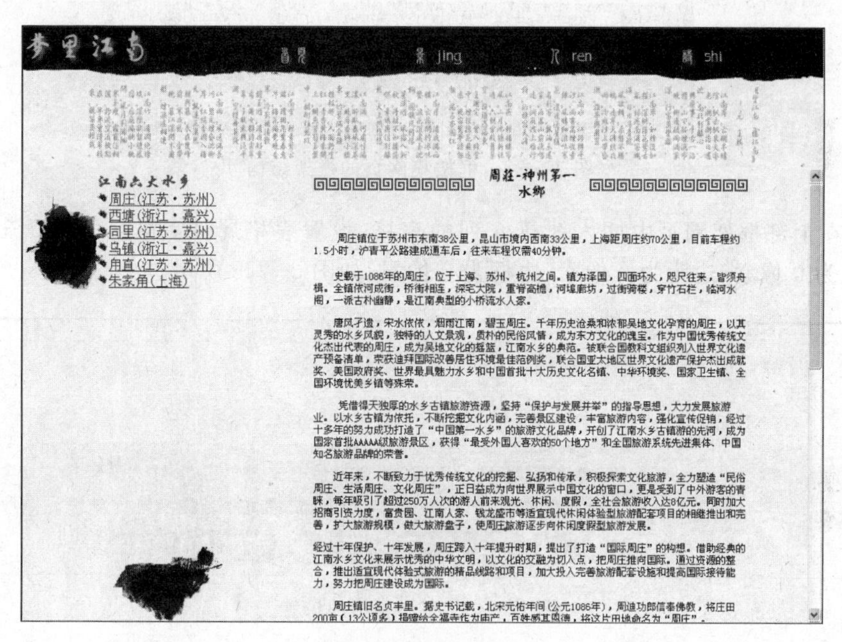

图 2-5-26　网页样张

(2) 单击左侧框架中 6 个链接，分别在右侧框架中显示 jing/jing1.htm、jing/jing2.htm、jing/jing3.htm、jing/jing4.htm、jing/jing5.htm、jing/jing6.htm 文件。

(3) 框架集网页标题为"梦里江南-景"。

参考步骤如下：

① 启动 Dreamweaver 软件，执行【站点】→【新建站点】命令，创建站点 Web2。并将素材文件夹 image 和 jing 复制到网站根目录下。

② 执行【文件】→【新建】→【常规】命令，选择新建【上方固定，左侧嵌套】的框架集网页，框架标题默认。如样张适当调整各框架大小。

③【窗口】→【框架】，调出【框架面板】，在【框架面板】中选择最外侧框架，在【属性检查器】中设置框架集属性为"无边框"。

④ 保持最外侧框架选择状态，执行【修改】→【页面属性】命令，设置框架集网页标题为“梦里江南-景”。

⑤ 在【框架】面板选择右侧框架，在【属性检查器】中设置：源文件 jing/jing1. htm。

⑥ 光标置于上部框架网页空白处，执行【属性检查器】→【页面属性】→【外观】命令，设置网页背景图像 image/bg. jpg。并设置左边距、右边距、上边距和下边距均为 0，如图 2-5-27 所示。

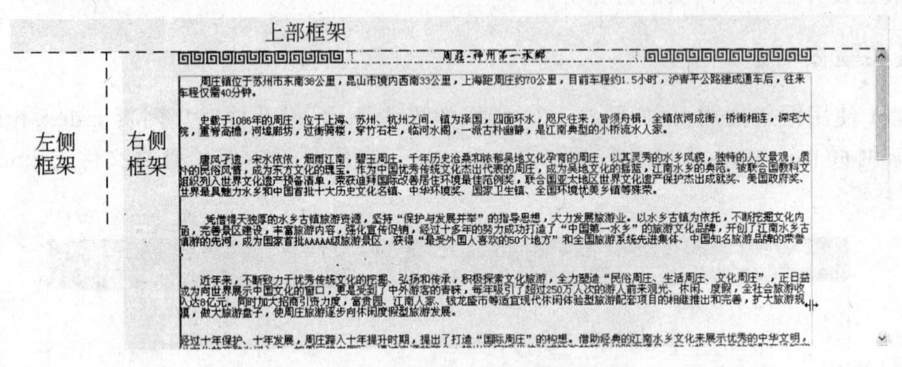

图 2-5-27　框架集网页的框架结构

⑦ 在上部框架网页中插入 3 行 6 列的表格，设置表格属性：宽度为 100%，不设高度，填充为 0 像素、边距为 0 像素、边框为 0 像素，如图 2-5-28 所示。

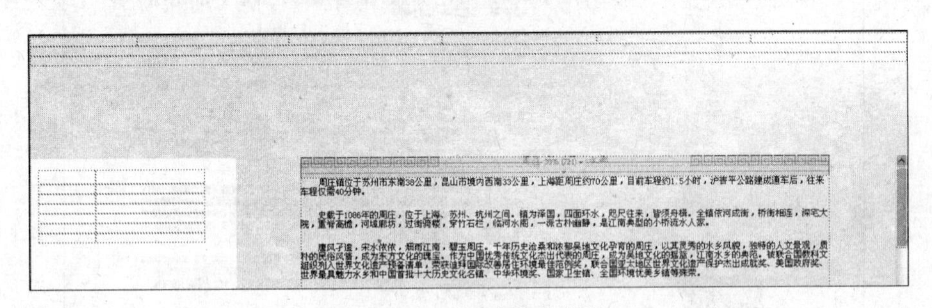

图 2-5-28　布局表格的位置

⑧ 设置表格第 1 行背景为黑色，并在其中插入图像：image/title2. gif、image/t_1. gif、image/t_2. gif、image/t_3. gif、image/t_4. gif。

⑨ 设置“梦里江南”单元格：垂直居中对齐；第 1 行中其余单元格：垂直底部对齐。

⑩ 合并表格第 2 行所有单元格，并添加图像 image/top. jpg，设置图像宽度为 100%。

⑪ 合并表格第 3 行所有单元格，并添加图像 image/yjn. gif，设置图像宽度为 100%。

⑫ 光标放在左侧框架网页空白处，执行【属性检查器】→【页面属性】→【外观】命令，设置网页背景图像 image/left_jing. gif。

⑬ 在左侧框架网页中添加 7 行 2 列的表格，设置表格属性：宽度为 230 像素、高度为 120 像素、填充为 0 像素、边距为 0 像素、边框为 0 像素。参考样张，调整表格大小。

⑭ 在表格第 1 行第 2 列单元格中插入文字“江南六大水乡：”，设置字体：蓝色、华文行楷、18 像素大小。

⑮ 参考样张，在表格其余 6 行第 2 列单元格中分别插入图像 image/001. gif，及相应

文字“周庄(江苏·苏州)”、“西塘(浙江·嘉兴)”、“同里(江苏·苏州)”、“乌镇(浙江·嘉兴)”、“角直(江苏·苏州)”、“朱家角(上海)”;并分别设置链接地址:jing/jing1.htm、jing/jing2.htm、jing/jing3.htm、jing/jing4.htm、jing/jing5.htm、jing/jing6.htm;链接目标均为mainFrame。

⑯ 制作完成,设计结果如图2-5-29所示。

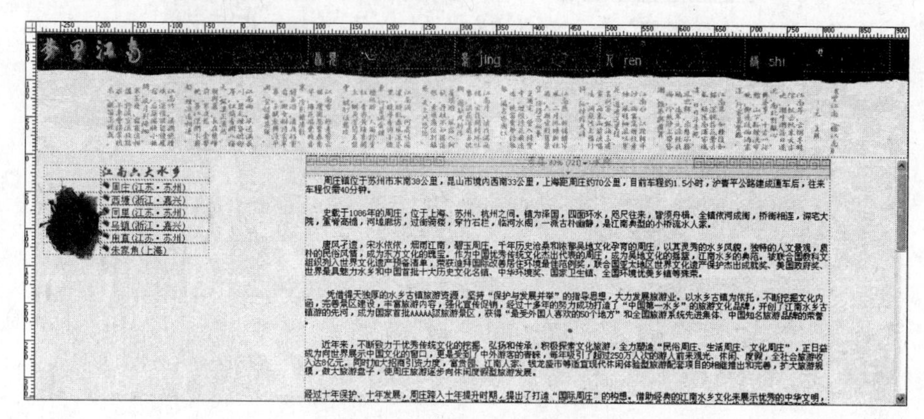

图2-5-29 网页设计结果

⑰ 执行【文件】→【保存全部】命令,保存所有网页文件:框架集网页index.html、上部框架网页top.html及左侧框架网页left.html。保存后,使用浏览器打开index.html浏览。

提示:保存过程中,编辑区内被选中边框的框架网页即为当前要保存的网页。

实验5-7 表单的使用

【实验目的】

掌握表单元素的使用方法和多媒体(Flash)的插入方法。

【实验内容】

参照图2-5-30制作网页。

参考步骤如下:

① 新建页面。新建页面sy5-7.html,将页面标题设置为“制作表单”。

② 插入表单。执行【插入】面板【表单】选项中的【表单】按钮,插入一个表单。

③ 插入标准表格。在【插入】面板中选择【布局】选择,然后利用【标准】工具栏中的【表格】按钮,在表单中插入一个8行3列无边框的表格,并按图2-5-31合并单元格。

④ 格式化表格。选中表格,利用【属性】面板,将表格的背景色设置为#FFFF99,将最后一个单元格的背景色设置为#FF9900。

⑤ 输入文字。按图2-5-30所示的内容输入文字。

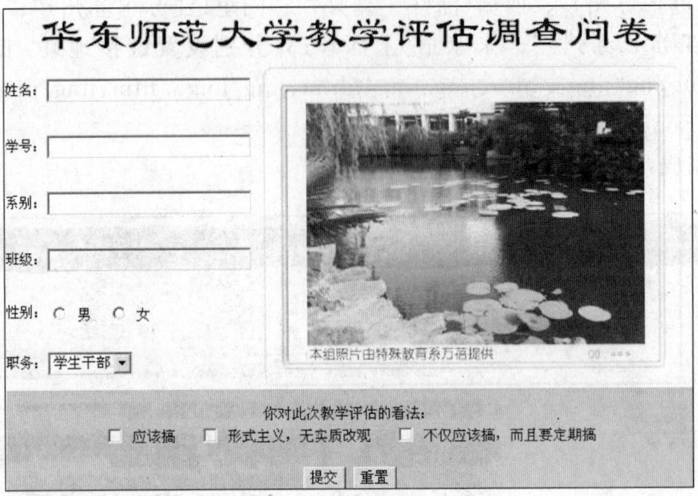

华东师范大学教学评估调查问卷

姓名：

学号：

系别：

班级：

性别：○ 男 ○ 女

职务：学生干部

本组照片由特殊教育系万语提供

你对此次教学评估的看法：

☐ 应该搞 ☐ 形式主义，无实质改观 ☐ 不仅应该搞，而且要定期搞

提交 重置

图 2-5-30　网页样张

图 2-5-31　合并单元格后的效果

⑥ 插入文本域。将光标放置在“姓名”旁的单元格中，单击【插入】面板【表单】选项中的【文本字段】按钮，在弹出的对话框中单击【确定】按钮，即可插入一个文本域。单击此文本域，在【属性】面板中将文本域的【字符宽度】设置为 25。按照同样的方法，插入其他的文本域。

⑦ 插入单选按钮。将鼠标指针放置在“性别”旁的单元格中，单击【插入】面板【表单】选项中【单选按钮】按钮，弹出【输入标签辅助功能属性】对话框，在其中的【标签文字】中输入“男”，在【样式】中选择【用标签标记环绕】单选按钮，在【位置】中选择【在表单项后】单选按钮，如图 2-5-32 所示。单击【确定】按钮后即可插入一个单选按钮。

⑧ 插入下拉列表。将鼠标指针放置在“职务”旁的单元格中，单击【插入】面板【表单】选项中【列表菜单】按钮，插入一个下拉列表域。选中此域，在【属性】面板中单击【列表值】按钮，弹出【列表值】对话框，在此对话框中输入如图 2-5-33 所示的列表值。

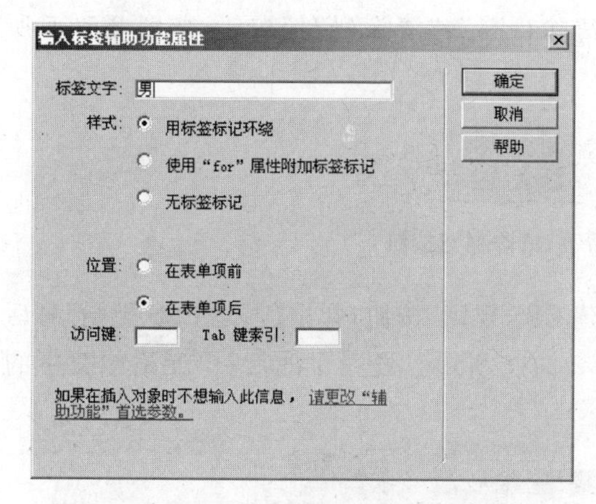

图 2-5-32 【输入标签辅助功能属性】对话框

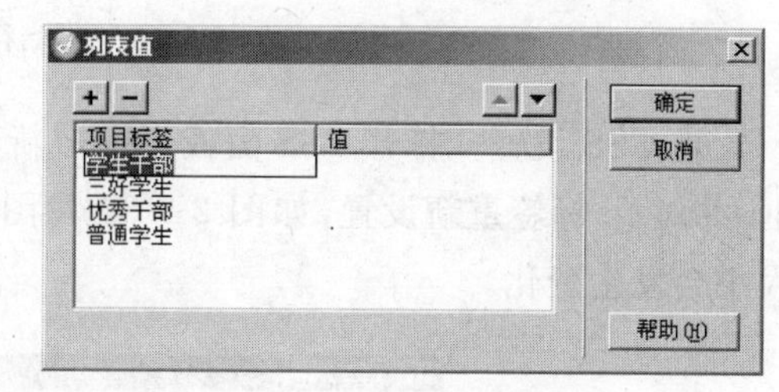

图 2-5-33 添加列表值

⑨ 插入复选框。将光标放置在最后一个单元格中，单击【插入】面板【表单】选项中【复选框】按钮，弹出【输入标签辅助功能属性】对话框，在其中的【标签文字】中输入“应该搞”，在【样式】中选择【用标签标记环绕】单选按钮，在【位置】中选择【在表单项后】单选按钮，如图 2-5-34 所示。单击【确定】按钮后即可插入一个复选框。

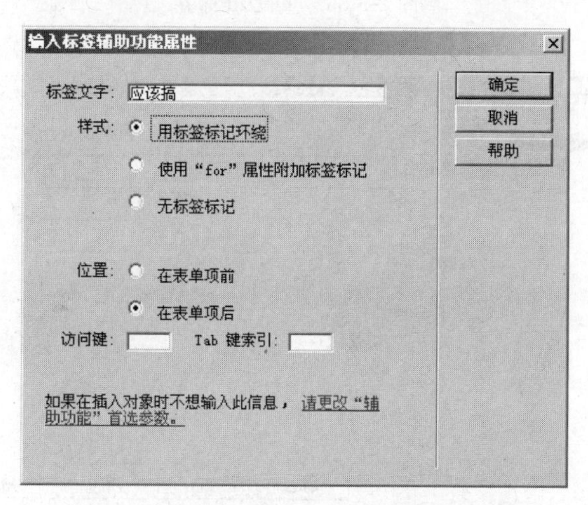

图 2-5-34 【输入标签辅助功能属性】对话框

⑩ 插入按钮。将光标放置在最后一个单元格的最后一行，单击【插入】面板【表单】选项中的【按钮】按钮，即可插入一个按钮。单击此按钮，若将【属性】面板中此按钮的【动作】设置为【提交表单】，则此按钮为“提交”按钮；若设置为【重设表单】，则此按钮为“重置”按钮。

⑪ 插入 Flash。执行【插入】→【媒体】→Flash 命令，在【选择文件】对话框中选择 ecnu.swf 文件，即可导入一个 Flash 动画。

⑫ 表格中内容的格式化。将文字“华东师范大学教学评估调查问卷”的字体设置为“隶书”，大小设置为 40 像素，并在第一个单元格内居中。将最后一个单元格内的所有内

容居中。选中表格，单击【属性】面板中的“清除行高”、“清除列宽”按钮，如图 2-5-35 所示，清除多余空白行、列。

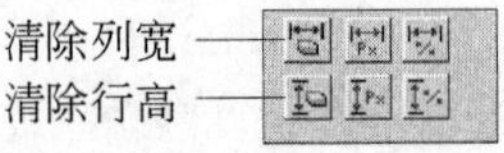

清除列宽
清除行高

图 2-5-35　清除行高、清除列宽按钮

⑬ CSS 设置。打开 CSS 面板，单击“新建 CSS 规则”按钮，弹出【新建 CSS 规则】对话框，并对 td 标签重新设置，如图 2-5-36 和图 2-5-37 所示。设置生效后，单元格中文字的大小会发生变化。

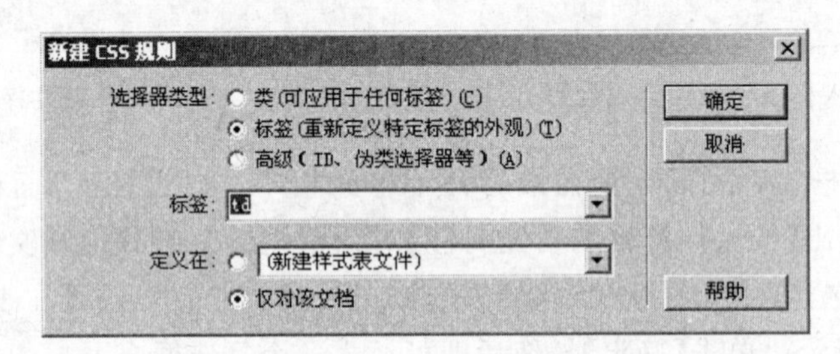

图 2-5-36　重设 td 标签

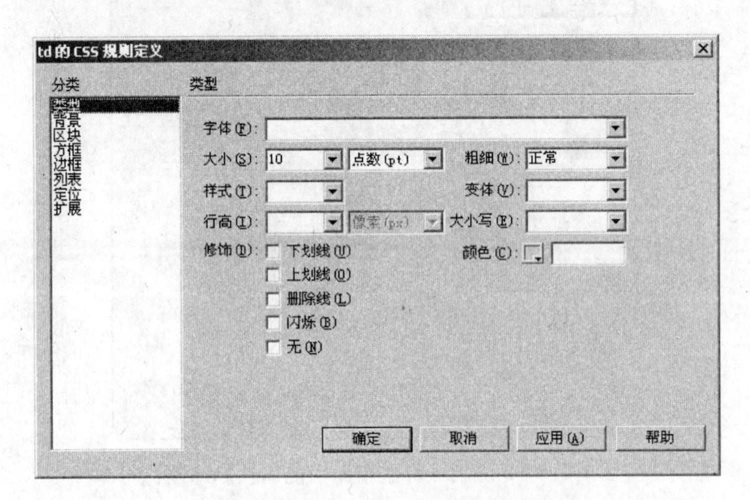

图 2-5-37　【td 的 CSS 规则定义】对话框

⑭ 测试制作效果。按 F12 键，在浏览器中测试网页效果。

实验 5-8　下拉菜单

【实验目的】

掌握层、行为相结合的使用方法。

【实验内容】

效果如图 2-5-38 所示。

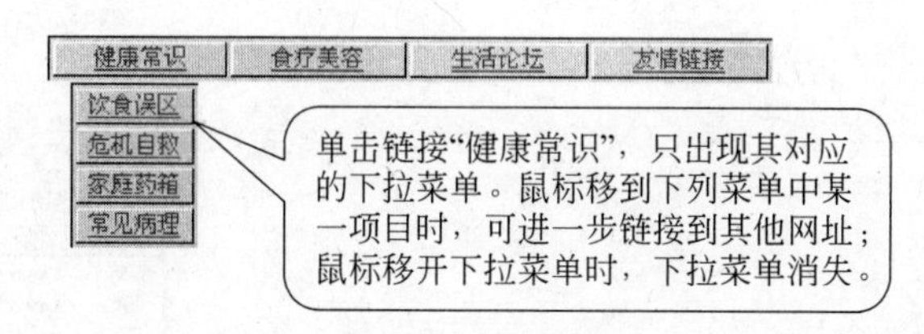

图 2-5-38　下拉菜单效果图

参考步骤如下：

① 新建页面。新建页面 sy5-8.html，将页面标题设置为“下拉菜单”。

② 制作水平菜单。插入 1 行 4 列的表格，在第一行的每个单元格中依次输入“健康常识”、“食疗美容”、“生活园地”和“友情链接”，并为每个输入内容制作无址链接。

③ 设置水平菜单的格式。按图 2-5-39 设置表格的背景色和边框颜色。

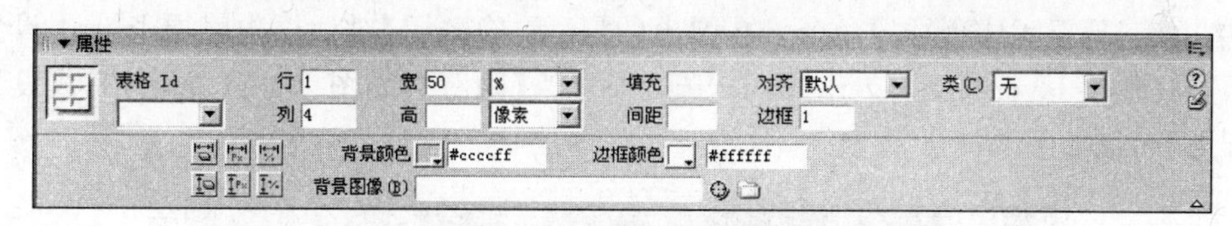

图 2-5-39　表格的属性面板

④ 制作下拉菜单层。插入一个层，在【属性】面板中将层命名为 layer1，并按图 2-5-40 设置层 layer1 的其他属性。

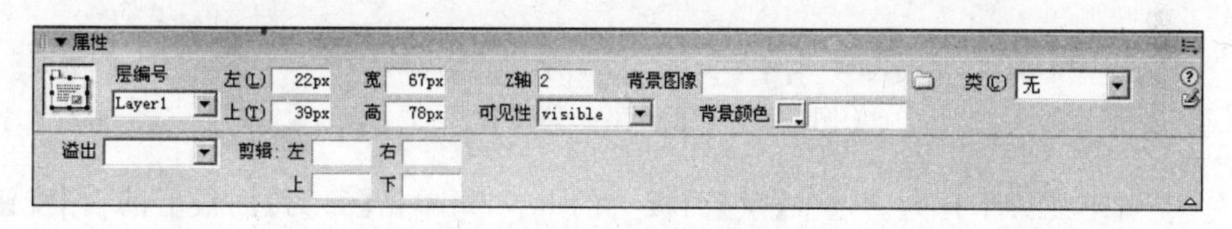

图 2-5-40　层的属性面板

提示：【属性】面板中的【左】和【上】是控制层距离窗口左边和上边的距离，一定要准确定位，才能保证下拉菜单的显示效果。

⑤ 插入表格。在层 layer1 内插入一个 4 行 1 列的表格，按图 2-5-41 设置表格属性，并在表格中输入文字内容。

图 2-5-41　表格的属性面板

⑥ 制作其余下拉菜单。同理，制作名为 layer2、layer3 和 layer4 的 3 个层，完成后的

效果如图 2-5-42 所示。

提示：在重复步骤④ 时，应使各个层在【属性】面板【上】文本框中输入的数据一致。

⑦ 隐藏层。打开【层】面板，单击层名称左边的 图标，将上述 4 个层隐藏，效果如图 2-5-43 所示。

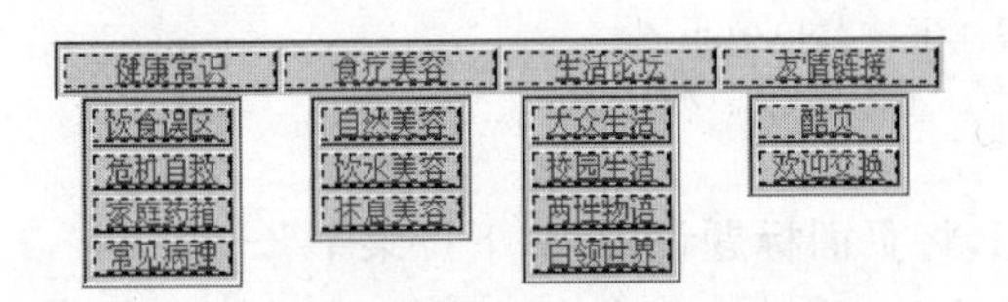

图 2-5-42 制作完成后的下拉菜单效果

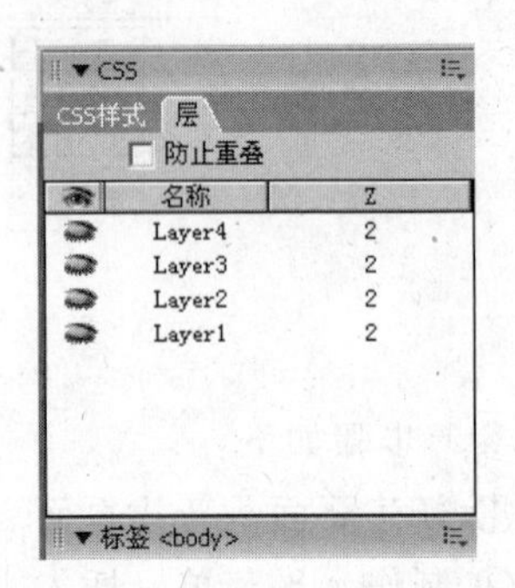

图 2-5-43 在"层"面板中隐藏层

⑧ 设置导航链接。选中"健康常识"链接，单击【行为】面板上的 按钮，在弹出的下拉菜单中选择【显示-隐藏层】命令。在弹出的【显示-隐藏层】对话框中将层 layer1 设置为【显示】，其他层 layer2、层 layer3、层 layer4，设置为【隐藏】，如图 2-5-44 所示，完成设置后的【行为】面板如图 2-5-45 所示。

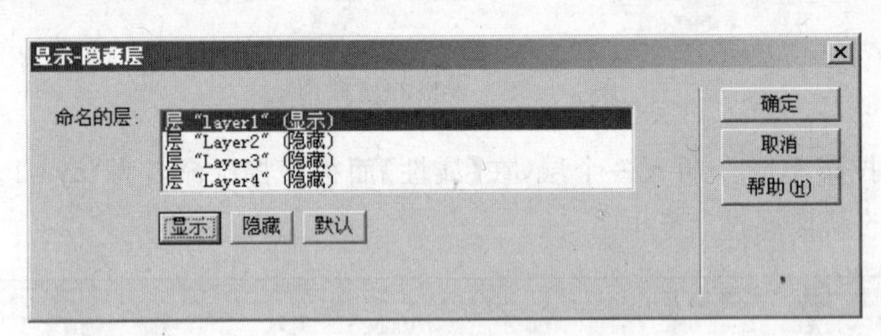

图 2-5-44 【显示-隐藏层】对话框

⑨ 设置下拉菜单行为。选中【层】面板上的 layer1，单击【行为】面板上的 按钮，在弹出的下拉菜单中选择【显示-隐藏层】命令，在弹出的【显示-隐藏层】对话框中单击【隐藏】按钮，单击【确定】按钮完成动作设置。单击【行为】面板上的 按钮，为此动作选择事件 onMouseOut。同理，为层 layer1 再添加一个"显示-隐藏层"行为，这次层 layer1 的动作是"显示"，事件是 onMouseOver。完成设置后的行为面板如图 2-5-46 所示。

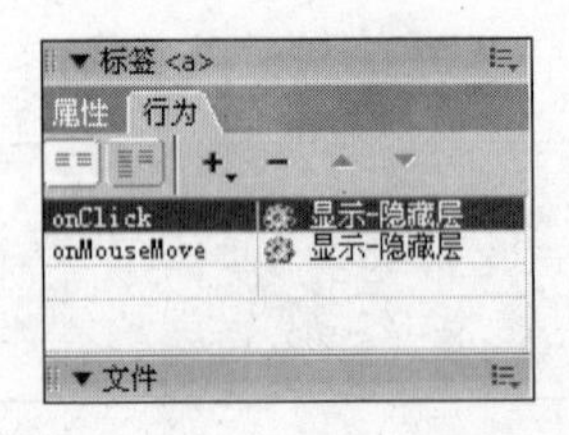

图 2-5-45 【行为】面板

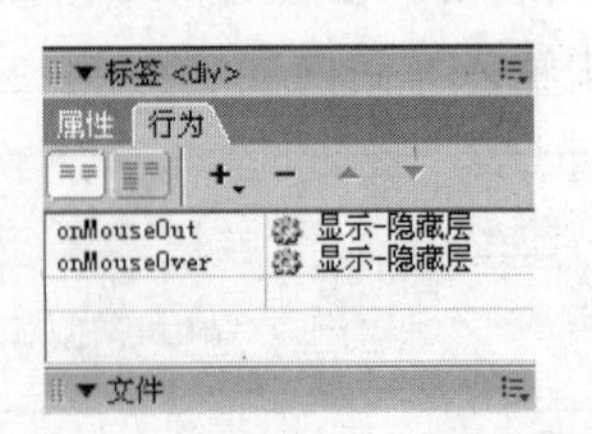

图 2-5-46 完成设置后的【行为】面板

⑩ 同理，完成其他导航链接和下拉菜单的设置。

说明：下拉菜单的进一步链接比较简单，此处省略。

⑪ 测试制作效果。按 F12 键在浏览器中测试网页效果。

实验 5-9　飞动的图片

【实验目的】

掌握层、时间轴相结合的使用方法。

【实验内容】

(1) 图片沿直线走。

(2) 图片沿曲线走。

(3) 图片沿任意曲线走。

参考步骤如下：

① 新建页面。新建页面 sy5-9.html，将页面标题设置为"飞动的图片"。

② 插入层。插入一个带图片的层。

③ 建立动画。单击【窗口】→【时间轴】命令，打开【时间轴】面板，把层拖曳到动画通道中就可以建立一个动画片段，如图 2-5-47 所示。默认情况下，动画长度为 15 帧，可以根据需要增加或减少长度，方法是把动画最后一帧向后或向前拖曳。

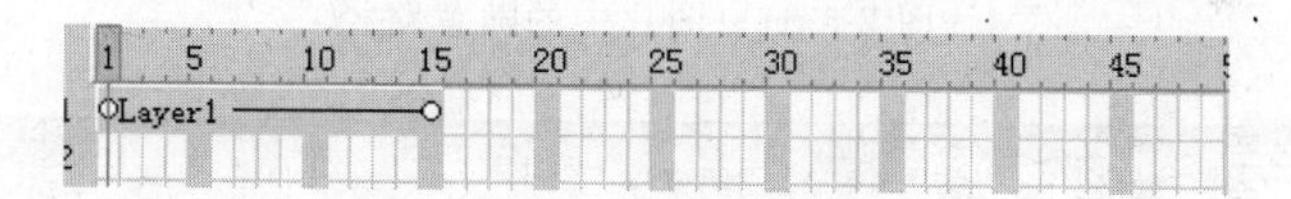

图 2-5-47　建立的动画片断

④ 图片走直线。把播放指针移到最后一帧，拖曳层到想要到的地方，此时，文档编辑区会出现一条直线，如图 2-5-48 所示。至此一个最简单的动画基本完成。若想一打开网页就播放动画且循环播放，可勾选动画播放组件中的"自动播放"和"循环播放"复选框。

⑤ 图片走曲线。在时间轴面板中选中动画条，并把播放指针移到某帧，右击，在弹出的快捷菜单中选择【增加关键帧】命令，如图 2-5-49 所示。之后，在文档编辑区拖曳图层到想要到的位置，效果如图 2-5-50 所示。

⑥ 图片随意走。在完成步骤② 后，选中图层，单击【修改】→【时间轴】→【录制层路径】命令，然后，在页面上拖曳图层随意创建路径，拖曳时产生的实线表示动画移动路径，如图 2-5-51 所示。在动画结束后松开鼠标，此时 Dreamweaver 会自动在【时间轴】面板上添加一个动画条，并且带有适当数目的关键帧，如图 2-5-52 所示。

图 2-5-48　文本编辑区的制作效果

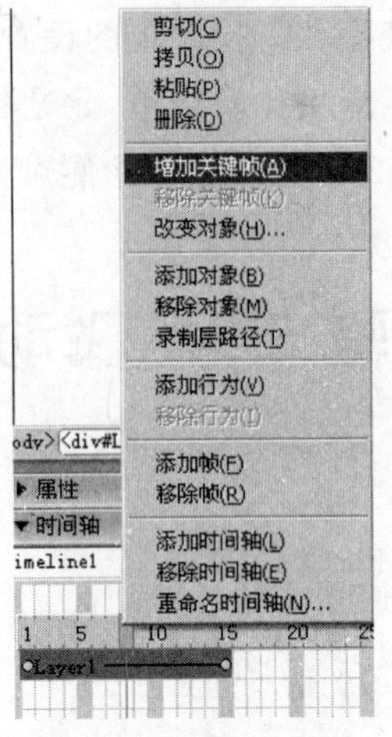
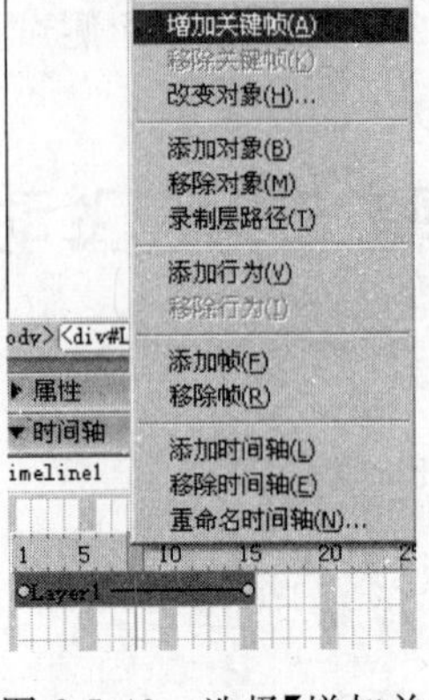

图 2-5-49　选择【增加关键帧】命令

图 2-5-50　拖曳层之后的效果

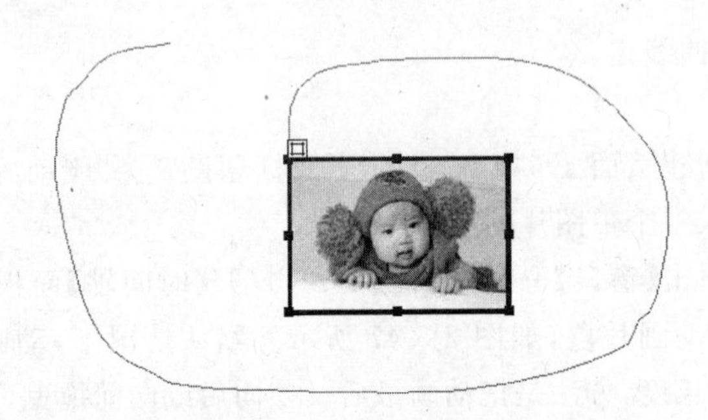

图 2-5-51　图片中的随意路径

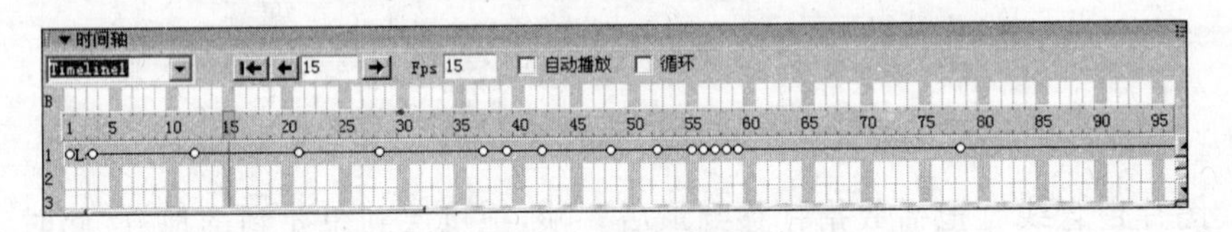

图 2-5-52　【时间轴】面板

⑦ 测试制作的效果。按 F12 键在浏览器中测试网页效果。

实验 5-10　展开的画卷

【实验目的】

掌握层、时间轴相结合的使用方法。

【实验内容】

利用层的宽、高可随时间轴变化的特点，为层插入背景图片，制作一幅徐徐展开的画卷。

参考步骤如下：

① 新建页面。新建页面 sy5-10.html，将页面标题设置为“展开的画卷”。

② 插入层。插入一个层，在【属性】面板中，将层的【宽】设置为 1px，然后单击【背景图像】旁的按钮，在弹出的对话框中选择层的背景图像，完成后的效果如图 2-5-53 所示。

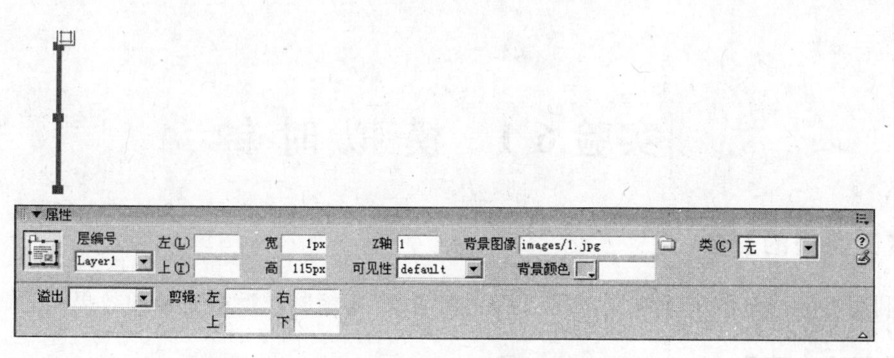

图 2-5-53 插入层的效果图

③ 建立动画。将层拖曳到【时间轴】面板中。

④ 设置最后一帧。选中动画条的最后一帧，然后在文档编辑区拖曳层的调整柄，使之变长，直至显示全部的背景图像为止，如图 2-5-54 所示。

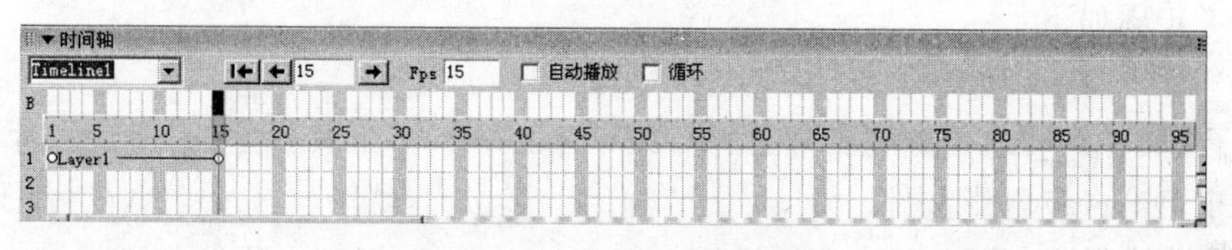

图 2-5-54 最后一帧的设置

⑤ 设置播放效果。勾选【时间轴】面板中的【自动播放】和【循环】两个复选框，并适当调整每秒播放帧数，例如将 Fps 的值调整到 3，即能看到画卷缓缓展开的效果。

⑥ 测试制作效果。按 F12 键在浏览器中测试网页效果。

第6章 多媒体创作工具 Director

实验 6-1 模 拟 时 钟

【实验目的】

利用 Director 的矢量绘图工具、行为、脚本、声音等制作模拟时钟的效果。

【实验内容】

制作一个模拟时钟。其中,时钟钟面有现成的素材;时针、分针、秒针需要利用矢量绘图工具自行绘制;利用行为设置时针、分针、秒针的交互;利用简单的脚本语句控制时钟的播放;电影配有背景音乐。运行效果参见图 2-6-1 所示。文件保存为 sy6-1. dir、发布为 sy6-1. exe。

参考步骤如下:

(1) 新建 Director 电影文件。

执行【文件】→【新建】→【影片】命令,或单击 Director 工具栏上的"新建影片"按钮新建一个 Director 电影文件。

(2) 默认环境布局和基本属性设置。

① 执行【窗口】→【面板设置】→Default 命令,使用 Director 默认的工作环境布局。

② 执行【修改】→【影片】→【属性】命令,在随后打开的影片属性检查器中设置舞台大小为 512×400 像素。

③ 执行【编辑】→【属性】→【精灵】命令,打开【精灵参数】对话框,在"精灵长度"选项的数值框中输入 10,设置精灵在剧本窗口中默认占据的帧数,如图 2-6-2 所示。

图 2-6-1　模拟时钟运行效果

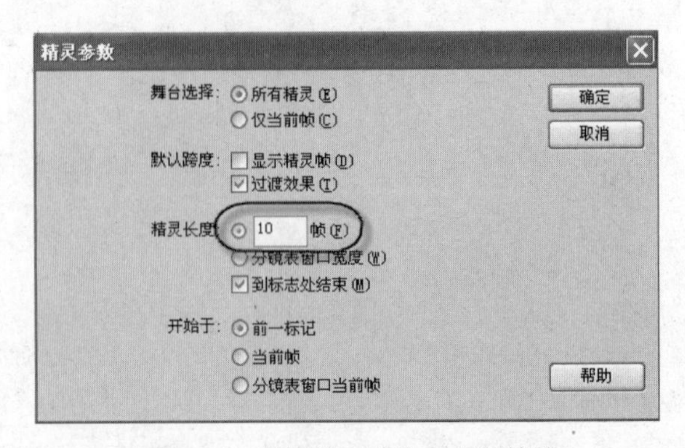

图 2-6-2　设置精灵默认占据的帧数

(3) 准备演员。

① 单击演员表窗口工具栏中的“演员表显示方式”按钮☰，按缩略图方式显示演员表窗口。

② 右击第一个演员的位置，执行相应快捷菜单中的【导入】命令，如图 2-6-3 所示。打开 Import Files 对话框，如图 2-6-4 所示。选择“实验素材\第 6 章\sy6-1\clock.jpg”，单击 Import 按钮导入时钟图片。在导入过程中会弹出一些对话框，按默认设置，确认即可。

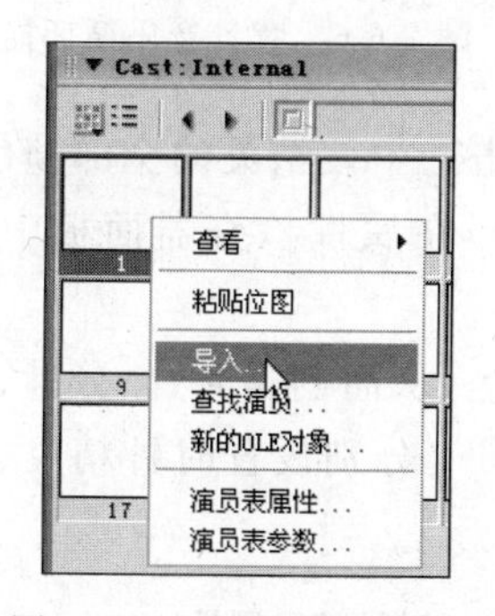

图 2-6-3　选择【导入】命令

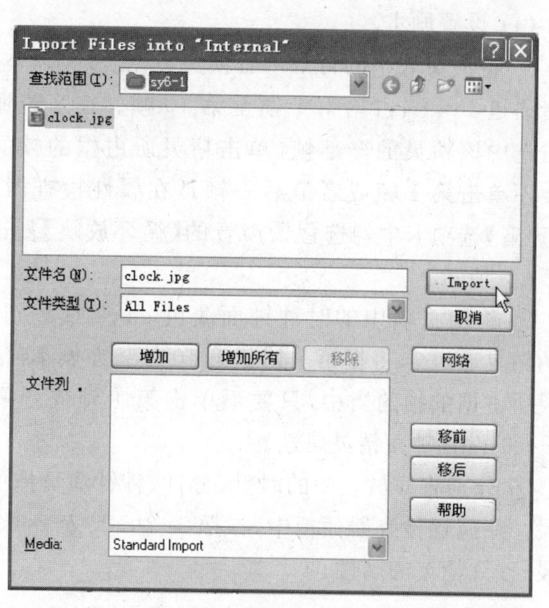

图 2-6-4　选择导入图片素材

③ 绘制时钟：选择演员表的第 2 号位置，执行【窗口】→Vector Shape 命令，或单击 Director 工具栏上的“矢量绘图窗口”按钮，打开矢量绘图窗口。利用钢笔工具、填充椭圆工具和颜色工具(填充颜色工具和填充工具)绘制红色的时针：先用钢笔画出封闭的菱形指针，再用填充椭圆工具画出圆形，并借助光标工具调整指针和圆形的位置，利用中心点工具设置时钟的旋转中心(即将注册点定位在圆心处)，在演员名称框中命名此矢量演员为 hour，如图 2-6-5 所示。绘制完毕，关闭矢量绘图窗口，此时矢量演员 hour 出现在演员表的第 2 号位置。

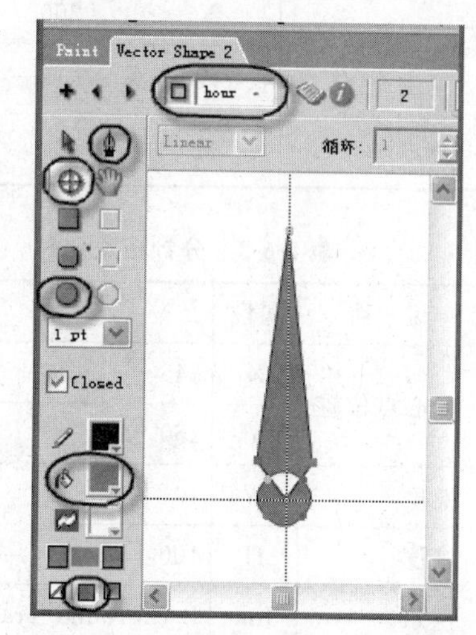

图 2-6-5　绘制时钟(矢量绘图)

④ 绘制分钟：右击演员表中刚刚创建的矢量演员 hour，在弹出的快捷菜单中选择【复制演员】命令，再右击演员表的第 3 号位置，在弹出的快捷菜单中选择【粘贴】命令。双击该新演员，打开矢量绘图窗口，将填充颜色改为黄色，在演员名称框中命名此矢量演员为

minute，确保注册点仍然定位在圆心处。关闭矢量绘图窗口，此时矢量演员 minute 出现在演员表的第 3 号位置。

⑤ 绘制秒钟：同理，在演员表的第 4 号位置创建蓝色的秒针 second，确保注册点仍然定位在圆心处。

⑥ 导入声音演员：右击第 5 号演员的位置，在弹出的快捷菜单中选择【导入】命令，打开 Import Files 对话框，选择“实验素材\第 6 章\sy6-1\bg.mp3”文件，单击 Import 按钮导入背景声音。

(4) 设置剧本。

① 将演员表中的背景声音演员 bg 拖放到剧本窗口的声音通道 1 ◀1，占据第 1 帧至第 10 帧。在声音通道中，单击选中该精灵的全部帧(单击精灵所占据的帧的当中，只要不单击第 1 帧或者最后一帧)，在属性检查器面板中的【声音】选项卡中勾选背景声音的【循环放映】复选框，如图 2-6-6 所示。

图 2-6-6　背景音乐循环播放

② 将演员表中的时钟钟面演员 clock 拖放到剧本窗口的精灵通道 1，占据第 1 帧至第 10 帧。在剧本窗口中，单击选中该精灵的全部帧(单击精灵所占据的帧的当中，只要不单击第 1 帧或者最后 1 帧)，在属性检查器面板中参照表 2-6-1 设置钟面精灵属性。

③ 分别将演员表中的时针、分针、秒针演员拖曳到舞台上，从而创建时针、分针、秒针精灵。在属性检查器面板中，参照表 2-6-2、表 2-6-3 和表 2-6-4 分别设置时针精灵、分针精灵、秒针精灵的属性。

表 2-6-1　钟面精灵属性

说　明	属性	值
中心点位置	X	256
	Y	200
宽度	W	512
高度	H	400

表 2-6-2　时针精灵属性

说　明	属性	值
中心点位置	X	245
	Y	260
宽度	W	10
高度	H	80
墨水	Ink	Background Transparent

表 2-6-3　分针精灵属性

说　明	属性	值
中心点位置	X	245
	Y	260
宽度	W	10
高度	H	100
墨水	Ink	Background Transparent

表 2-6-4　秒针精灵属性

说　明	属性	值
中心点位置	X	245
	Y	260
宽度	W	10
高度	H	130
墨水	Ink	Background Transparent

(5) 添加交互。

① 执行【窗口】→【库面板】命令，或单击 Director 工具栏上的“库面板”按钮，打开【库】面板。单击【库】面板左上角的“库列表”按钮，选择【控件】选项，【库】面板中将显示如图 2-6-7 所示的“控件”行为库。

图 2-6-7 “控件”行为库

② 将“控件”行为库中的“仿时针”行为拖曳到演员表的第 6 号位置，形成行为脚本演员。

③ 设置时针的行为：将演员表第 6 号位置的“仿时针”行为脚本演员拖放到剧本窗口的精灵 hour 中，在随后弹出的行为参数设置对话框中选择 Hour Hand 选项，如图 2-6-8 所示，为时针添加行为。

④ 设置分针的行为：将演员表第 6 号位置的“仿时针”行为脚本演员拖放到剧本窗口的精灵 minute 中，在随后弹出的行为参数设置对话框中选择 Minute Hand 选项，为分针添加行为。

⑤ 设置秒针的行为：将演员表第 6 号位置的“仿时针”行为脚本演员拖放到剧本窗口的精灵 minute 中，在随后弹出的行为参数设置对话框中选择 Second Hand 选项，为秒针添加行为。

⑥ 编写帧脚本：双击脚本通道 第 10 帧，打开脚本窗口，编写如图 2-6-9 所示的脚本，将播放头保持在当前帧。在脚本窗口的演员名称框中输入 GoTheFrame，关闭脚本窗口。

⑦ 上述操作完成后，剧本窗口和演员表的内容如图 2-6-10 所示。

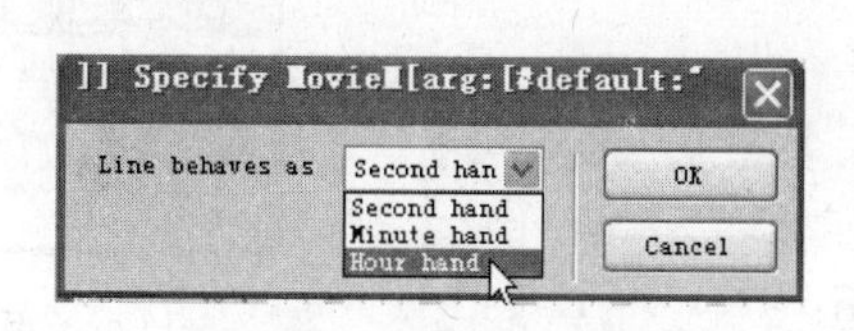

图 2-6-8 设置行为参数

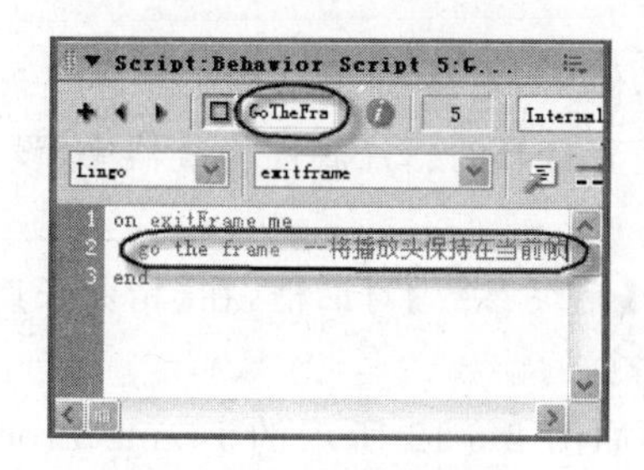

图 2-6-9 编写帧脚本

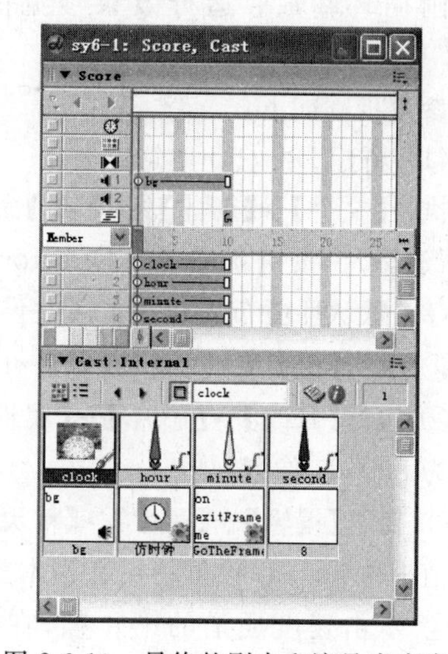

图 2-6-10 最终的剧本和演员表内容

(6) 播放电影。

单击舞台底部控制面板的“到起始”按钮，执行【控制】→【播放】命令，或者单击工具栏上的“播放”按钮▶，播放电影，观测运行效果。

(7) 保存和发布电影。

① 执行【文件】→【保存】命令，或者单击 Director 工具栏上的“保存”按钮或“保存所有”按钮，将文件以 sy6-1. dir 为文件名保存。

② 执行【文件】→【发布设置】命令，在随后打开的 Publish Settings 对话框中勾选【项目】复选框、【发布时自动保存影片】复选框和【发布之后预览影片】复选框，单击 Publish 按钮，将电影发布为标准放映机文件 sy6-1. exe，该文件与电影源文件保存在同一文件夹中。当然，如果按照默认发布设置进行影片发布，则可以在保存好 Director 电影文件后，直接单击工具栏上的“发布”按钮，将影片以标准放映机文件发布，与电影源文件位于同一文件夹中。

实验 6-2 简单动画制作

【实验目的】

利用 Director 制作帧连帧动画、关键帧动画、实时录制动画和胶片环动画。

【实验内容】

6-2-1 帧连帧动画

利用现成的素材，制作圣诞老人动画，要求圣诞老人在最后一个动作时停顿 2 秒，然后动画循环播放。运行效果参见图 2-6-11 所示。文件保存为 sy6-2-1. dir、发布为 sy6-2-1. exe。

图 2-6-11 圣诞老人动画

参考步骤如下：

(1) 新建 Director 电影文件。

执行【文件】→【新建】→【影片】命令，或单击 Director 工具栏上的“新建影片”按钮新建一个 Director 电影文件。

(2) 默认环境布局和基本属性设置。

① 执行【窗口】→【面板设置】→Default 命令，使用 Director 默认的工作环境布局。

② 执行【修改】→【影片】→【属性】命令，在随后打开的影片属性检查器中，设置舞台大小为 85×85 像素。

③ 执行【编辑】→【属性】→【精灵】命令，打开【精灵参数】对话框，在【精灵长度】选项的数值框中输入 1，设置精灵在剧本窗口中默认占据的帧数。

④ 双击速度通道的第 1 帧，在随后打开的如图 2-6-12 所示的 Frame Properties: Tempo 对话框中拖曳【速率】滑块，或者利用速率加减器，调整帧速率为 1fps。

(3) 准备演员。

① 单击演员表窗口工具栏中的“演员表显示方式”按钮，按缩略图方式显示演员表窗口。

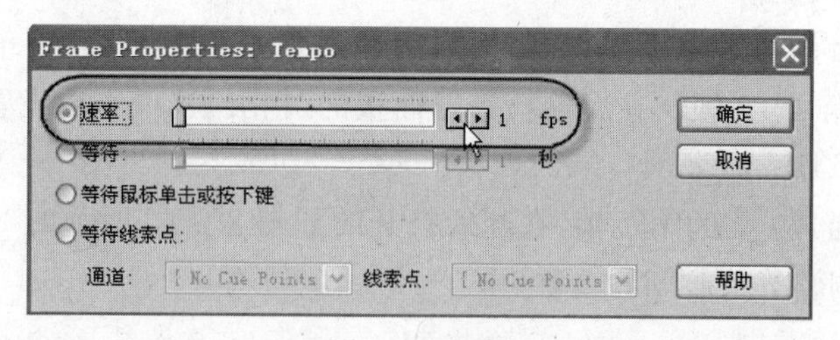

图 2-6-12　调整帧速率

② 右击第一个演员的位置，在弹出的快捷菜单中选择【导入】命令，打开 Import Files 对话框，同时选中"实验素材\第 6 章\sy6-2-1"文件夹中的 7 张图片 shengdan1.jpg～shengdan7.jpg，如图 2-6-13 所示。单击 Import 按钮。在导入过程中弹出如图 2-6-14 所示的 Image Options 对话框，选中【保留设置到所有图片】复选框，单击【确认】按钮，将所有素材导入到演员表的第 1 号～第 7 号位置。

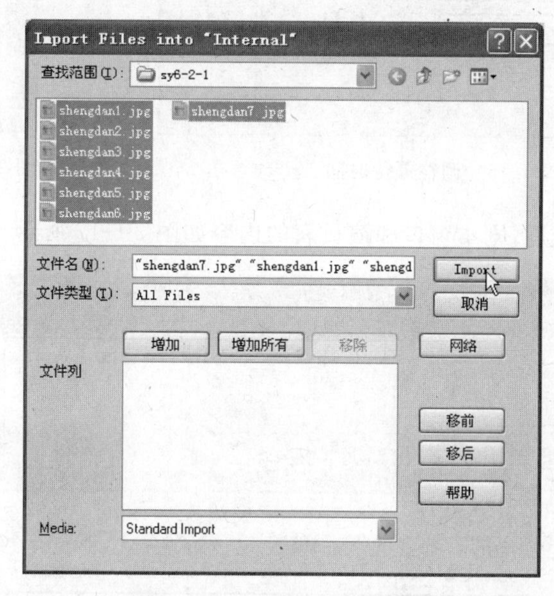

图 2-6-13　同时导入 7 个素材

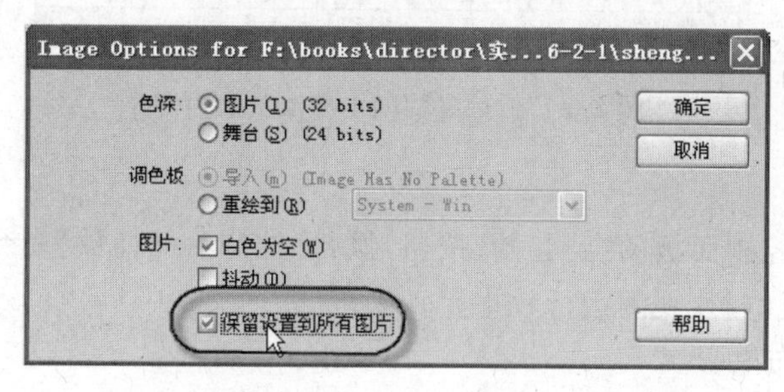

图 2-6-14　导入设置

(4) 设置剧本。

① 依次从演员表中拖曳 7 个演员到精灵通道 1 的第 1 帧～第 7 帧中。

② 在剧本窗口中单击精灵通道 1 的第 1 帧，按住 Shift 的同时再单击精灵通道 1 的第 7 帧，同时选中第 1～7 帧。在属性检查器面板的【精灵】选项卡中设置精灵的 Ink 属性值为 Background Transparent。

③ 双击速度通道的第 7 帧，在随后打开的如图 2-6-15 所示的 Frame Properties: Tempo 对话框中调整等待时间为 2 秒。

(5) 添加交互。

① 创建帧脚本演员。双击脚本通道第 7 帧，在随后出现的脚本窗口，编写如图 2-6-16 所示的脚本，使电影的播放头从当前帧(第 7 帧)自动返回第 1 帧，从而实现动画的循环播放。在脚本窗口的演员名称框中输入 GoLoop 后，关闭脚本编辑窗口。

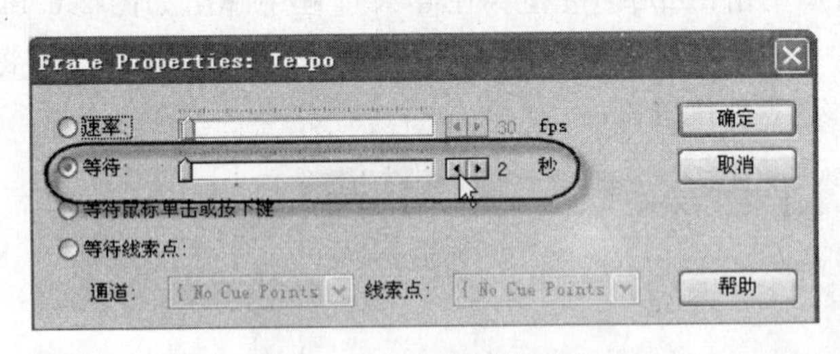

图 2-6-15 调整等待时间

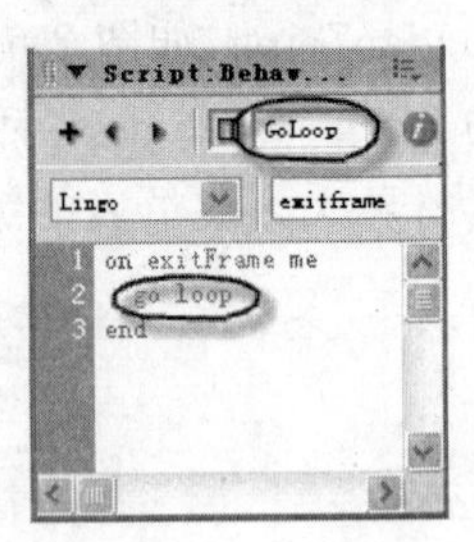

图 2-6-16 编写脚本

② 上述操作完成后，剧本窗口和演员表的内容如图 2-6-17 所示。

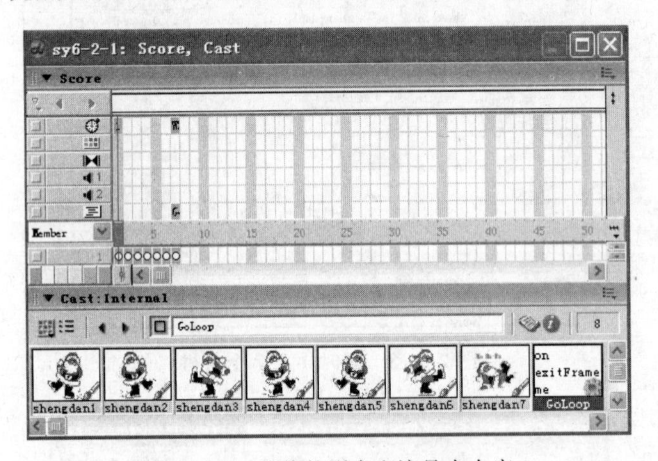

图 2-6-17 最终的剧本和演员表内容

(6) 播放电影。

单击舞台底部控制面板的“到起始”按钮，执行【控制】→【播放】命令，或单击工具栏上的“播放”按钮，播放电影，观测运行效果。

(7) 保存和发布电影。

① 执行【文件】→【保存】命令，或单击 Director 工具栏上的“保存”按钮或“保存所有”按钮，将文件以 sy6-2-1.dir 为文件名保存。

② 单击工具栏上的“发布”按钮，将影片以标准放映机文件 sy6-2-1.exe 发布。

6-2-2 关键帧动画

利用现成的素材，制作两车追逐的动画。运行效果参见图 2-6-18 所示。文件保存为 sy6-2-2. dir、发布为 sy6-2-2. exe。

参考步骤如下：

(1) 新建 Director 电影文件。

执行【文件】→【新建】→【影片】命令，或单击 Director 工具栏上的“新建影片”按钮新建一个 Director 电影文件。

(2) 默认环境布局和基本属性设置。

① 执行【窗口】→【面板设置】→Default 命令，使用 Director 默认的工作环境布局。

② 执行【修改】→【影片】→【属性】命令，在随后打开的影片属性检查器中，设置舞台大小为 512×342 像素、颜色为绿色(RGB：#00FF00)。

③ 执行【编辑】→【属性】→【精灵】命令，打开【精灵参数】对话框，在【精灵长度】选项的数值框中输入 30，设置精灵在剧本窗口中默认占据的帧数。

④ 双击速度通道的第 1 帧，在随后打开的 Frame Properties：Tempo 对话框中拖曳【速率】滑块，或者利用速率加减器，调整帧速率为 7fps。

(3) 准备演员。

① 单击演员表窗口工具栏中的“演员表显示方式”按钮☰，按缩略图方式显示演员表窗口。

② 右击第一个演员的位置，在弹出的快捷菜单中选择【导入】命令，打开 Import Files 对话框，同时选中“实验素材\第 6 章\sy6-2-2”文件夹中的两张图片 car. gif 和 ski. gif，单击 Import 按钮。在导入过程中弹出如图 2-6-19 所示的【选择格式】对话框，选中【所有文件采用类似格式】复选框，单击【确认】按钮，将两个动画素材导入到演员表的第 1 号～第 2 号位置。

图 2-6-18 两车追逐

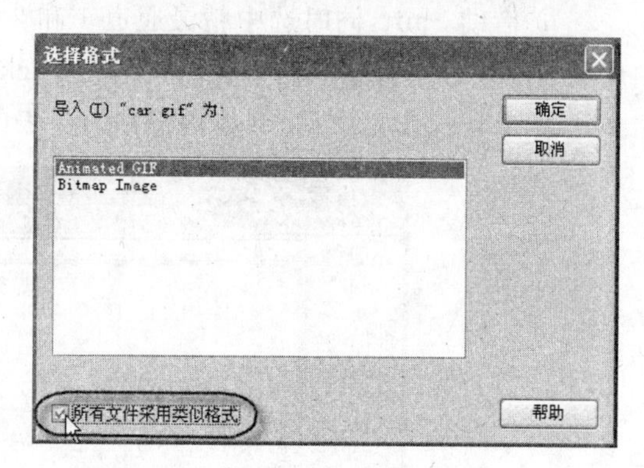

图 2-6-19 选择动画格式

(4) 设置剧本。

① 从演员表中拖曳动画演员 car 到精灵通道 1 的第 1 帧～第 30 帧的位置，创建精灵。

② 在剧本窗口中单击精灵通道 1 的第 1 帧，在属性检查器面板的【精灵】选项卡中，

设置该帧处的精灵属性(X：－50,Y：182)。右击精灵通道1的第30帧,在弹出的快捷菜单中选择【插入关键帧】命令,设置该帧为关键帧,并在属性检查器面板的【精灵】选项卡中设置该帧处的精灵属性(X：473,Y：182)。

③ 选中精灵通道1的第1帧～第30帧,执行【修改】→【转换】→【水平翻转】命令。

④ 再一次从演员表中拖曳动画演员 car 到精灵通道1的第31帧～第60帧的位置,创建精灵。

⑤ 在剧本窗口中单击精灵通道1的第31帧,在属性检查器面板的【精灵】选项卡中,设置该帧处的精灵属性(X：711,Y：146)。右击精灵通道1的第60帧,在弹出的快捷菜单中选择【插入关键帧】命令,设置该帧为关键帧,并在属性检查器面板的【精灵】选项卡中设置该帧处的精灵属性(X：8,Y：234)。

⑥ 按照同样的方法,从演员表中拖曳动画演员 ski 到精灵通道2的第1帧～第30帧的位置,创建精灵。

⑦ 在剧本窗口中单击精灵通道2的第1帧,在属性检查器面板的【精灵】选项卡中,设置该帧处的精灵属性(X：37,Y：114)。右击精灵通道1的第30帧,在弹出的快捷菜单中选择【插入关键帧】命令,设置该帧为关键帧,并在属性检查器面板的【精灵】选项卡中设置该帧处的精灵属性(X：640,Y：167)。

⑧ 再一次从演员表中拖放动画演员 ski 到精灵通道1的第31帧～第60帧的位置,创建精灵。

⑨ 在剧本窗口中单击精灵通道2的第31帧,在属性检查器面板的【精灵】选项卡中,设置该帧处的精灵属性(X：640,Y：167)。右击精灵通道1的第60帧,在弹出的快捷菜单中选择【插入关键帧】命令,设置该帧为关键帧,并在属性检查器面板的【精灵】选项卡中设置该帧处的精灵属性(X：159,Y：85)。

⑩ 选中精灵通道2的第31帧～第60帧,执行【修改】→【转换】→【水平翻转】命令。

⑪ 借助 Shift,同时选中精灵通道1和2中的所有精灵,在属性检查器面板的【精灵】选项卡中设置所有精灵的 Ink 属性值为 Background Transparent。

⑫ 上述操作完成后,剧本窗口和演员表的内容图2-6-20所示。

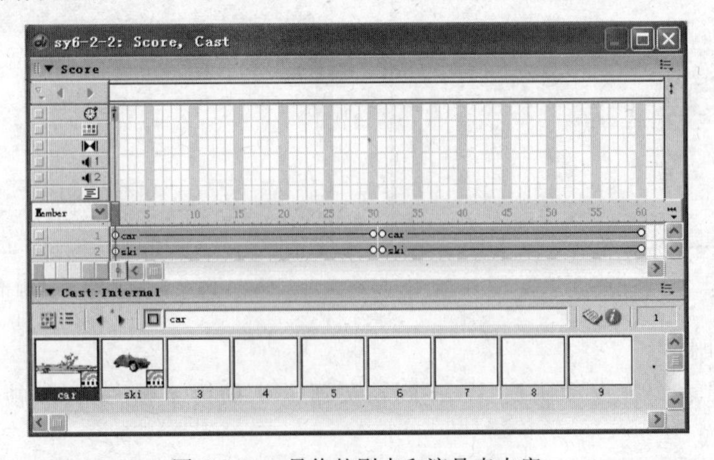

图2-6-20 最终的剧本和演员表内容

(5) 播放电影

单击舞台底部控制面板的“到起始”按钮，执行【控制】→【播放】命令，或者单击工具栏上的“播放”按钮，播放电影，观测运行效果。

(6) 保存和发布电影

① 执行【文件】→【保存】命令，或单击 Director 工具栏上的“保存”按钮或“保存所有”按钮，将文件以 sy6-2-2. dir 为文件名保存。

② 单击工具栏上的“发布”按钮，将影片以标准放映机文件 sy6-2-2. exe 发布。

6-2-3 实时录制动画

利用现成的素材，制作赛车漂移的动画。文件保存为 sy6-2-3. dir、发布为 sy6-2-3. exe。

参考步骤如下：

(1) 新建 Director 电影文件。

执行【文件】→【新建】→【影片】命令，或单击 Director 工具栏上的“新建影片”按钮新建一个 Director 电影文件。

(2) 默认环境布局和基本属性设置。

① 执行【窗口】→【面板设置】→Default 命令，使用 Director 默认的工作环境布局。

② 执行【修改】→【影片】→【属性】命令，在随后打开的影片属性检查器中，设置舞台大小为 500×330 像素、颜色为绿色(#00FF00)。

③ 执行【编辑】→【属性】→【精灵】命令，打开【精灵参数】对话框，在【精灵长度】选项的数值框中输入 1。

④ 双击速度通道的第 1 帧，在随后打开的 Frame Properties：Tempo 对话框中，拖曳【速率】滑块，或者利用速率加减器，调整帧速率为 4fps。

(3) 准备演员。

① 单击演员表窗口工具栏中的“演员表显示方式”按钮☰，按缩略图方式显示演员表窗口。

② 右击第一个演员的位置，在弹出的快捷菜单中选择【导入】命令，打开 Import Files 对话框，选择“实验素材\第 6 章\sy6-2-3”文件夹中的 ski. gif，单击 Import 按钮。在导入过程中会出现一些对话框，按默认设置确认即可。将动画素材导入到演员表的第 1 号位置。

(4) 设置剧本。

① 从演员表中拖曳动画演员 ski 到精灵通道 1，在第 1 帧的位置创建精灵。

② 选中精灵通道 1 的精灵，在属性检查器面板的【精灵】选项卡中设置精灵的 Ink 属性值为 Background Transparent。

③ 将舞台上的精灵位置调整到舞台的左上角。

④ 在精灵被选中的情况下，执行【控制】→【实时录制】命令，打开 Director 的实时录制功能。

⑤ 在舞台中拖曳 ski 精灵移动，使其运动轨迹呈现不规则路线，如图 2-6-21 所示。

释放鼠标左键，结束动画的实时录制。

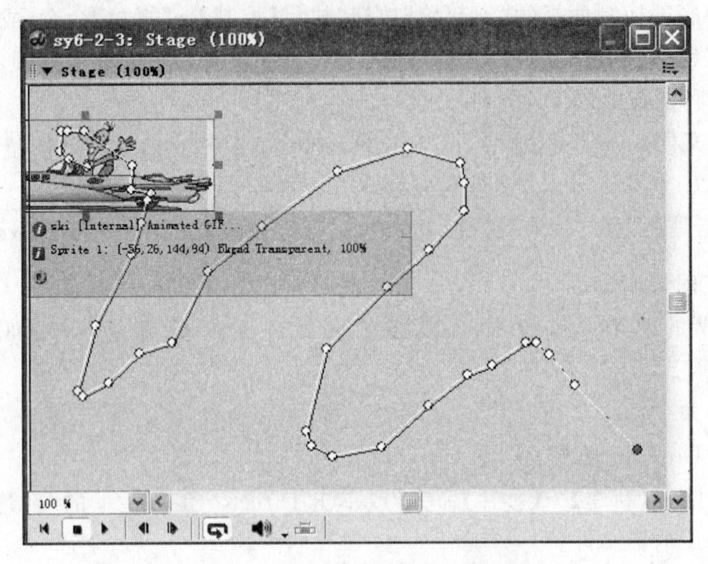

图 2-6-21　移动精灵时呈现的路线

(5) 播放电影。

单击舞台底部控制面板的"到起始"按钮，执行【控制】→【播放】命令，或者单击工具栏上的"播放"按钮，播放电影，观测运行效果。

(6) 保存和发布电影。

① 执行【文件】→【保存】命令，或单击 Director 工具栏上的"保存"按钮或"保存所有"按钮，将文件以 sy6-2-3. dir 为文件名保存。

② 单击工具栏上的"发布"按钮，将影片以标准放映机文件 sy6-2-3. exe 发布。

6-2-4　胶片环动画

利用现成的素材，制作若干车辆一起移动的动画。运行效果参见图 2-6-22 所示。文件保存为 sy6-2-4. dir、发布为 sy6-2-4. exe。

参考步骤如下：

(1) 打开并另存 Director 电影文件。

执行【文件】→【打开】命令，或单击 Director 工具栏上的"打开"按钮，打开 sy6-2-3. dir，执行【文件】→【另存为】命令，将 sy6-2-3. dir 另存为 sy6-2-4. dir。

(2) 默认环境布局和基本属性设置。

① 执行【窗口】→【面板设置】→Default 命令，使用 Director 默认的工作环境布局。

② 执行【编辑】→【属性】→【精灵】命令，打开【精灵参数】对话框，在【精灵长度】选项的数值框中输入 50。

(3) 设置剧本。

① 选中舞台上的精灵，执行【插入】→【胶片环】命令，在随后出现的 Create Film Loop 对话框中输入胶片环动画名称，如图 2-6-23 所示。单击【确定】按钮，在演员表窗口中出

现一个名为 skis 的胶片环动画演员。

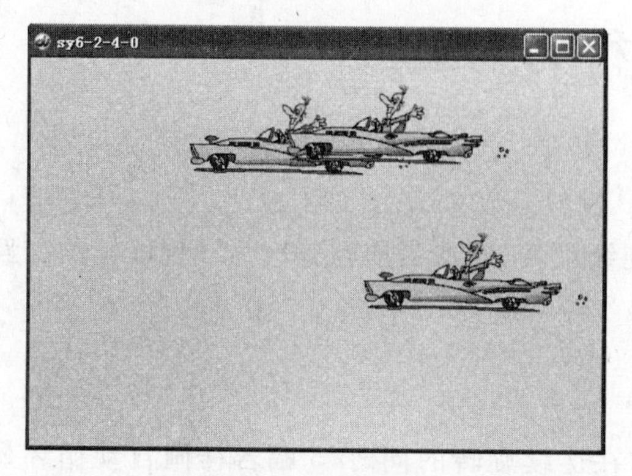

图 2-6-22　一起移动

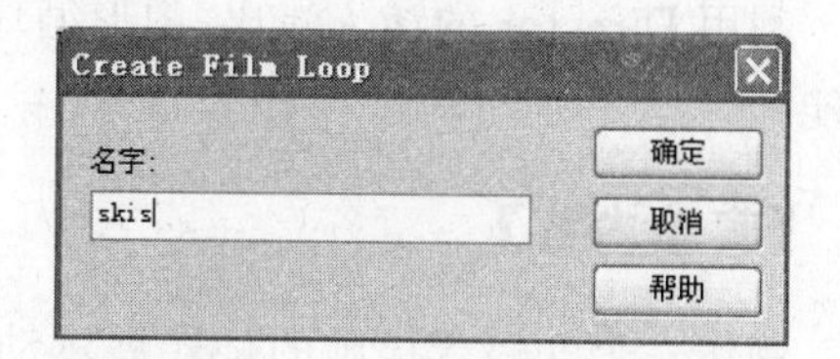

图 2-6-23　创建胶片环动画

② 从演员表窗口中拖曳胶片环动画演员 skis 到舞台中，此时，精灵通道 2 的第 1～50 帧处形成新的精灵。同理，将胶片环动画演员 skis 拖曳到舞台中的不同位置，创建多辆汽车一起移动的动画效果。

③ 操作完成后，剧本窗口和演员表的内容如图 2-6-24 所示。

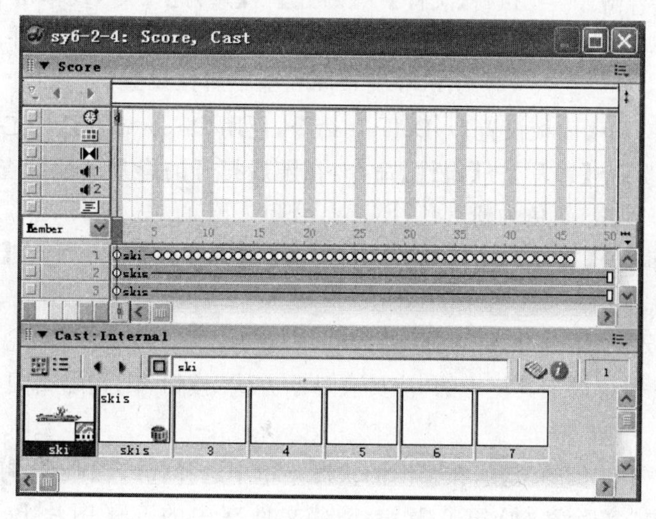

图 2-6-24　最终的剧本和演员表内容

(4) 播放电影。

单击舞台底部控制面板的“到起始”按钮，执行【控制】→【播放】命令，或单击工具栏上的“播放”按钮，播放电影，观测运行效果。

(5) 保存和发布电影。

① 执行【文件】→【保存】命令，或单击 Director 工具栏上的“保存”按钮或“保存所有”按钮，将文件以 sy6-2-4. dir 为文件名保存。

② 单击工具栏上的“发布”按钮，将影片以标准放映机文件 sy6-2-4. exe 发布。

实验6-3　行为与交互

【实验目的】

利用Director的淡入淡出、图形循环、连续旋转、停在当前帧等行为实现电影的交互功能。

【实验内容】

制作一个5幅吉祥画的旋转展示动画，在连续旋转的同时，5幅吉祥画自动循环显示，速度为每幅画面显示2秒，每个画面伴随持续淡入淡出效果，运行效果参见图2-6-25所示。文件保存为sy6-3.dir、发布为sy6-3.exe。

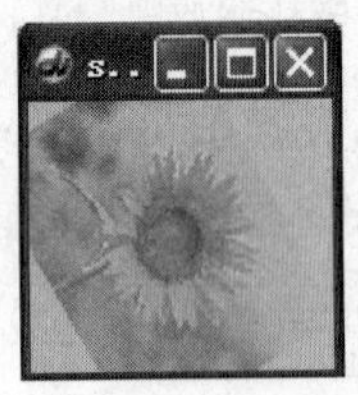

图2-6-25　5幅吉祥画旋转动画

参考步骤如下：

(1) 新建Director电影文件。

执行【文件】→【新建】→【影片】命令，或单击Director工具栏上的"新建影片"按钮新建一个Director电影文件。

(2) 默认环境布局和基本属性设置。

① 执行【窗口】→【面板设置】→Default命令，使用Director默认的工作环境布局。

② 执行【修改】→【影片】→【属性】命令，在随后打开的影片属性检查器中，设置舞台大小为100×100像素、颜色为粉红色(RGB：#FFCCFF)。

③ 执行【编辑】→【属性】→【精灵】命令，打开【精灵参数】对话框，在【精灵长度】选项的数值框中输入30。

(3) 准备演员。

① 单击演员表窗口工具栏中的"演员表显示方式"按钮☰，按缩略图方式显示演员表窗口。

② 右击第一个演员的位置，在弹出的快捷菜单中选择【导入】命令，打开Import Files对话框，同时选中"实验素材\第6章\sy6-3"文件夹中的5张图片Bei.jpg、Jing.jpg、Huan.jpg、Ying.jpg和Ni.jpg，单击Import按钮。在导入过程中出现Image Options对话框，勾选【保留设置到所有图片】复选框，单击【确认】按钮，将所有素材导入到演员表的第1号～第5号位置。

(4) 设置剧本。

从演员表中拖放第1个演员Bei到精灵通道1的第1～30帧中。并在属性检查器面板的【精灵】选项卡中设置精灵的Ink属性值为Background Transparent。

(5) 添加交互。

① 执行【窗口】→【库面板】命令，打开【库】面板。单击【库】面板左上角的"库列表"按钮，从弹出的行为库菜单中选择【动画】→【自动化】选项，出现自动化行为面板，如

图 2-6-26 所示。

② 将自动化行为面板中的“图形循环”行为拖曳到舞台上的精灵处，在随后弹出的对话框中设置图形循环行为参数，如图 2-6-27 所示。单击 OK 按钮后，此行为演员出现在演员表中。

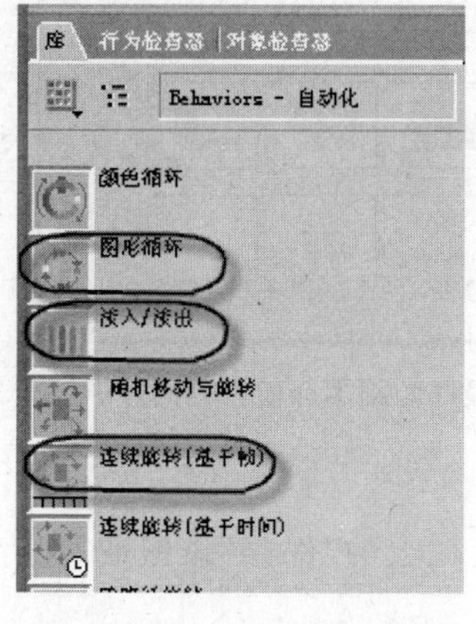

图 2-6-26 自动化行为面板

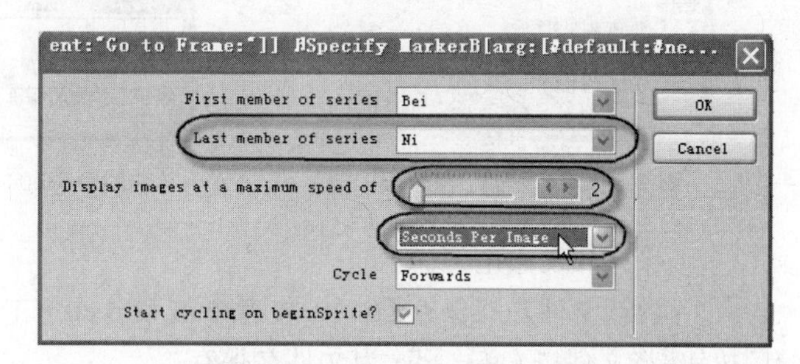

图 2-6-27 设置图形循环行为参数

③ 将自动化行为面板中的“淡入/淡出”行为拖曳到舞台上的精灵处，在随后弹出的对话框中设置淡入/淡出行为参数，如图 2-6-28 所示。其中的 Fade Cycles 设置为－1，表示循环施加淡入淡出效果。单击 OK 按钮后，此行为演员出现在演员表中。

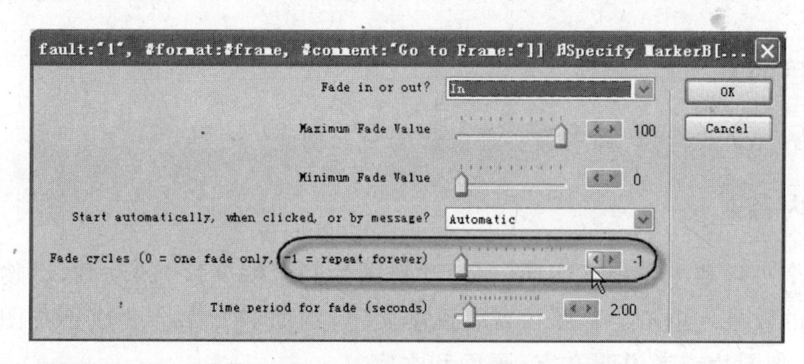

图 2-6-28 设置淡入/淡出行为参数

④ 将自动化行为面板中的“连续旋转(基于帧)”行为拖曳到舞台上的精灵处，在随后弹出的对话框中按默认值设置连续旋转行为参数，单击 OK 按钮后，此行为演员出现在演员表中。

⑤ 单击【库】面板左上角的“库列表”按钮，从弹出的行为库菜单中选择【导航】选项，出现导航行为面板，如图 2-6-29 所示。将其中的“停在当前帧”行为拖曳到脚本通道的第 30 帧上，使电影在播放到该帧时，应留在该帧上，从而保持住电影的画面或音响效果。

⑥ 上述操作完成后，剧本窗口和演员表的内容如图 2-6-30 所示。

(6) 播放电影。

单击舞台底部控制面板的“到起始”按钮，执行【控制】→【播放】命令，或者单击工具栏上的“播放”按钮，播放电影，观测运行效果。

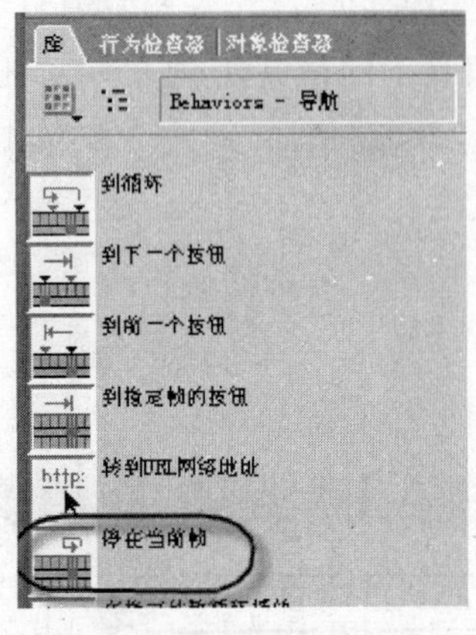

图 2-6-29　导航行为面板

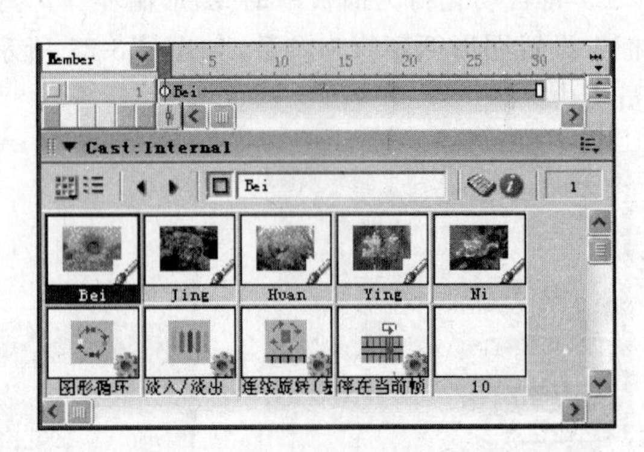

图 2-6-30　最终的剧本和演员表内容

(7) 保存和发布电影。

① 执行【文件】→【保存】命令，或者单击 Director 工具栏上的“保存”按钮或“保存所有”按钮，将文件以 sy6-3. dir 为文件名保存。

② 单击工具栏上的“发布”按钮，将影片以标准放映机文件 sy6-3. exe 发布。

实验 6-4　脚本与交互

【实验目的】

利用 Director 的行为、脚本等实现电影的交互功能。

【实验内容】

制作一个小狗和小猫相互切换(包括动物图片和说明文字)的动画，动物画面伴随持续淡入淡出的效果。单击小猫图片或者说明文字，画面和文字会变成小狗图片及说明文字，再单击小狗图片或者说明文字，画面和文字又会变回小猫图片及说明文字，如此反复，运行效果参见图 2-6-31 所示。文件保存为 sy6-4. dir、发布为 sy6-4. exe。

图 2-6-31　小狗和小猫的动画

参考步骤如下：

(1) 新建 Director 电影文件。

执行【文件】→【新建】→【影片】命令，或单击 Director 工具栏上的“新建影片”按钮新建一个 Director 电影文件。

(2) 默认环境布局和基本属性设置。

① 执行【窗口】→【面板设置】→Default 命令，使用 Director 默认的工作环境布局。

② 执行【修改】→【影片】→【属性】命令，在随后打开的影片属性检查器中设置舞台大小为 512×342 像素、颜色为粉红色(RGB：#FFCCFF)。

③ 执行【编辑】→【属性】→【精灵】命令，打开【精灵参数】对话框，在【精灵长度】选项的数值框中输入 30。

(3) 准备演员。

① 单击演员表窗口工具栏中的“演员表显示方式”按钮，按缩略图方式显示演员表窗口。

② 右击第一个演员的位置，在弹出的快捷菜单中选择【导入】命令，打开 Import Files 对话框，同时选中“实验素材\第 6 章\sy6-4”文件夹中的两张图片 cat.jpg 和 dog.jpg，单击 Import 按钮。在导入过程中弹出 Image Options 对话框，选中【保留设置到所有图片】复选框，单击【确认】按钮，将素材导入到演员表的第 1 号和第 2 号位置。

③ 单击演员表第 3 号位置，执行【窗口】→Text 命令，或单击 Director 工具栏上的“文本窗口”按钮 A，打开文本窗口，参照图 2-6-32 所示。创建幼圆、加粗、36 号、蓝色格式的文本演员，内容为“请单击图片或图片下的文字，精彩即刻呈现！”，文本演员命名为 Comment。注意：文本颜色可以利用工具面板的前景颜色设置；而文本的格式设置还可以通过选中文本窗口中所输入的文本内容，然后右击所选内容，在弹出的快捷菜单中选择“字体”命令，在随后打开的【字体】对话框中进行设置，如图 2-6-33 所示。

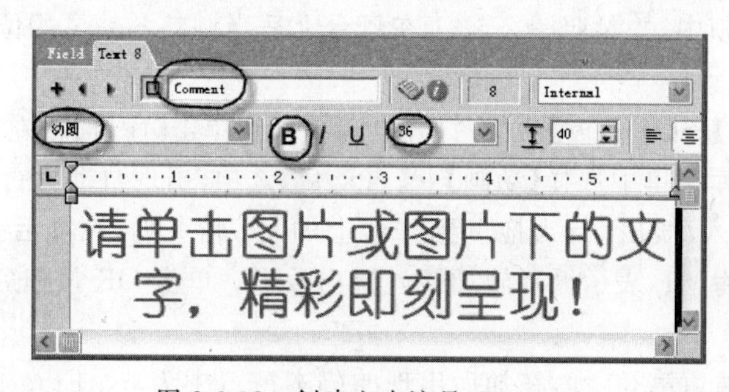

图 2-6-32　创建文本演员 Comment

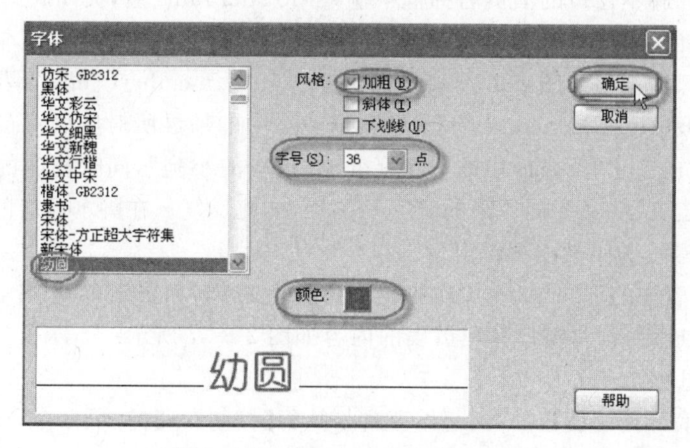

图 2-6-33　编辑文本演员 Comment

④ 单击演员表第 4 号位置，执行【窗口】→Text 命令，或单击 Director 工具栏上的“文本窗口”按钮，打开文本窗口，参照图 2-6-34 所示。创建华文彩云、加粗、48 号、红色格式的文本演员，内容为“严肃的小猫”，文本演员命名为 TextCat。

⑤ 单击演员表第 5 号位置，执行【窗口】→Text 命令，或单击 Director 工具栏上的“文本窗口”按钮，打开文本窗口，参照图 2-6-35 所示。创建方正姚体、加粗、48 号、蓝色格式的文本演员，内容为“憨厚的小狗”，文本演员命名为 TextDog。

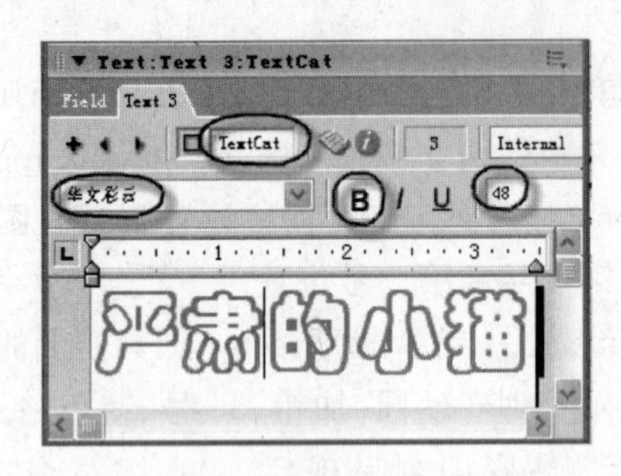

图 2-6-34　创建文本演员 TextCat

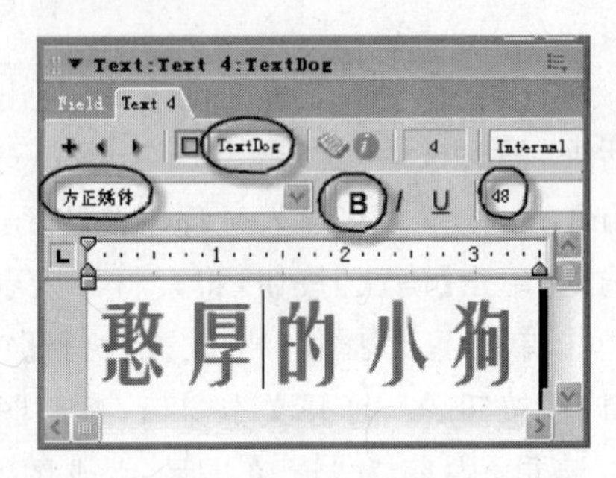

图 2-6-35　创建文本演员 TextDog

(4) 设置剧本。

从演员表中依次拖动 Comment、cat、TextCat 这 3 个演员到精灵通道 1～精灵通道 3 的第 1 帧～第 30 帧中，并参照图 2-6-31 在舞台上适当调整各精灵的位置。

(5) 添加交互。

① 执行【窗口】→【库面板】命令，打开【库】面板。单击【库】面板左上角的“库列表”按钮，从弹出的行为库菜单中选择【动画】→【自动化】选项，出现自动化行为面板。将自动化行为面板中的“淡入/淡出”行为拖曳到舞台上的 cat 精灵处，在随后弹出的对话框中将 Fade Cycles 设置为－1，表示循环施加淡入淡出效果。单击 OK 按钮后，此行为演员出现在演员表中。

② 双击脚本通道第 30 帧，在随后出现的脚本窗口中为 exitFrame 事件编写帧脚本：go the frame，在脚本窗口的演员名称框中输入 GoTheFrame 后，关闭脚本编辑窗口。

③ 右击舞台上的 TextCat 文本精灵，在弹出的快捷菜单中选择【脚本】命令，在随后出现的脚本窗口中编写如图 2-6-36 所示的脚本。其中，member("dog")表示演员表中名为 dog 的演员，sprite(2).member 表示精灵通道 2 中的精灵所对应的演员。脚本的功能为，单击舞台上的文字“严肃的小猫”，文字变成“憨厚的小狗”，同时相应的图片也变成小狗图片。再单击文字，又变回原来的文字和图片，如此反复。在脚本窗口的演员名称框中输入 Exchange 后，关闭脚本编辑窗口。

④ 将演员表中的 Exchange 脚本拖曳到舞台上的 cat 精灵上，为图片也添加脚本。

⑤ 操作完成后，剧本窗口和演员表的内容如图 2-6-37 所示。

(6) 播放电影。

单击舞台底部控制面板的“到起始”按钮，执行【控制】→【播放】命令，或者单击工具栏上的“播放”按钮，播放电影，观测运行效果。

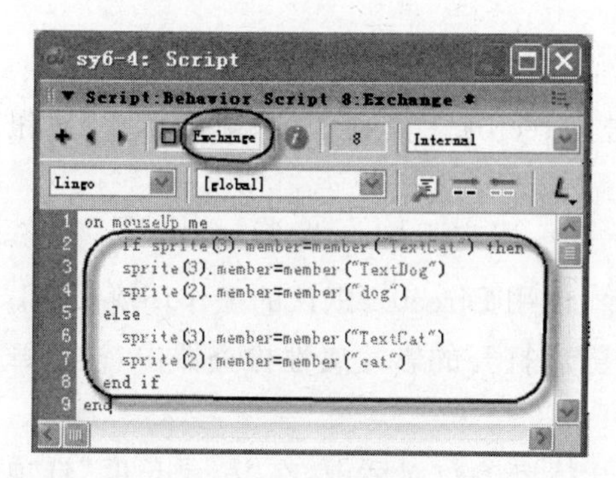

图 2-6-36　编写脚本

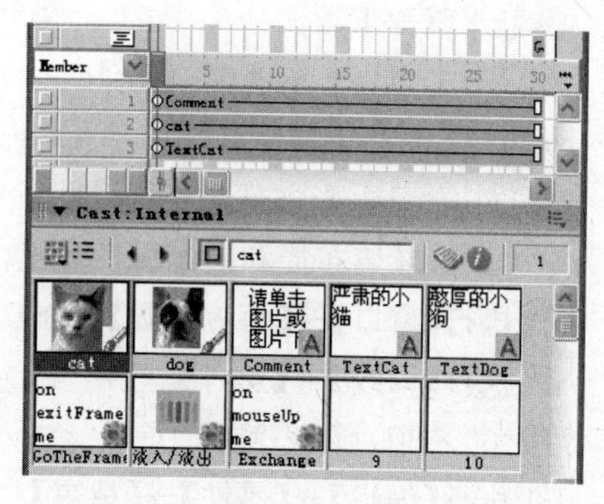

图 2-6-37　最终的剧本和演员表内容

(7) 保存和发布电影。

① 执行【文件】→【保存】命令，或单击 Director 工具栏上的“保存”按钮或“保存所有”按钮，将文件以 sy6-4.dir 为文件名保存。

② 单击工具栏上的“发布”按钮，将影片以标准放映机文件 sy6-4.exe 发布。

实验 6-5　播放声音

【实验目的】

使用 Director 的脚本控制声音的播放。

【实验内容】

使用 Director 的脚本控制声音的播放：提供 4 个按钮，分别控制声音的“播放”、“暂停”、“从中间播放”和“停止”功能。运行效果参见图 2-6-38 所示。文件保存为 sy6-5.dir、发布为 sy6-5.exe。

图 2-6-38　使用脚本控制声音的播放

参考步骤如下：

(1) 新建 Director 电影文件。

执行【文件】→【新建】→【影片】命令，或单击 Director 工具栏上的“新建影片”按钮新建一个 Director 电影文件。

(2) 默认环境布局和基本属性设置。

① 执行【窗口】→【面板设置】→Default 命令，使用 Director 默认的工作环境布局。

② 执行【修改】→【影片】→【属性】命令，在随后打开的影片属性检查器中，设置舞台大小为 400×300 像素、颜色为粉红色(RGB：#FFCCFF)。

③ 执行【编辑】→【属性】→【精灵】命令，打开精灵参数对话框，在“精灵长度”选项的数值框中输入 20。

(3) 准备演员。

① 单击演员表窗口工具栏中的“演员表显示方式”按钮，按缩略图方式显示演员表窗口。

② 右击第一个演员的位置，在弹出的快捷菜单中选择【导入】命令，打开 Import Files 对话框，选中“实验素材\第 6 章\sy6-5”文件夹中的声音文件 bg. mp3，单击 Import 按钮，以内部声音方式将声音素材导入到演员表的第 1 号位置。

③ 右击第二个演员的位置，在弹出的快捷菜单中选择【导入】命令，打开 Import Files 对话框，选择“实验素材\第 6 章\sy6-5”文件夹中的 ski. gif，单击 Import 按钮。在导入过程中会出现一些对话框，按默认设置确认即可。将动画素材导入到演员表的第 2 号位置。

④ 单击演员表第 3 号位置，执行【窗口】→Text 命令，或单击 Director 工具栏上的“文本窗口”按钮，打开文本窗口，参照图 2-6-39 所示。创建宋体-方正超大字符集、加粗、36 号、蓝色格式的文本演员，内容为“快乐的天使”，文本演员命名为 text。

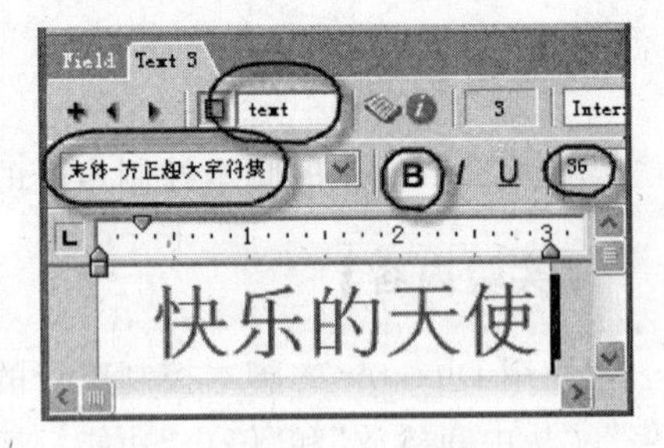

图 2-6-39　创建文本演员 text

⑤ 通过执行【插入】→Control→Push Button 命令，依次插入 4 个下压式按钮，它们同时出现在舞台和演员表中。按钮中文本分别为“播放”、“暂停”、“从中间播放”和“停止”，演员分别命名为 play、pause、mid 和 stop。

(4) 设置剧本。

从演员表中依次拖放 ski、text 两个演员到舞台上。并参照图 2-6-38 在舞台上适当调整各精灵的位置。

(5) 添加交互。

① 双击脚本通道第 20 帧，在随后出现的脚本窗口中为 exitFrame 事件编写帧脚本：go the frame，在脚本窗口的演员名称框中输入 GoTheFrame 后，关闭脚本编辑窗口。

② 右击舞台上的“播放”按钮，在弹出的快捷菜单中选择【脚本】命令，在随后出现的脚本窗口中编写如图 2-6-40 所示的脚本，在声音通道 1 中播放声音。在脚本窗口的演员名称框中输入 PlayBtn 后，关闭脚本编辑窗口。

③ 右击舞台上的“暂停”按钮，在弹出的快捷菜单中选择【脚本】命令，在随后出现的脚本窗口中编写如图 2-6-41 所示的脚本，暂停播放声音通道 1 中的声音。在脚本窗口的演员名称框中输入 PauseBtn 后，关闭脚本编辑窗口。

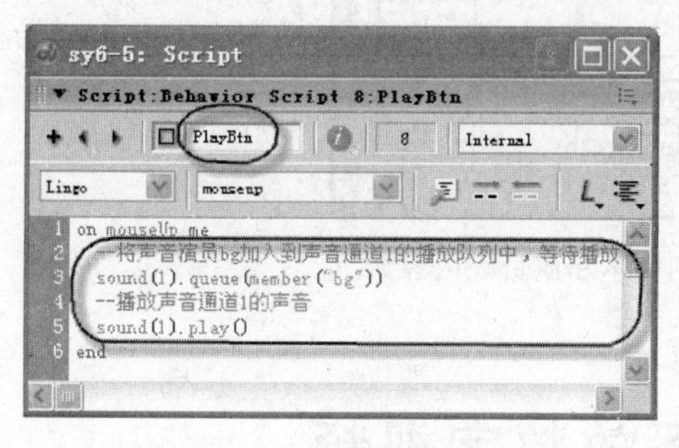

图 2-6-40　编写播放脚本

图 2-6-41　编写暂停脚本

④ 右击舞台上的“从中间播放”按钮，在弹出的快捷菜单中选择【脚本】命令，在随后出现的脚本窗口中编写如图 2-6-42 所示的脚本。从起始位置后的 8 秒处开始播放声音通道 1 中的声音。在脚本窗口的演员名称框中输入 MidBtn 后，关闭脚本编辑窗口。

⑤ 右击舞台上的“停止”按钮，在弹出的快捷菜单中选择【脚本】命令，在随后出现的脚本窗口中编写如图 2-6-43 所示的脚本，停止播放声音通道 1 中的声音。在脚本窗口的演员名称框中输入 StopBtn 后，关闭脚本编辑窗口。

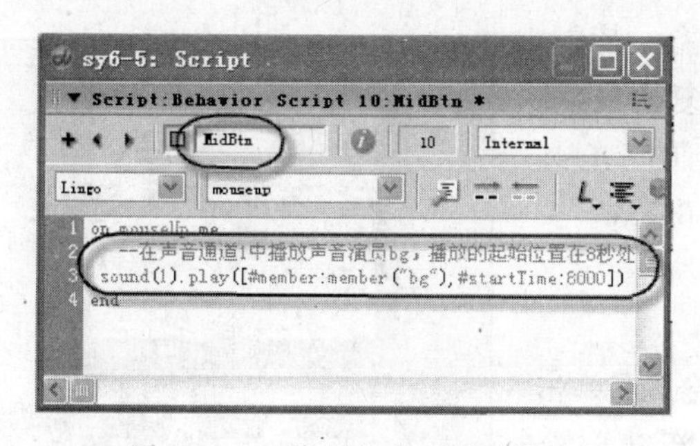

图 2-6-42　编写从中间播放脚本

图 2-6-43　编写停止脚本

⑥ 操作完成后，剧本窗口和演员表的内容如图 2-6-44 所示。

(6) 播放电影。

单击舞台底部控制面板的“到起始”按钮，执行【控制】→【播放】命令，或单击工具栏上的“播放”按钮，播放电影，观测运行效果。

(7) 保存和发布电影。

① 执行【文件】→【保存】命令，或单击 Director 工具栏上的“保存”按钮或“保存所有”按钮，将文件以 sy6-5.dir 为文件名保存。

② 单击工具栏上的“发布”按钮，将影片以标准放映机文件 sy6-5.exe 发布。

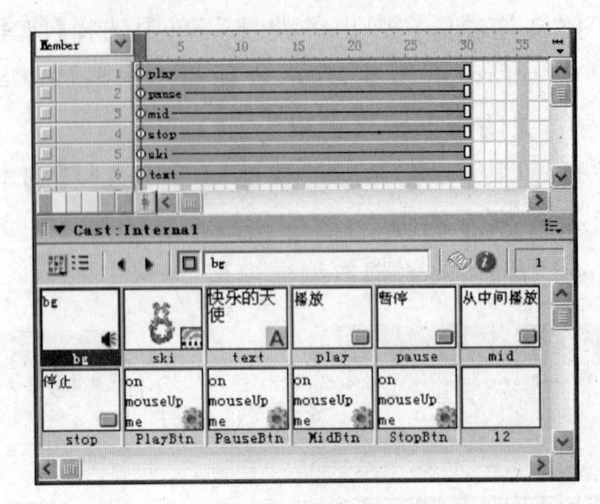

图 2-6-44　最终的剧本和演员表内容

实验 6-6　播放数字视频

【实验目的】

使用 Director 的脚本控制数字视频的播放。

【实验内容】

使用 Director 的脚本控制数字视频的播放：提供 5 个按钮，分别控制数字视频的"播放"、"暂停"、"继续"、"关闭"和"循环"功能。其中，"关闭"功能通过黑屏实现，"循环"是一个复选框，控制视频的循环播放功能。运行效果参见图 2-6-45 所示。文件保存为 sy6-6.dir、发布为 sy6-6.exe。

图 2-6-45　使用脚本控制声音的播放

参考步骤如下：

(1) 新建 Director 电影文件。

执行【文件】→【新建】→【影片】命令，或单击 Director 工具栏上的"新建影片"按钮新建一个 Director 电影文件。

(2) 默认环境布局和基本属性设置。

① 执行【窗口】→【面板设置】→Default 命令，使用 Director 默认的工作环境布局。

② 执行【修改】→【影片】→【属性】命令，在随后打开的影片属性检查器中，设置舞台大小为 320×240 像素、颜色为粉红色(RGB：#FFCCFF)。

③ 执行【编辑】→【属性】→【精灵】命令，打开【精灵参数】对话框，在【精灵长度】选项的数值框中输入 30。

(3) 准备演员。

① 单击演员表窗口工具栏中的"演员表显示方式"按钮，按缩略图方式显示演员表

窗口。

② 右击第一个演员的位置，在弹出的快捷菜单中选择【导入】命令，打开 Import Files 对话框，选中“实验素材\第 6 章\sy6-6”文件夹中的图片文件 monitor.jpg，单击 Import 按钮，将图片素材导入到演员表的第 1 号位置。

③ 单击演员表第 2 号位置，执行【窗口】→【绘图】命令，或单击 Director 工具栏上的“绘图窗口”按钮，打开绘图窗口。绘制一个黑色的矩形块，如图 2-6-46 所示。注意确保矩形块的注册点在图形中心位置。矩形块演员命名为 block。

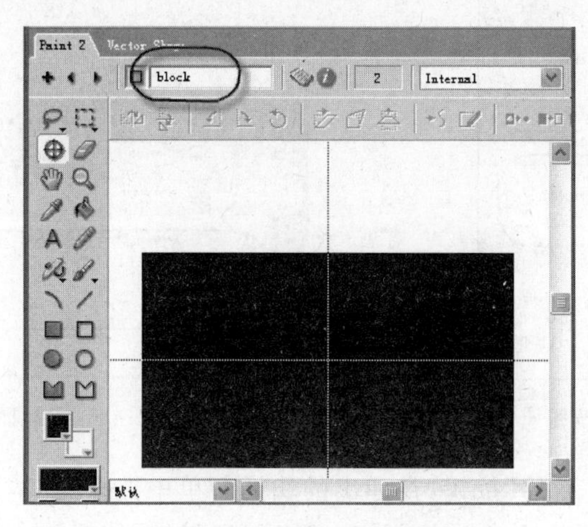

图 2-6-46　绘制黑色矩形块

④ 右击第三个演员的位置，在弹出的快捷菜单中选择【导入】命令，打开 Import Files 对话框，选择“实验素材\第 6 章\sy6-6”文件夹中的 clock.avi，单击 Import 按钮。当弹出【选择格式】对话框时，选择 AVI 格式。将视频素材导入到演员表的第 3 号位置。

⑤ 通过执行【插入】→Control→Push Button 命令，依次插入 4 个下压式按钮，按钮中文本分别为“播放”、“暂停”、“继续”和“关闭”，演员分别命名为 play、pause、resume 和 close。再通过执行【插入】→Control→Check Box 命令，插入一个复选框，其文字为“循环”，演员命名为 loop。

(4) 设置剧本。

① 从演员表中依次拖放 monitor、block 两个演员到舞台上，调整 block 的大小和位置，使其与 monitor 的显示窗口相匹配，并参照图 2-6-45 适当调整其他各精灵在舞台上的位置。也可以通过执行【窗口】→【对齐】命令打开【设计】选项卡，调整各精灵的位置。

② 借助 Shift 键，同时选中舞台窗口中的 4 个按钮和一个复选框，单击属性检查器的【按钮】选项卡右上角的“列表查看模式”按钮，如图 2-6-47 所示，设置按钮颜色、文字大小等属性。

(5) 添加交互。

① 双击脚本通道第 20 帧，在随后出现的脚本窗口中为 exitFrame 事件编写帧脚本 go the frame，在脚本窗口的演员名称框中输入 GoTheFrame 后，关闭脚本编辑窗口。

② 右击舞台上的“播放”按钮，在弹出的快捷菜单中选择【脚本】命令，在随后出现的

脚本窗口中编写如图 2-6-48 所示的脚本。从视频起点开始播放，如果“循环”功能开启，则循环播放视频。在脚本窗口的演员名称框中输入 PlayBtn 后，关闭脚本编辑窗口。

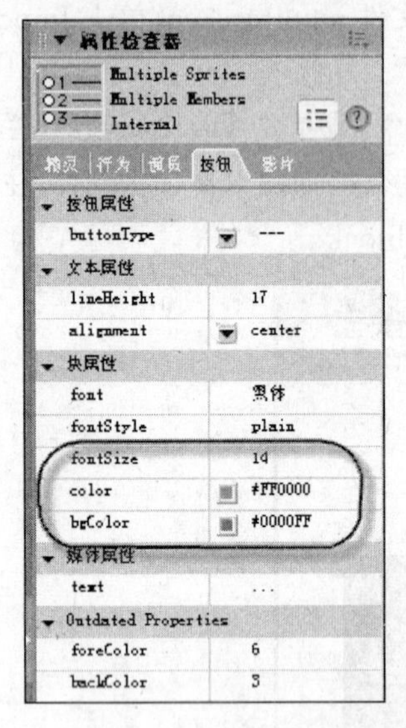

图 2-6-47　设置按钮属性

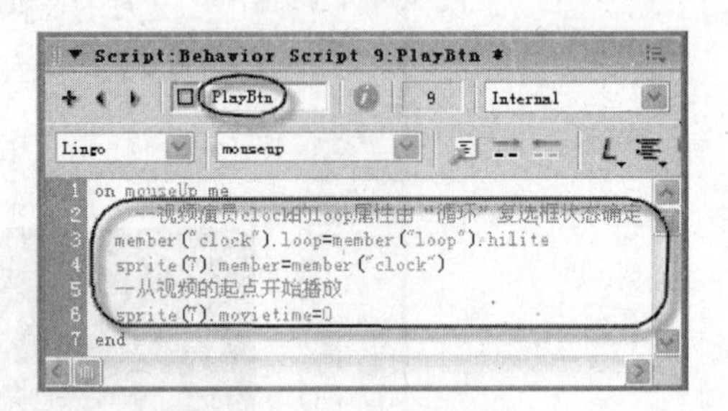

图 2-6-48　编写播放脚本

③ 右击舞台上的“暂停”按钮，在弹出的快捷菜单中选择【脚本】命令，在随后出现的脚本窗口中编写如图 2-6-49 所示的脚本。暂停数字视频的播放。在脚本窗口的演员名称框中输入 PauseBtn 后，关闭脚本编辑窗口。

④ 右击舞台上的“继续”按钮，在弹出的快捷菜单中选择【脚本】命令，在随后出现的脚本窗口中编写如图 2-6-50 所示的脚本，继续数字视频的播放。在脚本窗口的演员名称框中输入 ResumeBtn 后，关闭脚本编辑窗口。

图 2-6-49　编写暂停脚本

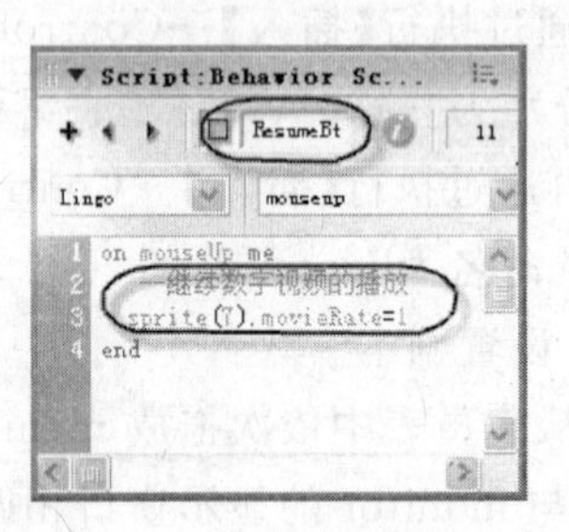

图 2-6-50　编写继续脚本

⑤ 右击舞台上的“关闭”按钮，在弹出的快捷菜单中选择【脚本】命令，在随后出现的脚本窗口中编写如图 2-6-51 所示的脚本，关闭播放屏幕(显示黑屏)。在脚本窗口的演员名称框中输入 CloseBtn 后，关闭脚本编辑窗口。

⑥ 右击舞台上的“循环”复选框，在弹出的快捷菜单中选择【脚本】命令，在随后出现的脚本窗口中编写如图 2-6-52 所示的脚本，设置数字视频的循环播放功能。在脚本窗口的演员名称框中输入 LoopCheck 后，关闭脚本编辑窗口。

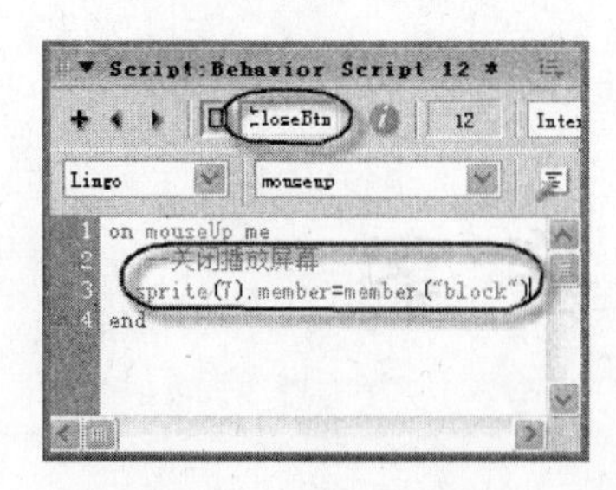

图 2-6-51 编写关闭脚本

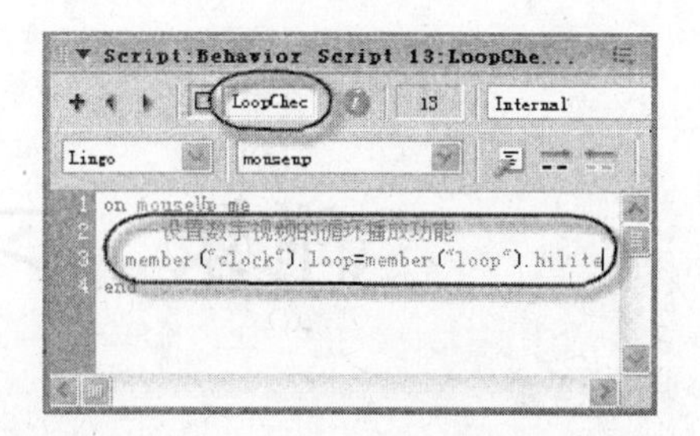

图 2-6-52 编写循环播放脚本

⑦ 操作完成后，剧本窗口和演员表的内容如图 2-6-53 所示。

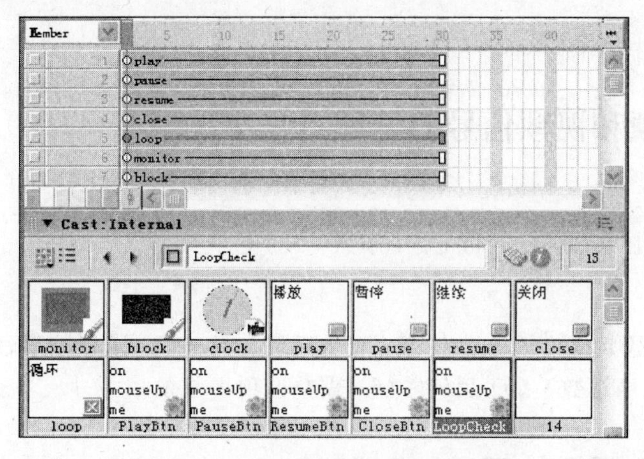

图 2-6-53 最终的剧本和演员表内容

(6) 播放电影。

单击舞台底部控制面板的“到起始”按钮，执行【控制】→【播放】命令，或单击工具栏上的“播放”按钮，播放电影，观测运行效果。

(7) 保存和发布电影。

① 执行【文件】→【保存】命令，或单击 Director 工具栏上的“保存”按钮或“保存所有”按钮，将文件以 sy6-6.dir 为文件名保存。

② 单击工具栏上的“发布”按钮，将影片以标准放映机文件 sy6-6.exe 发布。

附录　习题答案

第1章　计算机技术的文科应用概述

1. 选择题

(1) D　(2) D　(3) B　(4) D　(5) D

第2章　音频和视频信号的处理

1. 选择题

(1) D　(2) B　(3) A　(4) C　(5) A　(6) C

2. 填空题

(1) 友立(或 Ulead)　(2) 立体声　(3) 声道分离　(4) 采样频率、量化位数(或量化精度、量化级别)、声道数　(5) 反转　(6) 重叠选项

第3章　数字图像处理

3.1　数字图像基本概念

1. 选择题

(1) A　(2) C　(3) B　(4) C

3.2　认识数字图像处理大师——Photoshop CS

1. 选择题

(1) D　(2) A　(3) A　(4) C

2. 填空题

(1) 矢量图　(2) GIF 格式

3.3　Photoshop CS 基本工具的使用

1. 选择题

(1) B　(2) B　(3) C　(4) D

2. 填空题

(1) 一般套索　(2) 魔棒　(3) 仿制图章工具

3.5 Photoshop CS 图层的基本操作

1. 选择题

(1) D (2) A

2. 填空题

(1) 部分透明/半透明 (2) 不透明度

3.6 Photoshop CS 滤镜的使用

1. 选择题

(1) A (2) D (3) B

2. 填空题

(1) 像素 (2) 栅格 (3) 位图、索引

第 4 章 动画制作技术

1. 选择题

(1) D (2) C (3) B (4) D (5) A (6) A (7) C (8) C (9) B

2. 填空题

(1) 时间轴 (2) 舞台 (3) 场景 (4) 墨水瓶工具、颜料桶工具 (5) 文档属性

第 5 章 网页制作

5.1 基础知识

1. 选择题

(1) D (2) B (3) D (4) A (5) C

2. 填空题

(1) Red、Green、Blue (2) Internet Explorer、Netscape Communicator

5.2 Dreamweaver 8 操作基础

1. 选择题

(1) C (2) A

2. 填空题

(1)"本地站点"、"远程站点" (2) 标签检查器、属性检查器

5.3 网页中文本、图像和动画元素

1. 选择题

(1) D (2) C (3) A (4) D

2. 填空题

(1) GIF、JPG (2) 选择器、声明 (3) _blank (4) 电子邮件链接 (5) 替换文字 (6) Flash 按钮、Flash 文本对象

5.4 页面布局

1. 选择题

(1) D (2) D (3) C (4) A

2. 填空题

(1) 单元格边距、单元格间距 (2)"格式化表格"命令 (3) 框架集 (4) _blank、_parent、_self、_top (5) 防止重叠

5.5 制作表单

1. 选择题

(1) A (2) D

2. 填空题

(1) 隐藏域 (2) 具有相同名称 (3) 提交按钮、重设按钮、无动作按钮 (4) 文件域

5.6 制作具有动态特效的网页

1. 选择题

(1) B (2) C

2. 填空题

(1) 记录路径 (2) 事件、动作

第6章 多媒体创作工具 Director

6.2 Director 的基本操作

1. 选择题

(1) D (2) B (3) D (4) D (5) B (6) D (7) D (8) D (9) C (10) D (11) C (12) C (13) D (14) A (15) C (16) C (17) A (18) C (19) A (20) C (21) D (22) A (23) B (24) D (25) D

2. 填空题

(1) 链接到外部文件(Link to External File) (2) Shift (3) 7 (4) 2 (5) Shockwave 电影(DCR) (6) 标准放映机 (7) 行为 (8) Blend 或混合度 (9) Shockwave (10) Shockwave (11) 精灵 (12) 精灵 (13) Alt (14) Copy (15) . DIR

6.3 制作简单的动画

1. 选择题

(1) B (2) D (3) A (4) C

6.4 行为与交互

1. 选择题

(1) A (2) A (3) B (4) C (5) B

6.5 脚本与交互

1. 选择题

(1) C (2) A (3) B (4) A (5) C (6) A (7) A (8) D

2. 填空题

(1) Lingo (2) mouseUp (3) sound(1). stop() (4) 精灵 (5) go marker(1)或_movie. goNext() (6) go marker(-1)或_movie. goPrevious() (7) "_new"

6.6 声音和视频的使用

1. 选择题

(1) A (2) B (3) A (4) B (5) C (6) A (7) C

2. 填空题

(1) loop (2) currentTime (3) movieTime (4) movieRate (5) movieRate (6) -1

参考文献

[1] 王行恒. 大学计算机应用基础实践教程. 第 2 版. 北京：清华大学出版社，2008.

[2] 王行恒. 大学计算机软件应用. 北京：清华大学出版社，2007.

[3] 王行恒. 大学计算机基础实践教程. 北京：清华大学出版社，2005.

[4] 夏宝岚. 计算机应用基础. 第 2 版. 上海：华东理工大学出版社，2008.

[5] 教育部高等学校文科计算机基础教学指导委员会组编. 大学计算机教学基本要求(2008 版). 北京：高等教育出版社，2008.

[6] 中国高等院校计算机基础教育改革课题研究组. 中国高等院校计算机基础教育课程体系(2006版). 北京：清华大学出版社，2006.

[7] Steve Caplin. Photoshop CS3 以假乱真的艺术. 第 4 版. 杨志锋译. 北京：电子工业出版社，2008.

[8] 李建芳. Photoshop CS 平面设计. 第 2 版. 北京：清华大学出版社，2010.

[9] 陈志云. Flash MX 设计技术. 北京：清华大学出版社，北方交通大学出版社，2006.

[10] 吕弘文. Dreamweaver MX 2004 与 ASP. NET 动态网页设计. 北京：机械工业出版社，2006.

[11] 汪燮华. 计算机应用基础教程 上海：华东师范大学出版社，2008.

[12] 江红. Authorware 7.0 应用技术. 北京：清华大学出版社，2006.

[13] 江红. 信息技术基础(IT Fundamentals)双语教程. 北京：清华大学出版社，2008.

[14] 上海市教育委员会组编. 多媒体应用系统技术. 北京：机械工业出版社，2008.

[15] 上海市教育委员会组编. 多媒体应用系统技术学习指导及习题解析. 北京：机械工业出版社，2009.

[16] 高珏. 多媒体应用技术实验与实践教程. 北京：清华大学出版社，2009.

[17] 中国大学生(文科)计算机设计大赛组委会. 中国大学生(文科)计算机设计大赛 2010 参赛指南. 北京：中国铁道出版社，2010.

[18] 上海市大学生计算机应用能力大赛组委会. 上海市大学生计算机应用能力大赛集锦. 北京：高等教育出版社，2010.

数值方法与计算机实现　徐士良　ISBN 978-7-302-11604-2
网络基础及 Internet 实用技术　姚永翘　ISBN 978-7-302-06488-6
网络基础与 Internet 应用　姚永翘　ISBN 978-7-302-13601-9
网络数据库技术与应用　何薇　ISBN 978-7-302-11759-9
网络数据库技术实验与课程设计　舒后 何薇
网页设计创意与编程　魏善沛　ISBN 978-7-302-12415-3
网页设计创意与编程实验指导　魏善沛　ISBN 978-7-302-14711-4
网页设计与制作技术教程(第 2 版)　王传华　ISBN 978-7-302-15254-8
网页设计与制作教程（第 2 版）　杨选辉　ISBN 978-7-302-10686-9
网页设计与制作实验指导（第 2 版）　杨选辉　ISBN 978-7-302-10687-6
微型计算机原理与接口技术(第 2 版)　冯博琴　ISBN 978-7-302-15213-2
微型计算机原理与接口技术题解及实验指导(第 2 版)　吴宁　ISBN 978-7-302-16016-8
现代微型计算机原理与接口技术教程　杨文显　ISBN 978-7-302-12761-1
新编 16/32 位微型计算机原理及应用教学指导与习题详解　李继灿　ISBN 978-7-302-13396-4
新编 Visual FoxPro 数据库技术及应用　王颖　姜力争　单波　谢萍